Frohberg/Kolloschie/Löffler
Taschenbuch der Nachrichtentechnik

Herausgeber

Dr.-Ing. Wolfgang Frohberg
Alcatel-Lucent Deutschland AG Stuttgart

Prof. Dr.-Ing. habil. Helmut Löffler
Dresden

Prof. Dr.-Ing. Horst Kolloschie
Fachhochschule Lausitz Senftenberg

Autoren

Dr.-Ing. Andreas Bluschke Teleconnect GmbH Dresden	Kapitel 16
Prof. Dr. sc. nat. Volkmar Brückner Deutsche Telekom Hochschule für Telekommunikation Leipzig	Kapitel 10.2 bis 10.6, 13.2
Dr.-Ing. Wolfgang Frohberg Alcatel-Lucent Deutschland AG Stuttgart	Kapitel 8, 12, 13.3, 19.1, 19.2, 19.4
Prof. Dr.-Ing. habil. Ulrich Hofmann Fachhochschule Salzburg	Kapitel 5, 14, 19.3
Prof. Dr.-Ing. Michael Hösel Hochschule Mittweida	Kapitel 18
Prof. Dr.-Ing. Horst Kolloschie Fachhochschule Lausitz Senftenberg	Kapitel 7
Prof. Dr.-Ing. Friedrich Lenk Fachhochschule Lausitz Senftenberg	Kapitel 8, 9
Prof. Dr.-Ing. habil. Helmut Löffler Dresden	Kapitel 1 bis 4, 6, 15, 19.5
Dipl.-Ing. Michael Matthews Teleconnect GmbH Dresden	Kapitel 16
Dipl.-Ing. Harald Orlamünder Alcatel-Lucent Deutschland AG Stuttgart	Kapitel 19.5
Prof. Dr.-Ing. Frank Porzig Deutsche Telekom Hochschule für Telekommunikation Leipzig	Kapitel 10.1, 13.1
Prof. Dr.-Ing. Andreas Rinkel Hochschule für Technik Rapperswil	Kapitel 17
Prof. Dr. rer. nat. Thomas Schneider Deutsche Telekom Hochschule für Telekommunikation Leipzig	Kapitel 11

Taschenbuch der Nachrichtentechnik

herausgegeben von

Wolfgang Frohberg, Horst Kolloschie und **Helmut Löffler**

Mit 218 Bildern und 57 Tabellen

Fachbuchverlag Leipzig
im Carl Hanser Verlag

Alle in diesem Buch enthaltenen Programme, Verfahren und elektronischen Schaltungen wurden nach bestem Wissen erstellt und mit Sorgfalt getestet. Dennoch sind Fehler nicht ganz auszuschließen. Aus diesem Grund ist das im vorliegenden Buch enthaltene Programm-Material mit keiner Verpflichtung oder Garantie irgendeiner Art verbunden. Autor und Verlag übernehmen infolgedessen keine Verantwortung und werden keine daraus folgende oder sonstige Haftung übernehmen, die auf irgendeine Art aus der Benutzung dieses Programm-Materials oder Teilen davon entsteht.

Die Wiedergabe von Gebrauchsnamen, Handelsnamen, Warenbezeichnungen usw. in diesem Werk berechtigt auch ohne besondere Kennzeichnung nicht zu der Annahme, dass solche Namen im Sinne der Warenzeichen- und Markenschutz-Gesetzgebung als frei zu betrachten wären und daher von jedermann benutzt werden dürften.

Bibliografische Information der Deutschen Nationalbibliothek

Die Deutsche Nationalbibliothek verzeichnet diese Publikation in der Deutschen Nationalbibliografie; detaillierte bibliografische Daten sind im Internet über <http://dnb.d-nb.de> abrufbar.

ISBN 978-3-446-41602-4

Fachbuchverlag Leipzig im Carl Hanser Verlag

© 2008 Carl Hanser Verlag München
http://www.hanser.de/taschenbuecher
Lektorat: Dipl.-Ing. Erika Hotho
Herstellung: Dipl.-Ing. Franziska Kaufmann
Satz: Satzherstellung Dr. Steffen Naake, Brand-Erbisdorf
Covergestaltung: Stephan Rönigk
Druck und Binden: Kösel, Krugzell
Printed in Germany

Vorwort

Ein Taschenbuch soll seinen Lesern Erkenntnisse, Fakten und grundlegende Zusammenhänge einer Wissenschaft in kompakter und zugleich übersichtlicher Form anbieten. Es ist vermutlich nicht möglich, die Nachrichtentechnik und ihre Teilgebiete in einem Taschenbuch so darzulegen, dass sich alle Ansprüche der Lesergemeinde erfüllen lassen. Herausgeber und Autoren unterlagen dem Zwang, auf einer endlichen Seitenzahl das aktuelle Wissen der Nachrichtentechnik zusammenzufassen.

Zum Gegenstand der Nachrichtentechnik (englisch: *communication engineering*) gehört jenes Teilgebiet der Elektrotechnik und Informationstechnik, welches sich mit der Umwandlung, Übertragung, Speicherung und Verarbeitung von informationstragenden Signalen befasst. Die enorme Bedeutung der Nachrichtentechnik besteht darin, dass es kaum einen Lebensbereich gibt, der sich nicht der modernen Nachrichtentechnik bedient oder mit ihr konfrontiert ist. Begriffe wie Rundfunk, Fernsehen, Internet, WLAN, mp3, iPod und das Telefon in seinen mannigfaltigen Erscheinungs- und Nutzungsformen mögen dies verdeutlichen.

Das Taschenbuch ist als Wissenssammlung und Nachschlagewerk sowie als begleitende Lektüre beim Studium für Studenten der Nachrichtentechnik, Telekommunikation, Informationstechnik, Informatik und Elektrotechnik gedacht. Herausgeber und Autoren sehen als Zielgruppen auch Schüler, Berufsschüler und Praktiker sowie Fachleute angrenzender Gebiete, welche sich kurz und bündig informieren möchten.

Inhaltlich umfasst das Taschenbuch drei Komplexe: Im ersten Teil werden wesentliche theoretische Grundlagen der Nachrichtentechnik behandelt, zu denen insbesondere die Signal- und Informationstheorie sowie die Codierung zählen. Zum zweiten Hauptteil gehören alle in der Ausbildung vermittelten Wissensgebiete mit dem Nachrichtenkanal als Schwerpunkt. Schließlich ist der dritte Hauptteil konkreten Systemen der Nachrichtentechnik (Übertragungstechnik, Vermittlungstechnik, Zugangstechniken, Rundfunksysteme, Mobilfunk und Datenübertragungstechnik) gewidmet.

Für die Herausgeber des vorliegenden Taschenbuches bestand das große Problem, einen Kompromiss zwischen Wissensfülle und begrenztem Umfang zu finden. Leider mussten dabei so wichtige Disziplinen wie Schaltungs-, Endgeräte- und Antennentechnik sowie Sensorik entfallen.

Hinweise zu weiterführender Literatur helfen bei Themen, die nicht tiefgehend behandelt werden konnten. Mit den umfangreichen Sachwort- und

Abkürzungsverzeichnissen soll das Taschenbuch zu einem hilfreichen Nachschlagewerk werden.

Für Hinweise zu Verbesserungsmöglichkeiten oder Fehlern bedanken sich Herausgeber und Autoren im Voraus.

Die Herausgeber möchten sich bei den Autoren und bei Frau Hotho vom Fachbuchverlag für die stets verständnisvolle Zusammenarbeit aufrichtig bedanken.

Leipzig, im Sommer 2008   Wolfgang Frohberg
                                           Horst Kolloschie
                                           Helmut Löffler

Inhaltsverzeichnis

1 Einführung in die Nachrichtentechnik

Helmut Löffler

1.1 Was ist Nachrichtentechnik?

In der heutigen Welt gibt es kaum einen Lebensbereich, der sich nicht der modernen Nachrichtentechnik bedient oder mit ihr konfrontiert ist. Das Telefon in seinen mannigfaltigen Erscheinungs- und Nutzungsformen, Mobilfunk, Fernsehen, Internet, WLAN, mp3 und iPod sind nur einige Schlagworte, welche den Einleitungssatz veranschaulichen.

Das Bedürfnis des Menschen, anderen Menschen über größere Entfernungen hinweg Informationen zu übermitteln bzw. miteinander zu kommunizieren, ist wahrscheinlich so alt wie die Menschheit. Die an einen oder viele Adressaten gerichteten Informationen heißen Nachrichten.

> **Nachrichten** sind Mitteilungen, die von einer Nachrichtenquelle (Sender) an einen oder viele Nachrichtenempfänger übermittelt werden ($\rightarrow$ Bild 1.1).
>
> **Kommunikation** *(communications)* ist nur ein anderes Wort für Informations- und Nachrichtenaustausch.

Je nachdem, wer oder was miteinander kommuniziert, unterscheidet man

- Mensch-zu-Mensch-Kommunikation: das unmittelbare Gespräch miteinander oder unter Verwendung nachrichtentechnischer Systeme bei räumlicher Trennung (über das Telefonnetz oder das Internet).
- Mensch-Maschine-Kommunikation: die Wechselwirkung des Menschen mit technischen Systemen oder Geräten, z. B. mit Computern, Produktionsanlagen, Robotern.
- Maschine-Maschine-Kommunikation, z. B. Kommunikation zwischen Robotern oder der Austausch elektronischer Geschäftsdaten zwischen Computerprogrammen über ein elektronisches Übertragungsmedium.

Fundamentale Kategorien der Nachrichtentechnik sind die Begriffe Nachricht, Information und Signal:

> **Nachricht** *(message)*: Mitteilung, die Information enthält.

▶ *Hinweis:* Der Begriff Nachricht macht deutlich, dass diese von einem Sender abgegeben und zu einem Empfänger übermittelt wird. Erst beim Empfänger erfolgt die Nachrichtenbewertung z. B. danach, ob sie sinnvoll/sinnlos, fehlerfrei/fehlerbehaftet ist.

> **Information** *(information)*: Neues Wissen oder neue Kenntnisgabe über einen Sachverhalt oder Tatbestand.

► *Hinweis:* Obige Begriffserläuterung entspricht der Umgangssprache: Eine Mitteilung, welche für den Empfänger nichts Neues beinhaltet, ist keine „echte" Information und daher wertlos. Im Kapitel Informationstheorie ($\rightarrow$ 4.1) wird dargelegt, dass der Informationsbegriff vielschichtig ist und unter verschiedenen Aspekten bewertet werden kann.

Information ist stets an einen materiellen Träger gebunden: an ein **Signal** ($\rightarrow$ 2).

> **Datum** (Pl. **Daten**, *data*): Information, die als Zeichenfolge dargestellt wird; in Informatik und Nachrichtentechnik als *digitale* Zeichenfolge.

> **Nachrichtentechnik** *(communications engineering)*: Teilgebiet der Elektrotechnik und Informationstechnik, in dessen Mittelpunkt die Gewinnung, Umwandlung, Übertragung, Vermittlung, Speicherung und Verarbeitung von informationstragenden Signalen steht. Hauptaufgabe der Nachrichtentechnik ist es, Informationen möglichst unverfälscht von einer Informationsquelle zu einem oder mehreren Informationsempfängern zu übertragen.

Die Nachrichtentechnik ist eine Ingenieurwissenschaft. Zur Nachrichtentechnik zählt neben zahlreichen anderen Disziplinen ($\rightarrow$ Bild 1.2) auch die Telekommunikation.

> **Telekommunikation** *(telecommunications)* ist Informationsaustausch zwischen räumlich voneinander entfernten Informationsquellen und -senken unter Benutzung nachrichtentechnischer Systeme.

► *Hinweis:* Man unterscheidet mehrere Telekommunikationsarten: Sprachkommunikation, Textkommunikation, Bildkommunikation, Datenkommunikation.

Aus der Hauptaufgabe der Nachrichtentechnik, Informationen möglichst unverfälscht von einer Quelle zu einem oder mehreren Empfängern zu übertragen, resultiert die allgemein gültige Darstellung von Nachrichtenübertragungssystemen ($\rightarrow$ Bild 1.1). Die wesentlichen funktionellen Komponenten sind:

- **Nachrichtenquelle** *(message source)*: Hier enstehen die Nachrichten.
- **Quellencodierer** *(source encoder)*: dient der verlustlosen Reduktion der zu übertragenden Nachrichtenmenge. Redundante (überflüssige) Nachrichtenkomponenten werden zurückgehalten.
- **Kanalcodierer** *(channel encoder)*: Hier erfolgt die Anpassung an die Übertragungsverhältnisse im Kanal. Zur Sicherung der Nachrichten gegen

Verfälschung durch Störungen und zwecks Fehlerkontrolle am Empfänger wird redundante Information hinzugefügt ($\rightarrow$ 3 und 4).

- **Übertragungskanal** (kurz: Kanal; *channel*): physikalisches Medium zwischen Nachrichtenquelle und -senke. Beispiele: freier Raum, Richtfunkstrecken, Kupfer- oder Glasfaserkabel.
- **Störung** oder **Rauschen** (*noise*): fehlerverursachende Einwirkung auf den Nachrichten- bzw. Informationsfluss im Übertragungskanal.
- **Kanaldecodierer** (*channel decoder*): Hauptaufgabe: Fehlerkontrolle der Nachrichten bzw. Daten, die vom Übertragungskanal kommen.
- **Quellendecodierer** (*source decoder*): inverse Aufgabe zum Quellencodierer mit dem Ziel der originalgetreuen Wiedergewinnung der ursprünglichen Nachricht.
- **Nachrichtensenke** (*message sink*): Bestimmungsziel der Nachrichten.

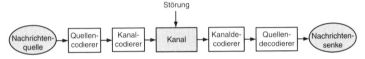

Bild 1.1 Schematische Darstellung eines Nachrichtenübertragungssystems

1.2 Hauptgebiete der Nachrichtentechnik

Als technische Wissenschaft umfasst die Nachrichtentechnik eine breit gefächerte Gesamtheit von Wirkprinzipien und Verfahren sowie ein umfangreiches theoretisches Fundament. Die wichtigsten Teilgebiete enthält Bild 1.2.

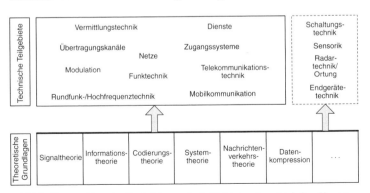

Bild 1.2 Hauptgebiete der Nachrichtentechnik (Gebiete mit gestrichelter Umrandung werden im Taschenbuch nicht ausführlich behandelt)

Da die meisten technischen Teilgebiete miteinander verflochten sind, wird hier auf eine strenge Strukturierung verzichtet.

1.3   Geschichte der Nachrichtentechnik

Der Wunsch und das Bedürfnis, sich über größere Entferungen etwas mitzu-teilen, existiert wahrscheinlich, seit es Menschen gibt. Aus dem Altertum sind Techniken und Systeme – teilweise sogar Codierungsmethoden – überliefert. Logischerweise basierten jene Methoden auf der Verwendung des sichtbaren Lichtes. Tabelle 1.1 enthält nur eine kleine Auswahl bemerkenswerter Erfin-dungen, Entdeckungen und Ereignisse.

Tabelle 1.1   Geschichte der Nachrichtentechnik in der Neuzeit

Jahr	Name	Beschreibung der Leistung/des Ereignisses
1792	Claude Chappe de Vert	Optischer Telegraf; erste optische Zeichenübertra-gung über 15 km
1820	Hans Christian Ørsted	Entdeckung des Elektromagnetismus
1833	Carl Friedrich Gauß; Wilhelm Eduard Weber	Erfindung des elektromagnetischen Telegrafen und erste elektromagnetische Telegrafieübertragung
1850		Seekabel über den Ärmelkanal
1860	Antonio Meucci	Erfindung eines funktionsfähigen Telefons (entspr. Beschluss des US-Repräsentantenhauses 2002 gilt nicht mehr Graham Bell als Erfinder des Telefons)
1863	Philipp Reis	Erste elektrische Sprachübertragung mit von ihm er-fundenem Telefon
1864	James Clark Maxwell	Mathematische Theorie elektromagnetischen Felder – Voraussage der Existenz elektromagnetischer Wel-len
1881		Erste deutsche Fernsprechvermittlungsstelle in Ber-lin
1883	Paul Nipkow	Erfindung des elektrischen Teleskops: Nipkowsche Scheibe für die Bildabtastung
1887	Heinrich Hertz	Experimenteller Nachweis elektromagnetischer Wellen
1895	Nikola Tesla	Patentierung eines Rundfunksystems; Tesla gilt seit 1943 als Erfinder des Rundfunkempfängers (Ent-scheidung des Obersten Patentgerichtes der USA)
1897	Ferdinand Braun und Jonathan Zenneck	Erfindung der Katodenstrahlröhre (Braun'sche Röh-re); Grundlage der elektronischen Bilddarstellung

Tabelle 1.1 Geschichte der Nachrichtentechnik in der Neuzeit (Fortsetzung)

1

Jahr	Name	Beschreibung der Leistung/des Ereignisses
1897	Guglielmo Marconi	Erste Funkübertragung über 14 Kilometer am Bristolkanal/England; daher „Geburtsjahr" der drahtlosen Telegrafie mit elektromagnetischen Wellen
1904	Christian Hülsemeyer	Patentschrift Nr. 165546 zur Funkortung, dem späteren Radar
1904	John A. Fleming	Erfindung der Röhrendiode
1913	Alexander Meissner	Patentierung der Rückkopplungsschaltung; Grundlage für den Bau leistungsstarker Sender
1920		Erste Rundfunkübertragung in Deutschland (Langwellensender Königs Wusterhausen)
1920	Agnar K. Erlang	Schafft Grundlagen der Nachrichtenverkehrstheorie
1923	Heinrich Barkhausen	Standardwerk über Elektronenröhren erscheint mit Barkhausenscher „Röhrenformel"
1929		Erste Fernseh-Versuchssendung in Deutschland
1934	Rudolf Kühnhold	In Kiel: Bau und Erprobung eines sog. Dezimeter-Telegrafie-Gerätes zur Funkortung von Schiffen und Flugzeugen (heute übliche Bezeichnung: *Radar*)
1936		Erste elektronische TV-Kamera; Nutzung bei den Olympischen Spielen in Berlin
1941	Konrad Zuse	Erfindung und Bau des weltweit ersten vollautomatischen, programmgesteuerten, binären und frei programmierbaren Rechenautomaten (Z3); Zuse ist der Erfinder des Computers
1942	Hedy Lamarr	Patent für Frequenzsprungverfahren und Bandspreiztechnologie *(frequency hopping* und *spread spectrum)*
1947	John Bardeen, Walter Brattain, William Shockley	Erfindung des Transistors
1948	Claude E. Shannon	Schafft die (syntaktische) Informationstheorie
1952		Beginn des TV-Versuchsprogramms des Fernsehzentrums Berlin-Adlershof/DDR mit der Sendung „Aktuelle Kamera"
1958		A-Netz wird das erste Mobilfunksystem in der Bundesrepublik Deutschland (bis 1977 in Betrieb)
1960	Nikolai G. Basow, Theodore H. Maiman	Bau des ersten funktionsfähigen (Rubin-)Lasers
1963	Walter Bruch	Vorschlag des PAL-Verfahrens für das Farbfernsehen
1964	Donald Davies; Paul Baran	Erfindung der Paketvermittlungstechnik

Tabelle 1.1   Geschichte der Nachrichtentechnik in der Neuzeit (Fortsetzung)

Jahr	Name	Beschreibung der Leistung/des Ereignisses
1965		Betriebsaufnahme des ersten kommerziell genutzten Nachrichtensatelliten
1969		Erstes Rechnernetz ARPANET
1971		Intel stellt ersten Mikroprozessor vor
1976	Robert Metcalfe; David R. Boggs	Erstes lokales Netz ETHERNET
1981		Spezifikation des Internet-Protokolls IPv4 erscheint
1983		Kabelfernsehen in Deutschland
1988		Einführung des ISDN in Deutschland
1991		Es gibt das World Wide Web
1992		Digitaler GSM-Mobilfunk in Deutschland
1992		ATM-Netze in Europa
1995		Start der kommerziellen Internet-Telefonie (VoIP) durch die israelische Firma Vocaltech
1998		DSL ist in Deutschland kommerziell verfügbar
2004		Einführung von UMTS in Deutschland
2005		Drahtloser breitbandiger Internet-Zugang auf der Basis von WiMax in Deutschland kommerziell angeboten
2006		Mobilfunk-Netzbetreiber bieten in Deutschland High Speed Downlink Packet Access (HSDPA) an
2010		Analoges Fernsehen ist in Deutschland vollkommen auf digitales umgestellt (Ziel)

2   Signale

Helmut Löffler

Information ist stets an materielle Träger gebunden, an Signale.

> **Signal** *(signal)*: Träger der Information.

- Charakteristisches Merkmal eines Informationsträgers: Er kann verschiedene zeitliche und/oder räumliche Zustände einnehmen.
- Alle Objekte, die in Zeit und Raum verschiedene Zustände einnehmen können, sind somit als Informationsträger, d. h. als Signale, geeignet bzw. so zu betrachten.

> **Informationsparameter** – auch **Signalparameter**: Größe, welche die Informationen über das betreffende Objekt beinhaltet bzw. abbildet.

❑ *Beispiel von Informationsparametern:* Frequenz, Amplitude, Phase eines Signals.

▶ *Hinweis:* Signale lassen sich in *Konfigurationen* und *Vorgänge* einteilen. Bei Konfigurationen spielt die Zeit keine Rolle, z. B. bei stehenden Bildern. Ändert sich der Informationsparameter mit der Zeit, handelt es sich um Vorgänge.

Für die Nachrichtentechnik sind nicht alle Signalparameter von gleicher Bedeutung.

Tabelle 2.1   Ortsabhängige sowie orts- und zeitabhängige Signale

Art und Anzahl der unabhängigen Koordinaten	Beispiel
1 Ortskoordinate	einspurig gespeicherte Signalaufzeichnung
2 Ortskoordinaten	Schriftzeichen auf einer Druckseite
3 Ortskoordinaten	stehendes Raumbild, Schriftzeichen in einem Buch
1 Ortskoordinate und Zeitkoordinate	bewegte linienhafte Signalaufzeichnung
2 Ortskoordinaten und Zeitkoordinate	bewegtes ebenes Bild (z. B. Fernsehbild)
3 Ortskoordinaten und Zeitkoordinate	bewegtes Raumbild; Empfangsfeldstärke von Sendern kosmischer Flugkörper an terrestrischen Antennen

2.1   Klassifikation von Signalen

Signale lassen sich in Klassen einteilen. Für die Nachrichtentechnik ist die Einteilung nach Determiniertheit, Quantisiertheit und nach ausgewählten mathematisch-physikalischen Eigenschaften (z. B. nach Bandbreite, Periodizität und Dauer) von Bedeutung.

Signalklassifikation bezüglich der Determiniertheit

Es gibt unter dem Gesichtspunkt der Determiniertheit zwei qualitativ verschiedene Signalklassen: determinierte und stochastische Signale.

- **Determiniertes Signal**: Bei gegebenen Anfangsbedingungen sind die Werte des Signales zu jedem Zeitpunkt bekannt oder berechenbar. Beispiel: harmonische Schwingung. Da ein determiniertes Signal einen stets bekannten Verlauf besitzt, besteht bereits vor seinem Empfang Kenntnis über seine Parameter, d. h., es gibt keinerlei Ungewissheit mehr zu beseitigen. Determinierte Signale spielen in der Nachrichtentechnik eine wichtige Rolle, z. B. für den Informationstransport ($\rightarrow$ 8) oder als Testsignale.
- **Stochastisches Signal**: Die Signalwerte sind *Zufallsgrößen*. Sie sind durch Wahrscheinlichkeitsverteilungen bzw. mit den Gesetzmäßigkeiten der Stochastik beschreibbar.
  - ❑ *Beispiel:* Feldstärke an einer Empfangsantenne.

Signalklassifikation bezüglich der Quantisiertheit

Bei der Quantisiertheit von Signalen geht es darum, ob Signalparameter (z. B. Amplitudenwerte oder die Zeit) nur in ganz bestimmten diskreten Werten vorliegen oder in Form eines Kontinuums. Unter dem Gesichtspunkt der Quantisiertheit gibt es im Wesentlichen vier Signalklassen:

- analoge kontinuierliche Signale,
- analoge diskontinuierliche Signale,
- diskrete kontinuierliche Signale,
- diskrete diskontinuierliche Signale.

> **Analoges Signal**: Die Werte des Informationsparameters können jeden beliebigen Wert annehmen.
>
> **Diskretes Signal**: Die Werte des Informationsparameters nehmen nur ganz bestimmte Werte an. Der Informationsparameter als Merkmalsgröße ist bei einem diskreten Signal quantisiert; er besitzt eine endliche Anzahl von Wertestufen.

Bezüglich der Zeitabhängigkeit eines Signals gibt es zwei Signalklassen: kontinuierliche und diskontinuierliche Signale.

> **Kontinuierliches Signal**: Die Werte des Signals können sich zu jedem Zeitpunkt ändern.
>
> **Diskontinuierliches Signal**: Seine Werte können sich nur zu bestimmten Zeitpunkten ändern oder gewinnen lassen. Bei diskontinuierlichen Signalen ist die Zeitkoordinate quantisiert.

▶ *Hinweis:* Grundsätzlich kann es sich bei den oben angegebenen Größen auch um andere Informationsparameter als die Zeit handeln. In einem ebenen Festbild mit endlicher Anzahl von Farbwerten sind die Farbwerte diskret. Ändert sich ein Farbwert nur an bestimmten Ortskoordinaten, so handelt es sich um ein diskretes diskontinuierliches Signal (→ Tabelle 2.1).

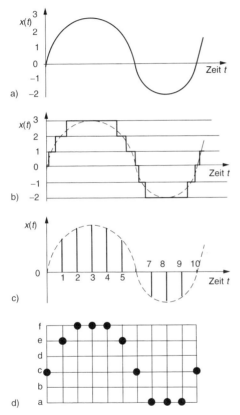

Bild 2.1 a) Kontinuierliches Signal, b) Quantisierung nach der Amplitude, c) Quantisierung nach der Zeit, d) Quantisierung nach Amplitude und Zeit (Digitalisierung des ursprünglichen Signals)

Bild 2.1 veranschaulicht, wie durch Quantisierung nach Amplitude und Zeit aus einem analogen kontinuierlichen Signal schließlich ein digitales erzeugt werden kann. Die Amplitudenquantisierung (→ Bild 2.1b) ergibt ein diskretes kontinuierliches Signal. Eine Zeitquantisierung des Ursprungssignals (→ Bild

2.1a) liefert ein analoges diskontinuierliches Signal. Die Quantisierung nach der Amplitude und Zeit ($\rightarrow$ Bild 2.1c) ergibt ein diskretes diskontinuierliches Signal. Jedem Wert des nach Amplitude und Zeit quantisierten Signals lassen sich beliebig gewählte Zeichen eindeutig zuordnen. Eine Zuordnung dieser Art nennt man bekanntlich Codierung ($\rightarrow$ 5). Der ursprüngliche Signalverlauf ist somit durch eine Folge von Codezeichen ersetzbar. Im vorliegenden einfachen Beispiel entspricht der Signalverlauf nach dem doppelten Quantisierungsprozess (Amplitude und Zeit) der Codezeichenfolge cefffecaaac.

▶ *Hinweis:* Bei Quantisierungen kann es zu Abbildungsfehlern kommen. Die führt zum sog. *Quantisierungsrauschen* ($\rightarrow$ 2.2.5, 8).

❑ *Beispiel für die Überführung analoger in digitale Signale:* Speicherung von (analogen) Sprach- oder Musiksignalen auf Compact Disc.

> **Isochrones Signal**: Folge von Signalelementen gleicher Dauer und gleichen Zeitabstandes; jedes Signalelement besitzt diskrete Werte.

In der Nachrichtentechnik unterscheidet man außerdem Nutz- und Störsignale:

- *Nutzsignale:* Träger von Nachrichten bzw. Information.
- *Störsignale:* unerwünschte Signale, welche das Erkennen von Informationsparametern beeinträchtigen.

2.2   Zeitliche und spektrale Darstellung von Signalen

> Signale besitzen **zeitliche** und **spektrale** Darstellungsformen. Beide Darstellungsformen sind **gleichwertig**.

▶ *Hinweis:* Welche der beiden Darstellungsformen benutzt wird, hängt von der Zweckmäßigkeit ab.

Die mathematische Darstellung von Signalen und deren physikalisch-technische Interpretation hängt wesentlich von der jeweiligen Signalklasse ab. Mathematisch-physikalische Grundlagen von Signalen findet man z. B. in /2.1/, /2.3/, /2.4/, /2.8/, /2.10/, /2.13/, /2.14/.

2.2.1   Periodische Signale

Ein Signal $x(t)$ mit der konstanten Periodendauer T ist periodisch, wenn es die **Periodizitätsbedingung** erfüllt:

$$x(t + nT) = x(t); \qquad n = 1, 2, 3, \ldots \qquad (2.1)$$

▶ *Hinweis:* Es müssen grundsätzlich die Dirichlet'schen Bedingungen erfüllt sein: $x(t)$ lässt sich innerhalb einer Periode in endlich viele Teilintervalle mit jeweils monotonem Verlauf zerlegen; $x(t)$ darf innerhalb einer Periodendauer T nur endlich viele Unstetigkeitsstellen mit endlichem Grenzwert besitzen.

2

> Periodische Signale können durch zwei gleichwertige Fourier-Reihen dargestellt werden: durch die **trigonometrische** und die **komplexe Fourier-Reihe**.

Trigonometrische Form der Fourier-Reihe für das Signal $x(t)$:

$$x(t) = \frac{a_0}{2} + \sum_{n=1}^{\infty} (a_n \cos n\omega_0 t + b_n \sin n\omega_0 t) \tag{2.2}$$

ω_0 Kreisfrequenz; $\omega_0 = 2\pi f_0$
f_0 reelle Frequenz; $f_0 = 1/T = \omega_0/2\pi$

▶ *Hinweis:* Maßeinheit der Kreisfrequenz ω_0: Radiant/s; Maßeinheit der reellen Frequenz f_0: $1\,\text{Hz} = 1\,\text{s}^{-1}$.

Die Fourier-Koeffizienten von Gl. (2.2) lauten für $n = 1, 2, 3, \ldots$

$$a_n = \frac{2}{T} \int_0^T x(t) \cos n\omega_0 t \ \mathrm{d}t$$
$$b_n = \frac{2}{T} \int_0^T x(t) \sin n\omega_0 t \ \mathrm{d}t \tag{2.3}$$

Für den Gleichstromanteil, d. h. $n = 0$, gilt:

$$a_0 = \frac{2}{T} \int_0^T x(t) \ \mathrm{d}t \tag{2.4}$$

❑ *Beispiel:* Diskretes Amplitudenspektrum einer periodischen Rechteckschwingung (→ Bild 2.2). Die Fourier-Reihe der Rechteckschwingung lautet

$$x(t) = \frac{4A}{\pi} \left(\sin \omega_0 t + \frac{1}{3} \sin 3\omega_0 t + \frac{1}{5} \sin 5\omega_0 t + \ldots \right) \tag{2.5}$$

Es treten nur ungeradzahlige Vielfache der Grundschwingung $\omega_0 = 2\pi/T$ auf.

Eine andere Form der *trigonometrischen* Fourier-Reihe für ein Signal $x(t)$ ist:

$$x(t) = \sum_{n=0}^{\infty} c_n \cos(n\omega_0 t + \varphi_n) \tag{2.6}$$

mit den Koeffizienten

$$c_n = \sqrt{a_n^2 + b_n^2} \tag{2.7}$$

und dem Phasenwinkel

$$\varphi_n = -\arctan(b_n/a_n) \tag{2.8}$$

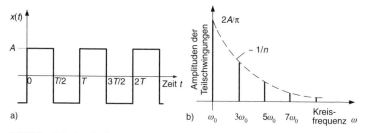

Bild 2.2 a) Rechteckschwingung und b) deren diskretes Amplitudenspekrtrum

Komplexe Form der Fourier-Reihe für das Signal $x(t)$:

$$x(t) = \sum_{n=-\infty}^{\infty} X_n \, e^{jn\omega_0 t} \qquad (2.9)$$

Die Größen X_n heißen **spektrale Amplituden**. Es handelt sich i. Allg. um komplexe Größen:

$$X_n = \frac{1}{T} \int_{-T/2}^{T/2} e^{-j\omega_0 t} x(t) \, dt = |X_n| \, e^{j\Theta n} = \frac{1}{2}(a_n - jb_n) \qquad (2.10)$$

$$X_{-n} = \frac{1}{T} \int_{-T/2}^{T/2} e^{j\omega_0 t} x(t) \, dt = |X_{-n}| \, e^{-j\Theta n} = \frac{1}{2}(a_n + jb_n) \qquad (2.11)$$

a_n, b_n Koeffizienten der trigonometrischen Fourier-Reihe ($\rightarrow$ Gl. (2.3))

Dem Betrag nach sind die spektralen Amplituden X_n und X_{-n} gleich groß: $|X_n| = |X_{-n}|$.

2.2.2   Nichtperiodische, zweiseitig begrenzte Signale

Nichtperiodische, zeitlich zweiseitig begrenzte Signale existieren nur im Zeitintervall $-T < t < T$; $T < \infty$.

Die spektrale Darstellung eines nichtperiodischen, zweiseitig begrenzten Signals $x(t)$ heißt **spektrale Amplitudendichte** oder **Spektralfunktion** (*frequency spectrum*). Mathematisch kann die Spektralfunktion mithilfe der Fourier-Transformation gewonnen werden:

$$\mathfrak{F}\{x(t)\} = X(\omega) = \int_{-\infty}^{\infty} x(t) \, e^{-j\omega t} \, dt \qquad (2.12)$$

Die spektrale Amplitudendichte $X(\omega)$ ist eine *komplexe kontinuierliche* Funktion mit dem *reelen* Argument $\omega = 2\pi f$ (f: Frequenz in Hz). Aus Gl. (2.11) folgt

2

$$X(\omega) = A(\omega) - jB(\omega) = |X(\omega)| \, e^{-j\varphi(\omega)} \qquad (2.13)$$

$A(\omega)$ Realteil der spektralen Amplitudendichte
$B(\omega)$ Imaginärteil spektralen Amplitudendichte
$\varphi(\omega)$ Phasenwinkel
$|X(\omega)|$ Betrag der spektralen Amplitudendichte

Das Minuszeichen in Gl. (2.13) vor $jB(\omega)$ ergibt sich aus der Anwendung der Euler-Formel /2.1/:

$$e^{-j\omega t} = \cos \omega t - \sin \omega t$$

Realteil $A(\omega)$ und Imaginärteil $B(\omega)$ der spektralen Amplitudendichte $X(\omega)$ berechnen sich aus

$$A(\omega) = \int\limits_{-\infty}^{\infty} x(t) \cos \omega t \; dt \qquad (2.14)$$

$$B(\omega) = \int\limits_{-\infty}^{\infty} x(t) \sin \omega t \; dt \qquad (2.15)$$

Für den Phasenwinkel $\varphi(\omega)$ gilt

$$\varphi(\omega) = \arctan \frac{B(\omega)}{A(\omega)} \qquad (2.16)$$

Den Betrag der spektralen Amplitudendichte erhält man aus

$$|X(\omega)| = \left| \sqrt{A^2(\omega) + B^2(\omega)} \right| \qquad (2.17)$$

Maßeinheit der spektralen Amplitudendichte: Amplitude je Hz.

Wichtige naturwissenschaftlich-technische Aussagen über die spektrale Amplitudendichte lassen sich wie folgt zusammenfassen:

■ Die spektrale Amplitudendichte $X(\omega)$ ist das Bild des Signals $x(t)$ im Spektral- bzw. Frequenzbereich.

■ Die Darstellung eines Signals in der Form $x(t)$ gibt an, wie groß die reelle Signalamplitude zu jedem Zeitpunkt t ist. Aus der spektralen Amplitudendichte $X(\omega)$ kann entnommen werden, wie groß der Amplitudenanteil einer bestimmten Frequenz ist.

■ Die komplexe Amplitudendichte $X(\omega)$ bzw. der reelle Betrag $|X(\omega)|$ nichtperiodischer Signale besitzt stetige Verteilungen. Periodische Signale im Zeitbereich besitzen ein diskretes Frequenzspektrum, nichtperiodische dagegen ein nichtdiskretes (kontinuierliches) Frequenzspektrum.

❑ *Beispiel:* Spektrale Amplitudendichte des einmaligen Rechteckimpulses der folgenden Größe:

$$x(t) = \begin{cases} A & \text{für } |t| \leqq \tau/2 \\ 0 & \text{für } |t| > \tau/2 \end{cases}$$

Die spektrale Amplitudendichte des obigen Signals ist

$$X(\omega) = A \int\limits_{-\infty}^{\infty} e^{-j\omega t} \, dt = \frac{A}{-j\omega}(e^{-j\omega\tau/2} - e^{j\omega\tau/2}) \tag{2.18}$$

Anwendung der Euler-Formel führt mit $\operatorname{si} x = \sin x / x$ zu

$$X(\omega) = \frac{2A}{j\omega} j \sin \frac{\omega\tau}{2} = \frac{A\tau}{\omega\tau/2} \sin\left(\frac{\omega\tau}{2}\right) = A\tau \operatorname{si}\left(\frac{\omega\tau}{2}\right). \tag{2.19}$$

Die Hüllkurve des Frequenzspektrums eines einmaligen Rechteckimpulses ist durch den Verlauf der Spaltfunktion gekennzeichnet. Innerhalb der Hüllkurve ($\rightarrow$ Bild 2.3) ist die spektrale Amplitudendichte kontinuierlich verteilt. Nur an den Stellen $\omega = \pm 2\pi/\tau$, $\pm 4\pi/\tau$, $\pm 6\pi/\tau$ usw. besitzt in diesem konkreten Fall das Frequenzspektrum den Wert null.

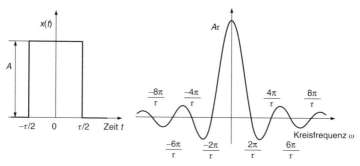

Bild 2.3 Einmaliger Recheckimpuls $x(t)$ und seine spektrale Amplitudendichte $X(\omega)$

Korrespondenzen von deterministischen Signalen $x(t)$ und ihren spektralen Amplitudendichten $X(\omega)$ zeigt Tabelle 2.2. Es lässt sich daraus das *Gesetz der Reziprozität von Zeit und Frequenz* herleiten: Je schmaler bzw. je kürzer ein Signal im Zeitbereich ist, desto breiter ist sein Frequenzspektrum und umgekehrt. *Technische Konsequenz:* Kurzzeitsignale benötigen breitbandige Übertragungskanäle.

Diskrete Fourier-Transformation DFT (*Discrete Fourier Transform*): Fourier-Transformation von *zeitdiskreten periodischen Signalen*.

Die DFT ist ein wichtiges Werkzeug der digitalen Signalverarbeitung zur

■ Bestimmung der in einem abgetasteten Signal hauptsächlich vorkommenden Frequenzen,

Tabelle 2.2 Korrespondenzen von typischen Signalen und deren spektralen Amplitudendichten (Auswahl)

Signal $x(t)$	Fourier-Transformierte von $\mathfrak{F}\{x(t)\}$
$x(t) = \delta(t)$	$X(\omega) = 1$
$x(t) = 1(t) = \begin{cases} 1 & \text{für } t > 0 \\ 0 & \text{für } t < 0 \end{cases}$	$X(\omega) = \pi\delta(\omega) + \dfrac{1}{j\omega}$
$x(t) = 1$	$X(\omega) = 2\pi\delta(\omega)$
$x(t) = \begin{cases} A & \text{für } |t| < \tau/2 \\ 0 & \text{für } |t| > \tau/2 \end{cases}$	$X(\omega) = A\tau\,\text{si}\left\{\dfrac{\omega\tau}{2}\right\}$
$x(t) = \begin{cases} e^{-at} & \text{für } t > 0 \\ 0 & \text{für } t < 0 \end{cases}$	$X(\omega) = \dfrac{1}{a+j\omega}$
$x(t) = \begin{cases} t\,e^{-at} & \text{für } t > 0 \\ 0 & \text{für } t < 0 \end{cases}$	$X(\omega) = \dfrac{1}{(a+j\omega)^2}$
$x(t) = \sin\omega_0 t$	$X(\omega) = j\pi\left[\delta(\omega - \omega_0) - \delta(\omega + \omega_0)\right]$
$x(t) = 1(t)\cdot\sin\omega_0 t$	$X(\omega) = \dfrac{\pi}{2j}\left[\delta(\omega - \omega_0) - \delta(\omega + \omega_0)\right]$

2

- Bestimmung der Amplituden bei diesen Frequenzen,
- Implementierung digitaler Filter mit großen Filterlängen.

Für die Berechnung der diskreten Fourier-Transformation DFT gibt es effiziente Algorithmen als Fast Fourier-Transformation FFT /2.2/, /2.13/.

2.2.3   Stochastische Signale

Merkmal stochastischer Signale: Die Signalwerte sind Zufallsgrößen.

Die Grundlage der Beschreibung stochastischer Signale bildet die Theorie der Zufallsfunktionen und -prozesse. Da es oft nicht möglich ist, den zugrunde liegenden Zufallsprozess mathematisch exakt anzugeben, zieht man zur Beschreibung die typischen Parameter von Wahrscheinlichkeitsverteilungen heran: Erwartungswerte, Momente, Dispersion, Standardabweichung usw.

Hängt eine Zufallsfunktion von einem Parameter $t \in T$ ab, spricht man von einem zufälligen Prozess oder **Zufallsprozess**. Meistens ist t die Zeit und T die Menge aller Beobachtungszeitpunkte eines Beobachtungsintervalls. Eine Realisierung des zufälligen Prozesses liegt vor, wenn bei jedem $t \in T$ der stochastische Prozess einen ganz konkreten Verlauf annimmt. Realisierungen zufälliger Prozesse sind grundsätzlich beobachtbar und können auf geeigneten Medien (z. B. magnetischen Speichern, Papier) registriert bzw. aufgeschrieben werden. *Grundsätzlich lassen sich stochastische Signale als Realisierung stochastischer Prozesse auffassen.* Diese Betrachtungsweise liegt den folgenden Ausführungen zugrunde.

Scharmittel

Gegeben sei ein Zufallsprozess $\xi(t)$ mit der eindimensionalen **Wahrscheinlichkeitsdichte** $p(x, t)$. Das Argument x bedeutet die möglichen Werte des Zufallsprozesses bei den Werten des Arguments t. $p(x, t)\,\mathrm{d}x$ ist die Wahrscheinlichkeit, dass die Werte des Zufallsprozesses zum Zeitpunkt t im Intervall $(x, x + \mathrm{d}x)$ liegen. Die Wahrscheinlichkeit, dass der Zufallsprozess irgendeinen der möglichen Werte annimmt, ist eins:

$$\int\limits_{-\infty}^{\infty} p(x, t)\,\mathrm{d}x = 1 \tag{2.20}$$

Obwohl die eindimensionale Wahrscheinlichkeitsdichte den Zufallsprozess nicht umfassend beschreibt, lässt sich damit eine Anzahl wichtiger Charakteristika bilden ($\rightarrow$ Tabelle 2.3). Der einfache **Erwartungswert** $\mathcal{E}[\xi(t)]$ ist das **Scharmittel**. In der Definitions- bzw. Berechnungsgleichung ist n die Zahl der Realisierungen und $x_i(t)$ ist eine Realisierung von $\xi(t)$.

Tabelle 2.3 Kenngrößen zur Beschreibung zufälliger Prozesse und Signale (Auswahl)

Bezeichnung	Berechnungsgleichung
Erwartungswert	$\overline{x(t)} = \mathcal{E}[\xi(t)] = \displaystyle\int_{-\infty}^{\infty} x p(x,t)\, \mathrm{d}x$ $= \displaystyle\lim_{n\to\infty} \frac{1}{n} \sum_{i=1}^{n} x_i(t)$
Zweites Moment	$\overline{x^2(t)} = \mathcal{E}[\xi^2(t)] = \displaystyle\int_{-\infty}^{\infty} x^2 p(x,t)\, \mathrm{d}x$ $= \displaystyle\lim_{n\to\infty} \frac{1}{n} \sum_{i=1}^{n} x_i^2(t)$
Dispersion	$\mathcal{D}[\xi(t)] = \mathcal{D}(t) = \mathcal{E}[\xi(t) - \mathcal{E}\xi(t)]^2$ $= \displaystyle\int_{-\infty}^{\infty} [x - \overline{x(t)}]^2 p(x,t)\, \mathrm{d}x$ $= \displaystyle\lim_{n\to\infty} \frac{1}{n} \sum_{i=1}^{n} [x_i(t) - \overline{x(t)}]^2$
Standardabweichung	$\sigma[\xi(t)] = \sigma(t) = \sqrt{\mathcal{D}(t)}$ $= \sqrt{\overline{x^2(t)} - \left(\overline{x(t)}\right)^2}$

2

Zeitmittel

Der zeitliche Mittelwert eines stationären stochastischen Prozesses bzw. Signals $x(t)$ im Beobachtungsintervall $t = 0 \ldots T$ ist

$$\overline{x(t)} = \lim_{T\to\infty} \frac{1}{T} \int_0^T x(t)\, \mathrm{d}t \qquad (2.21)$$

Entsprechend gilt für den quadratischen Mittelwert

$$\overline{x^2(t)} = \lim_{T\to\infty} \frac{1}{T} \int_0^T x^2(t)\, \mathrm{d}t \qquad (2.22)$$

Korrelationsfunktionen stochastischer Signale

Zeitliche Definition der **Autokorrelationsfunktion AKF**:

$$\psi_{xx}(\tau) = \mathcal{E}[x(t)x(t-\tau)] = \lim_{T\to\infty} \frac{1}{T} \int_0^T x(t)x(t-\tau)\, \mathrm{d}t \qquad (2.23)$$

Die AKF ist eine gerade Funktion, d. h., es ist gleichgültig, ob unter dem Integranden eine positive oder negative Zeitverschiebung vorgenommen wird: $\psi_{xx}(\tau) = \psi_{xx}(-\tau)$.

Zeitliche Definition der **Kreuzkorrelationsfunktion KKF**:

$$\psi_{xy}(\tau) = \mathcal{E}[x(t)\,y(t - \tau)] = \lim_{T \to \infty} \frac{1}{T} \int\limits_0^T x(t)y(t - \tau)\,\mathrm{d}t \qquad (2.24)$$

Die Kreuzkorrelationsfunktion KKF widerspiegelt den statistischen Zusammenhang zwischen den Realisierungen $x(t)$ und $y(t)$ von zwei *verschiedenen* (ergodischen) Zufallsprozessen oder -signalen. Die KKF ist keine gerade Funktion; es gilt somit $\psi_{xy}(\tau) \neq \psi_{yx}(\tau)$ bzw. $\psi_{xy}(\tau) = \psi_{yx}(-\tau)$.

▶ *Hinweis:* Anwendungen der Korrelationsfunktionen AKF und KKF u. a. in Messtechnik und Ortung.

Auf der Grundlage der zeitlichen Definition der AKF lassen sich folgende Gesetzmäßigkeiten stationärer Prozesse und Signale hervorheben:

- Mit Vergrößerung des Zeitintervalls τ geht der statistische Zusammenhang zwischen $x(t)$ und $x(t - \tau)$ verloren, sodass schließlich für $\tau \to \infty$ die Funktionswerte $x(t)$ und $x(t - \tau)$ völlig unkorreliert sind.

- Bei sehr großem Zeitintervall τ stimmt die AKF mit dem Quadrat des Erwartungswertes des betreffenden Zufallsprozesses überein. Im Falle der Stationarität ist dies eine Konstante.

$$\lim_{\tau \to \infty} \psi_{xx}(\tau) = \lim_{\tau \to \infty} \mathcal{E}[x(t)x(t - \tau)] \qquad (2.25)$$

$$= \mathcal{E}[x(t)]\,\mathcal{E}[x(t - \tau)] = \mathcal{E}^2\{x(t)\} = \overline{(x(t))^2}$$

- Bei $\tau \to 0$ besitzt die AKF ihren Maximalwert:

$$\lim_{\tau \to 0} \psi_{xx}(\tau) = \lim_{\tau \to 0} \mathcal{E}[x(t)\,x(t - \tau) = \mathcal{E}[x^2(t)] \qquad (2.26)$$

$$= \lim_{T \to \infty} \frac{1}{T} \int\limits_0^T x^2(t)\,\mathrm{d}t = \overline{x^2(t)}$$

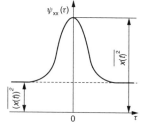

Bild 2.4 Typischer Verlauf der Autokorrelationsfunktion AKF

AKF und KKF sind Charakteristika stochastischer Prozesse und Signale und besitzen hohe Aussagekraft für die Bewertung stationärer und nichtstationärer Prozesse und Signale (wichtig z. B. für technische Prozessanalysen).

2

> **Stationärer Prozess**: Alle durch Mittelbildung erhaltenen Prozesscharakteristika sind zeitinvariant, und die AKF ist nur von der Korrelationsdauer τ abhängig. Die AKF besitzt für $\tau = 0$ ihren Größtwert, der mit der Dispersion übereinstimmt.

Tabelle 2.4 Zusammenfassung von Stationaritätsbedingungen

Erwartungswert	$\mathcal{E}[\xi(t)] = \text{invar}\, t$
Dispersion	$\mathcal{D}[\xi(t)] = \mathcal{D}_\mathrm{x} = \text{invar}\, t$
Autokorrelations-funktion AKF	$\psi_{\mathrm{xx}}(t, t^*) = \psi_{\mathrm{xx}}(\tau); \quad \tau = t - t^*$
	$\psi_{\mathrm{xx}}(0) = \mathcal{D}_\mathrm{x} > 0;\ |\psi_{\mathrm{xx}}(\tau)| < \psi_{\mathrm{xx}}(0);\ |\psi_{\mathrm{xx}}(\tau)| = \psi_{\mathrm{xx}}(-\tau)|$
	$\displaystyle\int_{-\infty}^{\infty} \psi_{\mathrm{xx}}(\tau)\cos\omega\tau\ \mathrm{d}\tau \geq 0$

Spektrale Darstellung stochastischer Signale – Leistungsspektrum und Wiener-Chintchin-Theorem

Die Spektraltheorie stochastischer Vorgänge stellt das Analogon zur Spektraltheorie determinierter Signale und Prozesse dar. Auch bei der spektralen Darstellung stochastischer Signale spielt die Fourier-Transformation eine zentrale Rolle.

▶ *Hinweis:* Man beachte, dass bei stochastischen Prozessen und Signalen die Spektralfunktion ebenfalls eine Zufallsfunktion ist!

Leistungsspektrum

> Das **Leistungsspektrum** (*power spectrum*) $S(\omega)$ – auch **spektrale Leistungsdichte** genannt – gibt als charakteristische Darstellungsgröße eines stochastischen Signals an, wie groß der Anteil einer bestimmten Frequenz an der Signalleistung P_T ist.

Angenommen, die Realisierung des stationären Zufallssignals $x(t)$ besitzt im Intervall $-T/2 \leq t \leq T/2$ den Verlauf $x_\mathrm{T}(t)$ ($\rightarrow$ Bild 2.5). Das zeitlich begrenzte zufällige Signal $x_\mathrm{T}(t)$ besitzt die Leistung

$$P_\mathrm{T} = \frac{1}{2\pi}\int_{-\infty}^{\infty}\frac{|X(\omega)|^2}{T}\,\mathrm{d}\omega = \frac{1}{2\pi}\int_{-\infty}^{\infty} S_\mathrm{T}(\omega)\,\mathrm{d}\omega \qquad (2.27)$$

P_T Signalleistung
$X(\omega)$ spektrales Amplitudenspektrum des Signals $x_\mathrm{T}(t)$

$S_T(\omega)$ spektrale Leistungsdichte des Signals $x_T(t)$
T Beobachtungszeitraum

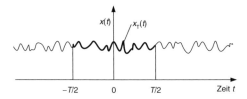

-T/2   0   T/2   Zeit *t*   *Bild 2.5 Zufallssignal*

In Analogie zu den deterministischen Prozessen und Signalen gibt es auch bei den stochastischen Prozessen einen Zusammenhang zwischen Zeit- und Spektralbereich. Dieser fundamentale Zusammenhang trägt die Bezeichnung Wiener-Chintchin-Theorem.

Wiener-Chintchin-Theorem: Das Leistungsspektrum $S(\omega)$ eines stochastischen Prozesses oder Signals ist gleich der Fourier-Transformierten der zugehörigen Autokorrelationsfunktion $\psi_{xx}(\tau)$.

Es gilt also:

$$S(\omega) = \mathfrak{F}\{\psi_{xx}(\tau)\} = \int\limits_{-\infty}^{\infty} e^{-j\omega\tau}\,\psi_{xx}(\tau)\,d\tau \qquad (2.28)$$

$$= 2\int\limits_{0}^{\infty} \psi_{xx}(\tau)\cos\omega\tau\,d\tau$$

Die Autokorrelationsfunktion ist die Fourier-Rücktransformierte des Leistungsspektrums $S(\omega)$:

$$\psi_{xx}(\tau) = \mathfrak{F}_{-1}\{S(\omega)\} = \frac{1}{2\pi}\int\limits_{-\infty}^{\infty} e^{j\omega\tau}S(\omega)\,d\omega \qquad (2.29)$$

$$= \frac{1}{\pi}\int\limits_{0}^{\infty} S(\omega)\cos\omega\tau\,d\omega$$

Obige Gl. (2.29) heißt auch *spektrale* Definition der Autokorrelationsfunktion. Die Integration in Gl. (2.29) erfolgt über alle reellen Kreisfrequenzen, d. h. von $-\infty \leq \omega \leq \infty$. Physikalisch sinnvoll sind jedoch nur Kreisfrequenzen $\omega \geq 0$.

▶ *Hinweis:* Das Rechnen mit Kreisfrequenzen ω ist problemlos und sogar einfacher als mit den in Hertz angegebenen Frequenzen f (Vermeiden des Faktors 2π). Dennoch werden letztere der Nachrichtentechnik wegen der Anschaulichkeit und einfachen Bestimmbarkeit bevorzugt verwendet.

▶ *Hinweis:* Beachte für Umrechnungen $S(f) = 2\pi S(\omega)$ und $S(\omega)\,d\omega = S(f)\,df$.

Kommentar zum Wiener-Chintchin-Theorem:

- Seine grundsätzliche Bedeutung für die Signaltheorie besteht darin, dass es auch für stochastische Signale über die Fourier-Transformation einen gesetzmäßigen Zusammenhang zwischen zeitlichen und spektralen (frequenzabhängigen) Größen gibt.

- Bei deterministischen Signalen wird die Fourier-Transformation auf das zeitabhängige Signal $x(t)$ angewandt: $X(\omega) = \mathfrak{F}\{x(t)\}$. Entsprechend dem Wiener-Chintchin-Theorem erfolgt die Anwendung der Fourier-Transformation auf eine Größe völlig anderer Dimension: $S(\omega) = \mathfrak{F}\{\psi_{xx}(\tau)\}$.

- Die **spektrale Amplitudendichte** $X(\omega)$ ist eine **komplexe** Funktion der **reellen** Kreisfrequenz ω. Das Leistungsspektrum $S(\omega)$ ist eine reelle Funktion der reellen Variablen ω.

- Aus Gl. (2.29) folgt, dass bei $\tau = 0$ die Leistung eines stationären Signals

$$\psi_{xx}(0) = \frac{1}{2\pi} \int\limits_{-\infty}^{\infty} S(\omega) \, d\omega = \overline{x^2(t)} \qquad (2.30)$$

ist. Andererseits ergibt sich aus der zeitlichen Definition der Autokorrelationsfunktion ($\rightarrow$ Gl. (2.23)):

$$\psi_{xx}(0) = \lim_{T \to \infty} \frac{1}{T} \int\limits_{-\infty}^{\infty} x^2(t) \, dt = \overline{x^2(t)} \qquad (2.31)$$

Aus den obigen Gleichungen ergibt sich die Gleichwertigkeit der Leistungsbilanzen im Zeit- und Frequenzbereich:

$$\begin{aligned} P &= \lim_{T \to \infty} \frac{1}{T} \int\limits_{-\infty}^{\infty} x^2(t) \, dt = \frac{1}{2\pi} \int\limits_{-\infty}^{\infty} S(\omega) \, d\omega \\ &= \lim_{T \to \infty} \frac{1}{2\pi} \int\limits_{-\infty}^{\infty} \frac{|X(\omega)|^2}{T} \, d\omega \end{aligned} \qquad (2.32)$$

Die Bilanzgleichung (2.32) trägt auch die Bezeichnung Parceval'sches Theorem.

Leistungsspektrum des weißen Rauschens

Merkmal des weißen Rauschens: Das Leistungsspektrum des betreffenden Zufallsprozesses bzw. -signals ist über alle Frequenzen gleich verteilt, d. h. $S(\omega) = S_0 = \text{const}$. Die AKF dieses Prozesses ist

$$\psi_{xx}(\tau) = \frac{1}{2\pi} \int\limits_{-\infty}^{\infty} e^{j\omega\tau} S_0 \, d\omega = \frac{S_0}{\pi} \int\limits_{0}^{\infty} \cos\omega\tau \, d\omega = S_0 \delta(\tau) \quad (2.33)$$

Die Dirac'sche Deltafunktion $\delta(\tau)$ ist wie folgt definiert:

$$\delta(\tau) = \begin{cases} 0 & \text{für} \quad \tau \neq 0, \\ \infty & \text{für} \quad \tau = 0 \end{cases}, \qquad \int\limits_{-\infty}^{\infty} \delta(\tau) \, d\tau = 1 \qquad (2.34)$$

Aus Gl. (2.33) folgt, dass der Zufallsprozess weißes Rauschen völlig unkorreliert ist.

Begrenztes Breitbandrauschen

Merkmal des ideal begrenzten Breitbandrauschens: Der entsprechende Zufallsprozess besitzt ein scharf begrenzte Leistungsspektrum:

$$S(\omega) = \begin{cases} S_0 & \text{für} \quad |\omega| < \omega_0 \\ 0 & \text{für} \quad |\omega| > \omega_0 \end{cases} \tag{2.35}$$

Die zugehörige AKF ist

$$\psi_{xx}(\tau) = \frac{1}{2\pi} \int\limits_{-\omega_0}^{\omega_0} e^{j\omega\tau} S_0 \, d\omega = \frac{S_0}{\pi} \int\limits_{0}^{\omega_0} \cos\omega\tau \, d\omega \tag{2.36}$$

$$= \frac{S_0 \sin\omega_0\tau}{\pi\tau} = 2f_0 S_0 \frac{\sin\omega_0\tau}{\omega_0\tau} = 2f_0 S_0 \, \text{si}\{\omega_0\tau\}$$

Die AKF des begrenzten Breitbandrauschens ist durch den Verlauf der Spaltfunktion $\text{si}\{\omega\tau\}$ gekennzeichnet. Typisch ist auch hier die **Reziprozität von Zeit und Frequenz**: Je breiter das Leistungsspektrum ist, desto schmaler wird die Verteilung von $\psi_{xx}(\tau)$. Im Grenzfall $|\omega_0| \to \infty$ geht die AKF in die Deltafunktion über, und man erhält das Bild der AKF des weißen Rauschens.

2.2.4   Abtasttheorem

Es gibt zwei Abtasttheoreme: für bandbegrenzte (frequenzbegrenzte) und für zeitbegrenzte Signale.

Merkmal frequenzbegrenzter Signale: Oberhalb einer Grenzfrequenz $\omega_{gr} = 2\pi f_{gr}$ besitzen sie keine spektralen Anteile: $X(\omega) = 0$ für $\omega > \omega_{gr}$.

> **Abtasttheorem** (*sampling theorem*) **für frequenzbegrenzte Signale**: Ein Signal $x(t)$ mit einer auf den Bereich $|\omega| < \omega_{gr}$ begrenzten spektralen Amplitudendichte ist eindeutig durch eine Folge von Amplitudenwerten bestimmt, die im äquidistanten Zeitabstand
>
> $$|\Delta t| \leqq \frac{\pi}{\omega_{gr}} = \frac{1}{2f_{gr}}$$
>
> auseinanderliegen.

Abtastwert: momentaner Amplitudenwert des Signals $x(t)$

Abtastintervall $T_{abt} = \Delta t$: zeitlicher Abstand zwischen zwei Abtastwerten

Abtastfrequenz (auch Abtastrate): $f_{abt} = 1/T_{abt} = 1/\Delta t$

2

Die vollständige (verlustlose) Rekonstruktion des ursprünglichen analogen kontinuierlichen Signals $x(t)$ aus den Abtastwerten ist möglich, wenn gilt:

$$x(t) = \sum_{n=-\infty}^{\infty} x_n \, si\{\omega_{gr}t - n\pi\} \tag{2.37}$$

x_n Amplitudenwert der n-ten Abtastung

Die grundlegende Bedeutung des Abtasttheorems frequenzbegrenzter Signale für die Nachrichtentechnik – insbesondere für die Theorie und Praxis der Informationsübertragung und -verarbeitung – besteht in Folgendem:

- Das Abtasttheorem bildet die wissenschaftliche Grundlage für die Zeit-quantisierung kontinuierlicher Signale. Es stellt die Brücke vom kontinu-ierlichen Informationsfluss zu einem Informationsfluss dar, der aus zeit-diskreten Werten besteht. Bei Einhaltung der Bedingungen $X(\omega) = 0$ für $|\omega| > \omega_{gr}$ und $|\Delta t| \leqq \pi/\omega_{gr} = 1/(2f_{gr})$ sind kontinuierlicher und diskonti-nuierlicher Informationsfluss vollkommen gleichwertig.

- Damit beim Abtasten eines analogen kontinuierlichen Signals $x(t)$ kein Informationsverlust eintritt, muss die Abtastfrequenz f_{abt} doppelt so groß sein wie die obere Grenzfrequenz des Signals $x(t)$:

$$f_{abt} = \frac{1}{\Delta t} = 2 f_{gr} \tag{2.38}$$

f_{abt} Abtastfrequenz
f_{gr} Grenzfrequenz des analogen kontinuierlichen Signals
Δt zeitlicher Abstand zwischen den Abtastwerten

Daraus ergibt sich der hohe Stellenwert der Bestimmung der oberen Grenz-frequenz von Signalen bzw. Signalklassen durch Messung oder Rechnung.

- Aus einer empfangenen Folge zeitdiskreter Abtastwerte kann das ursprüng-liche analoge kontinuierliche Signal grundsätzlich wiedergewonnen wer-den. Hierzu ist es notwendig, in der adäquaten Folge $X_a(\omega)$ im Spektral-bereich alle Amplituden zu unterdrücken (auszufiltern), die bei $|\omega| > 2\omega_{gr}$ liegen (technisch realisierbar mit einem Tiefpassfilter). Das verbleibende Restspektrum $X(\omega)$ enthält dann die gesamte Information über das Origi-nalsignal $x(t)$.

- Das Abtasttheorem ist die Grundlage der zeitgestaffelten (zeitmultiplexen) Informationsübertragung.

❏ *Beispiel 1:* Abtastfrequenz für telefonietypische Anwendungen: $f_{abt} = 8\,kHz$. Daraus ergibt sich bei 8-bit-Codierung eine Datenrate von $v = 8 \cdot 10^3\,s^{-1} \cdot 8\,bit = 64\,kbit/s$.

❏ *Beispiel 2:* Abtastrate für CD-Qualität: $f_{abt} = 44,1\,kHz$. Daraus folgt wegen $f_{gr} = f_{abt}/2 = 22,05\,kHz$, dass mit dieser Abtastrate nur Frequenzen bis $22,05\,kHz$ repräsentiert werden können, d. h. bis nahe am Höchstwert des menschlichen Hörvermögens.

Abtasttheorem (*sampling theorem*) **für zeitbegrenzte Signale**: Das Frequenzspektrum eines auf das Zeitintervall $|t| < \tau$ begrenzten Signals ist vollständig bestimmt, wenn man seine Amplitudenwerte bei den diskreten Frequenzen kennt, die im Abstand

$$\Delta f \geq \frac{1}{2\tau} \quad \text{bzw.} \quad \Delta \omega \geq \frac{\pi}{\tau}$$

auseinanderliegen.

2.2.5   Fehler bei Signalquantisierungen

Möglichkeiten der Quantisierung von Signalen → 2.1, 2.2.4. Nachfolgend stehen die Fehler bei Signalquantisierungen im Mittelpunkt, denn diese haben Informationsverluste zur Folge. Quantisierungsfehler wirken wie Störungen. Daher kommt die Bezeichnung **Quantisierungsrauschen**.

Fehler bei der Amplitudenquantisierung

Es gibt mehrere Regeln für die Amplitudenquantisierung, z. B. gleichförmige oder nicht gleichförmige Unterteilung der Quantisierungsintervalle. Bei der gleichförmigen Quantisierung wird der Amplitudenbereich eines analogen kontinuierlichen Signals $x(t)$ in diskrete Intervalle gleichen Abstandes Δx unterteilt. Bei der nicht gleichförmigen Amplitudenquantisierung erfolgt die Unterteilung des Gesamtintervalles nach anderen Kriterien /2.11/, /2.12/, /2.17/.

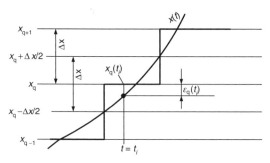

Bild 2.6   Zur Fehlerberechnung bei der Amplitudenquantisierung

Bei der Quantisierung gemäß Bild 2.6 gilt folgende Quantisierungsregel: Es sei Δx der Abstand zwischen zwei Amplitudenstufen. Der Augenblickswert des Signals $x(t)$ wird stets der am nächsten liegenden diskreten Amplitudenstufe zugeordnet. Es wird also immer die Quantisierungsstufe x_q angenommen, wenn $x(t)$ im Bereich von $x_q - \Delta x/2$ bis $x_q + \Delta x/2$ liegt. Zum Zeitpunkt t_i

2

ist der Abstand zwischen dem quantisierten Signal und dem nichtquantisierten
Signal

$$x_q(t_i) = x(t_i) + \varepsilon_q(t_i) \tag{2.39}$$

$x_q(t_i)$ angenommener Quantisierungswert zur Zeit t_i
$x(t_i)$ Wert des nichtquantisierten Signals zur Zeit t_i
$\varepsilon_q(t_i)$ Fehler zur Zeit t_i (Abstand zwischen nichtquantisiertem und quantisiertem
Signal)

Die Größe des Fehlers $\varepsilon_q(t_i)$ hängt von der Wahrscheinlichkeit ab, dass $x(t)$
einen bestimmten Wert im Intervall von $x_q - \Delta x/2$ bis $x_q + \Delta x/2$ annimmt.
Der Erwartungswert von ε_q ist

$$\mathcal{E}[\varepsilon_q(t)] = \int\limits_{x_q-\Delta x/2}^{x_q+\Delta x/2} [x_q(t) - x(t)]^2 p(x)\,\mathrm{d}x \tag{2.40}$$

Der Quantisierungsfehler hängt von der Wahrscheinlichkeitsdichte $p(x)$ bzw.
der Wahrscheinlichkeit, mit der sich das Signal im Intervall Δx befindet, und
der Anzahl m der Quantisierungsstufen ab. Rechnungen zeigen, dass man den
prozentualen Quantisierungsfehler σ_q mit der Formel

$$\sigma_q = \frac{k_q}{m} \tag{2.41}$$

abschätzen kann. Der Koeffizient k_q kängt vom Verteilungsgesetz des zu
quantisierenden Signals ab. Ist das Signal im Quantisierungsbereich (m Quantisierungsstufen) gleich- oder normalverteilt, gilt $0.8 \leq k_p \leq 1.6$.

Fehler bei der Zeitquantisierung

Die Grundlage der Zeitquantisierung analoger kontinuierlicher Signale ist
das Abtasttheorem ($\rightarrow$ 2.2.4). Die Gültigkeit des Abtasttheorems ist an zwei
Voraussetzungen gebunden:

- an die strenge Frequenzbegrenzung des zu quantisierenden Signals, also
  $S(\omega) = 0$ für $|\omega| > \omega_{gr}$, und
- gemäß Gl. (2.37) an das Vorhandensein einer unendlich großen Zahl von
  Abtastwerten x_n für die vollständige Rekonstruktion des Signals $x(t)$. Die
  letzte Voraussetzung ist identisch mit der Annahme einer unendlichen
  Signaldauer oder einer unendlichen Beobachtungszeit.

Das Verletzen der genannten Voraussetzungen bedingt zwei Arten von Zeit-
quantisierungsfehlern.

Fehler infolge unscharfer Frequenzbegrenzung

Zur Veranschaulichung dient Bild 2.7, in dem das Leistungsspektrum $S(\omega)$
des zu quantisierenden Signals dargestellt ist. Da eine scharfe obere Grenze
von $S(\omega)$ nicht vorliegt, werde das Signal mit der Frequenz $f^* = \omega^*/2\pi$

abgetastet. Es wird nun angenommen, ω^* sei so groß, dass der Hauptteil der Signalenergie im Bereich $\omega < \omega^*$ liegt. Als Fehlermaß kann man den mittleren quadratischen Fehler einführen:

$$\sigma_F^2 = \frac{\text{Signalenergie im Bereich } \omega > \omega^*}{\text{Signalenergie im Bereich } 0 < \omega < \omega^*}$$

$$\sigma_F^2 = \frac{\int\limits_{\omega^*}^{\infty} |X(\omega)|^2 \, d\omega}{\int\limits_{0}^{\omega^*} |X(\omega)|^2 \, d\omega} = \frac{\Delta P}{P} = \frac{\Delta W}{W} \tag{2.42}$$

Unter der Voraussetzung $\sigma_F^2 \ll 1$ gilt auch

$$\sigma_F^2 = \frac{\int\limits_{\omega^*}^{\infty} |X(\omega)|^2 \, d\omega}{\int\limits_{0}^{\infty} |X(\omega)|^2 \, d\omega} \approx \frac{\Delta W}{W}. \tag{2.43}$$

Aus Gl. (2.43) kann man bei vorgegebenem relativen Fehler σ_F diejenige Frequenz ω^* bzw. f^* berechnen, welche einen Fehler der Signalrekonstruktion infolge unscharfer Frequenzbegrenzung des Leistungsspektrums gewährleistet.

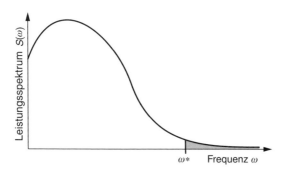

Bild 2.7 *Zur Berechnung des Zeitquantisierungsfehlers bei unscharf begrenztem Leistungsspektrum*

Fehler infolge endlicher Beobachtungsdauer

Eine vollständige Signalrekonstruktion ist theoretisch nur möglich, wenn die Anzahl der Abtastwerte x_n unendlich groß ist ($\to$ Gl. (2.37)) und für das zu quantisierende Signal entsprechende Zeit zur Beobachtung zur Verfügung steht. Die folgende Fehlerabschätzung beruht auf den Annahmen:

- Zur Beobachtung des nach der Zeit zu quantisierenden Signals steht nur das endliche Intervall T zur Verfügung.
- Die maximal zulässige Zeit zwischen zwei Abtastwerten ist $\Delta t = \pi/\omega_{gr} = 1/(2f_{gr})$. Wird Δt größer gewählt als das Abtasttheorem vorgibt, sind Fehler unvermeidbar.

In die Zeit Δt fallen

$$m = 1 + \frac{T}{\Delta}t = 1 + \frac{\omega_{gr}T}{\pi} = 1 + 2f_{gr}T \tag{2.44}$$

Abtastwerte. Falls $m \gg 1$ ist, gilt

$$m = \frac{\omega_{gr}T}{\pi} = 2f_{gr}T$$

Die unendliche Summe der Abtastfunktionen, welche das verlustfrei rekonstruierte Signal $x(t)$ ergibt, ist

$$x(t) = \sum_{n=-\infty}^{\infty} x_n \operatorname{si}\{\omega_{gr}t - n\pi\} = \sum_{n=-\infty}^{\infty} x_n \varphi(t) \tag{2.45}$$

Befinden sich innerhalb der Zeit T insgesamt m Abtastwerte, kann nur ein analoges kontinuierliches Signal

$$x'(t) = \sum_{n=m/2}^{m/2} x_n \varphi(t) \tag{2.46}$$

aus den Abtastfunktionen rekonstruiert werden. Für $m \to \infty$ nähern sich $x(t)$ und $x'(t)$. Folglich ist die Differenz $\varepsilon_T = |x(t) - x'(t)|$ umso kleiner, je größer m gewählt wird. Dies erfordert eine Verkürzung des Abtastintervalls Δt und führt auf diese Weise zur Verkleinerung des Quantisierungsfehlers. Ein Maß für den Fehler der Signalrekonstruktion infolge der auf das Teilintervall entfallenden m Abtastwerte ist der mittlere quadratische Fehler

$$\sigma_T^2 = \frac{\int\limits_0^T [x(t) - x'(t)]^2 \, \mathrm{d}t}{\int\limits_0^T x^2(t) \, \mathrm{d}t} = \frac{\int\limits_0^T \varepsilon_T^2(t) \, \mathrm{d}t}{W}. \tag{2.47}$$

Der mittlere quadratische Gesamtfehler der Zeitquantisierung ist

$$\sigma_{ges}^2 = \sigma_F^2 + \sigma_T^2. \tag{2.48}$$

Ausführliche Darstellungen von Quantisierungsverfahren und Quantisierungsfehlern findet man u. a. in /2.10/, /2.11/, /2.1/, /2.17/ ($\to$ 8).

3 Netzwerkbeschreibungen

Helmut Löffler

Gegenstand dieses Kapitels sind Struktureigenschaften von Kommunikations- bzw. Nachrichtennetzen, die sich aus der Netztopologie ergeben. Ist die Beschreibung oder Berechnung elektrischer oder elektronischer Netze und Systeme, z. B. mit der Vierpol- oder der Leitungstheorie, von Interesse, muss auf relevante Literatur verwiesen werden, /3.6/ bis /3.8/. Im erweiterten Sinne gehören zur Netzwerkbeschreibung auch Angaben über Qualitätsmerkmale wie die Servicequaliät QoS. Näheres hierzu siehe z. B. Kapitel 12.

> **Netztopologie** (*network topology*) oder **topologische Struktur** (*topological structure*): Darstellung oder Beschreibung eines Kommunikationsnetzes hinsichtlich der wechselseitigen Zuordnung der Teilnehmerendstellen und Vermittlungseinrichtungen für die Nachrichtenströme und Leitungen.

Neben der topologischen Struktur von Kommunikationsnetzen und Systemen gibt es noch deren logische und physische Struktur /3.4/, die hier ebenfalls nicht behandelt werden.

3.1 Grundzüge der graphentheoretischen Modellierung von Nachrichtennetzen

Nachrichten- bzw. Kommunikationsnetze lassen sich bezüglich ihrer Topologie mit Graphen beschreiben. Ein **Graph** G ist die Gesamtheit von zwei Mengen:

$$G = [V, A] \tag{3.1}$$

V Menge der Knoten oder Knotenpunkte
A Kanten- oder Bogenmenge

▶ *Hinweis:* Nachfolgend wird vorausgesetzt, dass die Knotenmenge endlich ist und nicht leer, d. h. $V \neq 0$. Ein entsprechender Graph heißt *endlicher Graph*, und es gilt

$$V = \{v_i | i = 1, 2, \ldots, n\}; \; n = card\,V \tag{3.2}$$

Kante: ungerichtete, unmittelbare Verbindung zwischen zwei Knotenpunkten v_i und v_j, symbolisiert mit $(v_i v_j)$.

Bogen: unidirektional gerichtete, unmittelbare Verbindung zwischen zwei Knotenpunkten. *Beispiel*: Richtfunkstrecke zwischen einem Sender und einem Empfänger.

Die einer Kante oder einem Bogen zugeordneten Knoten heißen **Endpunkte**.
Ein *gerichteter Graph* enthält nur Bögen, und es gilt

$$A = \{(v_i v_j) \mid (v_i v_j) \in V \times V;\ \forall i \neq j\} \tag{3.3}$$

3

Knoten können sein: Sender, Vermittlungsstellen, Teilnehmerendstellen. Beispiel für Kanten: Verbindungen in einem Informationsübertragungssystem im
Halb- oder Vollduplexbetrieb. **Ungerichtete Graphen** besitzen außer Knoten
nur Kanten. In diesem Fall ist die Kantenmenge eine echte Untermenge des
Kreuzproduktes der Knotenmenge

$$A \subseteq V \times V;\ \forall i, j :\ [(v_i v_j) \in V \times V \Rightarrow (v_j v_i) \in V \times V] \tag{3.4}$$

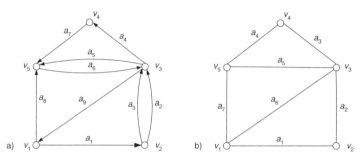

Bild 3.1 a) Gerichteter Graph mit den Knoten v_i ($i = 1, \ldots, 5$) und den Bögen
a_j ($j = 1, \ldots, 9$); b) ungerichteter Graph mit 5 Knoten und den Kanten a_j
($j = 1, \ldots, 7$)

Adjazente Knoten: Knoten, die Endpunkte ein- und derselben Kante oder
eines entsprechenden Bogens sind. Eine mögliche Darstellungsform von Gra-
phen ist die die *Adjazenzmatrix* $\|(v_i v_j)\|$. Deren Bildungsgesetz lautet:

$$(v_i v_j) = \begin{cases} b, & \text{falls } (v_i v_j)\ b\text{-mal existiert} \\ 0, & \text{falls } (v_i v_j)\ \text{nicht existiert} \\ 0, & \text{falls } \forall i :\ i = j \end{cases} \tag{3.5}$$

Die Adjazenzmatrix des Graphen in Bild 3.1a ist

$$\|(v_i v_j)\| = \begin{pmatrix} 0 & 1 & 0 & 0 & 1 \\ 0 & 0 & 2 & 0 & 0 \\ 1 & 0 & 0 & 1 & 1 \\ 0 & 0 & 0 & 0 & 1 \\ 0 & 0 & 1 & 0 & 0 \end{pmatrix} \tag{3.6}$$

Auch die *Inzidenzmatrix* $\|i_{ij}\|$ ist eine Darstellungsungsform von Graphen. Für die Elemente dieser Matrix gilt

$$(i_{ij}) = \begin{cases} -1, & \text{falls ein Bogen } a_j \text{ mit } v_i \text{ inzident ist und} \\ & a_j \text{ in } v_i \text{ einmündet} \\ 0, & \text{falls } a_j \text{ mit } v_i \text{ nicht inzident ist} \\ 1, & \text{falls } a_j \text{ mit } v_i \text{ inzident ist und aus } v_i \text{ herausführt} \end{cases}$$

Die Inzidenzmatrix des gerichteten Graphen in Bild 3.1a lautet

$$\|(i_{ij})\| = \begin{array}{c} v_1 \\ v_2 \\ v_3 \\ v_4 \\ v_5 \end{array} \begin{pmatrix} 1 & 0 & 0 & 0 & 0 & 0 & 0 & 1 & -1 \\ -1 & 1 & 1 & 0 & 0 & 0 & 0 & 0 & 0 \\ 0 & -1 & -1 & 1 & 1 & -1 & 0 & 0 & 1 \\ 0 & 0 & 0 & -1 & 0 & 0 & 1 & 0 & 0 \\ 0 & 0 & 0 & 0 & -1 & 1 & -1 & -1 & 0 \end{pmatrix} \quad (3.7)$$

Im Zusammenhang mit der graphentheoretischen Beschreibung von Kommunikationsnetzen sind auch folgende Begriffe von Bedeutung:

- **Zusammenhängender Graph**: Je zwei Knotenpunkte v_i, $v_j \in V$ sind durch einen Weg oder elementare Kette verbunden.
- **Kette**: Folge von Bögen ohne Berücksichtigung des Richtungssinns.
- **Bewerteter Graph**: Graph, bei dem jedem Knoten und jeder Kante eine Zahl zugeordnet ist. Bewertungen können z. B. sein: Kanalkapazität eines Kommunikationskanals, Übertragungskosten zwischen zwei Knoten, Ausfallwahrscheinlichkeit eines Kanals oder eines Knotens.
- **Bahn**: Folge zusammenhängender Bögen mit gleichem Richtungssinn.
- **Kreis**: geschlossene Bahn, bei welcher der Endpunkt des letzten Bogens mit dem Anfangspunkt des ersten übereinstimmt.
- **Kantenzug**: Kantenfolge, bei der keine Kante zweimal vorkommt.
- **Weg**: Kantenzug, der keinen Knoten mehrmals enthält.
- **Weglänge**: Anzahl der Kanten eines Weges.
- **Kürzester Weg**: Weg zwischen zwei Knoten, der im Vergleich zu allen anderen Wegen die *kleinste Gesamtbewertung* besitzt. Beispiel: Übertragungsweg zwischen zwei Kommunikationspartnern mit den geringsten Übertragungskosten oder minimaler Übertragungsverzögerung.
- **Grad** d_i **eines Knotens** v_i: Anzahl der indizierenden Kanten. Besitzt ein endlicher, zusammenhängender Graph $G = [V, A]$ insgesamt $card\, V = n$ Knoten und $card\, A = k$ Kanten, so gilt

$$\sum_{i=1}^{n} d_i = 2k \quad \text{und} \quad d_{\min}(G) \leqq \lceil 2k/n \rceil \quad (3.8)$$

$d_{\min}(G) = \min(d_i)$ kleinster Knotengrad im Graphen G

❏ *Beispiel:* Der kleinste Knotengrad in den Graphen von Bild 3.1 ist $d_{\min}(G) = 2$.

> **Konnektivität** (*connectivity*): Merkmal eines Netzes hinsichtlich der Erreichbarkeit (*reachability*) der Kommunikationspartner. Grundvoraussetzung für Konnektivität: Der Graph der Netzes muss zusammenhängend sein.

3

3.2   Charakteristische Netzstrukturen

Netzstrukturen lassen sich in zwei Klassen einteilen: in Netze, deren Graphen ohne Kreise sind, und in Netze, deren Graphen Kreise besitzen.

Die Bilder 3.2a und 3.2c zeigen zwei typische Vertreter kreisfreier Netze: die Linien- und die Baumstruktur.

Linienstruktur: Der Graph eines solchen Netzes enthält einen einzigen Kantenzug (→ Bild 3.2a). Der Wegfall einer einzigen Netzkomponente führt zum Verlust der wechselseitigen Erreichbarkeit zwischen den Kommunikationspartnern. Typischer Vertreter dieser Netzstruktur ist das klassische Ethernet /3.4/.

Sternstruktur (→ Bild 3.2b): Netz, dessen Graph einen zentralen Knoten enthält, an den jeweils nur ein weiterer Knoten unmittelbar angeschlossen ist (Sonderfall der Baumstruktur). Fällt der zentrale Knoten aus, ist die Konnektivität unterbrochen. Es gibt dann keine Kommunikationsmöglichkeit mehr zwischen den Partnern.

❏ *Beispiel einer Sternstruktur:* Anschluss von Fernsprechteilnehmern an die jeweilige örtliche Vermittlungsstelle.

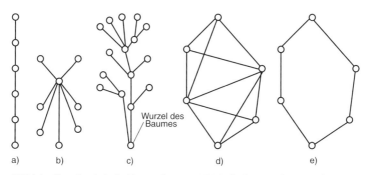

Wurzel des
Baumes

a)   b)   c)   d)   e)

Bild 3.2   Charakteristische Netzstrukturen: a) Linie, b) Stern, c) Baumstruktur, d) teilvermaschtes Netz, e) Ringstruktur

Baumstrukturen (→ Bild 3.2c) besitzen, wie der Name verrät, als Graph einen Baum. Angenommen, der Graph ist ungerichtet und enthält *n* Knoten.

Je zwei der folgenden drei Bedingungen ergeben eine vollständige Definition eines Baumes $G_B[V, A]$:

- Der Graph G_B ist zusammenhängend;
- der Graph G_B enthält keine Kreise;
- der Graph G_B besitzt $n - 1$ Kanten.

Knotenpunkte eines Baumes, mit denen nur eine einzige Kante inzident ist, heißen *hängende* Knotenpunkte. Jeder Baum mit > 2 Knoten besitzt mindestens zwei hängende Knotenpunkte. Wichtige Struktureigenschaften von Netzen mit Baumstruktur sind:

- Aus n Knoten lassen sich n^{n-2} verschiedene Bäume konstruieren.
- Zwischen zwei Knoten eines Baumes gibt es nur einen Weg. Folge: Kommunikationsnetze mit Baumstruktur sind störanfällig, denn der Ausfall nur eines Knotens oder einer Kante (Übertragungskanal) führt zur Auflösung des Zusammenhangs. Nicht mehr alle Netzknoten sind dann wechselseitig erreichbar.

❑ *Beispiel für Netze mit Baumstruktur:* Kabel-TV-Verteilnetze.

Netze, deren Graph Kreise enthält, sind alle vermaschten Strukturen einschließlich Ringnetzen.

Vermaschte Strukturen: Hier ist entweder nur ein Teil der Knoten unmittelbar miteinander verbunden (teilvermaschtes Netz, → Bild 3.2d) oder alle.

Vollvermaschtes Netz: Jeder Knoten ist direkt mit jedem anderen verbunden. *Vorteil*: robust gegen Ausfall. Zwischen je zwei Knoten gibt es mehr als einen Weg; Unterbrechung einer Direktverbindung zwischen zwei Knoten führt nicht zwingend zur Auflösung der wechselseitigen Erreichbarkeit. *Nachteil*: hohe Kosten, da mit zunehmender Knoten- und Kantenanzahl (Anzahl der Übertragungskanäle) die Netzkosten extrem ansteigen. Kommunikationsnetze sind daher i. Allg. *teilvermascht*. Generell sind teilvermaschte Netze so gestaltet, dass es zwischen zwei Netzknoten mehr als einen Weg gibt. Bei Unterbrechung eines Kommunikationskanals zwischen zwei Knoten kann durch Umlenkung der Nachrichtenströme (Routing, → 12) die wechselseitige Erreichbarkeit gesichert werden.

Ringstruktur (→ Bild 3.2e): Spezialfall der vermaschten Netzstruktur. Der Graph eines Ringes besitzt einen einzigen Kreis. Der Ausfall eines Knotens oder einer Kante führt zur Auflösung des Zusammenhangs und damit zum Verlust der gegenseitigen Erreichbarkeit. Um die Erreichbarkeit der Kommunikationspartner dennoch auf dem Ring zu gewährleisten, werden Ringe meistens redundant, d. h. in Form von Doppelringen ausgelegt.

Ausführliche Darstellungen und Anwendungen der Graphentheorie auf dem Gebiet der Netzwerkbeschreibung und -optimierung findet man z. B. in /3.1/, /3.2/, /3.3/, /3.5/, /3.6/.

4   Informationstheorie

Helmut Löffler

Die von Claude E. Shannon im Jahr 1948 veröffentlichte Publikation „A mathematical theory of communication" /4.9/ gilt als Basiswerk der modernen Informationstheorie.

> Zentraler Begriff der Informationstheorie ist die Information, ihre Definition und quantitative Bewertung.

Aus Kapitel 1 ist bekannt: Information ist neues Wissen über einen Sachverhalt oder Tatbestand ($\rightarrow$ 1.1). Information ist transportabel. Mithilfe von Trägern, den Signalen ($\rightarrow$ 2), kann Information in Form von Nachrichten von Informationsquellen zu Informationssenken übertragen werden. Von fundamentaler Bedeutung ist hierbei, dass die in der Empfangsnachricht enthaltene Information trotz der Störungen auf dem Übertragungsweg mit der Originalnachricht übereinstimmt.

4.1   Aspekte der Information

Die in einer Nachricht enthaltene Information kann nach drei wesentlichen Gesichtspunkten analysiert und bewertet werden. Erstens lässt sich untersuchen, ob die empfangene Information strukturell aus Informationselementen besteht, die überhaupt verständlich bzw. auswertbar sind. Die Information ist zweitens hinsichtlich ihres Bedeutungsinhaltes analysierbar und drittens nach dem praktischen Wert, den sie zum Empfangszeitpunkt für den Empfänger besitzt.

> **Aspekte der Information**: Gesichtspunkte, nach denen Informationen untersucht werden können.

Diese Gesichtspunkte der Information heißen syntaktischer, semantischer und pragmatischer Aspekt.

Syntaktischer Aspekt

Unter der Syntax versteht man die orthografischen und grammatischen Regeln einer Sprache. Der syntaktische Aspekt einer Information bezieht sich auf die richtige Reihenfolge und das Vorhandensein erlaubter Einzelelemente der Information. Dass sich jede Information aus Elementen zusammensetzt, ist uns intuitiv bekannt: Ein gesprochenes oder geschriebenes Wort oder ein Satz, mit dem wir etwas mitteilen wollen, besteht aus einer Anordnung von Buchstaben und Symbolen. Die Buchstaben und Symbole sind die elementaren

Komponenten, aus denen sich Informationen zusammensetzen. Im Weiteren wird für diese Informationselemente der Begriff *Zeichen* benutzt.

> Der **syntaktische Aspekt** einer Information umfasst die Gesamtheit der Beziehungen zwischen den Zeichen. Hierzu gehören insbesondere die wechselseitige Anordnung, die Anzahl und die Auswertbarkeit.

In der Nachrichtentechnik kommt es in erster Linie darauf an, dass die von einer Nachrichtenquelle ausgesandte Information unverfälscht, ohne syntaktische Fehler, zum Empfänger gelangt. Die mathematische Theorie des syntaktischen Aspekts der Information ist gut entwickelt. Dies trifft noch nicht auf die beiden anderen Informationsaspekte zu.

Semantischer Aspekt

Die Semantik ist die Bedeutungslehre. In Kybernetik und Nachrichtentechnik versteht man darunter den Sinn und Inhalt, den eine Information verkörpert.

> Der **semantische Aspekt** einer Information umfasst die **Bedeutung** bzw. Bedeutungsinhalte von Zeichen, Zeichenketten und Zeichenanordnungen.

Pragmatischer Aspekt

> **Pragmatischer Aspekt** einer Information: Zusammenhang, der zwischen Zeichen bzw. Zeichenanordnungen besteht, die eine Information darstellen, und zwischen den Systemen, welche die Information nutzen.

Eine wichtige Seite des pragmatischen Aspekts ist der praktische Wert, den eine Information zum Empfangszeitpunkt für den Informationsempfänger bzw. -anwender besitzt. Typisches Merkmal für den pragmatischen Wert von Information ist beispielsweise die Zeitabhängigkeit in der industriellen Prozesskontrolle und -überwachung. Der pragmatische Wert der Information über eine möglicherweise bevorstehende Havarie oder Gefahrensituation ist sehr groß, wenn die betreffende Nachricht rechtzeitig eintrifft, und nicht vorhanden, wenn die Information über ein bevorstehendes Ereignis erst nach dessen Stattfinden ankommt.

4.2 Statistische Informationstheorie

Gegenstand der (hier behandelten) Informationstheorie ist nur der syntaktische Aspekt. Es interessieren nur Anzahl und Auswertbarkeit von Zeichen und Zeichenanordnungen.

4.2.1 Shannon'sche Informationskette

Das abstrakte Grundmodell jedes Informationsübertragungsprozesses bildet die sog. Shannon'sche Informationskette ($\rightarrow$ Bild 4.1). Informationen werden in einer Informationsquelle erzeugt und über den Übertragungskanal dem Empfänger zugeführt. Das Entstehen von Informationen erfolgt zufällig. Auch das Auftreten von Übertragungsfehlern im Übertragungskanal unterliegt den Gesetzmäßigkeiten des Zufalls. Damit ist ein Wesenszug der Informationstheorie charakterisiert: Es ist eine statistische Theorie. Mit ihrer Hilfe lassen sich u. a. folgende Probleme lösen: die statistische Bewertung von Informationen und Informationsquellen, die statistische Behandlung von Informationsübertragungsprozessen, die Berechnung des Codierungsaufwands für störsichere Übertragung.

4

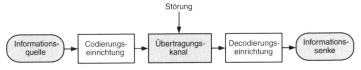

Bild 4.1 Shannon'sche Informationskette

4.2.2 Diskrete Informationsquelle

Eine **diskrete Information** im Sinne der Informationstheorie besteht aus einer Folge von Grundelementen, den **Zeichen**. Zeichen können sein: Buchstaben, Zahlen, Farbwerte, beliebige Symbole.

Eine diskrete Informationsquelle besitzt voneinander unterscheidbare **Zeichen** (*characters*). **Zeichenvorrat** (*character set*) oder **Alphabet** (*alphabet*): Anzahl unterscheidbarer Zeichen.

Damit lässt sich eine diskrete Informationsquelle durch folgende Menge beschreiben:

$$A = \{A_i \mid i = 1, \ldots, N\} \tag{4.1}$$

A Alphabet
N Anzahl unterscheidbarer Zeichen

Bei diskreten Informationsquellen kann zu einer Zeit nur ein Zeichen auftreten (Zeichenkonjunktion). Für alle Zeitpunkte gilt

$$\forall i, j : A_i \wedge A_j = 0$$
$$A_1 \vee A_2 \vee \cdots A_N = 1 \tag{4.2}$$

> **Wort**: endliche Zeichenfolge diskreter Zeichen.

Eine Zeichenfolge

$$x = {}^{(1)}A_i^{(2)}A_i \cdots {}^{(m)}A_i, \quad A_i \in A$$

heißt *Wort* der Länge $m = L(x)$. Informationsvorrat einer diskreten Informationsquelle bei konstanter Wortlänge:

$$Q = N^m \tag{4.3}$$

Q Anzahl verschiedener Informationen, die eine Informationsquelle liefern kann
N Anzahl unterscheidbarer Zeichen
m Wortlänge

❏ *Beispiel:* $N = 2$ verschiedene Zeichen (Binärcodierung) und Wortlänge $m = 8$ ergibt $N = 2^8 = 256$ verschiedene Informationen, welche die betreffende Quelle abgeben kann.

4.2.3   Eigenschaften diskreter Informationsquellen

Diskrete Informationsquellen lassen sich entsprechend den zugrunde liegenden Zufallsprozessen klassifizieren ($\rightarrow$ Tabelle 4.1). Ein stochastischer Prozess ist gegeben durch eine zufällige Zeitfunktion

$$\forall i, j: \ \xi(A_i, t_j), \quad A_i \in A, \quad t_j \in T$$

▶ *Hinweis:* Bei diskreten Zufallsprozessen ist die Anzahl der Elementarereignisse A_i endlich oder abzählbar unendlich. Für jeden Wert von $A_i \in A$ hängt $\xi(t)$ nur von der reellen Variablen t ab und ergibt eine Realisierung des Zufallsprozesses $\xi(t)$.

Tabelle 4.1   Klassifikation stochastischer Prozesse und darauf beruhende Einteilung von Informationsquellen

Klassifikationsmerkmal	Art des Zufallsprozesses bzw. der Informationsquelle
Wertetyp des Arguments der Zufallsfunktion	diskret; diskontinuierliche Informationsquelle
	kontinuierlich; kontinuierliche Informationsquelle
Unabhängigkeit von der Zeitzählung	stationär
	nichtstationär
Unabhängigkeit von der Vorgeschichte	unabhängig; Informationsquelle ohne Gedächtnis
	abhängig; Informationsquelle mit Gedächtnis
Verteilungsgesetz der Zufallsfunktion	allgemein
	speziell, z. B. Poisson'sche Quelle

Diskontinuierliche Informationsquelle: Diskrete Zeichen A_i können nur zu bestimmten Zeiten $t_i \in T$ auftreten.

Stationäre Informationsquelle: Eine Informationsquelle ist stationär, wenn folgende Bedingungen erfüllt sind:

- Die Verteilungsfunktion des zugrunde liegenden stochastischen Prozesses $\xi(t)$ ist unabhängig von der Zeit.
- Alle wahrscheinlichkeitstheoretischen Aussagen über die Quelle sind zeitinvariant, z. B. der Erwartungswert $E[\xi(t)]$, die Disperion $D[\xi(t)]$ usw. Liegen Zeitabhängigkeiten vor, ist die Informationsquelle *nichtstationär*.

4

Unabhängige diskrete Informationsquelle: Das Auftreten eines Ereignisses (Erscheinen eines Zeichens) ist völlig unabhängig von zuvor stattgefundenen Ereignissen. Eine entsprechende Informationsquelle heißt gedächtnislose Informationsquelle.

Abhängige diskrete Informationsquelle oder Informationsquelle mit Gedächtnis: Kennzeichnend sind sequenzielle statistische Abhängigkeiten zwischen den abgegebenen Zeichen.

❏ *Beispiel:* In vielen Wörtern europäischer Sprachen folgt nach q mit Sicherheit ein u; d. h., es besteht eine sequenzielle statistische Abhängigkeit.

Unabhängige und abhängige Informationsquellen

Eine unabhängige diskrete Informationsquelle liegt vor, wenn gilt:

- Die Quelle kann durch ein endliches Wahrscheinlichkeitsfeld (endliches Schema) A beschrieben werden, welches die einzelnen Zeichen A_i und die zugehörigen Auftrittswahrscheinlichkeiten enthält:

$$A = \begin{pmatrix} A_1 & \cdots & A_i & \cdots & A_N \\ P(A_1) & & P(A_i) & & P(A_N) \end{pmatrix} \qquad (4.4)$$

mit

$$\sum_{i=1}^{N} P(A_i) = 1 \qquad (4.5)$$

- Die Auftrittswahrscheinlichkeiten der Zeichen sind wechselseitig unabhängig, d. h.

$$\forall j : \quad P(A_j) \mid A_1 \cap A_2 \cap \cdots A_N = P(A_j) \qquad (4.6)$$

Zwei verschiedene diskrete Informationsquellen mit den Alphabeten $A = (A_i \mid i = 1, 2, \ldots, N)$ und $B = (B_j \mid j = 1, 2, \ldots, M)$ und den endlichen Schemata

$$A = \begin{pmatrix} A_1 & \cdots & A_i & \cdots & A_N \\ P(A_1) & & P(A_i) & & P(A_N) \end{pmatrix} \qquad (4.7)$$

$$B = \begin{pmatrix} B_1 & \cdots & B_j & \cdots & B_M \\ P(B_1) & & P(B_j) & & P(B_M) \end{pmatrix} \qquad (4.8)$$

sind völlig unabhängig voneinander, wenn für jedes gemeinsame Ereignis (Verbundereignis) $A_i B_j$ gilt:

$$\forall i, j: \ P(A_i B_j) = P(A_i) \cap P(B_j) = P(A_i) P(B_j) \tag{4.9}$$

In diesem Falle beeinflusst ein Ereignis $A_i \in \boldsymbol{A}$ überhaupt nicht das Auftreten eines Ereignisses $B_j \in \boldsymbol{B}$.

Bei abhängigen diskreten Informationsquellen existieren sequenzielle statistische Abhängigkeiten zwischen den abgegebenen Zeichen. Kennzeichnend für abhängige diskrete Quellen ist:

- Vorhandensein eines Wahrscheinlichkeitsfeldes $\boldsymbol{A}$,
- Existenz von bedingten Wahrscheinlichkeiten $P(A_j \mid A_i)$ mit $A_i, A_j \in \boldsymbol{A}$ zwischen den Zeichen.

❏ *Beispiele abhängiger Informationsquellen:* Buchstabenfolgen in Texten natürlicher Sprachen (auf ein q folgt in der deutschen Schriftsprache ein u).

Diskrete Verbundquellen

> **Diskrete Verbundquelle** (*joint information source*): Informationsquelle, die aus mehreren Teilquellen besteht ($\rightarrow$ Bild 4.2).

Eine diskrete Verbundquelle besitzt folgende typische Merkmale:
1. Es gibt mehrere diskrete Einzelquellen mit individuellen Wahrscheinlichkeitsfeldern $\boldsymbol{A}, \boldsymbol{B}, \ldots, \boldsymbol{W}$ (d. h. den entsprechenden Alphabeten).
2. Es bestehen statistische Abhängigkeiten zwischen den Wahrscheinlichkeitsfeldern $\boldsymbol{A}, \boldsymbol{B}, \ldots, \boldsymbol{W}$.
3. Es gibt einen Zeichenvorrat, welcher der Produktmenge $\boldsymbol{Z} = \boldsymbol{A} \times \boldsymbol{B} \times \ldots \times \boldsymbol{W}$ entspricht.

Es existiert eine Verbundentropie $H(\boldsymbol{A} \times \boldsymbol{B} \times \ldots \times \boldsymbol{W})$ ($\rightarrow$ 4.3.2).

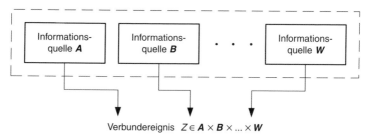

Bild 4.2 Modell einer diskreten Verbundquelle

4.3   Entropie und Redundanz

Informationsentropie – kurz **Entropie** (*entropy*) – einer Informationsquelle: mittlerer statistischer Informationsgehalt je Zeichen. Maßeinheit der Informationsentropie ist das **Bit** (*binary digit*).

Jedes einzelne Zeichen $A_i \in A$ besitzt definitionsgemäß den Informationsgehalt

$$H_i = H(A_i) = \mathrm{ld}\, \frac{1}{P(A_i)} = -\,\mathrm{ld}\, P(A_i) \qquad (4.10)$$

▶ *Hinweis:* In der Informationstheorie ist es üblich, den Logarithmus zur Basis 2 zu verwenden. Zwischen dem dualen Logarithmis (Basis 2) einer Zahl x und dem Brigg'schen Logarithmus (Basis 10) besteht der Zusammenhang

$$2^{\mathrm{ld}\,x} = 10^{\lg x}; \qquad \mathrm{ld}\,x = \mathrm{ld}\,10 \lg x \approx 3{,}321\,93 \lg x$$

Der Informationsgehalt eines einzelnen Zeichens charakterisiert eine Informationsquelle nicht hinreichend. Sinnvoller ist der Erwartungswert, die Entropie der Quelle

$$H = H(A) = \sum_{i=1}^{N} H_i = -\sum_{i=1}^{N} P(A_i)\,\mathrm{ld}\,P(A_i) \qquad (4.11)$$

mit der Nebenbedingung

$$\sum_{i=1}^{N} P(A_i) = 1 \qquad (4.12)$$

$H(A)$ Entropie der Informationsquelle mit dem Wahrscheinlichkeitsfeld A
N Zeichenvorrat
$P(A_i)$ Auftrittswahrscheinlichkeit des Zeichens A_i

Die Entropie einer Informationsquelle ist der **Erwartungswert des Informationsgehaltes** eines beliebigen Quellzeichens. Gleichzeitig drückt die Entropie aus, wie viel Ungewissheit beim Auftreten eines beliebigen Zeichens beseitigt wird.

4.3.1   Eigenschaften der Entropie diskreter Informationsquellen

- Unmögliche und sichere Zeichen besitzen den Informationsgehalt null.
- Die Entropie einer Informationsquelle ist am größten, wenn alle Zeichen die *gleiche* Auftrittswahrscheinlichkeit besitzen. Für eine Binärquelle mit den Zeichen 0 und L veranschaulicht Bild 4.3 den Verlauf der Entropie in Abhängigkeit von der Auftrittswahrscheinlichkeit $P(0) = 1 - P(\mathrm{L})$. Das Maximum der Kurve liegt bei $P(0) = P(\mathrm{L}) = 0{,}5$. Die Entropie beträgt dann $H_{\max} = 1$ bit je Zeichen.

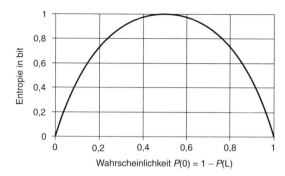

Bild 4.3 Entropie einer Binärquelle

Wahrscheinlichkeit $P(0) = 1 - P(L)$

- Die Entropie einer Informationsquelle ist invariant bezüglich der Auftrittsreihenfolge der Zeichen. Entprechend Gl. (4.11) ist die Entropie die gewichtete Summe der Entropieanteile aller Zeichen. Die Additionsreihenfolge ist beliebig. Angenommen, eine Quelle besitzt den Zeichenvorrat $A = \{a, e, v\}$ und die Wortlänge ist $m = 3$ Zeichen, dann ist bei gleicher Auftrittswahrscheinlichkeit aller Zeichen die Entropie der Quelle $H = \operatorname{ld} 3 = 1,585\,\text{bit/Zeichen}$. Alle $Q = N^m = 3^3 = 27$ möglichen Informationen besitzen den gleichen Informationsgehalt. Für einen Empfänger ist jedoch nicht gleichgültig, ob er z. B. die Information *eva* oder *ave* erhält! Somit ist die Entropie ein unvollkommenes Informationsmaß.

- Die Entropie gibt an, wie viel Binärentscheidungen im Mittel notwendig sind, um ein Zeichen A_i mit 0,1-Signalen zu codieren und zu speichern. Wegen $H_i = -\operatorname{ld} P(A_i)$ sind die Informationsgehalte der Zeichen verschieden groß und damit auch der erforderliche 0,1-Zeichenaufwand für die binäre Codierung und Speicherung. Die Entropie als statistisches Informationsmaß ist der Mittelwert des Codierungsaufwandes über alle Zeichen! Technisch realisierbar sind nur ganzzahlige binäre Codierungslängen. Der notwendige Binärstellenaufwand oder Speicherplatzbedarf eines Zeichens vom Informationsgehalt ist $q_i = [-\operatorname{ld} P(A_i)]$. Die eckige Klammer bedeutet die Wahl der nächstgrößeren ganzen Zahl.

❏ *Beispiel:* Besitzt das Zeichen A_i die Auftrittswahrscheinlichkeit $P(A_i) = 0,1$, dann ist dessen Teilentropie $H(A_i) = -\operatorname{ld}(0,1) \approx 3,3219$. Für die binäre Darstellung oder die digitale Speicherung des Zeichens A_i sind jedoch mindestens $q_i = [3,3219] = 4$ Binärstellen erforderlich.

> **Redundanz** R (*redundancy*) **einer Informationsquelle**: Abweichung der Entropie vom Maximalwert.

$$R = H_{\max} - H = \operatorname{ld} N - H \tag{4.13}$$

> **Codierungsredundanz** $R_{\text{cod},i}$ **eines Zeichens** A_i (*encoding redundancy*): Überflüssiger Binärzeichenaufwand für das betreffende Zeichen.

$$R_{\text{cod},i} = [-\operatorname{ld} P(A_i) + \operatorname{ld} P(A_i)] \tag{4.14}$$

> **Codierungsredundanz einer Informationsquelle**: Differenz zwischen mittlerem Binärzeichenaufwand H_{cod} und Quellenentropie $H(A)$.

4

$$R_{\text{cod}} = H_{\text{cod}} - H(A) = \sum_{i=1}^{N} q_i P(Ai) - H(A) \tag{4.15}$$

Für die Übertragung oder Speicherung eines Quellzeichens in binärer Darstellung (oder für dessen digitale Speicherung) sind entsprechend obigen Ausführungen i. Allg. mehr Zeichen erforderlich, als die Entropie angibt. Daher rührt das Synonym für die Redundanz: Weitschweifigkeit (Überschuss an Binärzeichenaufwand).

4.3.2   Entropie diskreter Verbundquellen

> **Verbundentropie** (*joint entropy*): mittlerer statistischer Informationsgehalt $H(Z) = H(A{\times}B{\times}\ldots{\times}W)$ eines Verbundereignisses $Z \in A{\times}B{\times}\ldots{\times}W$.

Angenommen, die Zeichen der einzelnen Teilquellen einer diskreten Informationsquelle sind:

$$A_i \in A, i = 1, 2, \ldots, N; \qquad B_j \in B, j = 1, 2, \ldots M$$

und

$$W_k \in W, k = 1, 2, \ldots K$$

Dann ist der Zeichenvorrat Z beschreibbar durch die Menge der Verbundereignisse

$$Z = A \times B \times \cdots \times W = \{(A_i B_j \cdots W_k) A_i \in A, B_j \in B, \ldots,$$
$$W_k \in W; \ \forall i, j, \ldots k\}$$

Der mittlere Informationsgehalt eines Verbundereignisses $Z = (A_i B_j \ldots W_k) \in A \times B \times \ldots \times W$ ist die Verbundentropie:

$$H(Z) = H(A \times B \times \cdots \times W)$$
$$= -\sum_{i=1}^{N} \sum_{j=1}^{M} \ldots \sum_{k=1}^{K} P(A_i B_j \ldots W_k) \operatorname{ld}(A_i B_j \ldots W_k) \tag{4.16}$$

mit den Nebenbedingungen

$$\sum_{i=1}^{N} P(A_i) = 1; \quad \sum_{j=1}^{M} P(B_j) = 1; \quad \ldots; \quad \sum_{k=1}^{K} W_k = 1 \tag{4.17}$$

Spezialfall: zwei Teilquellen mit den Alphabeten A und B entsprechend Gl. (4.9). Die Verbundentropie ist in diesem Falle:

$$H(A \times B) = -\sum_{i=1}^{N} \sum_{j=1}^{M} P(A_iB_j) \operatorname{ld}(P(A_iB_j)) \tag{4.18}$$

mit den Nebenbedingungen

$$\sum_{i=1}^{N} P(A_i) = 1; \quad \sum_{j=1}^{M} P(B_j) = 1 \tag{4.19}$$

Für die Wahrscheinlichkeit verknüpfter Ereignisse von zwei Wahrscheinlichkeitsfeldern A und B gilt allgemein

$$P(A_i \cap B_j) = P(A_iB_j) = P(A_i)P(B_j \mid A_i) = P(B_j)P(A_i \mid B_j)$$

und

$$\sum_{i=1}^{N} P(A_i) = 1; \quad \sum_{j=1}^{M} P(B_j \mid A_i) = 1$$

Damit wird die Verbundentropie von Gl. (4.19) zu

$$H(A \times B) = -\{\sum_{i=1}^{N} P(A_i) \operatorname{ld} P(A_i)$$
$$+ \sum_{i=1}^{N} P(A_i) \sum_{j=1}^{M} P(B_j \mid A_i) \operatorname{ld}(P(B_j \mid A_i))\}$$

oder in anderer Schreibweise:

$$H(A \times B) = H(A) + H(A \mid B) = H(B) + H(B \mid A) \tag{4.20}$$

Die Entropien $H(A \mid B)$ und $H(B \mid A)$ heißen **bedingte Entropien**. Aus Gl. (4.20) folgt: Die Entropie einer Verbundquelle, die aus zwei Teilquellen besteht, ist gleich der Entropie der einen Teilquelle und der anderen Teilquelle unter der Bedingung des ersten Wahrscheinlichkeitsfeldes. Der mittlere Informationsgehalt eines Verbundereignisses A_iB_j wird entscheidend vom Vorhandensein statistischer Abhängigkeiten beeinflusst.

Fall 1: Die Wahrscheinlichkeitsfelder A und B der Verbundquelle sind *völlig unabhängig* voneinander. In diesem Fall ist die Verbundentropie wegen

$$P(A_i \mid B_j) = P(A_i); \quad P(B_j \mid A_i) = P(B_j) \tag{4.21}$$

$$H(A \times B) = H(A) + H(B) \tag{4.22}$$

Bei statistischer Unabhängigkeit ist die Verbundentropie gleich der Summe der Entropien der beiden Teilquellen. Dies ist zugleich der größte Wert, den die Verbundentropie annehmen kann.

Fall 2: *Vollständige* (determinierte) Abhängigkeit zwischen den beiden Wahrscheinlichkeitsfeldern A und B der Verbundquelle. Beim Auftreten eines

Zeichens $A_i \in \mathbf{A}$ steht mit Sicherheit fest, welches Zeichen $B_j \in \mathbf{B}$ damit verknüpft ist. Zwischen den bedingten Wahrscheinlichkeiten bestehen wegen des eindeutigen Zusammenhanges der Wahrscheinlichkeitsfelder folgende Verhältnisse:

$$\forall i \exists j : P(B_j \mid A_i) = 1, \quad \forall i, \forall k \neq j : P(B_k \mid A_i) = 0 \qquad (4.23)$$

Mit diesen Bedingungen wird aus Gl. (4.20)

$$H(\mathbf{B} \mid \mathbf{A}) = 0; \quad H(\mathbf{A} \times \mathbf{B}) = H(\mathbf{A}) \qquad (4.24)$$

Die Teilquelle mit dem Wahrscheinlichkeitsfeld $\mathbf{B}$ liefert überhaupt keinen Beitrag zur Verbundentropie!

Fall 3: Vorhandensein einer *statistischen Abhängigkeit* zwischen den Wahrscheinlichkeitsfeldern $\mathbf{A}$ und $\mathbf{B}$ der Teilquellen: Hier gilt für die Verbundentropie Gl. (4.20). Im Allgemeinfall ist $H(\mathbf{A}) \geq H(\mathbf{A} \mid \mathbf{B})$ und $H(\mathbf{B}) \geq H(\mathbf{B} \mid \mathbf{A})$. Daraus folgt: Die Verbundentropie ist bei statistischen Abhängigkeiten zwischen den Wahrscheinlichkeitsfeldern $\mathbf{A}$ und $\mathbf{B}$ stets *kleiner* als im Falle völlig unabhängiger Teilquellen.

Für eine diskrete Verbundquelle, die aus zwei Teilquellen besteht, liegt die bedingte Entropie in den Grenzen

$$0 \leq H(\mathbf{B} \mid \mathbf{A}) \leq H(\mathbf{B}); \quad 0 \leq H(\mathbf{A} \mid \mathbf{B}) \leq H(\mathbf{A}) \qquad (4.25)$$

4.4 Informationsübertragung im diskreten Übertragungskanal

Ein Übertragungskanal ist entsprechend der Shannon'schen Informationskette ($\rightarrow$ Bild 4.1) das Bindeglied zwischen Informationsquelle und -empfänger. In der Informationstheorie wird von den physikalisch-technischen Parametern der Übertragungskanäle weitgehend abstrahiert. Hier stehen folgende Problemstellungen im Mittelpunkt:

- Welcher Anteil der am Quellenausgang auftretenden Information ist am Empfänger auswertbar?
- Wie beeinflussen Störungen beim Übertragungsprozess die empfangene Information und wie lässt sich die Informationsübertragung störfest machen?
- Wie viel Informationen lassen sich je Zeiteinheit maximal übertragen?

> **Störung** oder **Rauschen** (*noise*): Beinflussung der Informations- bzw. Zeichenübertragung, die am Informationsempfänger zu fehlerhafter, nicht auswertbarer Information führen kann.

Nachfolgend werden einschränkend nur Übertragungskanäle „ohne Gedächtnis" behandelt. Das sind Kanäle, bei denen die Verfälschung eines Zeichens keine Nachwirkung auf weitere Zeichen oder Zeichenketten besitzt.

Statistisches Modell des diskreten Übertragungskanals

Das statistische Modell des diskreten Übertragungskanals lässt sich mit den folgenden Annahmen und mit einem bewerteten Graphen ($\rightarrow$ Bild 4.4) beschreiben:

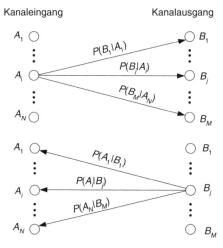

Kanaleingang   Kanalausgang

Bild 4.4 Modell des gestörten Übertragungskanals

1. In den Übertragungskanal treten Informationen ein, die aus dem Zeichenvorrat der Informationsquelle gebildet werden. Das entsprechende Wahrscheinlichkeitsfeld (endliche Schema) der Quelle sei A gemäß Gln. (4.4) und (4.5).

2. Am Ausgang des Informationskanals (identisch mit dem Eingang am Empfänger) wird ein Wahrscheinlichkeitsfeld B entsprechend Gl. (4.9) angenommen. Es wird zugelassen, dass der Umfang von Quell- und Empfangsalphabet nicht identisch ist, d. h. $N \neq M$. Bei ungestörter Übertragung entsprechen sich die beiden endlichen Schemata A und B eindeutig. Im Allgemeinfall (gestörte Übertragung) kann nur mit einer gewissen Wahrscheinlichkeit angegeben werden, dass ein Quellzeichen A_i als ein Zeichen B_j des Empfangsalphabetes in Erscheinung tritt.

3. Es soll generell möglich sein, die Übergänge von der Quellseite zur Empfangsseite statistisch zu erfassen. Dies ist gleichbedeutend mit der Bestimmbarkeit
   - der Übergangswahrscheinlichkeit $P(B_j \mid A_i)$,
   - der Verbundwahrscheinlichkeit $P(A_i B_j)$,
   - der Rückschlusswahrscheinlichkeit $P(A_i \mid B_j)$.

4. Der diskrete Übertragungskanal ist gedächtnislos.

5. Alle statistischen Eigenschaften sind zeitinvariant.

Informationstheoretische Bewertung der Übertragung diskreter Informationen

Transinformation, auch Synentropie (*mutual information*): Anteil der Quellenentropie, der unverfälscht zum Empfänger übertragen wird.

Die Transinformation lässt sich als übertragene (auswertbare) Nutzentropie interpretieren. Beim gestörten Übertragungskanal besteht eine gewisse Unsicherheit, ob ein empfangenes Zeichen B_j mit dem gesendeten Zeichen A_i übereinstimmt. Die Rückschlusswahrscheinlichkeit $P(A_i \mid B_j)$ ist im Allgemeinfall kleiner als eins. Für einen gestörten Kanal gemäß Bild 4.4 lautet der damit verbundene Entropieanteil

$$H(A \mid B) = - \sum_{j=1}^{M} P(B_j) \sum_{i=1}^{N} P(A_i \mid B_j) \, \text{ld}(P(A_i \mid B_j)) \geqq 0 \qquad (4.26)$$

Das ist der Betrag, um den sich die Eingangsentropie eines Kanals infolge von Störungen am Kanalausgang verrringert. Er trägt die Bezeichnung Äquivokation.

Äquivokation (*equivocation*): Informationsverlust infolge von Störungen.

$$Tr = H(A) - H(A \mid B) \qquad (4.27)$$

Tr Transinformation
$H(A)$ Entropie der Informationsquelle
$H(A \mid B)$ Äquivokation

Es gilt auch

$$Tr = H(B) - H(B \mid A) \qquad (4.28)$$

Tr Transinformation
$H(B)$ Entropie am Kanalausgang
$H(B \mid A)$ Irrelevanz

Irrelevanz (*irrelevance*): Entropiebetrag am Empfänger, der nicht von der Quelle, sondern von Störungen stammt.

Die Irrelevanz ist interpretierbar als Entropieanteil am Kanalausgang, der „nicht relevant" mit der Entropie der Informationsquelle ist. Sie gelangt in den Kanal, ohne von der Quelle abgegeben worden zu sein. Es handelt sich um die nicht auswertbare Information (Fehlinformation) infolge zufälliger Übertragungsfehler. Das sog. Berger'sche Diagramm ($\rightarrow$ Bild 4.5) veranschaulicht die Informationsübertragung im gestörten Kanal.

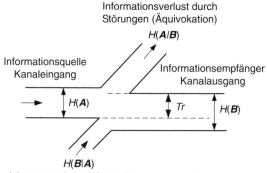

Bild 4.5 Berger'sches Diagramm
Tr Transformation

4.5   Hauptsatz der Informationstheorie

Der Hauptsatz der Informationstheorie beantwortet fundamentale Gesetz-mäßigkeiten zur Dynamik des Informationstransportes über gestörte Kanäle einschließlich der Frage, ob über gestörte Kanäle überhaupt Information fehlerfrei übertragen werden kann. Eine wesentliche Rolle spielt dabei die Kanalkapazität.

Kanalkapazität C (*channel capacity*): maximal übertragbare Nutzinformation je Zeiteinheit. Maßeinheit: bit/s.

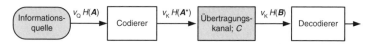

Bild 4.6 Informationsübertragungssystem

Gegeben sei ein Informationsübertragungssystem gemäß Bild 4.6 mit den folgenden Merkmalen:

v_Q Anzahl der Zeichen, welche die Quelle je Zeiteinheit sendet
v_C Anzahl der Zeichen je Zeiteinheit am Kanaleingang (Codiererausgang)
$H(A)$ Entropie der Informationsquelle
$H(A^*)$ Entropie am Kanaleingang
$H(B)$ Entropie am Kanalausgang
F_Q Informationsfluss am Quellenausgang
F_K Informationsfluss am Kanaleingang
C Kanalkapazität

Damit beim Codieren keine Information verloren geht, müssen der Informationsfluss der Quelle $F_Q = v_Q H(A)$ und der Informationsfluss am Kanaleingang, $F_K = v_K H(A^*)$, gleich groß sein, d. h. $v_K/v_Q = H(A^*)/H(A)$. Die maximal übertragbare Nutzinformation ist die Kanalkapazität:

$$C = v_K \cdot Tr_{max} \qquad (4.29)$$

Da definitionsgemäß die Transinformation die maximal übertragbare Nutzinformation ist, gilt auch

$$C = v_K [H(A^*) - H(A^* \mid B)]_{max} \qquad (4.30)$$

Infolge der Äquivokation $H(A^* \mid B)$ ist der übertragbare Nutzinformationsfluss über den Kanal kleiner als der Informationsfluss am Kanaleingang.

Der **Hauptsatz der Informationstheorie** (**Shannon's Theorem** /4.9/) beinhaltet grundlegende Aussagen, die nachfolgend in mehreren Sätzen formuliert und erklärt werden.

1. Fehlerfreie Übertragung ist im gestörten Übertragungskanal nicht möglich, wenn $C/H(A) < v_Q$ ist.
2. Es gibt für $v_Q H(A) - C > 0$ kein Codierverfahren, durch welches der Informationsverlust unterhalb $v_Q H(A) - C$ gehalten werden kann.
3. Falls $C/H(A) > v_Q$ ist, gibt es immer einen Code, der gestattet, Informationen mit beliebig kleiner Äquivokation (beliebig kleinen Fehlern) durch einen gestörten Kanal zu transportieren. Folgende Bedingung muss erfüllt sein:

$$\frac{v_K}{v_Q} > \frac{H(A)}{Tr_{max}} \qquad (4.31)$$

4. Es existiert immer ein Code, der beliebig kleine Übertragungsfehler im gestörten Übertragungskanal gewährleistet, wenn die mittlere Zahl der Codezeichen je Quellzeichen größer ist als der mittlere Informationsgehalt eines Quellzeichens je maximal möglichem Nutzinformationsgehalt eines übertragenen Zeichens.
5. Falls $C/H(A) < v_Q$ ist, können die Quellzeichen so codiert werden, dass der Informationsverlust (Äquivokation je Zeiteinheit)

$$v_K H(A^* \mid B) < v_Q H(A) - C + \varepsilon \qquad (4.32)$$

ist ($\varepsilon > 0$ und beliebig klein).

> Eine der wichtigsten Aussagen besteht darin, dass die Informationsübertragung durch Störungen nicht unzuverlässiger wird, falls geeignet codiert wird.

Infolge des Codierens sinkt jedoch der mittlere Informationsgehalt je übermitteltem Zeichen und je Zeiteinheit ab. Damit ein Informationsübertragungskanal nicht „überläuft", muss der Informationsfluss der Quelle kleiner sein als die Kanalkapazität.

► *Hinweis:* Der Fundamentalsatz der Informationstheorie gibt keine unmittelbaren Hinweise über die Konstruktion von Codes, die bei Anwesenheit von Störungen beliebig kleine Übertragungsfehler gewährleisten. Es lässt sich lediglich entnehmen, dass störfeste Informationsübertragung durch Hinzufügen redundanter Codezeichen gelöst werden kann.

Aus der Theorie von Informationen mit großer Blocklänge *m* und hochwahrscheinlichen Quellinformationen /4.5/ ist bekannt, dass für die Fehlerwahrscheinlichkeit P_{Fehler} die folgende Beziehung gilt:

$$P_{\text{Fehler}} = 2^{-T(C-v_Q H(A))} \tag{4.33}$$

P_{Fehler} Wahrscheinlichkeit des Auftretens eines Übertragungsfehlers
T Sendedauer für einen Block der Länge $m\,(= m/v_Q)$
C Kanalkapazität
v_Q Sendegeschwindigkeit (Anzahl gesendeter Zeichen je Zeiteinheit)
$H(A)$ Entropie der Informationsquelle

Gleichung (4.33) ist eine Form des Shannon'schen Hauptsatzes, aus der sich folgende Aussagen für die Praxis der Nachrichtentechnik ergeben:
- verlustarme Informationsübertragung über gestörte Kanäle ist umso besser, je länger die Zeichenblöcke sind ($T \sim m$).
- Die Zeitverzögerung beim Übertragungsprozess ist umso größer, je störfester die Übertragung erfolgen soll.
- Die Übertragungsfehler sind umso kleiner, je schlechter die verfügbare Kanalkapazität ausgenutzt wird, d. h., je größer die Differenz $C - F_Q$ ist.
- Störfestigkeit, Zeitverzögerung und Ausnutzungsgrad der Kanalkapazität sind untereinander austauschbar.
- Da der technische und ökonomische Aufwand für die Codierung und Decodierung stark mit der Blockdauer T bzw. mit der Blocklänge $m \sim T$ anwächst und mit zunehmender Sendezeit T je Block die zeiteffektive Übertragung sinkt, wird i. Allg. bevorzugt, Blocklänge einzusparen und die verlustarme Informationsübertragung durch gestörte Kanäle zu Lasten einer geringeren Ausnutzung der Kanalkapazität zu realisieren. Es versteht sich, dass auf diesem Gebiet Optimierungsmöglichkeiten vorhanden sind ($\rightarrow 5$).

Auf Shannon geht auch die fundamentale Gleichung zurück:

$$C = B \operatorname{ld} \left(1 + \frac{P_S}{P_R} \right) \tag{4.34}$$

C Kanalkapazität
B Bandbreite des Übertragungskanals
P_S (Nutz-)Signalleistung
P_R Leistung der Störsignale (Rauschleistung)

Sie gibt den Zusammenhang zwischen der Kanalkapazität und den physikalischen Größen Kanalbandbreite sowie dem Verhältnis von Signalleistung zur

Leistung der Störsignale (Signal-zu-Rausch-Verhältnis SNR (*signal-to-noise ratio*)) wieder. Gleichung (4.34) setzt vorherrschend thermisches Rauschen voraus.

In der Nachrichtentechnik und Akustik ist es üblich, das Verhältnis gleichartiger Leistungs- oder Energiegrößen, z. B. das Signal-zu-Rausch-Verhältnis, in der dimensionslosen Einheit Bel (B) oder Dezibel (dB) anzugeben. Das Bel ist ein logarithmisches Maß:

4

$$L = \lg \left(\frac{P_S}{P_R} \right) \text{ in B} = 10 \cdot \lg \left(\frac{P_S}{P_R} \right) \text{ in dB} \qquad (4.35)$$

L Logarithmisches Leistungsverhältnis (Pegel) in Bel oder Dezibel (dB)
P_S (Nutz-)Signalleistung
P_R Leistung der Störsignale (Rauschleistung)

❏ *Beispiel:* Beträgt die Signalleistung das Hundertfache der Rauschleistung, so ist $L = \lg 100 = 2\,\text{B} = 20\,\text{dB}$.

5   Codierung

Ulrich Hofmann

Eine Voraussetzung dafür, dass Nachrichten übertragen, gespeichert und verarbeitet werden können, ist die Codierung.

> Unter **Codierung** *(encoding)* versteht man die Zuordnung (Abbildung) der
> Werte eines Zeichenvorrats auf Werte eines anderen Zeichenvorrats.

In einem Nachrichtenübertragungssystem gibt es mehrere Codierungsarten
($\rightarrow$ Bild 5.1):

- *Quellencodierung* dient der verlustlosen Reduktion der zu übertragenden
  Nachrichten. Redundante (überflüssige) Nachrichtenkomponenten werden
  dabei zurückgehalten.
- Durch *Kanalcodierung* werden zu übertragende Nachrichten an die Übertragungsverhältnisse im Übertragungskanal angepasst. Um die Nachrichten gegen Verfälschung durch Störungen zu sichern und Fehlerkontrolle
  (Erkennung und Korrektur von Übertragungsfehlern) auf der Empfängerseite zu ermöglichen, wird bei der Kanalcodierung redundante Information
  hinzugefügt.
- *Leitungscodierung* (auch *Modulations-* oder *Übertragungscodierung*) verwendet man, um Sendesignale durch Umcodieren der Quellensymbole an
  die spektralen Eigenschaften von Übertragungskanal und Empfangseinrichtungen anzupassen.

Quellencodierung auf Quellobjekten:
  Irrelevanzcodierung: Entfernen unwichtiger Teile
  Redundanzcodierung: verlustfreies minimiertes Datenvolumen

$\downarrow$

Kanalcodierung auf Übertragungsrahmen (*frames*):
  Zufügen von Redundanzbits zur Fehlererkennung und -korrektur

$\downarrow$

Leitungscodierung auf Bits:
  optimiertes Übertragungssignal gegen Bitfehler

Bild 5.1 Übersicht Codierungsverfahren

> **Code**: Gegeben sind die Alphabete $A^* = \{A_1^*, A_2^*, \ldots, A_{n*}^*\}$, $n^* \geq 2$ und
> $B^* = \{B_1^*, B_2^*, \ldots, B_{m*}^*\}$, $m^* \geq 2$ mit den Mengen aller daraus bildbaren
> Wörter A und B'. Unter einem Code bzw. Codierung (*encoding, coding*)
> versteht man die Abbildung $A \rightarrow B \subseteq B'$, wobei B die Menge der Code
> wörter ist. Für $B^* = \{0, 1\}$ liegt **Binärcodierung** vor.

❑ *Beispiel:* Binärcodierung von Dezimalzahlen
$$\leq 99\, \boldsymbol{A}^* = \{0, \dots, 9\},\, \boldsymbol{n}^* = 10\, \boldsymbol{A} = \{\boldsymbol{A}^*\}^2,\, \boldsymbol{B}^* = \{0, 1\},\, m^* = 2,$$
$$\overline{\boldsymbol{B}}' = \{\boldsymbol{B}^*\}^6 = \{0000\,00, \dots, 1111\,11\},\, \boldsymbol{B} = \{0000\,00, \dots, 11000\,11\}$$

5.1   Quellencodierung

5

> **Quellencodierung** (*source encoding*) bildet die Menge der Quellwörter A auf eine Codewortmenge B mit dem Ziel ab, die Übertragung mit geringem Zeitverlust (Codierungszeit + Übertragungszeit) und zugelassenen maximalen Informationsverlusten (Irrelevanzcodierung, $\to$ 5.1.4.2) zu gewährleisten. A entsteht bei kontinuierlichen Quellen aus der Abtastung und Quantisierung. Quellencodierung wird auch als **Kompression, Datenreduktion** (*data reduction*) bezeichnet.

❑ *Beispiel:* Die Datenreduktionsstufen eines Videos sind: Abtastung mit ausreichender Frequenz 25 Hz und Quantisierung ($\to$ 5.1.6.2) in 256 Stufen (8 bit) pro Farbe. Diese Stufe leistet bereits Irrelevanzreduktion. Auf den diskreten Videowerten erfolgt die Irrelevanzcodierung ($\to$ 5.1.4.2) nach perzeptuellen Sichtbarkeitsmodellen. Schwache Lichtsignale sind nach einem Blitz nicht sichtbar und können entfernt werden. Es folgt die Prädiktionscodierung mit MPEG ($\to$ 5.1.6.3), indem nur Differenzbilder übertragen werden. Die Zahlenwerte der Prädiktion werden nach Huffman ($\to$ 5.1.2) optimal codiert.

5.1.1   Shannon'sches Codierungstheorem

Für eine diskrete Quelle seien die Auftrittswahrscheinlichkeiten der Nachrichten $P_i = P(A_i),\, i = 1, \dots, N$ bekannt. Der Informationsgehalt einer Nachricht ist $H(A_i) = -\,\mathrm{ld}\, p(A_i)$ ($\to$ 4.3).

Jedem Quellwort A_i wird ein **Binärcodewort** B_i zugeordnet, dessen Länge mit $L(A_i) = L(B_i) =$ oder kürzer mit L_i bezeichnet wird.

Die mittlere Codewortlänge L ist somit

$$L = \sum_{i=1}^{N} P_i \cdot L_i \tag{5.1}$$

P_i Wahrscheinlichkeit für Auftreten i-tes Element der Mengen A, B
L_i Länge des Codewortes B_i

> **Optimale Quellencodierung** liegt vor, wenn die mittlere Codewortlänge L minimal ist.

> **Präfixeigenschaft (Fano-Bedingung)**: Kein Codewort kann der Beginn eines anderen Codewortes sein.

Codierungstheorem

Für jede Binärcodierung mit Präfixeigenschaft kann die mittlere Codewortlänge L nicht kleiner als die Entropie sein, und es kann eine Binärcodierung $A \rightarrow B$ gefunden werden, für die gilt:

$$H(B) \leq L < H(B) + 1 \qquad (5.2)$$

Die **Coderedundanz** (*code redundancy*) eines Codes ist die Differenz $R_c = L - H(B)$.

5.1.2   Huffman-Optimalcodierung

Das **Huffman'sche Codierungsverfahren** (*entropy coding*) erzeugt die minimale mittlere Codewortlänge L durch rekursive, von den Zweigen zur Wurzel, paarweise Zusammenfassung der Zeichen-Zweige im Codierungsbaum mit den geringsten Wahrscheinlichkeiten.

❑ *Beispiel:* Quelle $\{A\}$ mit $N = 5$ Zeichen $P_1 = 0,51$, $P_2 = 0,22$, $P_3 = 0,15$, $P_4 = 0,08$, $P_5 = 0,04$; Quellentropie $H(A) = 1,864$; *Schritt 1:* A_4 und A_5 haben geringste Wahrscheinlichkeit $\Rightarrow$ bilden untersten Zweig; *Schritt 2:* $P(A_4 \vee A_5) = 0,12$ und $P(A_3) = 0,15$; *Schritt 3:* $P(A_4 \vee A_5 \vee A_3) = 0,27$ und $P(A_2) = 0,22$; bleibt A_1. Die mittlere Codewortlänge ist $L = 1,88$.

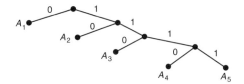

Bild 5.2   Beispiel Huffman-Code

Symbolblockung (*symbol blocking*): Durch das Gruppieren von Zeichenfolgen unabhängiger Zeichen in Worte der Länge K wird weitere Redundanzreduktion erreicht.

$$H(B) \leq L \leq H(B) + 1/K \qquad (5.3)$$

❑ *Beispiel:* Zwei $K = 4$ lange gleich wahrscheinliche Dezimalziffern bilden die gesamte Quellwortmenge und werden mit $\{0, 1\}$ codiert. Damit ist $H(B) = 1$ und $1/K = 0,25$.

Lauflängencodierung (*run length coding*) ersetzt eine Folge von gleichen Quellzeichen $A_i \in A$ durch ein Sonderzeichen S „Beginn Lauflänge", das Zeichen A_i und dessen Wiederholungsanzahl w: $...Sw A_i...$, z. B. $...abbbbbf... => ...aSb4f...$

❑ *Beispiel:* ITU T.3 und T.4 für Telefax

5.1.3 Arithmetische Codierung

> **Arithmetische Codierung** (*arithmetic coding*) ordnet jedem Wort $A_i \in A$ ein Intervall im Bereich $[0, 1)$ zu, dessen Länge die Auftrittswahrscheinlichkeit ist. Als Codierung werden die Binärstellen hinter dem Komma der unteren Intervallgrenze verwendet.

❑ *Beispiel nach /5.3/, /5.5/ ($\rightarrow$ Bild 5.3):* A^* hat 2 Symbole $A_1^* = a$ und $A_2^* = b$, deren Auftrittswahrscheinlichkeiten in den 3-Symbol-Worten $A_i \in A$, $i = 1, \ldots, n^*$ bekannt sind: $P(a_1) = 2/3$, $P(a_2) = 1/2$, $P(a_3) = 3/5$; $P(b_1) = 1/3$, $P(b_2) = 1/2$, $P(b_3) = 2/5$. Dabei bedeutet „a_1" das Auftreten von a an der ersten Stelle des Wortes. Zu codieren ist die Nachricht $X = $ „bab". Im initialen Schritt sind die Intervalle durch die Auftrittswahrscheinlichkeiten im ersten Zeichen gegeben: a_1: $[0; 2/3]$, b_1: $[2/3; 1]$ oder dezimal $[0; 0,67)$, $[0,67; 1)$. Das erste Zeichen ist „b". Das b-Intervall $[0,67; 1)$ wird nun genommen und wegen der Auftrittswahrscheinlichkeiten im zweiten Zeichen $P(a_2) = 1/2$, $P(b_2) = 1/2$ in zwei Hälften geteilt: a_2: $[0,67; 0,833)$, b_2: $[0,833; 1,0)$. Als nächstes kommt das Zeichen „a". Entsprechend wird im Schritt 3 das a_2-Intervall aufgeteilt: a_3: $[0,67; 0,766)$, b_3: $[0,766; 0,833)$. Mit dem dritten Zeichen „b" wird b_3 als gültiges Intervall erkannt. Jetzt muss nur noch der Binärcode abgeleitet werden, der das Intervall eindeutig identifiziert. Binär sind die Intervallgrenzen: b_3: $[0,110001\ldots; 0.110101\ldots)$. Es gilt: Alle Zahlen beginnend mit 0,11001 befinden sich im Intervall; es gibt Zahlen, beginnend mit 0,1100, die nicht im Intervall sind. Daraus folgt: Das Binärcodewort 0,1100 wäre zu kurz, 0,11001 ist ausreichend.

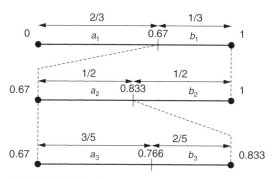

Bild 5.3 Beispiel arithmetische Codierung nach /5.3/, /5.5/

Da die Intervalle immer kleiner werden, sind steigende Genauigkeiten in der Berechnung erforderlich. Beim **Interval Arithmetic Coding** werden deshalb die aktuellen Intervalle, die kleiner als 0,5 sind, auf die doppelte Länge gestreckt.

5.1.4   Kontinuierliche Quellen

Die **Redundanz einer zeitkontinuierlichen Quelle** ergibt sich aus einer Wahrscheinlichkeitsverteilung ungleich der Gleichverteilung und der Korreliertheit der Quellensignale.

Unter der **Irrelevanz einer kontinuierlichen Quelle** versteht man das Auftreten von Quellensignalen, die „nicht verwendbar" sind: nicht hörbare/sichtbare und/oder übertragbare akustische/visuelle Signale ($\rightarrow$ 4.4).

5.1.4.1   Korrelative Codierung (verlustfreie Codierung)

Bei **Differencial Pulse Code Modulation (DPCM)** wird mit Prädiktion der aktuelle Wert aus vorangegangenen Werten geschätzt. Der Differenzwert wird Huffman-codiert übertragen.

Für die **lineare Vorhersage** mit der Berechnung der Prädiktion $s^*(n) = h \cdot s(n-1)$ ist der Parameter h durch $h = \varrho(1)/\varrho(0)$ bestimmt, wobei $\varrho(i)$ der i-te Korrelationskoeffizient von $s(n-1)$ ist. Werden noch ältere Signalwerte in die Prädiktion einbezogen, ist ein Gleichungssystem mit den Korrelationskoeffizienten höherer Ordnung zu lösen /5.4/. In Bild 5.4 ist das Potenzial für DPCM-Codierung gut erkennbar.

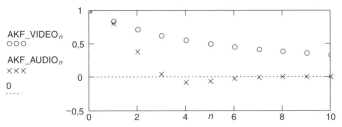

Bild 5.4   *Autokorrelationsfunktionen für Sprach- und Videosignal, Intervalle nT:*
Audio: $T = 1/8000$ s, Video: $T = 1/25$ s

Die **Adaptive Differencial Pulse Code Modulation (ADPCM)** passt die Parameter den aktuellen Korrelationseigenschaften der Signale an.

ITU-T G 721 empfiehlt die Neuberechnung der Koeffizienten h_i in Zeitabständen von 10...30 ms und die Quantisierung des Diffenzsignales $d(n)$ in Abhängigkeit vom aktuellen Wertebereich des Signalwertes, damit der Wertevorrat von d optimal ausgenutzt wird.

> **Transformationscodierung** (*transformation coding*) erzeugt aus einem
> vor der Abtastung korrelierten kontinuierlichen Signal ein unkorreliertes
> Signal im Bildbereich.

❑ *Beispiel lineare Transformation der Signalfolge* $X \rightarrow Y$: $Y_1 = X_1$, $Y_2 = kX_1 + X_2$,
$k = -\varrho$ /5.4/

5.1.4.2   Irrelevanzcodierung (verlustbehaftete Codierung)

5

Die Trägheit von Auge und Ohr betrifft sowohl den Frequenz- (**Frequenzver-
deckung**) als auch den Zeitbereich (**Zeitverdeckung**). Die Bewertungskurven
werden mit Probanden ermittelt.

▶ *Anwendungen:* Audio-, Bild- und Videocodierung ($\rightarrow$ 5.1.5, 5.1.6)

❑ *Beispiel:* In den Frequenzbereichen f_{17} und f_{18} in Tabelle 5.1 werden die fett
geschriebenen Abtastwerte als irrelevant wegen Nichthörbarkeit entfernt. f_{17}:
benachbarte Frequenz f_{18} zu laut, f_{18}: zeitlich vorhergehende Werte zu laut.

Tabelle 5.1 Beseitigung von Irrelevanzen

Frequenz	Takt											
	1	2	3	4	5	6	7	8	9	10	11	12
f_{17}	10	10	7	8	**5**	**4**	**4**	4	8	9	8	8
f_{18}	14	13	14	15	16	17	18	18	18	**3**	**2**	**2**

5.1.5   Codierung von Audiosignalen

Sprachcodierung für GSM-Telefonie

GSM ($\rightarrow$ 7) quantisiert das Sprachsignal mit 13 bit pro Abtastung. Die Abtastfrequenz beträgt 8 kHz.

Wegen der Dynamik der Sprache wird ADPCM eingesetzt ($\rightarrow$ 5.1.4.1). Bild
5.5 zeigt das zweistufige Differenzverfahren. Die Berechnung des übertragenen Differenzsignales $d''(n)$ besteht aus der Berechnung von $d(n)$ in Abständen von 5 ms und einer Korrektur um $d'(n)$ in 20-ms-Abständen $d''(n) =
d(n) - d'(n)$ /5.4/.

MPEG-Audio (Moving Picture Experts Group)

Bild 5.6 zeigt die Zerlegung in Frequenzbänder. Die Berücksichtigung des
psychoakustischen Modells beseitigt die Irrelevanzanteile im Signal. Dies
erfolgt wie oben bereits erklärt im Frequenz- und Zeitbereich. Die Standards
sind MPEG-1, MPEG-2 und MPEG-4. Mit MPEG-3 wird die gesamte Serie
bezeichnet. Die Codierung der Abtastwerte erfolgt wieder mit Huffman-
Codierung.

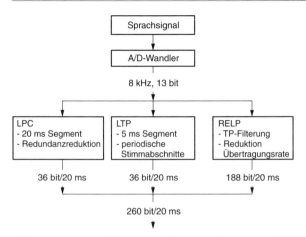

Bild 5.5 *Zweistufiges Differenzenverfahren bei GSM nach /5.4/. LPC: Linear Prediction Code, LTP: Long Term Prediction, RELP: Residual Exited Linear Prediction Coding*

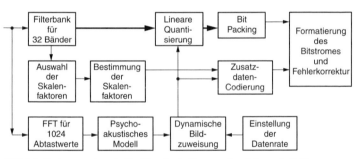

Bild 5.6 *Zerlegung eines Audio-Signales in Frequenzbereiche nach /5.2/*

5.1.6   Codierung von Bild- und Videosignalen

5.1.6.1   Diskrete Kosinustransformation

Die **diskrete Kosinustransformation (DCT)** ist die Grundlage für viele darauf aufsetzende Codierungsverfahren.

> Die **Kosinustransformation** stellt jeden Wert eines Pixelfeldes als gewichtete Summen von Frequenzen dar:

$$pi(x, y) = \frac{2}{N} \cdot \sum_{u=0}^{N-1} \sum_{v=0}^{N-1} C(u) \cdot C(v) \cdot S(u, v)$$

$$\cdot \cos \left[\frac{(2x + 1)\pi u}{2N} \right] \cdot \cos \left[\frac{(2y + 1)\pi v}{2N} \right] \tag{5.4}$$

mit

$$C(f) = \begin{cases} 2^{-\frac{1}{2}} & \text{für} \quad f = 0 \\ 1 & \text{sonst} \end{cases} \tag{5.5}$$

N Felddimension
x, y Pixelwerte
S DCT-Koeffizienten

5.1.6.2 JPEG-Bildcodierung

Durch **JPEG** (*Joint Photographic Experts Group*) sind vier Operationsarten definiert: sequenzielle DCT, progressive DCT, verlustfrei, hierarchisch.

Sequenzielle DCT. Jedes Bildsegment wird von links nach rechts und von oben nach unten eingelesen. Der Algorithmus beginnt mit der Verarbeitung eines 8×8-Pixelblockes, verschiebt die Werte in den Bereich $[-128 \ldots 127]$ und berechnet die DCT-Werte. Da die DCT-Werte reelle Zahlen sind, ist noch eine Quantisierung erforderlich. Die Anzahl der Quantisierungsstufen ist für jeden $S(u, v)$-Parameter unterschiedlich. So werden die höheren Frequenzanteile stärker unterteilt, da Änderungen in diesem Frequenzbereich mehr als solche im unteren Freqeuenzbereich wahrnehmbar sind.

❑ *Beispiel nach /5.5/:* Verarbeitungsschritte der ersten Zeile einer 8×8-DCT-Matrix vom Originalbild bis zur Wiederherstellung (Decodierung) ($\rightarrow$ Tabelle 5.2)

Tabelle 5.2 Werte der Pixel in den Abarbeitungsschritten

Schritt	Werte der Pixel $0, 1, \ldots, 6, 7$ in den Abarbeitungsschritten				
Originale Grauwerte	139	144	…	155	155
DCT-Koeffizienten	235,6	$-1,0$	…	$-2,7$	$-1,3$
Quantifizierung	16	11		51	61
Quantifizierte Koeffizienten	15	0		0	0
Rekonstruierte Koeffizienten	240	0		0	0
Rekonstruierte Grauwerte	144	146		156	156

Codierung der Koeffizienten. Der konstante Anteil der DCT, das DC-Element $S(0, 0)$ der $S(u, v)$-Matrix, wird gesondert codiert. Es wird davon ausgegangen, dass benachbarte 8×8-Blöcke ähnliche Gleichanteile (Mittelwerte) besitzen. Die Codierung dieser Koeffizienten erfolgt dann mit dem prädiktiven Verfahren, d. h., es werden die Differenzen übertragen. Dies erfordert zu Beginn die Übertragung der Codierungstabelle. Für das obige Beispiel hatte der DC-Mittelwert, also das Element $S(0,0)$, den Quantisierungswert 15. Angenommen, für diesen Wert ist vom vorhergehenden Wert ein Prädiktionswert 0 berechnet worden, ergibt sich der nächste Prädiktionswert aus der Differenz DC-Wert $-0 = 15$. Diese „mittelgroße" und „mitteloft" auftretende Differenz wird also nach Huffman mit einem „mittellangen" Codewort codiert. Die Einteilung in kleine, mittlere und große Differenzen erfolgt in sog. „Kategorien", die jeweils ein Huffman-Codewort erhalten. Bei der Codierung wird die Tatsache genutzt, dass viele benachbarte Werte gleich sind, d. h., es bietet sich die Lauflängencodierung an. Dazu werden die DCT-Werte mit Zick-Zack-Auslesen $(1,0) \rightarrow (0,1) \rightarrow (0,2) \rightarrow (2,0) \rightarrow \ldots$ und Lauflängencodierung in einen eindimensionalen Vektor über die benachbarten Pixel überführt. Ein EOB „End of Block" mit dem Bit-Muster 1010 schließt die Daten ab. Die Werte der Lauflängen werden wieder nach Huffman codiert, z. B. geordnet nach Lauflänge, Kategorie, $\rightarrow$ Huffman-Code.

Progressive DCT. Für große Bildobjekte und/oder langsame Übertragungskanäle kann der Bildaufbau beim Empfänger schrittweise von grob zu fein erfolgen. Dafür wird eine erste schnelle grobe Schätzung der Bildwerte vorgenommen und übertragen. Zuerst wird der DC-Anteil des Matrixelementes $S(0,0)$ übertragen. Beim **Spectral-Selection-Verfahren** werden danach die Matrixelemente in Zick-Zack-Reihenfolge übertragen. Damit findet eine stufenweise Übertragung von den niederfrequenten zu den hochfrequenten Anteilen statt. Beim **Successive-Approximation-Verfahren** werden alle Werte der Matrix zugleich übertragen, aber mit ansteigender Wertepräzision, beginnend mit den N MSB (*Most Significant Bits*); N ist konfigurierbar.

Verlustfrei. Mit dem Prädiktionsverfahren werden die Differenzen gebildet. Da benachbarte Pixel ähnliche Werte haben, ergibt sich oft der Wert 0. Die Codierung der Differenzwerte erfolgt mit Huffman- ($\rightarrow$ 5.1.2) oder mit arithmetischer ($\rightarrow$ 5.1.3) Codierung.

Hierarchisch. Es erfolgt eine exakte Zerlegung des Bildes in Grob- und Feinbilder, die hintereinander folgend übertragen werden können. Ein 1024×1024-Pixel-Bild wird zunächst auf ein 512×512-Pixel-Bild reduziert. Dann erfolgt die Abarbeitung der Schritte:
1. Komprimierung des reduzierten Bildes mit einem der oben beschriebenen Verfahren. Dieses Bild wird übertragen und ist Input für den nächsten Schritt.
2. Decodierung des zuvor codierten reduzierten Bildes, Interpolation mit hochauflösendem Originalbild.

3. Verwendung Ergebnis von (2) als Prädikator, Bestimmung der Differenz-matrix, Komprimierung dieser Matrix und Versenden.
4. Wiederholung (2) und (3), bis die volle Auflösung erreicht ist.

Dieses Verfahren ist z. B. für das Senden von Bildobjekten an Geräte mit verschiedenen Auflösungen sinnvoll.

5.1.6.3   MPEG Video

5

Intra Frame Mode MPEG führt zuerst eine DCT der Videoframes als Einzelbilder durch. Anschließend wird Huffman-codiert.

Inter Frame Mode MPEG erreicht eine weitere Kompression um den Faktor 3, da zwischen den Videoframes große Ähnlichkeiten bestehen.

Es ergibt sich ein Reihenfolgeproblem bei der Übertragung und Abarbeitung, da Differenzbilder übertragen werden, die zeitlich vor einem nachfolgenden Stützbild liegen. Dieses Problem wird mit Pufferung gelöst. Ein wichtiges MPEG-Merkmal ist **Random Access**: Damit wird jedes Frame schnell auf-findbar und decodierbar.

- I Intra Frame: codiert nach JPEG, unabhängig von anderen Frames
- P Predicted: codiert in Bezug zu vorhergehendem Ankerframe
- B Bidirectional interpolated: codiert in Bezug zu vorherigem und nachfol-gendem Frame

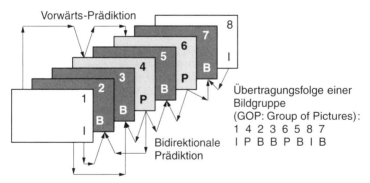

Bild 5.7   MPEG-Frame-Formate und Verweise untereinander

Es müssen codiert und übertragen werden: die Positionsänderung und die Änderungen der Pixelwerte (*prediction error matrix*). Um die durch die Be-wegung verursachten Änderungen zwischen den Frames zu erfassen, werden 16×16-Pixel-Makroblöcke (*macro blocks*) verarbeitet. Dies erfolgt auf dem vorhergehenden **Ankerframe** (*anchor frame*). Jeder Makroblock im aktuellen Frame ist durch einen Zeiger gekennzeichnet, den **Bewegungsvektor** (*motion vector*). Dieser zeigt auf denjenigen Makroblock im Ankerframe, der die größte Übereinstimmung mit dem Block des aktuellen Frames hat. Die Berechnung beim Sender/Codierer erfolgt dabei nicht mit dem Originalvideo als Ankerframe, sondern mit einem wieder decodierten Originalframe, da auch nur ein solches beim Empfänger zur Verfügung steht.

❏ *Beispiel (nach /5.5/, → Bild 5.8):* Die Frames bestehen aus 64 × 64 Pixeln. Ein Macroblock sei 8 × 8 Pixel groß, d. h., es gibt 16 Macroblocks. Der graue Macroblock im aktuellen Frame hat die Koordinaten (16, 8) und hat die größte Übereinstimmung mit dem Macroblock bei (24, 4) im Ankerframe, also eine Verschiebung um (8, − 4).

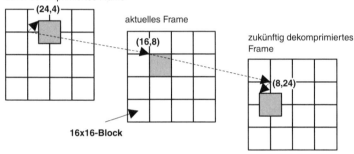

Bild 5.8   Berechnung der Prädiktionswerte bei MPEG (nach /5.5/)

Die *prediction error matrix* besteht aus vielen Nullen, da benachbarte Frames nach Bewegungskorrektur viele gleiche Pixelwerte haben. Die Codierung führt deshalb zu großen Kompressionswerten. Die Gleichung (5.6) gibt die Berechnung des Prädiktionsfehlers an:

$$E_c(x, y) = pi_c(x, y) - pi_r[(x, y) + M_{rc}] \qquad (5.6)$$

E_c aktueller Prädiktionsfehler
pi_c Pixelwert im aktuellen Block
pi_r Pixelwert im Ankerblock
M_{rc} Bewegungssvektor vom aktuellen zum Ankerblock (→ Bild 5.7).

5.1.6.4   Standard H.261/263/264

Die ITU-Standards H.261 und H.263 beschreiben Videokompressionsverfahren für Telefonieleitungen, z. B. gebündelte ISDN-Leitungen mit MPEG-Codierungsmethoden (→ 5.1.6.2).

> **H.264** (MPEG-4 Part 10) *Advanced Video Coding* (AVC) ist der Standard
> für hochauflösendes Video beginnend bei Level 1 mit 15 Frames/s für
> Fernsehbilder (PAL) und bis zu Level 5 mit 72 Frames/s und Bildern mit
> 2000×1000 Bildpunkten.

Die Codierung kann zweistufig erfolgen, um den zwei verschiedenen Fehler-
ursachen **Datenverlust** in IP-Netzen und **Bitfehlern** im Übertragungskanal
mit jeweils spezifischen Codierungen entgegenzuwirken. Die dynamische
Anpassung der Kompression an die Übertragungsrate ist vorgesehen.

5

5.1.6.5 Fraktale Bildkompression

> Die **fraktale Bildkompression** beruht auf den algorithmischen Grundla-
> gen der Fraktale (*fractals*) sowie der affinen Transformation und erreicht
> Kompressionsraten von 20 : 1 bis 50 : 1.

Eine wichtige ausgenutzte Eigenschaft der Fraktale ist die **Selbstähnlichkeit**.

> **Selbstähnlickeit** (*self similarity*) ist die exakte oder statistische Überein-
> stimmung der Eigenschaften eines Objektes auf verschiedenen Dimensio-
> nen oder Aggregationsstufen.

❑ *Beispiel räumliche Selbstähnlichkeit:* Betrachtet man einen Küstenverlauf aus
100 km Höhe, 10 km Höhe, 1 km Höhe, werden sich bei gleich bleibender Auflösung ähnliche Strukturen mit Buchten und Landzungen ergeben.

Affine Transformationen sind der Schlüssel für die Effektivität der fraktalen
Kompression. Dazu wird untersucht, ob sich im Bild ähnliche Muster auch
unter Beachtung von Rotationen, Streckungen, Reflexionen oder Kombinationen dieser Operationen ergeben. Die Transformation $w(x) = Ax + k$ ist für
den einfachen 2-dimensionalen Fall in Gl. (5.7) angegeben.

$$w(\vec{x}) = w \begin{pmatrix} x \\ y \end{pmatrix} = \begin{pmatrix} a & b \\ c & d \end{pmatrix} \begin{pmatrix} x \\ y \end{pmatrix} + \begin{pmatrix} e \\ f \end{pmatrix} \tag{5.7}$$

w Transformationsfunktion
x, y Pixelwerte
a, f Transformationsparameter

> Das **iterierte Funktionen-System (IFS)** beschreibt durch ineinanderge-
> schachtelte Funktionen $w_1(w_2(w_3 \ldots (F)))$ die Lageveränderung des Ob-
> jektes F. Die **Kontraktionsabbildung** erzeugt in n aufeinander folgenden
> Iterationen $w_{contr}^n(F)$ die spiralförmige Konvergenz zu einem Fixpunkt.

Je nach Belegung der Werte erhält man die Funktionen **Identität, Achsen-skalierung, Rotation, Reflexion, Schrägschieben** und **Kontraktion**.

❑ *Beispiel nach /5.5/:* Gleichung (5.8) ist eine Kontraktionstransformation mit dem Fixpunkt $(5,94; 3,28)$, denn $w(5,94; 3,28) = (5,94; 3,28)$. Dieser Punkt wird von jedem Ausgangspunkt erreicht.

$$w \begin{pmatrix} x \\ y \end{pmatrix} = \begin{pmatrix} 0,355 & 0,5733 \\ -0,355 & 0,1367 \end{pmatrix} \begin{pmatrix} x \\ y \end{pmatrix} + \begin{pmatrix} 2 \\ 5 \end{pmatrix} \tag{5.8}$$

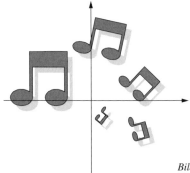

Bild 5.9 Fortlaufende Kontraktionen führen spiralförmig zu einem Fixpunkt

Die Kontraktionsstärke der Schritte wird durch den Parameter s angegeben, wobei d die euklidische Abstandsmetrik ist:

$$d[w(\vec{q}), w(\vec{r})] \leq s \cdot d(\vec{q}, \vec{r}) \tag{5.9}$$

Der Abstand nach der Transformation zwischen den Punkten $q = (x_1, y_1)$ und $r = (x_2, y_2)$ (2-dimensionales Beispiel) ist damit um den Faktor s kleiner als der Abstand vor der Transformation.

> Die **fraktale Kompression** untersucht, ob es zu einem Bild eine Menge von iterativen Transformationen IFS gibt, für die das Bild der Fixpunkt ist.

Damit wäre das Bild eindeutig durch die IFS-Parameter beschrieben – also quellencodiert. Die Berücksichtigung von Farbinformationen erfolgt durch die zusätzliche Dimension der Pixel, z. B. für Grauwerte g.

❑ *Beispiel nach /5.1/:* Bild 5.10 zeigt den Big Block BB 16×16 links unten und die Aufteilung in Small Blocks SBs. Es gibt insgesamt 4 SBs mit Mustern, die dem BB ähnlich sind: SB4: $w =$ Identität, SB7: $w =$ Reflexion x-Achse, SB10: $w =$ Identität, SB13: $w =$ Identität. Das Muster im linken unteren 16×16-Feld (grau unterlegt) ist der Big Block für die Darstellung aller Muster in den Small Blocks SBs (einschl. der SBs im BB).

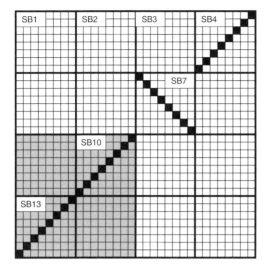

Bild 5.10 Selbstähnliche Muster nach /5.1/

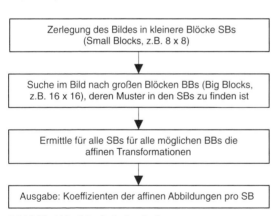

Bild 5.11 Ablauf der fraktalen Codierung

5.1.6.6 Wavelet-Kompression (JPEG 2000)

Auch bei diesem Verfahren werden die Bilder in rechteckige Segmente (*Tiles*) unterteilt. Jedes Segment wird als selbstständiges Bild betrachtet. Damit ergibt sich die Möglichkeit zur Extraktion von Teilbildern, sog. Bildregionen (*Region of Interest ROI*).

> **Wavelet-Kompression** (*wavelet compression*) zerlegt das Originalsignal in ein Approximationssignal mit geringer Auflösung (Mittelwert) und mehrere Detailsignale.

Bei den Detailsignalen werden diese Berechnungsfunktionen **Wavelet-Funktionen** genannt. Die Approximationssignale werden als **Skalierungsfunktion** bezeichnet. Die jeweiligen Aggregationsstufen sind die **Basisfunktionen**.

❏ *Beispiel:* Gegeben ist ein Signal a_0 mit acht Elementen (1 2 1 5 1 2 1 −1). Bildet man den Mittelwert aus jeweils 2 benachbarten Werten erhält man $a_1 = (1,5; 1,5; 3; 3; 1,5; 1,5; 0; 0)$, was den Verlauf von a_0 mit geringerer Auflösung darstellt. Das Differenzsignal ist $d_1 = (−0,5; 0,5; −2; −2; −0,5; 0,5; 1; −1)$. Setzt man diese Prozedur fort, erhält man $d_2 = (0; −0,75; 0; 0,75; 0; 0,75; 0; −0,75)$, $a_3 = (1,875; 2,625; 2,625; 1,875; 1,125; 0,375; 0,375; 1,125)$, $d_3 = (−0,375; −0,375; 0,375; 0,375; 0,375; 0,375; −0,375; −0,375)$. Es ergibt sich $a_0 = a_3 + d_3 + d_2 + d_1$. Der Kompressionseffekt wird durch die in den Signalen vorhandenen Wiederholungen erreicht. Diese Werte werden als Gewichte der Basisfunktionen bezeichnet.

5.2   Kanalcodierung

> **Kanalcodierung** (*channel encoding*) codiert die Quellnachrichten $A \rightarrow B$ mit dem Ziel, auftretende Übertragungsfehler zu erkennen und zu korrigieren. In der digitalen Nachrichtenübertragung werden die Kanalwörter aus dem Alphabet $B^* = \{0, 1\}$ gebildet, es handelt sich um eine **Binärcodierung** (*binary encoding*).

Die wesentlichen Kanalcodierungen:

> **Separierbare Blockcodes** bestehen aus getrennten Blöcken gleicher Länge n mit m Nutzbits und k Kontrollbits.
>
> **Faltungscodes** erzeugen mit einem gleitenden Codierungsfenster über dem zu sendenden Bitstrom einen fortlaufenden Codewortstrom.

5.2.1   Blockcodes

Hamming-Abstand

> Der **Hamming-Abstand** (*Hamming Distance – HD*) gibt an, um wie viele Binärelemente sich zwei Codeworte mindestens unterscheiden.

Ist dieser Wert gleich 1, kann keine Fehlererkennung erfolgen, da jede Bitverfälschung wieder auf ein gültiges Codewort führt. Daraus folgt, dass ein Code, der k Fehler in einem Codewort erkennen soll, eine Hamming-Distanz

$HD \geq k + 1$ haben muss. Sollen auch noch k Fehler korrigierbar sein, so muss eine eindeutige Zuordnung zum nächsten Zeichen möglich sein, also ist $HD \geq 2k + 1$ zu erfüllen.

Reduktionsfaktor

> Der **Reduktionsfaktor** r gibt an, um welchen Teil die Bitfehlerwahrscheinlichkeit gesenkt wird.

$$r = \frac{P_{\text{BRest}}}{P_{\text{B}}} \tag{5.10}$$

P_{BRest} Bitfehlerwahrscheinlichkeit nach Decodierung
P_{B} Bitfehlerwahrscheinlichkeit auf dem Übertragungskanal

Für gleichverteilte Fehler ergibt sich als Reduktionsfaktor für Codewörter der Länge n

$$r = \frac{2^m - 1}{2^n - 1} \approx 2^{-k} \tag{5.11}$$

Die Anzahl der Codewörter in B ist 2^m. Ein Vorteil der Blockcodes gegenüber den Faltungscodes ist die näherungsweise Berechenbarkeit der Anzahl der für die Fehlererkennung erforderlichen zusätzlichen k bit bei vorgegebenem Wert von r.

Paritätsbit

Die Fehlererkennung mit Paritätsbits (*parity bit)* ist die einfachste Codierung für Datenübertragung und Speicherung.

❑ *Beispiel:* ASCII-Codierung von Zeichen des Alphabetes, Ziffern, Sonderzeichen: Das Gewicht eines 7-bit-Quellwortes (Anzahl der „1") wird immer auf Ganzzahligkeit ergänzt, indem ein achtes Bit, das Paritätsbit, angefügt wird. Der Reduktionsfaktor r ergibt sich somit mit $k = 1$ zu $r = 2^{-1} = 0{,}5$.

5.2.2   Binäre Gruppencodes, Lineare Codes

> **Lineare Gruppencodes** berechnen die zugefügten Kontrollbits aus modulo-2-Additionen mit den zu übertragenden Bits.

❑ *Beispiel nach Hamming:* $m = 4$, $k = 3$, $n = 7$. Die Berechnung der 3 Kontrollbits des Codewortes X erfolgt mit dem linearen Gleichungssystem aus Modulo-2-Additionen $x_5 = x_1 \oplus x_2 \oplus x_3$, $x_6 = x_1 \oplus x_2 \oplus x_4$, $x_7 = x_1 \oplus x_3 \oplus x_4$. Damit sind in den $2^7 = 128$ möglichen Codeworten nur 16 gültige Codeworte enthalten. Die Decodierung der empfangenen Nachricht Y mit Fehlerkorrektur erfolgt mit Prüfgleichungen, deren Ergebnisse S zur Korrektur verwendet werden: $s_1 = y_1 \oplus y_2 \oplus y_3 \oplus y_4$, $s_2 = y_1 \oplus y_2 \oplus y_4 \oplus y_6$, $s_3 = y_1 \oplus y_3 \oplus y_4 \oplus y_7$. Unter der Voraussetzung, dass nur ein Fehler aufgetreten ist, ergibt sich für die Korrektur: $S = (000) \rightarrow$ kein Fehler, $S = (111) \rightarrow 1$. Stelle falsch, $S = (110) \rightarrow 2$. Stelle falsch, $S = (101) \rightarrow 3$. Stelle falsch, $S = (011) \rightarrow 4$. Stelle falsch.

P_{BRest} ergibt sich aus $P_{BRest} = 1 - P$ (0 oder 1 Fehler) mit p_b als Bitfehlerwahrscheinlichkeit zu

$$P_{BRest} = 1 - (1 - p_b)^n - n \cdot p_b \cdot (1 - p_b)^{n-1} \qquad (5.12)$$

> **Reed-Muller-Codes** können mehrere Stellen der Nachricht korrigieren. Es ist ein **nicht separierbarer Code**, d. h., Nachrichtenstellen und Kontrollstellen sind nicht getrennt.

5.2.3 Zyklische Codierung

Zyklische Codes (*cyclic codes*) erlauben die Berechnung des Reduktionsfaktor r und können einfach hardwaremäßig in Schieberegistern implementiert werden. Es gibt separierbare und nichtseparierbare zyklische Codierungsverfahren. Die Codierung erfolgt über die Darstellung der Bitfolgen als Polynome.

- **Informationspolynom**: Die zu sendenden Bits der Information werden als Binärstellen genommen, z. B. Polynom mit Grad 3: 1011 $=> I(x) = 1 \cdot x^3 + 0 \cdot x^2 + 1 \cdot x + 1$
- **Generatorpolynom**: standardisiertes Polynom $G(x)$.
- **Sendepolynom**: Berechnung des Codewortes „Sendepolynomes" $S(x)$, Übertragung der Binärstellen.

Berechnungsschritte für $S(x)$

(alles modulo-2-Rechnung)
- Multiplikation des Informationspolynomes mit x^k, k: Grad von $G(x)$
- Division des Ergebnisses durch $G(x)$ ergibt einen Rest $R(x)$
- Anhängen von $R(x)$ an $I(x)$, womit sich das Sendepolynom $S(x) = I(x)x^k + R(x)$ ergibt.

Beim Empfänger wird durch das Generatorpolynom dividiert, ein übrig bleibender Divisionsrest zeigt einen Übertragungsfehler an.

❏ *Beispiel Informationsbitfolge (1 0 0 1)*: $I(x) = x^3 + 1$, $G(x) = x^3 + x + 1$; $G(x)$ hat den Grad 3, $I(x)$ wird mit x^3 multipliziert (3 Stellen nach links geschoben) und es ergibt sich $x^6 + x^3$. Jetzt wird die Division durch $G(x)$ durchgeführt:

```
      1 0 0 1 0 0 0 : 1 0 1 1 = 1 0 1 0
    ⊕ 1 0 1 1
      ‾‾‾‾‾‾‾
        0 1 0 0
    ⊕   0 0 0 0
        ‾‾‾‾‾‾‾
        1 0 0 0
    ⊕     1 0 1 1
          ‾‾‾‾‾‾‾
          0 1 1 0
    ⊕       0 0 0
 Rest:      ‾‾‾‾‾
            1 1 0
```

Die gesendete Bitfolge ist somit 1001 110.

Für den Einsatz der zyklischen Codes ist besonders deren gute Leistung für **Bündel-Fehlererkennung** interessant.

> Ein **Fehlerbündel** (*error burst*) ist eine Bitfolge, die durch zwei Bitfehler begrenzt ist.

❑ *Beispiel:* $b = 4$: 1001, 1011, 1101, 1111

Für zyklische Codes gilt, dass Burstfehler der Länge $b \leq k$ immer erkannt werden, da die Divsion durch $G(x)$ dann nie null ergeben kann. Sonst gilt

$$P_{BRest} = \begin{cases} 2^{-(k-1)} & \text{für} \quad b = k + 1 \\ 2^{-k} & \text{für} \quad b > k + 1 \end{cases} \qquad (5.13)$$

k Grad des Generatorpolynomes

5

Erzeugung des Generatorpolynomes

Die Erzeugung einer für die Fehlererkennung geeigneten Codewortmenge erfolgt mit dem **Generatorpolynom**.

> Ein Code wird als **zyklisch** bezeichnet, wenn eine Verschiebung von $G(x)$ wieder ein zulässiges Codewort ergibt; das Nullwort ist immer Teil des Codes.

Die gesamte Anzahl $2^m - 1$ der möglichen Codewörter $B_i \in B$ kann durch modulo-2-Addition aus dem Generatorpolynom erzeugt werden. Die wesentlichen Eigenschaften sind:

- $G(x) = g_0 + g_1 x + \ldots + x^k$ ist ein Teiler von $x^n - 1$, d. h., das Codewort $11\ldots11$ ist ein Vielfaches von $G(x)$, $G(x)$ überspannt damit den gesamten Vorrat der Wortmenge B'.
- $G(x)$ ist irreduzibel, d. h. nicht in Faktoren zerlegbar.
- $g_0 = 1$

❑ *Beispiel:* Für $k = 3$ gibt es die Generatorpolynome $1 + x + x^3$ und $1 + x^2 + x^3$.

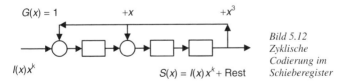

Bild 5.12 Zyklische Codierung im Schieberegister

Die Behandlung der Herleitung geeigneter Generatorpolynome würde den Rahmen dieses Nachschlagewerkes sprengen. Weiterführende Literatur siehe /5.1/.

Die Restberechnung kann leicht in Schieberegistern implementiert werden ($\rightarrow$ Bild 5.12).

Spezielle zyklische Codes

> **Fire-Codes** sind zyklische Codes, die speziell für die Erkennung von Burstfehlern entworfen wurden.

Das Generatorpolynom ist $G(x) = G_1(x)(x^{k_2} + 1)$. Fehlerbursts der Länge b werden korrigiert, wenn gilt: $(b \leq k_1) \wedge (b < k_2/2 + 1)$.

> **BCH-Codes**, benannt nach Bose, Chaudhuri und Hocquenghem, haben die Eigenschaft, eine Anzahl $e > 1$ von **beliebig verteilten Fehlern** korrigieren zu können.

> **Reed-Solomon Codes** sind **nichtbinäre** BCH-Codes.

Mit der Quellalphabetbasis $A^* = \{0, \ldots, 2^8\}$, $n^* = 256$ wird dieses Verfahren zur Fehlerkorrektur auf Compact Discs eingesetzt. Das Generatorpolynom ($\rightarrow$ Gl. (5.14)) hat für den Fall, dass ein Symbol aus b bit besteht, z. B. wie oben $b = 8$, die Fähigkeit zur Korrektur von e Symbolfehlern mit dem Generatorpolynom (α_i geeignete Parameter).

$$G(x) = \prod_{i=1}^{2e} (x - \alpha^i) \tag{5.14}$$

> **Codespreizen** (*interleaving*) mischt die Codewörter vor der Übertragung. Stark gebündelte Fehlermuster verteilen sich dadurch nach der Trennung beim Empfänger auf mehrere Codewörter mit weniger Fehlern und können korrigiert werden.

5.2.4   Faltungscodes

> Ein **Faltungscode** (*convolutional code*) codiert kontinuierlich im Datenstrom.

Der Codierungsalgorithmus wird mit Schieberegistern ($\rightarrow$ Bild 5.13), Zustandsgraphen oder Codierungsbäumen spezifiziert. Beim **Trellis-Diagramm** ($\rightarrow$ Bild 5.14) werden vertikal die möglichen Speicherzustände des Codierers eingetragen. Horizontal werden die möglichen Folgezustände der Schieberegister vermerkt. Da jeweils b bit zusammengefasst werden, gibt es von jedem Zustand 2^b Ausgangspfeile in mögliche Nachfolgezustände.

❑ *Beispiel:* $b = 1$, $n = 2$, pro $b = 1$ Bit Eingangstakt werden aus einem 3-Bit-Quellenfenster $n = 2$ Sendebits generiert.

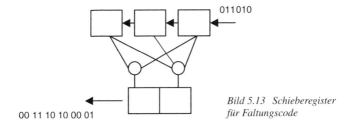

Bild 5.13   Schieberegister für Faltungscode

5

Decodierung: Viterbi-Verfahren

Das **Viterbi-Verfahren** beruht auf der Suche nach dem wahrscheinlichsten (*maximum likelihood*) Pfad im Trellis-Diagramm nach einem gültigen Codewort für die empfangene Bitfolge.

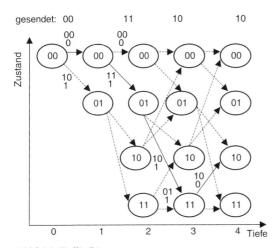

Bild 5.14   Trellis-Diagramm

Dazu wird der Codebaum des Schieberegisters aus Bild 5.13 betrachtet. In Bild 5.14 sind die Zustände der rechten zwei Schieberegister angegeben. Zwischen den Zuständen sind das einstellige Inputbit und der zweistellige Output an exemplarischen Zustandsübergängen eingetragen. Die durchgezogenen Linien entsprechen den ersten gesendeten Bits (4 Informationsbits mit je zwei Sendebits). Beim Empfänger würde eine Aufsummierung der Hamming-Distanz auf diesem Pfad den Wert 0 ergeben. Auf anderen Pfaden, verursacht durch fehlerhafte Übertragung, ergäben sich Summenwerte > 0. Am Ende der Berechnung aller Pfadwerte wird der Endknoten mit der kleinsten aufsummierten Hamming-Distanz ausgewählt und der Pfad zum Anfang zurückverfolgt, womit sich die wahrscheinlichste gesendete Informationsbitfolge ergibt.

5.3   Leitungscodierung

> Die **Leitungscodierung** (auch Modulationscodierung) bildet die digitalen Signale auf eine physikalische Signalfolge ab, die für das Übertragungsmedium eine geringe Bitfehlerwahrscheinlichkeit ergibt.

Bei der **Basisbandübertragung** erfolgt die Übertragung ohne weiteres Aufmodulieren auf Sinussignale.

Bitfehlerwahrscheinlichkeit

Die Wahrscheinlichkeit für die fehlerhafte Decodierung (Demodulation) ergibt sich aus der Stärke der Störungen im Übertragungskanal. Stochastisch unabhängige Störungen werden als weißes Gauß-verteiltes Rauschen, der Kanal als AWGN-Kanal (*Additive White Gaussian Noise*) bezeichnet. Die Stärke g des Störsignales nach einer Filterung des Empfangssignales mit der Bandbreite B wird mit der Leistungsdichte Φ (Berechnung über Fouriertransformation, $\rightarrow$ /5.4/, $\rightarrow$ 2.2) angegeben.

$$\Phi(f) = \begin{cases} 2g & \text{für} \quad |f| \leq B/2 \\ 0 & \text{für} \quad |f| > B/2 \end{cases} \qquad (5.15)$$

Ein Bitfehler, z. B. $0 \rightarrow 1$, tritt auf, wenn das „0"-Signal so stark verfälscht wird, dass der empfangene Signalwert dem Signal der „1" näher als dem der „0" liegt. Bild 5.15 zeigt in der Mitte den Überlagerungsbereich von 2 möglichen Signalen S_0 und S_1 mit den Amplituden U_0 und U_1.

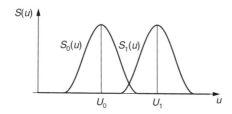

Bild 5.15 Überlagerung der Empfangssignale S_0 und S_1 mit Amplituden U_0, U_1

Signale besitzen reelle und imaginäre Leistungsanteile, die im Ortsdiagramm veranschaulicht werden.

❏ *Beispiel:* 2-Amplitudencodierung mit $U_0 = 0$ und $U_1 = U$ hat als Ortsdiagramm nur reelle Werte in Bild 5.16.

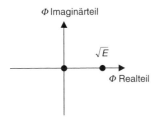

5

Bild 5.16 ASK-Ortsdiagramm,
E: Energie des Empfangssignals

Je weiter die möglichen Zustände voneinander entfernt sind, desto geringer ist die Wahrscheinlichkeit für eine falsche Decodierung beim Empfänger. Nimmt der Empfänger den nächstliegenden (*maximum likelihood*) Punkt im Ortsdiagramm als gültiges Symbol, ergibt sich die Fehlerwahrscheinlichkeit mit Gl. (5.16):

$$P_{\mathrm{B}} = \frac{1}{2} erfc \left(\sqrt{\frac{d^2}{8g}} \right) \tag{5.16}$$

$$erfc(x) = 1 - erf(x) = 1 - \frac{2}{\sqrt{\pi}} \int_0^x e^{-t^2} \, dt \tag{5.17}$$

P_{B} Bitfehlerwahrscheinlichkeit
d Abstand im Ortsdiagramm
g Leistung des Störsignales
erf error function
$erfc$ error function complement

Die **Amplitudenumtastung** (*Amplitude Shift Keying ASK*) sendet für „1" mit der Amplitude U, sonst kein Signal: $U = 0$. Bei empfangener Signalleistung E und Störleistung g ergibt sich mit Gl. (5.17) und Bild 5.16 ($\rightarrow$ 8.2.2):

$$P_{\mathrm{B\_ASK}} = \frac{1}{2} erfc \sqrt{\frac{E}{8g}} \tag{5.18}$$

Manchestercode bildet die binäre „1" auf zwei halbe Signaltakte ab: $+U$ im ersten Halbintervall und $-U$ im zweiten Halbintervall. Die „0" wird umgekehrt codiert ($\rightarrow$ Bild 5.17).

Bei der Codierung mit **alternierender Vorzeichenumkehr** (*Alternate Mark Inversion AMI*) wird die „0" mit 0 Volt codiert, die „1" alternierend mit $+U$ und $-U$. Das Aufeinandertreffen langer „0"-Folgen verletzt aber die Forderung nach Gleichstromfreiheit.

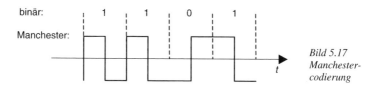

Bild 5.17 Manchestercodierung

Der **Bipolarcode hoher Dichte** (*High Density Bipolar HDB*) vermeidet das Aufeinanderfolgen mehrerer „0"-Elemente. Beim HDB3-Code wird bei mehr als 3 aufeinander folgenden „0" ab der vierten „0" eine Codierungsregel angewandt, die den Gleichstromanteil wiederherstellt.

Bei der **codierten Zeicheninvertierung** (*Coded Mark Inversion CMI*) werden die „1" alternierend mit $+S$ und $-S$ codiert. Die „0" wird durch $+S$ im ersten Halbintervall und mit $-S$ im zweiten Halbintervall übertragen.

Der **4B/3T-Code** bildet jeweils 4 Binärelemente mit dem Wertevorrat $2^4 = 16$ auf 3 Ternärelemente mit dem Wertevorrat $3^3 = 27$ ab. Die vorhandene Redundanz wird für die Herstellung der Gleichstromfreiheit genutzt.

Die **Zweiphasenumtastung** (*Binary Phase Shift Keying BPSK*) führt bei jeder Änderung des Bitstromes $0 \rightarrow 1$ oder $1 \rightarrow 0$ einen Sprung zwischen $-U$ und $+U$ durch ($\rightarrow 8.2.2$).

Bei der **Vierphasenumtastung** (*Quadratur Phase Shift Keying QPSK*) sind 4 Signalzustände möglich. Mit jedem Sendesymbol werden 2 Binärwerte übertragen. Dies erfolgt durch die Überlagerung von Sinus- und Kosinussignalen. Weiterentwicklungen sind Offset-QPSK, $\pi/4$-QPSK ($\rightarrow 8$).

Das **Phasensprungverfahren** (*Minimum Shift Keying MSK*) bildet die binären Signale auf Phasensprünge ab.

Bei der **Quadraturamplitudenmodulation QAM** werden durch Veränderung der Phase und der Amplitude mehrere Bits mit einem Sendesymbol übertragen, z. B. 16-QAM mit jeweils 4 Phasen- und Amplitudenwerten ($\rightarrow 8.2.2$).

Der **Gray-Code** beachtet noch zusätzlich, dass benachbarte Signalzustände im Ortsdiagramm sich nur um ein Bit unterscheiden. Ein durch Störung verursachtes „Wegrutschen" der Decodierung in einen Nachbarzustand hätte damit nur einen Bitfehler zur Folge und ermöglicht Fehlerkorrekturen ($\rightarrow 5.2$).

Trellis-codierte Modulation TCM ($\rightarrow 5.2.4$): Der QPSK-Modulation 2-PSK wird ein drittes Bit zugefügt und mit 8-PSK Trellis-codiert übertragen. Die Verringerung der Bitfehlerwahrscheinlichkeit ergibt im Vergleich der minimalen Abstände im Ortsdiagramm $d_{2\_PSK} = 2^{1/2}$ mit

$$d_{TCM} < \sqrt{2} + (N-2)\sin\left(\frac{\pi}{8}\right) \tag{5.19}$$

einen größeren TCM-Abstandswert /5.6/.

6   Nachrichtenverkehrstheorie

Helmut Löffler

Viele Prozesse in Nachrichtennetzen besitzen Zufallscharakter, z. B. die Entstehung von Nachrichten, das zeitliche Auftreten von Vermittlungswünschen, die Vermittlungsdauer, die Belegungsdauer von Übertragungskanälen usw.

> **Nachrichtenverkehrstheorie** (*teletraffic theory*): Wissenschaft von den stochastischen Nachrichtenströmen in Nachrichten- bzw. Kommunikationsnetzen.

Zum Gegenstand der Nachrichtenverkehrstheorie gehören
- Modellierung von Nachrichtenströmen, Netzkomponenten und Netzen
- Berechnung charakteristischer Größen, z. B. der mittleren Nachrichtenverweilzeit, oder die Auslastung von Netzkomponenten
- Verifizierung der Modelle

Wesentliche Grundlagen der Nachrichtenverkehrstheorie bilden die Wahrscheinlichkeitstheorie, die mathematische Statistik und insbesondere die **Bedienungstheorie** (*queueing theory*).

Ein **Bedienungssystem** umfasst die Gesamtheit von **Forderungsquelle** und **Bedienungsanlage** ($\rightarrow$ Bild 6.1). Bedienungsaufträge, z. B. Nachrichtenübertragungs- oder -vermittlungswünsche, entstehen in der Forderungsquelle. Zur Erfüllung der Bedienungswünsche treten die Forderungen in die Bedienungsanlage ein, die aus dem **Warteraum** und dem **Bedienungsknoten** besteht.

6.1   Klassifikation von Bedienungssystemen

Kendall'sche Notation von Bedienungssystemen

Es ist üblich, Bedienungssysteme nach Kendall durch vier Größen in der Form $A/B/m/r$ zu kennzeichnen, mit A zur Charakterisierung des Forderungsstroms, B zur Beschreibung des Bedienungsprozesses, m als Anzahl der Bedienungskanäle und r als Kapazität des Warteraums.

Unterscheidung nach Warteraumkapazität

Die **Kapazität** r des Warteraumes ist identisch mit der Anzahl von Forderungen, die auf Bedienung warten können. Sie liegt im Bereich $0 \leq r \leq \infty$. In Abhängigkeit davon unterscheidet man
- Verlustsysteme ($r = 0$): typisch für Fernsprecheinrichtungen; ein besetztes Telefon weist neu eintreffende Gesprächswünsche (Forderungen) ab.

Tabelle 6.1   Zur Erläuterung der Kendall'schen Notation

$A = G$	Genereller, nicht näher charakterisierter Forderungsstrom
$A = M$	Poisson-verteilter Forderungsstrom (M Abkürzung für Markov-Prozess); exponentialverteilte Abstände zwischen den Forderungen
$A = E_k$	Forderungsstrom, mit Abständen zwischen den Forderungen, die der Erlang-Verteilung vom k-ten Grade unterliegen.
$A = D$	Deterministische (konstante) Zeitintervalle zwischen den Forderungen
$B = G$	Bedienungszeit unterliegt als Zufallsgröße einer allgemeinen Verteilung
$B = M$	Bedienungszeit unterliegt einer Exponentialverteilung
$B = D$	Deterministische, konstante Bedienungszeit für alle Forderungen

- Warte-Verlust-Systeme ($0 < r < \infty$): Systeme mit endlicher Speicherkapazität.
- Wartesysteme ($r = \infty$): zum Beispiel Eingabesystem in einem Computer, denn vor der Eingabe können beliebig viele Aufträge warten.

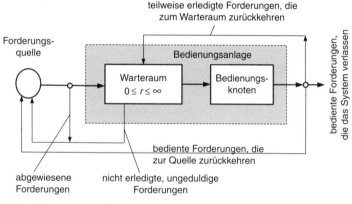

Bild 6.1   Bedienungssystem

Unterscheidung nach Art des Bedienungssystems

- **Einkanaliges Bedienungssystem**: Der Bedienungsknoten enthält nur einen einzigen Bedienungskanal.
- **Mehrkanaliges Bedienungssystem**: Der Bedienungsknoten besteht aus mehreren Bedienungskanälen (Bedienungsgeräten). Vor jedem Bedienungskanal kann sich ein Warteraum befinden. Bei in Reihe geschalteten Bedienungskanälen durchläuft jede Forderung nacheinander die einzelnen Kanäle. Die Gesamtbedienung besteht dann aus mehreren **Bedienungsphasen**. Kann in einem seriellen System ein Warteraum keine

Forderungen mehr aufnehmen, wird der davor liegende Bedienungskanal blockiert.

- **Bedienungsnetz**: Besteht aus mehreren Bedienungsanlagen, wobei der Ausgangsstrom mindestens einer Bedienungsanlage zum Ankunftsstrom mindestens einer anderen beiträgt.
  - ❏ *Beispiel:* Bedienungstheoretisches Modell eines Datenpaketnetzes mit mehreren Routern.

- **Offenes Bedienungssystem**: Die Anzahl der Forderungen, die in das System eintritt, hängt nicht davon ab, wie viel Forderungen bereits bedient wurden. Bediente Forderungen verlasssen das System. Die betreffende Forderungsquelle wird als unbegrenzt angenommen.

- **Geschlossenes Bedienungssystem**: Anzahl der Forderungen im System ist begrenzt bzw. konstant. Dem liegt die Vorstellung zugrunde, dass eine Forderungsquelle während des Wartens oder Bedienens von Forderungen keine neuen Aufträge erzeugen kann.
  - ❏ *Beispiel:* Dialog eines Computerterminals mit einem Platzbuchungssystem.

Unterscheidung nach der Dringlichkeit von Forderungen
- **Systeme ohne Prioritäten**: Alle Forderungen besitzen die gleiche Dringlichkeit.
- **Prioritätensysteme**: Besitzt eine Forderung *absolute* Priorität, kann sie die Bedienung einer niedrigeren Priorität unterbrechen, um selbst bearbeitet zu werden. Hat eine Forderung *relative* Priorität, wird die Bearbeitung einer gerade im Bedienungskanal befindlichen Forderung nicht unterbrochen.

Unterscheidung nach der Abfertigungsdisziplin
Hierbei geht es um die Abfertigungsdisziplin im Wartespeicher.
- **FIFO** (*First In – First Out*): Bedienung in der Reihenfolge des Eintreffens.
- **LIFO** (*Last In – First Out*): Die zuletzt eingetroffene Forderung wird zuerst bedient.
- **SIRO** (*Service In Random Order*): Bedienung in zufälliger Reihenfolge.
- **SJF** (*Shortest Job First*): Bedienung in der Reihenfolge der zu erwartenden Bedienungszeit.

6.2   Verkehrsgrößen

Maßeinheit für den Verkehr ist das dimensionslose Erlang (Erl). In der Praxis wird der Verkehr in einem Bedienungskanal (Telefonleitung, Funkstrecke) auf die Beobachtungszeit $t = 1$ Stunde bezogen:

$$y = \frac{Y}{t} \qquad \text{in Erl} \tag{6.1}$$

❑ *Beispiel:* Ist ein Nachrichtenkanal während einer Stunde ständig belegt, dann liegt ein Verkehrswert von 1 Erl vor. Ist der betreffende Kanal jedoch nur 15 Minuten ausgelastet bzw. besetzt, beträgt der Verkehrwert $y = 0{,}25$ Erl. Für Telefonleitungen in einem Ortsnetz rechnet man mit einem durchschnittlichen Verkehrswert von 0,8 Erl.

Tabelle 6.2   Kenngrößen von Bedienungssystemen (Auswahl)

Bezeichnung	Symbol	Erklärung	Bestimmungsgleichung
Ankunftsrate	λ	Erwartungswert der je Zeiteinheit eintreffenden Forderungen	$\lambda = E[t_a]^{-1}$ t_a Abstand zwischen zwei Forderungen
Bedienungs-rate	μ	Erwartungswert der Bedienungen je Zeiteinheit	$\mu = E[t_b]$
Angebot	ϱ		$\varrho = \lambda / \mu$
Verkehrswert	Y	Erwartungswert der besetzten Bedienungskanäle	$Y = \lambda(1-V)/\mu$ V Verlustwahrscheinlich-keit
mittlere Warteschlangenlänge	L_w	Erwartungswert der im Wartespeicher vorhandenen Forderungen	$L_w = E[l_w]$
mittlere Wartezeit	T_w	Erwartungswert der Wartezeit auf Bedienung	$T_w = E[t_w] = L_w/\lambda(1-V)$
mittlere Verweilzeit	T_v	Erwartungswert der wartenden und in Bedienung befindlichen Forderungen	$T_v = T_w + T_b$
Forderungen im System	L_v	Erwartungswert der wartenden und in Bedienung befindlichen	$L_v = T_w + T_b = L_v/\lambda(1-V)$ V Verlustwahrscheinlich-keit
Auslastungs-grad	η	Verkehrswerte je Bedienungskanal	$\eta = Y/m$

Weiterführende Literatur siehe z. B. /6.1/ bis /6.7/.

7   Der Kommunikationskanal

Horst Kolloschie

7.1   Modell eines Kommunikationssystems

> Der **Übertragungskanal** (*channel*) stellt ein physikalisches Medium bereit, welches sich in der Mitte einer „Informationskette" zwischen einer Nachrichtenquelle (Quelle) und einer Nachrichtensenke (Senke) befindet.

Der materielle Träger einer Information ist das Signal ($\rightarrow$ 1.1, 2).

▶ *Hinweis:* Umfangreiche Ausführungen sind in /8.1/ und /8.2/ zu finden.

Je nach der Art der Beeinflussung des Signals (Modulation mit einem analogen bzw. digitalen Modulationssignal) kennt man daher zwei grundlegende Arten von **Kommunikationssystemen**:

- analoges Kommunikationssystem
- digitales Kommunikationssystem.

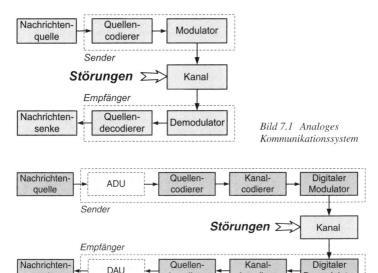

Bild 7.1   Analoges Kommunikationssystem

Bild 7.2   Digitales Kommunikationssystem

Das Kommunikationssystem (gemäß dem Shannon'schen Kanalmodell) dient der Übertragung von Nachrichten über eine räumliche Distanz (z. B. Verbindungsweg) oder über einen Zeitabschnitt (z. B. Speicherkanal mittels Datenträgern).

Ein Kommunikationssystem ist häufig eine Reihung von heterogenen Verbindungsabschnitten, die aus Vermittlungsstellen (z. B. TK-Anlagen, Routern und Switches) und Kanalabschnitten (heterogene Übertragungssysteme) gebildet wird.

❑ *Beispiel:* Eine Telefonverbindung von Berlin nach München durchläuft eine Vielzahl von Vermittlungsstellen und Netzhierarchien, wobei die Verbindungsabschnitte auf verschiedenen physikalischen Technologien basieren. Der Verbindungsweg, der durch einen Routingalgorithmus gefunden wurde, muss nicht zwangsläufig immer derselbe sein, ist dienst-, zeit- und lastabhängig.

Quellencodierung

Die Nachricht wird einer Quellencodierung ($\rightarrow$ 5.1) unterzogen, die der Entfernung von Irrelevanz (z. B. Sprachpausenerkennung) und der verlustfreien Entfernung von Redundanz dient. Durch die Quellencodierung kann auch eine Kompression bzw. Reduktion des Datenvolumens erreicht werden (z. B. MPEG-Codierung), wodurch die Übertragungszeit im Kommunikationskanal sinkt.

Die Quellencodierung entlang des physikalischen Kanals wird erst am Ende der Übertragung rückgängig gemacht.

Kanalcodierung

Nach der Quellencodierung wird die Nachricht mittels Kanalcodierung an die physikalischen Parameter des Übertragungsmediums angepasst.

Die jeweilige **Kanalcodierung** ist vom physikalischen Medium des Verbindungsabschnittes abhängig ($\rightarrow$ 5.2).

Das Ziel dieser Kanalcodierung besteht im Erkennen und Korrigieren von Übertragungsfehlern.

Weitere Aufgaben der Kanalcodierung:
- Signalerkennung und Signalrückgewinnung
- Taktrückgewinnung und Gleichstromfreiheit
  Bei **leitungsgebundenen Kommunikationskanälen** wird aus ökonomischen Gesichtspunkten häufig keine Taktleitung verlegt. Die Kanalcodierung fügt auf der Seite der Quelle die Taktinformation als einen erzwungenen Flankenwechsel in die Bitsequenz des Codewortes ein (z. B. Manchestercodierung, Spreizcodes). Das eigentliche Codewort wird also vor dem

Sendeprozess verändert und trägt nun neben der Kommunikationsinformation noch die Taktinformation.

Durch den eingefügten Flankenwechsel wird gleichzeitig ein weiteres Problem gelöst: Erzeugung von Gleichstromfreiheit auf dem Kanal. Die Codierverfahren lösen damit auch mehr oder weniger gut gleiche Bitfolgen im Sendewort auf (z. B. Anzahl aufeinander folgender „1"- oder „0"-Symbole). Gute Ergebnisse liefern z. B. die lauflängenbegrenzenden Codes (*runlength-limited code*). Es wird ein alternierender Wechsel in der Bitfolge erzwungen und damit letztendlich eine Wechselschwingung im Signal (kein Gleichstromanteil).

In **nichtleitungsgebundenen Kanälen** liegt es bereits in der Natur des Übertragungsmediums begründet, dass die Taktinformation und die Wechselschwingung in das Übertragungssignal moduliert werden müssen.

7

- Bitsynchronisation (aus dem detektierten Signal heraus)
- Rahmensynchronisation.

7.1.1   Störungen im Kommunikationskanal

Der Kommunikationskanal wird duch Störungen (Rauschen – *noise*) beeinflusst ($\rightarrow$ Bilder 4.1, 7.1, 7.2), die das informationstragende Signal verfälschen ($\rightarrow$ 4.4).

▶ *Hinweis:* Technisch betrachtet, gibt es **keinen** störungsfreien Kommunikationskanal. Störungen verändern die Signalparameter und verfälschen damit die Information.

Zu dem eigentlichen Nutzsignal der Quelle addiert sich im realen Kanal ein Störsignal. Das Verhältnis der Leistungen dieser Signale beeinflusst direkt die Kanalkapazität ($\rightarrow$ Gl. (4.34)) – ein hohes Störsignal erfordert Fehlerkorrekturen, die zwangsläufig die notwendige Zeit für die eigentliche Nachrichtenübertragung verschwenden. Die Bilanz dieser zwei Signale wird als **Signal-zu-Rausch-Verhältnis** ($\rightarrow$ 4.4) bezeichnet.

$$SNR = 10 \lg \frac{P_S}{P_R} \tag{7.1}$$

P_S (Nutz-)Signalleistung
P_R (Leistung des Störsignals) Rauschleistung
SNR Signal-zu-Rausch-Verhältnis (*Signal-to-Noise Ratio*) oder Signal-Störabstand

Der begrenzenden Wirkung der Rauschleistung versucht man durch geeignete Kanalcodierungsverfahren entgegenzuwirken. Aus der großen Anzahl der Codes sind besonders die linearen Blockcodes für Kanalcodierungen ($\rightarrow$ 5.2) geeignet.

> Ein **Code** heißt linear, wenn eine lineare Kombination von zwei Codewörtern wiederum ein Codewort des Alphabets ergibt.

▶ *Hinweis:* Weitere Codeklassen mit hoher Fehlerkorrekturrate bzw. Effizienz sind z. B. die zyklischen Codes, Reed-Muller-Code, Reed-Solomon-Code, BCH-Codes (Bose, Chaudhuri und Hocquenghem), Fire-Code oder der Golay-Code. Der interessierte Leser findet weitere Ausführungen in 5.2 und in der umfangreichen Fachliteratur, wie z. B. in /7.5/.

Ein geeignetes Werkzeug für die Betrachtung eines gestörten Kanals bietet die Modellvorstellung als **AWGN-Kanal** (*Additive-White-Gaussian-Noise*-Kanal) ($\rightarrow$ 5.3, 11.4.1, /7.3/). Dieser Modellkanal wird als zeitinvariant, gedächtnislos (d. h., die übertragenen Symbole sind voneinander unabhängig) und mit statistisch konstanten Störungen beaufschlagt (z. B. dem Rauschen von Bauelementen). Falsch detektierte Symbole treten mit der Wahrscheinlichkeit P auf, richtig detektierte Symbole mit $1 - P$.

Ein gestörter Kanal überträgt also ein Signal, welches zu einer verfälschten Information an der Senke ($\rightarrow$ Bild 4.5) führt. In der Regel äußert sich das in einem Bitfehler, damit auch in einem Bytefehler und im Extremfall in einem Büschel- oder Bündelfehler – d. h. der Verfälschung aufeinander folgender Bits und Bytes.

Ein wichtiges Bewertungskriterium für digitale Nachrichtenkanäle ist ihre Bitfehlerrate.

> Die **Bitfehlerrate** (*bit error rate*) ist das Verhältnis der Anzahl fehlerhafter Bits zu der Summe aller Bits, die in einer Beobachtungszeit über den Kommunikationskanal übertragen wurden.

Technisch lässt sich die Bitfehlerrate durch einen Bitfehlertest messen (**BERT** – *Bit Error Rate Test*) /7.4/. Dazu wird über den Kanal eine Schleife geschaltet und eine Prüfdatenfolge über eine längere Beobachtungszeit (Messzeit) gesendet. Die empfangenen Bits werden mit den gesendeten Referenzbits verglichen und die Anzahl aufgetretener Fehler gezählt.

▶ *Hinweis:* Eine beliebte Prüffolge ist der englische Satz: „*The quick brown fox jumps over the lazy dog*", weswegen dieser BERT-Test auch häufig als QBF-Test bezeichnet wird. Weiterhin finden auch Referenzfolgen nach der Norm CCITT I.430 Anwendung.

7.1.2   Fehlererkennungs- und Korrekturverfahren

In der Nachrichtenübertragung werden verschiedene Verfahren eingesetzt, um die Fehlerhäufigkeit auf gestörten Kommunikationskanälen zu reduzieren ($\rightarrow$ 5.2).

Vorwärtsfehlerkorrektur. Das Kreuzparitätsverfahren/Längs- und Querparität (*vertical redundancy checking/longitudinal redundancy checking*) ist z. B. bei Binärcodierung sehr gut geeignet zur Erkennung von Einfach- und Mehrfachfehlern und deren Korrektur.

Rückwärtsfehlerkorrektur. Ein zugefügtes Paritätsbit (*parity bit*) gestattet die Erkennung eines Einfachfehlers – das Datenwort muss nochmals gesendet werden.

Prüfsummenverfahren. Ein Verfahren, welches Datenblöcke sichert, ohne die eigentlichen Zeichen mit einem Paritätsbit zu erweitern, ist die Datensicherung mit CRC-Codes (*Cyclic Redundancy Check*) ($\rightarrow$ 5.2.3).

▶ *Hinweis:* Hierbei wird der Datenblock als Binärzahl verstanden, die durch ein standardisiertes Generatorpolynom dividiert wird (Modulo-2-Schieberegisterarithmetik). Es entsteht ein Divisionsrest, der nach dem Datenblock übertragen wird (CRC). Der Empfänger teilt die empfangenen Daten (Datenblock und CRC) durch das gleiche Generatorpolynom und sein Divisionsrest sollte im fehlerfreien Fall der Datenübertragung null sein.

7

❑ *Beispiel:* häufig verwendete Generatorpolynome /7.10/, /7.11/

CRC-4: $P(x) = x^4 + x + 1$

CRC-8: $P(x) = x^8 + x^5 + x^4 + 1$

CRC-16: $P(x) = x^{16} + x^{12} + x^5 + 1$

CRC-32: $P(x) = x^{32} + x^{26} + x^{23} + x^{22} + x^{16} + x^{12} + x^{11} + x^{10}$
$$+x^8 + x^7 + x^5 + x^4 + x^2 + x + 1$$

Fehlererkennende Codes. Durch diese Codegruppe können Fehler erfasst werden, jedoch nicht korrigiert. Die Intensität burstartiger Fehler im Kanal kann so groß sein, dass kein gültiges Codewort mehr generiert werden kann (die halbe Minimaldistanz des Codes wurde überschritten). In diesem Fall ist eine Rückkopplung an die Quelle sinnvoll und eine Anforderung zur Wiederholung der Daten.

Fehlerkorrigierende Codes. Es gibt eine Vielzahl von Codes und Codegruppen, die speziell zur Korrektur von Kanalfehlern entwickelt wurden. Bei Bitfehlern wirken die Codemechanismen sehr sicher. Unterliegt ein Kanal burstartigen Fehlereinflüssen (Büschel- oder Bündelfehler), so werden die Nachrichten einem *Interleaving* unterzogen und erst dann übertragen.

Interleaving (Verschachtelung). Ein Interleaver verändert die Reihenfolge der Codewörter der Nachricht vor der Übertragung. Treten Büschel- oder Bündelfehler bei der Nachrichtenübertragung auf, so verteilt sich der Fehler nun auf eine größere Anzahl voneinander unabhängiger Codewörter. Eine Fehlerkorrektur dieser Codewörter ist möglich. Auf der Empfangsseite wird mit einem *Deinterleaver* die originale Codewortfolge wiederhergestellt ($\rightarrow$ 5.2.3).

Ausbreitung kanalcodierter Signale

Das Übertragungsmedium ist kein idealer Leiter, sodass eine Signaldämpfung auftritt. Im elektrischen Bereich ist dafür vorrangig der Materialwiderstand (Ohm'scher Widerstand) verantwortlich und im optischen Bereich die Materialqualität (Fasernichtlinearität, Streuung, Absorption, Materialdispersion) ($\rightarrow$ 10.1, 10.2).

Der Kanal wird durch eine Reihe frequenzspezifischer Beläge beinflusst (z. B. Wellenwiderstand, Anpassung, Reflexion, Phasengeschwindigkeit, Phasenlaufzeit, Gruppenlaufzeit oder im optischen Bereich die Dispersion) ($\rightarrow$ 10.1 bis 10.5).

Durch Signalverstärker (*repeater*) können Dämpfungsverluste wieder ausgeglichen werden.

▶ *Hinweis:* Es gibt Verstärker, die auf rein elektrische Weise die Signalbearbeitung lösen. Im optischen Bereich kommen Verstärker mit opto-elektrischen Wandlern oder rein optische Faserverstärker (mit so genannten Pumplasern) zum Einsatz ($\rightarrow$ 13.2).

Im analogen Kommunikationssystem verschlechtert sich das Signal stetig, man muss daher den Repeaterabstand sinnvoll wählen. Das gilt auch für das digitale System, doch hier ist nach der Signalerkennung eine vollwertige Signalregenerierung für den nächsten Verbindungsabschnitt möglich.

In nichtleitungsgebundenen Kommunikationskanälen treten Signalveränderungen und Signalverluste durch Dämpfung, Reflexion, Beugung, Brechung, Streuung oder Interferenzen auf ($\rightarrow$ 11.3). Durch moderne Empfangstechnologien und durch die Gestaltung der Sende-Empfangs-Einrichtungen werden hier jedoch gute Ergebnisse erreicht (z. B. Reflexionsempfang, Diversityempfang usw.).

7.2   Kanaltypen der Nachrichtentechnik

Aus der Sicht des verwendeten Übertragungsmediums lassen sich Kanäle in leitungsgebundene und nichtleitungsgebundene Kanäle einteilen.

7.2.1   Leitungsgebundene Kommunikationskanäle

Wie im Bild 7.3 zu erkennen ist, werden Leiter auf metallischer oder nichtmetallischer Basis (Lichtwellenleiter auf der Basis von Glas) eingesetzt.

▶ *Hinweis:* Erläuterungen zu den Leitungsvorgängen in diesen beiden Medien sind in $\rightarrow$ 10 zu finden. Weiterhin sei auf $\rightarrow$ 13 und 16 verwiesen.

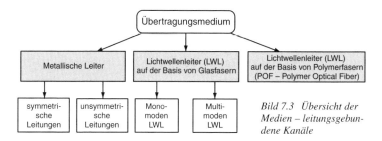

Bild 7.3 Übersicht der
Medien – leitungsgebun-
dene Kanäle

Im Bereich der metallischen Übertragungsmedien werden erfolgreich auch die Stromversorgungsleitungen als Kommunikationskanäle genutzt. Ein interessanter Ansatz wurde mit der Powerline-Technik geschaffen, die durch Modulation auf normalen Stromleitungen eine Nachrichtenübertragung ermöglicht ($\rightarrow$ 16.2.5).

In der Übersicht ist noch ein weiteres sehr interessantes Medium aufgeführt:

POF (*Polymer Optical Fiber*). Diese Lichtwellenleiterart (Lichtwellenleiter, $\rightarrow$ 10.2) basiert auf Polymerfasern. Das Lichtleitungsprinzip entspricht dem von Glasfaserkabeln. Es gibt einen Faserkern, in dem das Laserlicht mit Totalreflexion übertragen wird. Wie alle Lichtwellenleiterkabel sind auch die POF-Kabel gegenüber elektromagnetischen Störungen völlig unempfindlich. Damit erschließen sie Einsatzgebiete, die für metallische Leiter problematisch sind. POF werden z. B. zunehmend im Bereich Automotiv, in der HiFi-Elektronik (Vernetzung von Audio- und Videokomponenten) und Automatisierungstechnik, in LAN (*Local Area Network*) sowie in der modernen Haussteuerungstechnik eingesetzt. Der Nachteil der Polymerfaser liegt gegenüber der Glasfaser in der deutlich höheren Dämpfung, sodass nur geringe Leitungslängen ($<$ 100 m) sinnvoll sind.

Vorteile von POF-Lichtwellenleitern:
- Biegsamkeit, hohe Flexibilität, geringes Gewicht
- einfache Handhabung, Verarbeitung (Konfektion) und Verlegung
- Potenzialtrennung
- geringe Herstellungskosten, geringer Endverbraucherpreis
- verwenden sichtbares Licht.

7.2.2 Nichtleitungsgebundene Kommunikationskanäle

Im Bereich der nichtleitungsgebundenen Kommunikationskanäle dominiert die Funkübertragung mit einer Vielzahl verschiedenster Sende-Empfangs-Technologien.

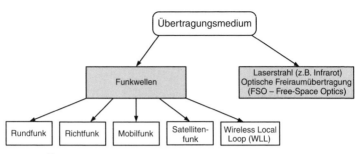

Bild 7.4   Übersicht der Medien – nichtleitungsgebundene Kanäle

▶ *Hinweis:* weitere Details zu Funktechnologien → 11, 16.3, 17, 18

Die **optische Freiraumübertragung** (FSO – *Free Space Optics*) (→ 13.2.2, 16.3) stellt eine wichtige Technik für optische Sichtverbindungen dar. Überall da, wo kein Kabel verlegt werden kann, Funktechnologien wegen starker elektromagnetischer Felder ausfallen oder Hindernisse (z. B. Straßen, Gewässer) überbrückt werden müssen, können FSO-Systeme Alternativen sein.

Es handelt sich um duplexfähige Punkt-zu-Punkt-Verbindungsstrecken, die mit Laserstrahlen (*laser link*) arbeiten. Häufig werden Infrarot-Laser eingesetzt (*IR laser*). Durch optische Bündelung des Laserstrahls in der Empfangsrichtung (Linsensystem) können hochbitratige Kanäle (bis zu 1,5 Gbit/s) über mehrere Kilometer (ca. 5 km sind mit handelsüblicher Technik erreichbar) bereitgestellt werden.

FSO ist als Übertragungssystem protokolltransparent und kann daher jede Datenart übertragen. Das Errichten einer Strecke benötigt wenig Zeit. Es ist keine Lizenz für das Betreiben notwendig, das System ist abhörsicher und kann als Alternative zu teuren Standleitungen dienen bzw. selbige als Backup nutzen.

Der FSO-Kommunikationskanal wird natürlich auch von Störungen beeinträchtigt. Es handelt sich hierbei vorrangig um die klimatischen Bedingungen, die an der Strecke herrschen (z. B. Regen, Nebel, Vogelflug, Wärmestrahlungen usw.) und zu erhöhten Bitfehlerraten oder zum Totalausfall führen können.

7.2.3   Entscheidungskriterien für die Auswahl von Kanaltypen

Für die Auswahl eines optimalen Übertragungsmediums werden folgende Kriterien angewendet:

- Umgebungsbedingungen entlang des Übertragungsweges (z. B. klimatische Bedingungen, mechanische Beanspruchungen, angrenzende Materie usw.)

- benötigte Kanalkapazität im Verbindungsabschnitt und notwendiger Signal-Rausch-Abstand (SNR)
- Robustheit des Kanals gegenüber externen Störungen (Immission)
- geltende Emissionsgrenzwerte für die Kanalumgebung
- Abhörsicherheit und gewünschte Ausbreitungscharakteristik des Kommunikationskanals (z. B. Rundfunk (*broadcast*) oder Richtfunk).

Die technischen Eigenschaften eines Kommunikationskanals entscheiden über seine mögliche Verwendung in einem Übertragungssystem (z. B. wird für eine hochbitratige Punkt-zu-Punkt-Verbindung mit einer DWDM-Strecke (*Dense Wavelength Division Multiplex*) eine geeignete technologische Lösung sein).

Der eingesetzte Kanaltyp wird oft durch die Umgebungsbedingungen vorbestimmt (z. B. muss ein Funkkanal in einem denkmalgeschützten Gebäude verwendet werden, falls keine elektrischen Leitungen verlegt werden dürfen).

7.3 Richtungsbetrieb von Kommunikationskanälen

Je nach der Art des Endgerätes und des damit realisierten Nachrichtendienstes (*service*) muss der Kanal in seiner Betriebsart angepasst werden /7.4/:

- Simplex-Betrieb
- Halbduplex-Betrieb
- Duplex-Betrieb.

7.3.1 Simplex-Betrieb

> In der Betriebsart **Simplex** sind Quelle und Senke(n) über einen gerichteten Kommunikationskanal verbunden (→ Bild 7.5).

Anwendungen für den Simplex-Betrieb finden sich im Bereich der Datenverarbeitung (z. B. Eingabegeräte – Joy-Stick, PC-Maus) oder im Bereich der Informationssysteme (z. B. Lautsprecheranlagen in öffentlichen Einrichtungen oder Broadcast-Verteilsysteme wie Rundfunk).

Bild 7.5 Kommunikationskanal im Simplex-Betrieb

Der schaltungstechnische Aufwand eines derartigen Kommunikationssystems ist relativ gering.

7.3.2   Halbduplex-Betrieb

> Beim **Halbduplex-Betrieb** wird der Kommunikationskanal abwechselnd
> in beiden Richtungen betrieben (→ Bild 7.6).

Die Endgeräte sind jetzt jeweils mit Quelle und Senke ausgerüstet. Vor jedem
Endgerät wird zusätzlich ein Richtungsumschalter (R) eingefügt. Die Schalter
müssen synchronisiert arbeiten und zeitlich nacheinander auf beiden Seiten
die komplementären Einrichtungen (z. B. T1: Übertragungsrichtung von links
nach rechts, T2: Übertragungsrichtung von rechts nach links) an den Kommunikationskanal schalten.

Bild 7.6   Kommunikationssystem im Halbduplex-Betrieb

Technisch problematisch ist bei dieser Betriebsart die synchrone Umschaltung
der Richtungsschalter (Beispiellösungen: Einsatz einer separaten Steuerlei-
tung oder ein Kommunikationsprotokoll, wie es im CB-Funk mit dem Signal
„*Roger Beep*" realisiert wird).

7.3.3   Duplex-Betrieb

> Der Duplex-Betrieb stellt die komfortabelste Betriebsart dar, es kann
> gleichzeitig in beide Übertragungsrichtungen kommuniziert werden.

Diese Betriebsart findet z. B. in der Telefonie Anwendung und wird im
leitungsgebundenen Kanal bzw. im nichtleitungsgebundenen Kanal über verschiedene technische Verfahren realisiert (→ Tabelle 7.1). Die speziellen
Lösungen für LWL- oder FSO-Systeme werden hier nicht betrachtet.

▶ *Hinweis:* Im leitungsgebundenen Teilnehmeranschlussbereich kann auch mit verschiedenen Frequenzen für die gehende (f_G) und kommende (f_K) Richtung gearbeitet werden. Die Trennung der Übertragungsrichtungen muss nun durch eine
Richtungsweiche (Frequenzweiche) gelöst werden. Dieses Frequenzgetrenntlageverfahren hat sich in der Telefonie nicht durchgesetzt. Das Prinzip wird erst
später bei der xDSL-Technik wieder aufgegriffen (*Upstream – US, Downstream
– DS*; → 16.1).

Tabelle 7.1 Technische Verfahren zur Richtungstrennung in Duplex-Kanälen

Leitungsgebundener Kanal	Nichtleitungsgebundener Kanal
Gabelschaltung (Brückenschaltung)	
Ping-Pong-Verfahren (digital) (TDD – *Time Division Duplex*)	Zeitduplex (TDD – *Time Division Duplex*)
Frequenzduplex (FDD – *Frequency Division Duplex*)	Frequenzduplex (FDD – *Frequency Division Duplex*)
Echokompensationsverfahren (digital)	
Raumduplex (auf Basis von zwei Simplexkanälen)	

7

7.3.3.1 Lösungen für einen Duplex-Betrieb im leitungsgebundenen Kanal

Gabelschaltung. Das Prinzip der Gabelschaltung wurde für die zweidrähtige Teilnehmeranschlussleitung (Kupferdoppelader – DA) in der analogen Telefonie entwickelt (a/b-Schnittstelle). Eine Brückenschaltung übernimmt die Hybridfunktion (Zweidraht-Vierdraht-Umschaltung), die Richtungstrennung von Sender (Mikrofon) und Empfänger (Hörkapsel) und den elektrischen Leitungsabschluss der DA durch eine Nachbildungsschaltung. Im Kommunikationskanal wird ein Frequenzgemisch aus Hin- und Rückrichtung im Basisband übertragen, man spricht daher auch von einem Gleichlageverfahren.

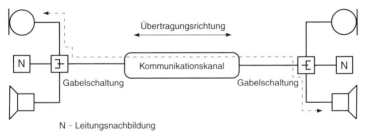

Bild 7.7 Analoger Teilnehmeranschluss mit Gabelschaltung

Ping-Pong-Verfahren. Dieses Verfahren der Richtungstrennung wird auch als Zeitgetrenntlageverfahren oder Burstmodeverfahren bezeichnet. Es findet beispielsweise bei der ISDN-Schnittstelle U_{P0} in ISDN-Nebenstellenanlagen Anwendung (Telefonie). Die Richtungstrennung wird dadurch erreicht, dass die Signale jeder Kommunikationsrichtung zeitlich getrennt (in Zeitschlitzen) über die DA geschaltet werden. Zwischen den Zeitschlitzen muss eine Über-tragungspause (*gap*) eingefügt werden, damit die Reflexionen des Signals abklingen können /7.6/, /7.7/. Die Leitungslänge ist auf max. 4 km begrenzt, die Zeitschlitzfolge einer Richtung muss 125 μs betragen. Eine Erhöhung der Taktfrequenz oder Verlängerung der Anschlussleitung führt zu Kollisionen der Übertragungsrichtungen. Eine niedrigere Taktfrequenz verhindert die Sprach-rekonfiguration.

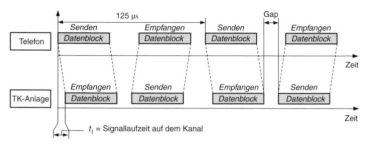

Bild 7.8 Ping-Pong-Verfahren auf der U_{P0}-Schnittstelle

Echokompensationsverfahren. Das Verfahren basiert auch auf dem Fre-quenzgleichlageverfahren. Es wird an der ISDN-Schnittstelle U_{K0} (Basisan-schluss) im öffentlichen ISDN angewendet. Die Länge der Anschlussleitung kann bis zu 8 km betragen.

Das Verfahren arbeitet adaptiv und passt sich den Leitungsbedingungen selbst-ständig an. Der Anschluss der DA wird an beiden Seiten des Kanals mit einer Gabelschaltung zur Richtungstrennung gelöst. Über die Gabelschaltung, aber auch durch Reflexionen auf dem Kanal, gelangt ein Teil des Sendesignals als Störung (Echo) in den Empfangszweig und überlagert das gewünschte Empfangssignal. Der Echokompensator bildet dieses Echo durch eine ständige Messung der Leitung nach (eine Steuerung stellt dabei adaptiv die Koeffi-zienten eines Transversalfilters (Tiefpass) ein) und subtrahiert es von dem „gestörten" Empfangssignal. Das Ergebnis dieser Signalverarbeitung ist das gewünschte Empfangssignal ohne Echo /7.6/.

Raumduplex auf der Basis von zwei Simplex-Kanälen. Für dieses Ver-fahren der Richtungstrennung werden zwei gegenläufig gerichtete Simplex-Kanäle zu einem logischen Duplex-Kanal zusammengefasst. Das ist technisch realistisch, wird jedoch wenig angewendet, da hier der Leitungsaufwand für den Kommunikationskanal gegenüber den bisherigen Verfahren gleich zweimal anfällt.

Für qualitativ hochwertige Anwendungen (z. B. Übertragungssysteme für multimediale Nachrichten) ist diese Betriebsart jedoch wichtig, da bei guter

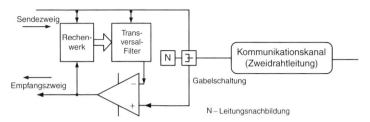

Bild 7.9   Blockschaltbild eines Echokompensators

Schirmung der Einzelkanäle kein Nah- und Fernnebensprechen auftritt. Die Störungen durch Gabelschaltungen, Filter (Nachbildung) und Richtungsweichen treten nicht auf. Reflexionen können durch exakte Leitungsabschlüsse minimiert werden.

▶ *Hinweis:* Diese Kanalart wird auch im Datenfernverkehr eingesetzt, bei dem man gehende und kommende Bündel in separaten Kabeln verlegt.

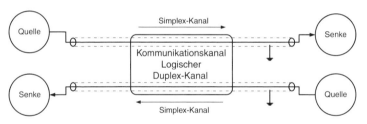

Bild 7.10   Raumduplex mit zwei Simplex-Kanälen

7.3.3.2   Lösungen für einen Duplex-Betrieb im nichtleitungsgebundenen Kanal

In der Tabelle 7.1 sind dafür 2 Verfahren aufgezeigt, die in der Funkübertragung den Richtungsbetrieb (Duplexbetrieb) über Funkkanäle ermöglichen.

Zeitduplexverfahren (TDD – *Time Division Duplex*). Dieses Verfahren der Richtungstrennung arbeitet nach dem Zeitteilungsprinzip. Der mobile DECT-Standard (*Digital Enhanced Cordless Telecommunications*) nutzt das TDD-Verfahren zur Bildung von Duplex-Kanälen ebenso wie UMTS ($\rightarrow$ 17.3).

Für die europäische Normung wurden im Frequenzbereich von 1880 MHz bis 1900 MHz (Frequenzband = 20 MHz), 10 Trägerfrequenzen im Kanalraster von 1,728 MHz festgelegt. Die Trägerfrequenzen werden nach einem dynamischen FDMA-Verfahren (*Frequency Division Multiple Access*) belegt. Auf

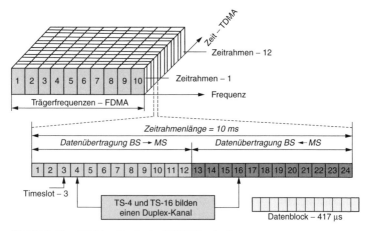

Bild 7.11   Time Division Duplex im DECT-Standard

jeder Kanalfrequenz werden nun durch ein Zeitmultiplexverfahren (TDMA – *Time Division Multiple Access*) 24 Zeitlagen (timeslots) gebildet, die eine Zeitrahmenlänge von 10 ms ergeben (→ Bild 7.11).

In den Timeslots 1 ... 12 werden Daten von der Basisstation (BS) zur Mobilstation (MS) übertragen, in den Slots 13 ... 24 in der Gegenrichtung. Die Timeslots (1 ... 13), (2 ... 14), usw. bilden jeweils ein Paar und stellen die Sende- und Empfangsrichtung für den (Quasi-)Duplex-Kanal nach dem **TDD-Verfahren** für das DECT-Endgerät dar. Durch die Zeitteilung des Duplex-Kanals wird das Gerät sehr schnell und für den Dienst unmerklich zwischen Sende- und Empfangsrichtung umgeschaltet. Im gesamten DECT-System sind daher bei Kombination von FDMA und TDMA 120 Duplex-Kanäle realisiert.

Frequenzduplexverfahren (FDD – *Frequency Division Duplex*). Das FDD-Verfahren zur Richtungstrennung stellt dem Endgerät gleichzeitig einen Sende- und Empfangskanal zur Verfügung. Es ist ein Frequenzgetrenntlageverfahren. In den modernen Mobilfunkstandards, z. B. GSM und UMTS (→ 17), findet dieses Prinzip Anwendung zur Bildung von Duplex-Kanälen. Aufgrund der getrennten Frequenzbänder für die Übertragung zwischen Basisstation (BS) und Mobilstation (MS) spricht man auch von einem *Uplink* (MS → BS) bzw. *Downlink* (BS → MS) /7.5/, /7.8/. Der Duplex-Kanalabstand wurde bei GSM auf 45 MHz festgelegt (→ Bild 7.12).

Der *Uplink* und der *Downlink* hat jeweils eine Bandbreite von 25 MHz. Dieses Frequenzband wird in 125 Funkkanäle mit einer Kanalbandbreite von 200 kHz aufgeteilt (der erste Kanal wird nicht belegt, daher ergeben sich 124

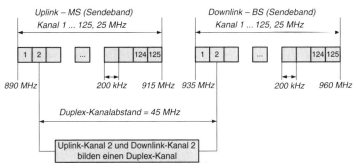

Bild 7.12 Frequency Division Duplex im GSM-Standard

7

Kanäle). Auf jedem dieser *Uplink-* bzw. *Downlink-*Kanäle wird nun noch mit einem TDMA-Verfahren der zeitgeteilte Zugriff für 8 Verkehrskanäle (Zeitschlitze) ermöglicht. Damit entstehen bei GSM zeitgleich 992 Duplex-Kanäle ($\rightarrow$ 17.2).

7.4 Elektromagnetische Verträglichkeit

> **Elektromagnetische Verträglichkeit** beschreibt die Wechselwirkungen zwischen der Umwelt, Lebewesen und elektromagnetischen Größen. Die Wechselwirkungen müssen als zwei komplementäre Prozesse verstanden werden /7.9/.

Kommunikationskanäle haben Emissionswirkungen auf die Umwelt und werden von ihr durch Immissionen beeinflusst.

> Unter **Emission** wird der Austritt von Energie aus einem elektrischen Leiter, einem Lichtwellenleiter oder einem elektromagnetischen Feld verstanden.

> Unter **Immission** wird die Einwirkung von Energie (elektrische, magnetische, elektromagnetische oder photonische Energie) auf einen Stoff, ein Lebewesen oder auf die Umwelt verstanden.

▶ *Hinweis:* Jede Emission ist gleichzeitig eine Immission in die Umwelt.

Zum Schutz von Lebewesen und der Umwelt wurden gesetzliche Regelungen und Grenzwerte für die Strahlungen eingeführt /7.4/.

In den folgenden Tabellen ($\rightarrow$ Tabelle 7.2, 7.3) werden Beispiele für Emissionen und Immissionen aufgezeigt.

Tabelle 7.2   Beispiele für Emissionen bei leitungsgebundenen Kommunikations-kanälen

Emissionswirkung	Beispiele
Impedanzkopplung	zwischen Schaltungszweigen können Ausgleichsströme fließen, die Störungen in einem anderen Kanal verursachen, z. B. bei Gabelschaltungen, Frequenzweichen
Kapazitive Kopplung	bei parallel geführten Leitern kommt es zu Störungen durch die Wirkung des elektrischen Feldes
Induktive Kopplung	bei parallel geführten Leitern kommt es zu Störungen durch die Wirkung des magnetischen Feldes
Laserstrahlung	an Enden von LWL, Prismen, an optischen Schaltern kann intensive Laserstrahlung zur Gefährdung werden
Elektrostatische Entladung	durch elektrostatische Aufladung von Elektrogeräten, Kleidung usw. kann es zur Zerstörung von Baugruppen oder der Schädigung von Lebewesen kommen

Tabelle 7.3   Beispiele für Immission bei nichtleitungsgebundenen Kommunikations-kanälen

Immissionswirkung	Beispiele
Frequenzspezifische Einwirkung	bei Ultra-, Tief- oder Hochfrequenzen treten nachweislich Beeinträchtigungen von Lebewesen auf, besonders bei gepulster Mikrowellenstrahlung
Frequenzspezifische Einwirkung	Funkstrahlung kann auch störend auf technische Geräte einwirken, wenn elektrische Leitungen als Antennen wirken, tritt auch bei Leiterbahnen auf Leiterplatten auf
Laserstrahlung	die hohe Strahlungsleistung des Lasers bei FSO-Strecken kann zur Beschädigung von Augen führen, wenn in den Strahlengang gesehen wird

Auswirkungen, welche das elektromagnetische Feld auf die Umwelt oder angrenzende Systeme ausübt, werden umgangssprachlich auch als Elektrosmog bezeichnet. Elektrotechnische Geräte müssen einen EMV-Test bestehen (auch CE-Konformitätstest genannt), der zum Erhalt der CE-Kennzeichnung (Communauté Européenne) führt. In aufwändigen Messverfahren (z. B. in einer TEM- oder GTEM-Zelle (*Gigahertz Transverse Electromagnetic Cell*) /7.12/ wird die Einhaltung der Grenzwerte für Emission und Immission untersucht (im Raum der EU gilt: werden die Grenzwerte überschritten, darf das Gerät so nicht gebaut werden, sondern muss EMV-gerecht überarbeitet werden).

Maßnahmen zur Verbesserung der EMV

- metallische Schirmung von Leitungen (verdrillte Adern mit Schirmung) und Kabeln mit Schirmung
- Verlegung von Kommunikationsleitungen in geschirmten Kanälen (separat von Stromleitungen – strukturierte Verkabelung)

- konstruktive Maßnahmen in Geräten und Übertragungssystemen (metallische Gehäuse oder metallisch bedampfte Gehäuse (*Faraday'scher Käfig*), Masseleitung, Erdung, Blitzschutz, Berührungsschutz, Schirmung von Baugruppen usw.)
- bewusste Wahl und Konstruktion der Antennenrichtcharakteristik (Omni-Antenne, Yagi-Antenne, Parabolantenne oder wie im Mobilfunk-Endgerätebereich – Formung der Richtcharakteristik so, dass die Hauptsenderichtung eines Strahlers vom Kopf des Teilnehmers wegzeigt)
- Einsatz einer Energiesteuerung (*powermanagement*) zur Verringerung der Strahlungsleistung und des Energieverbrauchs (in Kommunikationspausen werden Systeme abgeschaltet bzw. in einen Ruhezustand gebracht).

7

8 Modulation

Wolfgang Frohberg, Friedrich Lenk

> **Modulation** (*modulation*) bezeichnet die Veränderung eines Trägersignals (*carrier*) durch ein informationstragendes Nachrichtensignal.

Der Frequenzbereich des Nachrichtensignals wird als **Basisband** und das Nachrichtensignal selbst als **Basisbandsignal** bezeichnet.

> Durch **Demodulation** wird das Nachrichtensignal aus dem modulierten Signal zurückgewonnen.

Meist beinhalten Nachrichtenquelle und Nachrichtensenke sowohl Modulator als auch Demodulator. Man spricht dann von einem Modem (**Mo**dulator — **Dem**odulator).

Ziele der Modulation sind:

- Anpassung der Nachrichtenquelle an das Übertragungs- oder Verarbeitungssystem
- Mehrfachausnutzung von Übertragungswegen (Multiplex, → 13)
- Erzielung günstigerer Signal-Störabstände.

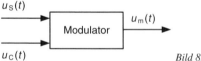

Bild 8.1 Allgemeiner Modulator

In Bild 8.1 ist ein allgemeiner Modulator dargestellt. Dieser ordnet sich in das in Bild 1.1 gezeigte Kommuniationsmodell (→ 1.1) ein. Dabei bezeichnet $u_s(t)$ das Nachrichtensignal, $u_c(t)$ das Trägersignal und $u_m(t)$ das modulierte Signal.

Das Trägersignal ist entweder eine hochfrequente Sinusschwingung oder eine Impulsfolge. Durch die Modulation erfolgt eine Umsetzung des Frequenzbereiches oder eine Zeitquantisierung des Nachrichtensignals, das sowohl in zeitkontinuierlicher, als auch in zeitdiskreter Form vorliegen kann.

Daraus ergeben sich die in Bild 8.2 dargestellten Modulationsverfahren.

In Abschnitt 8.1 (Analoge Modulationsverfahren) werden alle Modulationsverfahren behandelt, bei der sowohl das Träger- als auch das Basisbandsignal zeitkontinuierlich sind. Ist eines der beiden Signale zeitdiskret, so wird die entsprechende Modulation zu den digitalen Modulationsverfahren ($\rightarrow$ 8.2) gezählt.

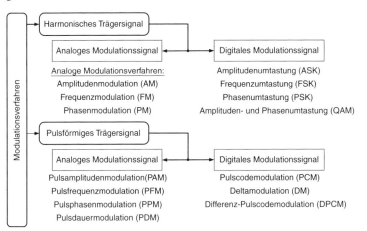

Bild 8.2 Modulationsverfahren

8.1 Analoge Modulationsverfahren

Trägerschwingung der analogen Modulation ist eine Sinusschwingung:
$$u_c(t) = A_c \sin(\omega_c t + \Phi_c) \qquad (8.1)$$

Sie wird durch die Parameter Amplitude A_c, Frequenz ω_c und Phasenwinkel Φ_c beschrieben. Je nachdem, welcher Parameter der Trägerschwingung $u_c(t)$ vom Nachrichtensignal $u_s(t)$ beeinflusst wird, unterscheidet man:

- Amplitudenmodulation
$$A_c = A_c(u_s(t)) \qquad (8.2)$$
- Winkelmodulation
  - Frequenzmodulation
  $$\omega_c = \omega_c(u_s(t)) \qquad (8.3)$$
  - Phasenmodulation
  $$\Phi_c = \Phi_c(u_s(t)) \qquad (8.4)$$

Bild 8.3 enthält eine beispielhafte Darstellung eines analogen Trägers und eines analogen modulierenden Signals.

▶ *Hinweis:* Der Frequenzunterschied zwischen Träger und modulierendem Signal ist normalerweise wesentlich größer als in den Bildern 8.3 ff. im Zeitbereich darstellbar.

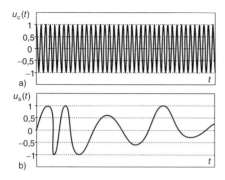

*Bild 8.3   a) Analoger Träger,
b) analoges modulierendes
Signal*

8.1.1   Amplitudenmodulation (AM)

Bei der **Amplitudenmodulation** (*amplitude modulation*) wird die Amplitude A_c des Trägersignals durch das Nachrichtensignal $u_s(t)$ verändert ($\rightarrow$ Bild 8.4):

$$A_c = A_c(t) = A_0\,(1 + ku_s(t)) \tag{8.5}$$

A_0 ist die Amplitude des unmodulierten Trägersignals. Für ein sinusförmiges Nachrichtensignal $u_s(t) = S\sin(\omega_s t)$ ergibt sich somit für die Amplitude

$$A_c(t) = A_0[1 + kS\sin(\omega_s t)] \tag{8.6}$$

Das Produkt $m = kS$ wird als **Modulationsgrad** bezeichnet. Die Zeitfunktion des modulierten Signals $u_m(t)$ ergibt sich dann zu:

$$u_m(t) = A_0\,[\sin(\omega_c t) + m\sin(\omega_s t)\sin(\omega_c t)] \tag{8.7}$$

Durch trigonometrische Umformung ergibt sich:

$$u_m(t) = A_0\left[\sin(\omega_c t) + \frac{m}{2}\cos((\omega_c - \omega_s)t) - \frac{m}{2}\cos((\omega_c + \omega_s)t)\right] \tag{8.8}$$

Aus dieser Darstellung ist erkennbar, dass sich das modulierte Signal $u_m(t)$ als gewichtete Überlagerung von drei harmonischen Schwingungen zusammensetzt:

- Trägersignal mit der Frequenz ω_c
- zwei Seitenschwingungen mit
    - der Differenz von Signal- und Trägerfrequenz $\omega_c - \omega_s$
    - und der Summe von Signal- und Trägerfrequenz $\omega_c + \omega_s$.

Im allgemeinen Fall ist das Nachrichtensignal $u_s(t)$ ein **Zeitsignal mit einer Bandbreite** ω_{sgr}. Für jeden spektralen Anteil des Nachrichtensignals ergeben sich dann zwei Seitenfrequenzen, was letztendlich zu **Seitenbändern** oberhalb und unterhalb der Trägerfrequenz führt. Die Bandbreite des modulierten Signals ist genau doppelt so groß wie die Bandbreite des Nachrichtensignals. Im Spektrum sind die beiden Seitenbänder spiegelsymmetrisch um die Linie des Trägersignals angeordnet. Deshalb wird das obere Seitenband (*Upper Sideband* – USB) als Regellage, das untere Seitenband (*Lower Sideband* – LSB) als Kehrlage bezeichnet.

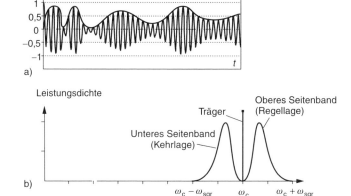

Bild 8.4 AM a) im Zeitbereich, b) im Frequenzbereich

Modulation. Für die AM-Modulation werden ein Multiplizierer und ein Summierer benötigt. Durch den Multiplizierer wird der Modulationsgrad m eingestellt, der Summierer fügt die Trägerschwingung zum modulierten Signal hinzu.

Hüllkurvendemodulation. Einfachstes Verfahren zur Demodulation ist die Hüllkurvendemodulation. Dies funktioniert nur für AM mit einem Modulationsgrad von $0 < m < 1$. Der einfachste Hüllkurvendemodulator besteht aus:
- Spitzengleichrichtung
- Tiefpassfilterung
- Entfernen des Gleichanteils.

Bild 8.5 zeigt die Schaltung. Die Diode arbeitet idealerweise als Schalter zur Gleichrichtung. R_1 und C_1 bilden den Tiefpassfilter, C_2 entfernt den Gleichanteil, R_2 ist der Lastwiderstand. Ist der Modulationsgrad $m > 1$, ergeben sich Überschneidungen in der Hüllkurve. Das ursprüngliche Nachrichtensignal kann dann mit dem Hüllkurvendemodulator nicht wieder reproduziert werden.

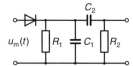

Bild 8.5 Hüllkurvendemodulator

Synchrondemodulation (kohärente Demodulation). Bei der Synchrondemodulation erfolgt die Demodulation durch Multiplikation mit einem empfangsseitigen Hilfsträger, der dem Signal $u_c(t)$ entspricht (also kohärent zu ihm ist), mit dem das Signal $u_s(t)$ moduliert wurde. Die Synchronmodulation ist unabhängig vom Modulationsgrad m möglich. Allerdings muss die Hilfsträgerschwingung frequenz- und phasenrichtig vorhanden sein. Fehler in der Hilfsträgerschwingung gehen direkt als Fehler in das demodulierte Nachrichtensignal über, wobei Frequenzfehler eine Verschiebung im Spektrum bewirken, während Phasenfehler die Amplitude beeinflussen. Der Trägerrückgewinnung aus dem empfangenen modulierten Signal kommt deshalb eine besondere Bedeutung zu.

Zweiseitenbandmodulation (ZSB) mit Trägern. Die ZSB-Modulation mit Träger entspricht der allgemeinen AM, im englischen Sprachgebrauch wird sie mit *Double Side Band* (DSB) bezeichnet.

ZSB mit Trägerunterdrückung (*Double Sideband Suppressed Carrier* – **DSBSC**). Bezogen auf die Leistungsbilanz ist es günstig, die Trägerfrequenz ganz oder teilweise zu unterdrücken. Für ZSB-Modulation ohne Träger enthält die modulierte Schwingung $u_m(t)$ nur noch die beiden Seitenbänder. Die Demodulation kann nur mit dem phasen- und frequenzrichtigen Trägersignal (kohärent) erfolgen.

Einseitenbandmodulation (**ESB**, *Single Sideband* **SSB**). Bei der Amplitudenmodulation entstehen spiegelbildlich um die Trägerfrequenz zwei Seitenbänder, die jeweils das Spektrum des zu übertragenden Signals enthalten ($\rightarrow$ Bild 8.4). Die zu übertragene Information ist also in jedem der beiden Bänder enthalten. Es ist deshalb ausreichend, nur eines der beiden Bänder zu übertragen. Beim Empfänger muss bekannt sein, ob das untere oder das obere Seitenband übertragen wird, weil das eine in Kehrlage, das andere in Regellage erscheint. Gegenüber der ZSB halbieren sich sowohl die erforderliche Bandbreite für die Übertragung als auch die zu übertragende Leistung. Allerdings wird die Modulation deutlich aufwändiger und die Demodulation kann nur kohärent erfolgen.

Restseitenbandmodulation (**RSB**, *Vestigial Sideband* **VSB**). Die RSB ist ein Kompromiss zwischen SSB und ZSB. Zum Einsatz kommt ein Filter mit punktsymmetrischer Symmetrie um die Trägerfrequenz herum und einem Übertragungsfaktor von genau 0,5 bei der Trägerfrequenz (**Nyquist-Flanke**).

Die Anforderungen in Bezug auf die Genauigkeit des Filters liegen also in der Symmetrie und nicht in der Flankensteilheit. Vom unerwünschten Seitenband bleibt dann ein Rest erhalten. Bei der Demodulation überlagert sich dieser Rest mit dem Anteil des Frequenzbereiches aus dem erwünschten Seitenband, sodass das Nachrichtensignal zurückgewonnen werden kann. Die Bandbreite ist um den Seitenbandrest größer als bei der SSB, allerdings sind die Anforderungen an das Filter deutlich geringer, sodass die RSB auch in der analogen Signalverarbeitung (z. B. analoges TV) Anwendung findet.

Mischung. Mischung ist der allgemeine Fall der Frequenzumsetzung. Die Entstehung von Summen- und Differenzfrequenzen bei der Amplitudenmodulation ist dadurch gekennzeichnet, dass Träger- und Modulationsfrequenz weit auseinanderliegen. Das gleiche Prinzip kann aber auch angewendet werden, wenn der Frequenzunterschied weit geringer ist. Im Allgemeinen entstehen bei jeder Multiplikation Summen- und Differenzfrequenzen aus den anliegenden Frequenzen f_1 und f_2. Dieses Prinzip wird im Überlagerungsempfänger genutzt. Das Eingangssignal wird unter Zuhilfenahme einer Mischstufe in eine Zwischenfrequenzlage umgesetzt. Diese Frequenzumsetzung wird vorgenommen, um über einen breiten Bereich der Eingangsfrequenz f_e die eigentliche Selektion und Verstärkung auf eine feste Zwischenfrequenz f_z zu verlagern. Man erhält damit eine konstante Bandbreite B_{ZF} für den gesamten Eingangsfrequenzbereich.

8

8.1.2   Frequenzmodulation (FM) und Phasenmodulation (PM)

Frequenzmodulation (*frequency modulation*) und **Phasenmodulation** (*phase modulation*) gehören zur **Winkelmodulation**. Die Trägerschwingung (*carrier*) ist eine Kosinusschwingung:

$$u_c(t) = A_c \cos(\omega_c t + \Phi_c) \tag{8.9}$$

Bei Winkelmodulationsverfahren wird nicht die Amplitude des Trägersignals, sondern der Winkel beeinflusst:

$$u_m(t) = A_0 \cos(\Phi(t)) = A_0 \cos(\Phi(u_s(t))) \tag{8.10}$$

$\Phi(t)$ Momentanphase

Frequenz- und Phasenmodulation sind eng miteinander verwandt. Ein PM-Modulator lässt sich mit einem FM-Modulator realisieren, indem das Basisbandsignal differenziert wird. Umgekehrt wird durch Integration des Nachrichtensignals aus einem PM-Modulator ein FM-Modulator. Deshalb behandeln die folgenden Abschnitte nur die in der Praxis relevante Frequenzmodulation ($\rightarrow$ Bild 8.6).

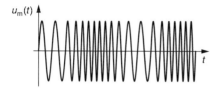

Bild 8.6 Frequenzmoduliertes Signal bei sinusförmigem Basisbandsignal

FM-Bandbreitebedarf. Schon bei der FM-Modulation eines einzelnen Sinussignals ergibt sich ein Linienspektrum mit unendlich vielen Spektrallinien, die jeweils im Abstand der Signalfrequenz um die Spektrallinie der Trägerfrequenz herum angeordnet sind. Theoretisch hat das modulierte Signal also eine unendlich große Bandbreite. Allerdings tragen die weit von der Trägerfrequenz entfernt liegenden Spektrallinien nur mit verschwindender Leistung zum Signal bei.

Modulation. Zur FM-Modulation muss eine Spannungsänderung eines Basisbandsignals in eine Frequenzänderung umgesetzt werden. Dies erfolgt mit einem Oszillator (*Voltage Controlled Oscillator* – VCO) dessen frequenzbestimmende Kapazität mit einer Kapazitätsdiode spannungsabhängig geändert werden kann.

Demodulation – direkte Verfahren. Die direkten Verfahren arbeiten mit Phasenregelschleifen (*Phase Locked Loop* – PLL), die eine Steuerspannung erzeugen. Sie ist zu der Phasendifferenz zwischen zwei anliegenden Signalen proportional.

Demodulation – indirekte Verfahren. Bei den indirekten Demodulationsverfahren erfolgt zunächst eine Umsetzung des FM-Signals in ein AM-moduliertes Signal. Da die Information des FM-modulierten Signals in der Frequenz enthalten ist, müssen etwaige Amplitudenschwankungen des Signals vor der Demodulation mit einem Amplitudenbegrenzer beseitigt werden. Anschließend wird mit einem Diskriminator eine Frequenzänderung linear in eine Spannungsänderung überführt.

8.2   Digitale Modulationsverfahren

> Bei digitalen Modulationsverfahren ist entweder der Träger oder das modulierende Signal oder es sind beide digital, d. h. impulsförmig (→ Bild 8.7).

Die digitalen Modulationsverfahren können in zwei Gruppen aufgeteilt werden. Im Abschnitt 8.2.1 werden Verfahren vorgestellt, bei der die Übertragung im Basisband erfolgt. Diese Verfahren führen eine Zeit- und/oder Wertquantisierung des Nachrichtensignals durch. Das Trägersignal kann hier auch als Taktsignal aufgefasst werden. In Abschnitt 8.2.2 werden Verfahren zur Umsetzung von digitalen Signalen in einen anderen Frequenzbereich erklärt.

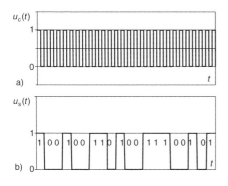

Bild 8.7 a) Pulsförmiges Trägersignal, b) pulsförmiges modulierendes Signal

8

8.2.1 Modulation mit pulsförmigem Träger

Pulsamplitudenmodulation (PAM)

Das Eingangssignal der **PAM** (*Pulse Amplitude Modulation*) ist ein analoges (d. h. ein zeit- und wertkontinuierliches) Nachrichtensignal. Durch Abtastung im Zeitbereich ensteht ein zeitdiskretes (aber wertkontinuierliches) Signal von Stützstellen des Nachrichtensignals.

Bild 8.8 zeigt die Pulsamplitudenmodulation im Zeitbereich.

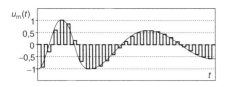

Bild 8.8 Pulsamplituden-modulation (PAM) im Zeit-bereich

Im Frequenzbereich ergibt sich eine mit der Abtastfrequenz f_{abt} periodische Fortsetzung des Spektrums.

Damit sich die periodischen Fortsetzungen des Spektrums nicht überlagern und das analoge Nachrichtensignal fehlerfrei aus den Abtastwerten rekonstruiert werden kann, muss die Abtastfrequenz f_{abt} mindestens doppelt so groß sein, wie die maximale im Nachrichtensignal enthaltene Frequenz f_s. Diese Bedingung ist als **Abtasttheorem** ($\rightarrow$ 2.2.4) bekannt.

Bei der PAM wird deshalb stets am Eingang eine Bandbegrenzung mit einem **Tiefpass** (TP) durchgeführt.

Im Bild 8.9 ist das Prinzipschaltbild der PAM-Übertragung gezeigt. Bei einer idealen PAM erfolgt die Abtastung durch eine Folge von Dirac-Impulsen im Abstand von $T_{abt} = 1/f_{abt}$. Das Spektrum des Basisbandsignals setzt sich um die Vielfachen der Abtastfrequenz periodisch fort. Durch Filterung mit einem Tiefpass (Demodulator) kann das Basisbandsignal rekonstruiert werden.

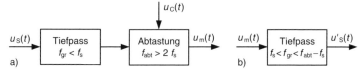

Bild 8.9   Prinzipschaltbild der PAM: a) Modulator, b) Demodulator

Pulsweitenmodulation (Pulse Width Modulation – PWM)

> Bei der **Pulsweitenmodulation** (auch als **Pulsdauermodulation** (PDM) oder **Pulsbreitenmodulation** (PBM) bezeichnet) wird die Pulsdauer bzw. die Pulsbreite moduliert.

Bei der PWM ist die Pulsamplitude also konstant. Meist wird die abfallende Flanke des Impulses moduliert, während die ansteigende Flanke synchron zum Takt ist. Möglich ist aber auch, beide Taktflanken zu modulieren. Die Pulsdauer $\tau(t)$ des PWM-modulierten Signals ergibt sich mit der Periodendauer T_c zu:

$$\tau(t) = \frac{T_c}{2} + \Delta_\tau u_s(t) \tag{8.11}$$

Δ_τ ist ein signalangepasster Aussteuerungsparameter. Für ein Nachrichtensignal $u_s(t)$ in den Grenzen von ± 1 muss $\Delta_\tau \leqq T_c/2$ gelten.

Pulsphasenmodulation (Pulse Phase Modulation – PPM)

> Bei der PPM wird die Phase eines Impulses im Verhältnis zum Takt moduliert.

Der Impuls muss deutlich kürzer sein als die Periodendauer T_c des Taktes. Die PPM geht aus der PWM hervor, wenn nur die veränderliche Flanke der PWM mit einem kurzen Puls übertragen wird. Zur Synchronisation wird der Taktimpuls in größeren Abständen mit übertragen.

Pulsfrequenzmodulation (Pulse Frequency Modulation – PFM)

> Bei der PFM wird die Pulsfrequenz moduliert. Die Anzahl der übertragenen Impulse pro Zeiteinheit ist abhängig vom Nachrichtensignal.

Diese Modulation ist in der Fermesstechnik verbreitet.

In der Abbildung 8.10 sind die prinzipiellen Zeitverläufe von PWM, PPM und PFM dargestellt.

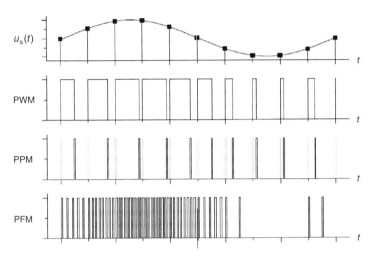

Bild 8.10 PWM, PPM und PFM

8

Pulscodemodulation (Pulse Code Modulation PCM)

> Das Eingangssignal der PCM ist ein wertkontinuierliches, aber zeitdiskretes PAM-Signal (→ Bild 8.8). Bei der PCM erfolgt eine **Quantisierung** mit einem Analog/Digital-Wandler (A/D-Wandler, *Analog Digital Converter* ADC).

Die Demodulation erfolgt entsprechend mit einem Digital/Analog-Wandler (D/A-Wandler, *Digital Analog Converter* DAC).

Die Quantisierung geschieht mit n Quantisierungsintervallen, die binär codiert werden. Beim resultierenden Bitstrom erhöht sich dementsprechend die Bitrate um die Anzahl der verwendeten Binärstellen N ($N = \text{ld}(n)$). Das Prinzip der PCM-Modulation ist im Bild 8.11 im Zeitbereich dargestellt. In diesem Beispiel erfolgt die Quantisierung mit $n = 16$ Quantisierungsintervallen, die zu $N = 4$ bit langen Binärwörtern codiert werden.

Quantisierung. Durch die Quantisierung entstehen Quantisierungsfehler, die als Quantisierungsrauschen bezeichnet werden. Der Signal-Rausch-Abstand

(*Signal to Noise Ratio* SNR) kann durch feinere Quantisierung vergrößert werden. Bei N verwendeten Binärstellen ergibt sich:

$$SNR = 6{,}02N + 10\,lg\,\alpha \qquad \text{in dB} \qquad (8.12)$$

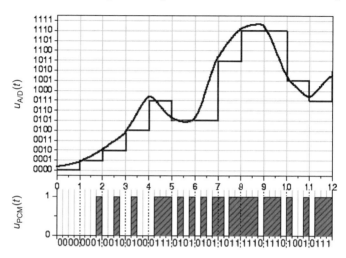

Bild 8.11   Pulse-Code-Modulation

Mit jedem zusätzlichen Bit erhöht sich der *SNR* also um 6,02 dB. Der Faktor α hängt von der Art der Quantisierung und von der Wahrscheinlichkeit der Amplituden (**Amplitudendichteverteilung**) ab. Bei gleichförmiger Quantisierung von Signalen mit gleichwahrscheinlichen Amplituden zum Beispiel ist $\alpha = 1$. Durch Anpassung der Quantisierung an die Amplitudendichteverteilung des Signals kann der *SNR* verbessert werden. Es wird zwischen gleichmäßiger und ungleichmäßiger Quantisierung unterschieden.

- **Gleichförmige Quantisierung.** Bei der gleichförmigen (linearen) Quantisierung wird der gesamte Definitionsbereich des Basisbandsignals in n gleich große Quantisierungsintervalle geteilt. Bei einem Definitionsbereich von $-U_{max} < u < U_{max}$ ist die Breite jedes Quantisierungsintervalles also $\Delta u = (2U_{max})/n$. Als diskreter Signalwert innerhalb jedes Quantisierungsintervalls wird der jeweilige Mittelwert angesetzt. Der maximale Quantisierungsfehler ε ergibt sich an den Intervallgrenzen und beträgt $\varepsilon = \Delta u/2 = U_{max}/n$. Bei gleicher Häufigkeitsverteilung der Signalwerte über dem gesamten Definitionsbereich ist die gleichmäßige Quantisierung die zweckmäßigste.

- **Ungleichförmige** (nichtlineare) **Quantisierung.** Durch ungleich große Quantisierungsstufen kann der *SNR* vergrößert werden. Dabei wird das

Eingangssignal verzerrt. Dieser Vorgang wird als **Kompandierung** bezeichnet. Mit einer logarithmischen Kompandierungskennlinie wird ein konstanter relativer Quantisierungsfehler erreicht. Der *SNR* ist dann unabhängig von der Eingangsleistung des Signals. Weil eine logarithmische Kompandierungskennlinie nicht durch den Ursprung verläuft, wird der untere Teil der Kennlinie durch eine Gerade angenähert. Die 13-Segment-Kennlinie ist eine in 13 Segmenten linear angenäherte logarithmische Kompandierung. Bei der **Optimalquantisierung** wird die Kompandierungskennlinie an die Amplitudendichteverteilung des Signals angepasst. Dadurch wird ein optimaler *SNR* erreicht. Die 13-Segment-Kennlinie ist ein Beispiel für eine Optimalquantisierung für Telefonanwendungen.

Bild 8.12 zeigt Kennlinien für eine gleichförmige und eine ungleichförmige Quantisierung.

8

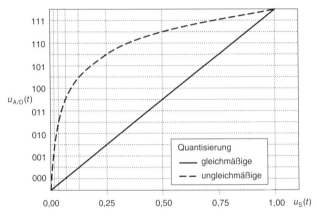

Bild 8.12 Kompandierungskennlinien für gleichförmige und ungleichförmige Quantisierung

Deltamodulation (Delta Modulation DM)

Bei der **Deltamodulation** wird nur die Änderung des Signals quantisiert und nicht das Signal selbst.

Dafür wird ein Prädiktor benötigt, in dem der zuletzt quantisierte Wert gespeichert ist. Gebräuchlich ist die Deltamodulation mit konstanter Quantisierungsstufe δ und einem 1-Bit-Quantisierer.

❑ *Beispiel:* Ein einlaufender Abtastwert wird mit dem Wert des Prädiktors verglichen. Ist er größer, so wird $+1$ übertragen und der Wert des Prädiktors um eine Quantisierungsstufe erhöht. Bei einem kleineren Wert wird -1 übertragen und der Wert des Prädiktors um eine Quantisierungsstufe erniedrigt. Diese Addition entspricht einer Integration.

Bei der Deltamodulation erfolgt die **Zeit-** und **Wertquantisierung mit Codierung in einem Schritt**. Die Abtastfrequenz f_{abt} ist gleich der Frequenz des Bitstromes und damit höher als bei der PCM. Die Höhe der Quantisierungsstufen Δ und die Abtastfrequenz f_{abt} müssen aufeinander und auf das Eingangssignal abgestimmt sein, weil es sonst zur Fehlerfortpflanzung kommen kann.

Demodulation. Das modulierte Signal $u_m(nT)$ wird zuerst summiert und dann mit einem Tiefpass gefiltert. Der Mittelwert des modulierten Signals $u_m(nT)$ ist also proportional zur Ableitung des Eingangssignals $u(t)$.

Eine Weiterentwicklung der DM ist die **adaptive Deltamodulation** (ADM). Dabei wird die Stufenhöhe der Quantisierung an den Signalverlauf angepasst, was einer Kompandierung entspricht. Eine Folge von übertragenen Bits gleichen Vorzeichens ist ein Hinweis auf eine Übersteuerung des Systems, also auf eine zu kleine Quantisierungsstufe. Entsprechend ist eine Folge von alternierenden Bits ein Hinweis für eine zu große Quantisierungsstufe. Es gibt verschiedene Algorithmen, mit denen die Höhe der Quantisierungsstufe bei der ADM an den Signalverlauf angepasst wird.

Sigma-Delta-Modulation ($\Sigma\Delta$-Modulation)

Die Sigma-Delta-Modulation ist eine Weiterentwicklung der DM. Der Summierer des Demodulators der DM kann an den Eingang verschoben werden. Anschließend wird er mit dem Summierer der Rückkopplungsschleife zusammengefasst.

Zur **Demodulation** ist bei der Sigma-Delta-Modulation nur noch ein Tiefpassfilter erforderlich. Das modulierte Signal $u_m(nT)$ ist nicht mehr proportional zur Steigung des Eingangssignals, sondern direkt zum Signal selbst.

Der wesentliche Vorteil der Sigma-Delta-Modulation ist als *noise-shaping* bekannt. Das bedeutet, dass durch die Übertragungsfunktion der Modulierung das Quantisierungsrauschen mit einem Hochpass, das Nutzsignal aber mit einem Tiefpass gefiltert wird. Dadurch werden Rausch- und Nutzanteile der Signalquantisierung im Frequenzbereich getrennt. Durch ein Tiefpassfilter wird das Nutzsignal mit verhältnismäßig geringem Rauschanteil demoduliert.

8.2.2   Modulation mit sinusförmigem Träger

Die bisher behandelten Modulationsverfahren gestatten nur eine Übertragung im Basisband über einen Leitungskanal. Zur Übertragung über einen Radiokanal ist auf jeden Fall eine höherfrequente Trägerschwingung erforderlich.

Bei der **digitalen Modulation mit sinusförmigem Träger** wird eine sinusförmige Trägerschwingung in der Amplitude, der Phase oder der Frequenz digital moduliert.

Der Aufbau des digitalen Modulators ist prinzipiell der gleiche wie beim analogen Modulator. Hinzu kommt die Pulsformung, durch die das digitale Signal $u_s(i)$ in ein analoges Signal $u_s(t)$ umgeformt wird.

Wie auch im analogen Fall ist die Bandbreite des modulierten Signals von der Brandbreite des Basisbandsignals abhängig. Die spektrale Leistungsdichte einer statistisch unabhängigen $(-1, 1)$-Rechteckfolge folgt einem $(\sin(x)/x)^2$-Verlauf und hat damit eine im Prinzip unendlich große Bandbreite. Deshalb muss das Basisbandsignal vor der Modulation in seiner Bandbeite begrenzt werden. Dies erfolgt durch die Pulsformung, die im einfachsten Fall durch eine Tiefpassfilterung des Basisbandsignals realisiert wird. In heutiger Zeit läuft die Pulsformung mithilfe der digitalen Signalverarbeitung ab.

8

Amplitudenumtastung (Amplitude Shift Keying ASK)

Bei der ASK erfolgt genau wie bei der analogen Amplitudenmodulation ($\rightarrow$ 8.1) eine Multiplikation des Nachrichtensignals $u_s(t)$ mit dem sinusförmigen Trägersignal $u_c(t)$ ($\rightarrow$ Bild 8.13):

$$u_m(t) = u_s(t)A_c \cos(\omega_c t) \qquad (8.13)$$

Weil die Trägerschwingung durch das digitale Basisbandsignal ein- und ausgeschaltet wird, ist die ASK auch als *On-Off-Keying* bekannt.

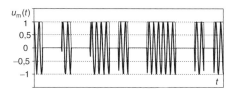

Bild 8.13 Amplitudenumtastung im Zeitbereich

Das Spektrum entspricht dem Spektrum der analogen Amplitudenmodulation. Um das Trägersignal herum spiegelt sich jeweils das Spektrum des Basisbandsignals als unteres und oberes Seitenband. Damit ergibt sich für das modulierte Signal die doppelte Bandbreite des Basisbandsignals.

Frequenzumtastung (Frequency Shift Keying FSK)

Bei der FSK wird das digitale Signal mit zwei verschiedenen Frequenzen moduliert.

Die logische 1 wird durch einen Impuls mit der Frequenz ω_1 dargestellt, die logische 0 durch einen Impuls der Frequenz ω_2.

$$u_m(t) = A_c(u_s(t)\cos(\omega_1 t) + u_s(t)\cos(\omega_2 t)) \tag{8.14}$$

Je nach Abstand $\Delta\omega = \omega_2 - \omega_1$ unterscheidet man zwischen Breitband-FSK und Schmalband-FSK.

FSK kann auch als Überlagerung von zwei ASK mit unterschiedlicher Frequenz aufgefasst werden. Bei Schmalband-FSK können sich die beiden Teilspektren überlagern. Im Bild 8.14 ist der Zeitverlauf der FSK gezeigt. Beim Symbolwechsel können Phasensprünge auftreten ($\rightarrow$ Bild 8.14). Diese lassen sich vermeiden, wenn nicht zwei einzelne Oszillatoren zur Modulation benutzt werden, sondern wenn ein abstimmbarer Oszillator zwischen den beiden Frequenzen umschaltet. Die FSK ohne Phasensprünge wird *Continous Phase FSK* (CPFSK) genannt.

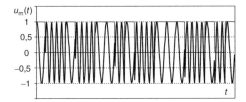

Bild 8.14 Frequenz-umtastung im Zeitbereich

Phasenumtastung, Phase Shift Keying (PSK)

Die Bezeichnng *Phase Shift Keying* ist etwas irreführend, weil auch bei der PSK die Amplitude des Trägersignals moduliert wird. Bei einem Wechsel des modulierenden Signals erfolgt ein Phasensprung des analogen Träger um $\pi/2$ ($\rightarrow$ Bild 8.15).

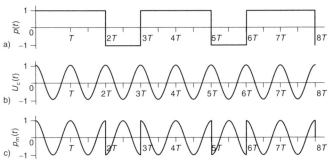

Bild 8.15 PSK im Zeitbereich: a) modulierendes Signal, b) Trägersignal, c) moduliertes Signal

Quadraturmodulation. Die Quadraturmodulation ist eigentlich eine Quadraturphasenumtastung (*Quadrature Phase Shift Keying* – QPSK). Bei der QPSK wird der Bitstrom aufgeteilt in zwei Bitströme *I* und *Q* mit jeweils halber Bitrate. Diese beiden Bitströme werden dann mit orthogonalen Trägern (sin, cos) moduliert und anschließend addiert. Wegen der Orthogonalität der beiden Trägerschwingungen lassen sich die beiden Bitströme am Empfänger aus dem Summensignal zurückgewinnen. Durch die Aufteilung in zwei Bitströme wird die erforderliche Bandbreite des modulierten Signals halbiert, sodass eine bessere Ausnutzung des Kanals möglich ist.

▶ *Hinweis:* Die QPSK kann auch als Übertragung vierwertiger Symbole (00,01,10,11) aufgefasst werden, weshalb auch der Begriff 4PSK üblich ist. Die Zuordnung des digitalen Basisbandsignals auf die übertragenen Symbole wird als Mapping bezeichnet. Bei der QPSK kann das Mapping mit einem Schieberegister der Tiefe 2 realisiert werden.

8

Konstellationsdiagramm (*constellation diagram*) Die Zuordnung der Symbole der Quadraturmodulation kann mit einem Konstellationsdiagramm dargestellt werden. Die Achsen dieser Diagramme sind *I* und *Q*. Im Bild 8.16 sind Konstellationsdiagramme der QPSK dargestellt. Durch Störung bei der Übertragung liegen die empfangenen Symbole nicht exakt auf den Punkten der idealen Konstellationsdiagramme. Mithilfe der in Bild 8.16 eingezeichneten Enscheidungsgrenzen wird dann festgelegt, zu welchem Symbol der empfangene Wert gehört. In der Messtechnik bezeichnet man Konstellationsdiagramme auch als Augendiagramme.

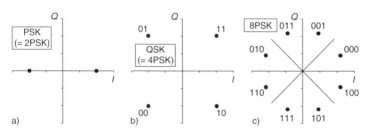

Bild 8.16 a) Übergang von PSK (2PSK), b) über QPSK (4PSK), c) zu 8PSK

Höherwertige Verfahren

Bei höherwertigen Verfahren werden weitere Symbole zugelassen. Man unterscheidet dabei nach der Anordnung der Symbole im Konstellationsdiagramm:
- ein Kreis: *Phase Shift Keying* (nPSK)
- quadratisch: *Quadratur Amplitude Modulation* (nQAM)
- mehrere konzentrische Kreise: *Amplitude Phase Shift Keying* (nAPSK).

Im Bild 8.16 sind die Konstellationsdiagramme der verschiedenen nPSK mit ihren Entscheidungsgrenzen dargestellt. Bei der zweiwertigen PSK ist nur ein Träger (*I*-Komponente im Bild 8.16) vorhanden. Sie kann als 2PSK im Konstellationsdiagramm eingezeichnet werden. Grundsätzlich gilt, dass durch das Mapping die Datenrate (und damit die Bandbreite) entsprechend der Anzahl der Symbole reduziert werden kann.

9 Multiplex

Friedrich Lenk

> Unter **Multiplex** (*multiplexing*) versteht man die gemeinsame Übertragung mehrerer Nachrichtensignale über einen einzigen physikalischen oder logischen Kanal.

Die Kanalkapazität des gemeinsamen Übertragungskanals muss dafür mindestens so groß sein wie die Summe der Kanalkapazitäten der Einzelkanäle und außerdem die Information über die aktuelle Verschaltung der Kanäle bereitstellen.

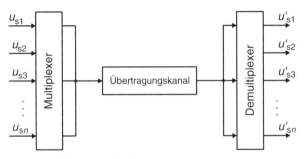

Bild 9.1 Aufbau eines Multiplexsystems

Bei leitungsgebundener Übertragung werden die Nachrichtensignale mit einem Multiplexer zu einem Signal zusammengefasst, übertragen und anschließend im Demultiplexer wieder in die einzelnen Kanäle niedriger Kapazität zerlegt (→ Bild 9.1). Dadurch können die Kosten für den Übertragungskanal gesenkt werden.

In der Mobilfunktechnik (→ 17) dient die Multiplextechnik zur gleichzeitigen Verbindung von (auch räumlich) getrennten Teilnehmern mit einer zentralen Basisstation. Die Funktion des Multiplexierens findet dezentral bei den Teilnehmern statt, während der Demultiplexer zentral in der Basisstation angeordnet ist.

Die Zusammenfassung der einzelnen Nachrichtenkanäle kann nach verschiedenen Gesichtspunkten erfolgen:

- Ort – Raumteilung, Raumvielfach (*Space Division Multiple Access* – SDMA)

- Frequenz – Frequenzteilung, Frequenzvielfach (*Frequency Division Multiple Access* – FDMA)
- Zeit – Zeitteilung, Zeitvielfach (*Time Division Multiple Access* – TDMA)
- Code – Codevielfach (*Code Division Multiple Access* – CDMA)

9.1   Raumteilung

> Unter **Raumteilung** (*Space Division Multiple Access* – SDMA) versteht man bei leitungsgebundenen Systemen die Übertragung über örtlich getrennte, aber logisch zusammengehörende Übertragungskanäle.

Ist die Übertragungskapazität eines Nachrichtenkanals erschöpft, wird ein weiterer örtlich getrennter Kanal parallel geschaltet.

▶ *Hinweis:* Die klassische Vermittlungstechnik mit Koppelfeldern kann als SDMA angesehen werden. Mehrere Sender und Empfänger sind mit einer Verdrahtungsmatrix miteinander verbunden. Die Zuordnung erfolgt über die örtlich getrennten Verbindungsschalter.

Bei drahtloser Übertragung wird SDMA mithilfe gerichteter Abstrahlung realisiert. Anwendungsbeispiele gibt es in der Satelliten- und in der Mobilfunktechnik (→ 17). Durch Strahlformung (*beamforming*) wird das Empfangsgebiet eines Senders in örtlich getrennte Bereiche separiert, in denen dann weitere Multiplextechniken angewendet werden können. Durch die räumliche Aufteilung kann die Gesamt-Kanalkapazität gesteigert werden.

In der Satellitenübertragung wird auch die Verwendung von unterschiedlichen Polarisationsebenen als SDMA bezeichnet.

9.2   Frequenzteilung

> Bei der **Frequenzteilung** (*Frequency Division Multiple Access* – FDMA) wird eine verfügbare Bandbreite in einzelne Kanäle aufgeteilt (→ Bild 9.2). Zu jedem Kanal gehört eine eigene Trägerfrequenz, mit der das zugehörige Nachrichtensignal umgesetzt wird.

Der Abstand der Trägerfrequenzen bestimmt die Kanal- und damit auch die maximal mögliche Bandbreite der Nachrichtensignale. Diese müssen also spektral begrenzt sein. Das Demultiplexen erfolgt durch erneute Frequenzumsetzung mit der jeweiligen Trägerfrequenz und anschließende Filterung. FDMA ist damit auch für analoge Nachrichtensignale verwendbar.

Um spektrale Überlagerungen (Interferenzen) durch Störungen zu verhindern, wird ein Schutzabstand (*guard band*) zwischen den Kanälen eingerichtet.

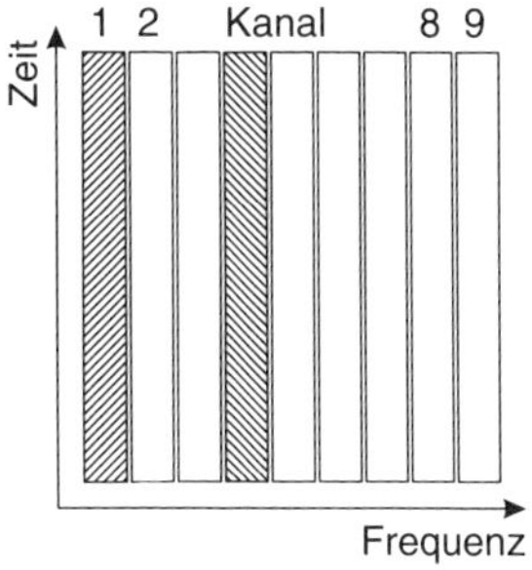

Bild 9.2 *FDMA am Beispiel*
von 2 Nachrichtensignalen

Dieser Abstand bestimmt auch die Anforderungen an die Filter des Demultiplexers.

Durch die Aufteilung in Kanäle mit fester Kanalbandbreite kann ein FDMA-System nicht an den Bandbreite- und/oder den Verbindungsanzahlbedarf angepasst werden. Während der gesamten Dauer der Kommunikation steht der reservierte Kanal den Teilnehmern exklusiv und unabhängig vom tatsächlichen Bandbreitebedarf zur Verfügung.

In der optischen Nachrichtentechnik ist FDMA auch als Wellenlängenmultiplex (*Wavelength Division Multiple Access* – WDMA) bekannt (→ 13.2.9).

9.3   Zeitteilung

Bei der **Zeitteilung** (*Time Division Multiple Access* – TDMA) erfolgt die Übertragung in festgelegten Zeitschlitzen. Während eines Zeitabschnittes steht dem Nachrichtensignal die ganze Bandbreite exklusiv zur Verfügung (→ Bild 9.3). Die Summe der Zeitabschnitte wird als Rahmen (*frame*) bezeichnet.

Damit eine richtige Zuordnung der Datenströme erfolgen kann, ist eine zeitliche Synchronisation erforderlich. Einzelne Zeitabschnitte eines Rahmens sind deshalb für Synchronisationssignale reserviert. Sie stellen sicher, dass am Demultiplexer der Anfang eines Rahmens erkannt wird. Man unterscheidet zwischen synchroner und asynchroner TDMA.

Synchrone TDMA. Bei der synchronen TDMA werden Sender gleicher Datenrate zusammengefasst. Jeder Sender ist dann anhand seiner zeitlichen Position im Rahmen identifizierbar. Durch die feste Zuordnung verringert sich der Aufwand für das Demultiplexen. Allerdings werden Kapazitäten verschwendet, wenn einzelne Sender zeitweise keine Daten übertragen.

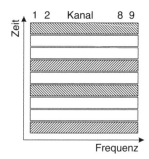

*Bild 9.3 TDMA am Beispiel
von zwei Nachrichtensignalen*

Asynchrone TDMA. Bei der asynchronen TDMA werden Zeitabschnitte, die von einzelnen Sendern nicht gebraucht werden, durch Datenpakete anderer Sender benutzt. Dadurch geht die eindeutige Zuordnung vom Sender zum Zeitabschnitt verloren, weshalb jedem gesendeten Datenpaket noch zusätzliche Steuerdaten für den Demultiplexer hinzugefügt werden müssen. Die asynchrone TDMA wird z. B. bei ATM ($\rightarrow$ 15) angewendet.

9.4   Spread-Spectrum-Verfahren

Bei mobilen Anwendungen kann das empfangene Signal durch destruktive Überlagerung aufgrund von Mehrwegeausbreitung schmalbandig ausgelöscht werden (*fading*). Abhilfe kann durch das Spread-Spectrum-Verfahren erfolgen. Das Nachrichtensignal wird dabei in seiner Bandbreite aufgeweitet, sodass die Störung durch schmalbandige *Fading-Effekte* im Verhältnis zur gesamten Signalleistung klein ist. Die Verfahren werden als *Code Division Multiple Access* (CDMA) bezeichnet, weil ein Code erforderlich ist, um aus dem gesamten empfangenen Spektrum das gewünschte Signal zu filtern.

9.4.1   Frequency Hopped CDMA (FH-CDMA)

Dieses Verfahren wird auch als *Frequency Hopped Multiple Access* (FHMA) oder *Frequency Hopped Spread Spectrum* (FHSS) bezeichnet.

> Bei **FH-CDMA** ist das verfügbare Frequenzband wie bei der FDMA in Kanäle unterteilt. Allerdings wird nach einem vorgegebenen Code und festgelegten Zeitabschnitten zwischen diesen einzelnen Kanälen umgeschaltet ($\rightarrow$ Bild 9.4). Es handelt sich also um eine Kombination von TDMA und FDMA.

Eine Weiterentwicklung von FH-CDMA ist *Adaptive Frequency Hopped Spread Spectrum* (AFHSS), auch *Adaptive Frequency Hopping* (AFH). Hier

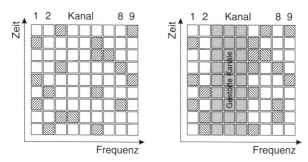

Bild 9.4 FH-CDMA (links) und AFHSS (rechts) am Beispiel von 2 Nachrichtensignalen. Der Bereich der gestörte Kanäle wird bei der AFHSS nicht für die Übertragung genutzt.

werden die für den Frequenzwechsel vorgesehenen Bänder an die tatsächlichen Übertragungsverhältnisse angepasst, um Datenkollision mit Störern auszuschließen. Dies ist nur erforderlich, wenn verschiedene Anwendungen im gleichen Frequenzband senden (wie z. B. Bluetooth und WLAN, → 17.4). Sind Störer vorhanden, verringert sich die Anzahl der verfügbaren Frequenzbänder. Die verbleibenden Bänder können aber ungestört, d. h. mit hoher Qualität, übertragen werden.

9

9.4.2 Direct Sequence CDMA (DS-CDMA)

Bei **DS-CDMA** wird jedes Basisbandsignal auf das gesamte zur Verfügung stehende Frequenzband gespreizt. Dafür wird jedes Informationsbit des Basisbandsignals über eine XOR-Verknüpfung bitweise mit einem Codewort verbunden. Die einzelnen Bits in einer so entstandenen Bitfolge werden Chips genannt.

Durch die Codierung erhöht sich die Bitrate (und damit die erforderliche Bandbreite), was als Spreizung (*spreading*) bezeichnet wird. Das Verhältnis von Bit- zu Chipdauer entspricht näherungsweise dem umgekehrten Verhältnis der Bandbreiten und wird Bandspreizfaktor genannt. Die Codierung kann auch als Verschlüsselung der Daten aufgefasst werden.

Für jeden Nachrichtenkanal muss ein eigenes Codewort verwendet werden. Bei der Übertragung überlagern sich die gespreizten Basisbandsignale, wobei sichergestellt sein muss, dass alle Signale den Empfänger mit der gleichen Signalstärke erreichen. Deshalb muss bei mobilen Anwendungen wie Universal Mobile Telecommunication System (UMTS, → 17.3) während der

Verbindung die Sendeleistung immer angepasst werden. Eine Trennung der verschiedenen Nachrichtensignale nach Zeit oder Frequenz ist nicht möglich (→ Bild 9.5). Damit die einzelnen Signale voneinander unterschieden werden können, müssen die verwendeten Codewörter zueinander orthogonal sein. Weil dem Empfänger alle Codes der Basisbandsignale bekannt sind, kann er aus der empfangenen Überlagerung alle einzelnen Signale decodieren.

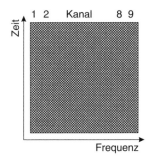

Bild 9.5 DS-CDMA: Die Nachrichten-signale sind nicht nach Frequenz oder Zeit, sondern nur durch den jeweiligen Code voneinander getrennt

Anders als bei FDMA und TDMA, wo keine weiteren Basisbandsignale übertragen werden können, wenn alle Frequenzkanäle bzw. Zeitschlitze belegt sind, sinkt bei CDMA bei beginnender Überlastung die Orthogonalität der verwendeten Codewörter, was einer steigenden Fehleranzahl bei der Decodierung entspricht.

Durch den Einsatz verschieden langer Codewörter können einzelnen Basisbandsignalen unterschiedliche Kanalkapazitäten zugeordnet werden. Dabei muss aber weiterhin die Orthogonalität erhalten bleiben. Als Codes werden
- Hadamard-Code
- Gold-Code
- Kasami-Code
- PN-Sequenzen

verwendet. Sie unterscheiden sich in Bezug auf die Orthogonalität. Auch die Komplexität der Codierung und Decodierung spielt in praktischen Systemen bei der Auswahl der Codefamilie eine Rolle.

9.5   Mehrträgerverfahren

Mehrträgerverfahren verwenden mehrere Träger im Frequenzbereich, auf die das zu übertragende Signal aufgeteilt wird.

Damit sind Mehrträgerverfahren sowohl Multiplexverfahren (→ 8) als auch Modulationsverfahren.

> Die *Orthogonal Frequency Division Modulation* (OFDM) verwendet orthogonale Frequenzen als Träger.

Es ist eine Weiterentwicklung der FDMA, bei der auf die Guard-Bands verzichtet werden kann. Dadurch kann die spektrale Ausnutzung deutlich gesteigert werden.

Für ein unipolares, statistisch unabhängiges Digitalsignal mit der Bitrate bzw. -frequenz $\omega_{bit} = 2\pi/T_{bit}$ kann die spektrale Leistungsdichte mithilfe der Autokorrelationsfunktion berechnet werden ($\rightarrow$ 2.2.3):

$$P(j\omega) = \left(T_{bit}\frac{\sin(x)}{x}\right)^2, \qquad x = \pi\frac{\omega}{\omega_{bit}} \tag{9.1}$$

Es ergeben sich Nullstellen bei allen ganzzahligen Vielfachen der Bitfrequenz $\omega = n\,\omega_{bit}$ und ein Maximum bei $\omega = 0$.

Bei OFDM wird ein Bitstrom in N Sub-Bitströme mit entsprechend geringerer Frequenz aufgeteilt. Durch Multiplikation mit $n\,\omega_{bit}$ werden die einzelnen Sub-Bitströme anschließend jeweils im Spektrum um ω_{bit} gegeneinander verschoben. Bei den Frequenzen $n\,\omega_{bit}$ hat dann jeweils einer der Sub-Bitströme ein Maximum, während alle anderen Signale eine Nullstelle aufweisen. Diese Eigenschaft wird als Orthogonalität bezeichnet. Im Bild 9.6 ist das Spektrum einer OFDM dargestellt. Um bei Funkübertragungssystemen Störungen durch Mehrwegeausbreitung zu verhindern, kann jedem Symbol eine Schutzzeit (Guard-Intervall) vorangestellt werden.

9

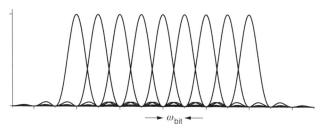

Bild 9.6 Spektrum der OFDM

Die Implementierung der OFDM läuft senderseitig auf eine Fast Fourier Transform (FFT) und dementsprechend auf der Empfängerseite auf eine Inverse Fast Fourier Transform (IFFT) hinaus ($\rightarrow$ 2.2.2). Für mobile Anwendungen ist OFDM weniger geeignet, weil sich ein ungünstiges Verhältnis von Spitzen- zu mittlerer Leistung (*crest factor*) ergibt und damit eine schlechte Effizienz bzw. Akkustandzeit für den mobilen Sendeverstärker. OFDM wird auch bei ADSL eingesetzt ($\rightarrow$ 16.2.3.2).

10 Leitungsgebundene Kommunikationskanäle

> **Telekommunikationskabel** sind isolierte flexible Leitungen, die zur Übertragung von elektrischen oder optischen Signalen dienen.

Telekommunikationskabel (*telecommunication cables*) unterscheiden sich in ihrem Aufbau nach:

- dem Verlegeort (z. B. unterirdisch, oberirdisch und in Gewässern),
- dem Leitermaterial und somit der Signalenergieübertragung auf elektrischer (→ 10.1) oder optischer (→ 10.2) Basis,
- dem Einsatz in den Netzebenen (Weitnetz, Ortsnetz, Teilnehmeranschlussnetz),
- Übertragungskapazitäten (z. B. Einleiterkabel, Zweileiterkabel, Mehrleiterkabel) und
- Schutz- und Überwachungsmöglichkeiten.

Unter Beachtung solcher Kriterien werden spezielle Telekommunikationskabel entwickelt und standardisiert.

10.1 Elektrische Telekommunikationskabel

Frank Porzig

10.1.1 Leitungstheorie

Die Untersuchungen der physikalischen Grundlagen der Fortpflanzung elektrischer Energien auf Leitungen mit den besonderen Rechenverfahren und Lösungen bilden die Leitungstheorie /10.1/, /10.2/, /10.3/, /10.4/.

> Im Sinne der Leitungstheorie (*line theory*) bezeichnet man als **Leitung** eine Anlage zur Fortleitung einer elektrischen Energie von einem Ort zu einem entfernten anderen Ort.

Leitungen, bei denen die elektrischen Größen gleichmäßig über die Leitungslänge verteilt sind, bezeichnet man als **homogen**. Die Leitung ist ein Spezialfall eines passiven, linearen Vierpols.

Im Folgenden sollen der zeitliche Verlauf und die räumliche Verteilung der elektrischen Größen, die charakteristischen Übertragungseigenschaften in Abhängigkeit von der Übertragungsfrequenz und deren Erfassung untersucht werden. Alle Untersuchungen werden nur für rein sinusförmige Erregung im eingeschwungenen Zustand durchgeführt.

Die Grundeigenschaften der homogenen Leitung sind durch folgende elektrische Größen bestimmt:

- Widerstand R
- Ableitung G
- Induktivität L
- Kapazität C.

Es ist üblich, diese Größen für einen Leitungsabschnitt mit der Länge von 1 km anzugeben. Sie heißen **Leitungskonstanten** (*transmission-line constants*) oder kilometrische bzw. bezogene Größen:

$$R' \text{ in } \frac{\Omega}{\text{km}}; \qquad G' \text{ in } \frac{\text{S}}{\text{km}}; \qquad L' \text{ in } \frac{\text{H}}{\text{km}}; \qquad C' \text{ in } \frac{\text{F}}{\text{km}}$$

Die Leitungskonstanten werden auch als Leitungsbeläge (*electrical primary constants*) bezeichnet.

10.1.2   Eigenschaften der homogenen symmetrischen Leitungen   **10**

Mit der **Ersatzschaltung einer Leitung** können die elektrischen Eigenschaften berechnet werden. Um eine Leitung mit der Länge l näherungsweise durch ein Ersatzschaltbild darstellen zu können, muss man sich eine große Anzahl von differenziell kurzen Leitungselementen dx zusammengesetzt denken. Im Bild 10.1 ist die Ersatzschaltung einer homogen aufgebauten Leitung (*homogeneous line*) der Länge l dargestellt.

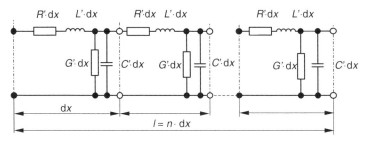

Bild 10.1 Ersatzschaltung einer homogen aufgebauten Leitung

Für die Ableitung der Grundgleichungen betrachtet man an der Stelle x einer Leitung ein Leitungsstück der Länge dx ($\rightarrow$ Bild 10.2).

Die Spannung $\underline{U}_x$ am Eingang des Leitungselementes, welches mit der Entfernung x vom Leitungseingang betrachtet wird, ergibt sich zu

$$\underline{U}_x = \underline{I}_x \underline{Z}' \, \mathrm{d}x + \underline{U}_{x+\mathrm{d}x} \tag{10.1}$$

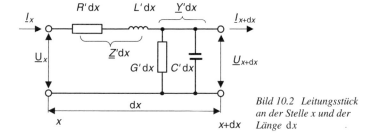

*Bild 10.2   Leitungsstück
an der Stelle x und der
Länge* d*x*

und den Strom $\underline{I}_x$ erhält man aus

$$\underline{I}_x = \underline{U}_{x+dx}\underline{Y}'\,\mathrm{d}x + \underline{I}_{x+dx} \qquad (10.2)$$

Die Spannungsänderung längs der Strecke d*x* ist

$$\mathrm{d}\underline{U}_x = \underline{U}_{x+dx} - \underline{U}_x \qquad (10.3)$$

und die Stromänderung beträgt

$$\mathrm{d}\underline{I}_x = \underline{I}_{x+dx} - \underline{I}_x \qquad (10.4)$$

Setzt man die Gleichung (10.3) in (10.1) bzw. Gleichung (10.4) in (10.2) ein, erhält man die **Differenzialgleichungen der Leitungstheorie** für sinusförmige Erregung im eingeschwungenen Zustand:

$$-\frac{\mathrm{d}\underline{U}_x}{\mathrm{d}x} = \underline{I}_x \cdot \underline{Z}' \qquad (10.5)$$

und bei einer Näherung $\underline{U}_{x+dx} = \underline{U}_x$

$$-\frac{\mathrm{d}\underline{I}_x}{\mathrm{d}x} = \underline{U}_x \cdot \underline{Y}' \qquad (10.6)$$

Ordnet man die Größen $\underline{I}_x$ und $\underline{U}_x$ in den Differenzialgleichungen der Leitung in der Weise, dass in einer Gleichung jeweils nur eine Unbekannte auftritt, so erhält man die **Telegrafengleichungen der Leitung** (*telegraphic equation*) für sinusförmige Erregung und eingeschwungenen Zustand.

$$\frac{\mathrm{d}^2\underline{U}_x}{\mathrm{d}x^2} = \underline{Z}' \cdot \underline{Y}' \cdot \underline{U}_x \qquad (10.7)$$

und

$$\frac{\mathrm{d}^2\underline{I}_x}{\mathrm{d}x^2} = \underline{Z}' \cdot \underline{Y}' \cdot \underline{I}_x \qquad (10.8)$$

Um die Spannung $\underline{U}_x$ und den Strom $\underline{I}_x$ am Ort x zu bestimmen, müssen die Gleichungen (10.7) und (10.8) gelöst werden. Die Lösungen dieser Differenzialgleichungen 2. Ordnung und homogener Art sind die **Leitungsgleichungen** (*transmission equation*):

$$\underline{U}_x = \underline{U}_{1h} \cdot \mathrm{e}^{-\gamma x} + \underline{U}_{1r} \cdot \mathrm{e}^{\gamma x} \qquad (10.9)$$

und

$$\underline{I}_x = \frac{\underline{U}_{1h}}{\underline{Z}_W} \cdot e^{-\gamma x} - \frac{\underline{U}_{1r}}{\underline{Z}_W} \cdot e^{\gamma x} \tag{10.10}$$

Die Größe $\underline{Z}_W$ ist ein Widerstand (Wellenwiderstand → Gl. (10.13)) und berechnet sich zu

$$\underline{Z}_W = \sqrt{\frac{\underline{Z}'}{\underline{Y}'}} = \sqrt{\frac{R' + j\varpi L'}{G' + j\varpi C'}} \tag{10.11}$$

Bei der Lösung der Differenzialgleichungen einer Leitung entsteht die Größe $\underline{\gamma}$, die sich zusammensetzt aus

$$\underline{\gamma} = \sqrt{\underline{Z}' \cdot \underline{Y}'} = \sqrt{(R' + j\varpi L') \cdot (G' + j\omega C')} \tag{10.12}$$

Das Bild 10.3 zeigt das Spannungsverhalten auf einer Leitung in Abhängigkeit vom Ort.

10

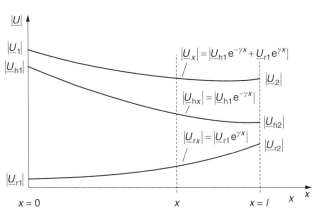

Bild 10.3 Darstellung der Beträge der Leitungsgleichungen in Abhängigkeit vom Ort

Die Spannung oder der Strom auf einer Leitung setzt sich aus der hinlaufenden Welle und der rücklaufenden Welle zusammen.

Auswertung der Leitungsgleichungen

Bei der Lösung der Telegrafengleichungen entstanden die beiden Ausdrücke $\underline{Z}_W$ und $\underline{\gamma}$. In den folgenden Betrachtungen soll eine physikalische Analyse erfolgen.

Der Widerstand $\underline{Z}_W$ ($\rightarrow$ Gl. (10.11)) kann aus dem Verhältnis von Wellenspannung und Wellenstrom berechnet werden:

$$\underline{U}_x = \underline{U}_{hx} + \underline{U}_{rx} \qquad \text{bzw.} \qquad \underline{I}_x = \frac{\underline{U}_{hx}}{\underline{Z}_W} - \frac{\underline{U}_{rx}}{\underline{Z}_W}$$

$$\frac{\underline{U}_{hx}}{\dfrac{\underline{U}_{hx}}{\underline{Z}_W}} = \underline{Z}_W \qquad \text{bzw.} \qquad \frac{\underline{U}_{rx}}{\dfrac{\underline{U}_{rx}}{\underline{Z}_W}} = \underline{Z}_W \tag{10.13}$$

Aus diesem Grunde nennt man den Widerstand $\underline{Z}_W$ **Wellenwiderstand** (*characteristic impedance*). Die Wellenspannung und der Wellenstrom verändern sich nach der gleichen Funktion und somit muss das Verhältnis zwischen beiden Wellengrößen an jeder Stelle einer homogenen Leitung gleich sein.

> Der **Wellenwiderstand** ist von den Leitungsbelägen abhängig und kann auch aus dem Verhältnis von Wellenspannung und Wellenstrom berechnet werden. Der Wellenwiderstand ist ortsunabhängig.

Das Übertragungsverhalten einer Leitung erfasst man mit dem **Fortpflanzungskoeffizienten** (*propagation coefficient*) γ.

> Der **Fortpflanzungskoeffizient** beschreibt die Beeinflussung der Amplitude und der Phase von Strom bzw. Spannung über die Länge einer Leitung von einem Kilometer.

Da sich die hinlaufende und die rücklaufende Welle physikalisch gleich verhalten, ist es ausreichend, eine Wellenrichtung genauer zu untersuchen.

Zerlegt man $\underline{\gamma} = \sqrt{(R' + j\varpi L') \cdot (G' + j\varpi C')}$ in Real- und Imaginärteil, erhält man $\underline{\gamma} = \alpha + j\beta$. Damit wird $\underline{U}_{h2} = \underline{U}_{h1}\,e^{-\underline{\gamma}l} = \underline{U}_{h1}\,e^{-(\alpha + j\beta)l} = \underline{U}_{h1}\,e^{-\alpha l}\,e^{-j\beta l}$. Für die Produkte αl und βl schreibt man $a = \alpha l$ und $b = \beta l$.

Daraus lässt sich schlussfolgern: $\underline{\gamma}l = (\alpha + j\beta)\,l = \alpha l + j\beta l = a + jb = \underline{g}$. Die Größe $\underline{g}$ nennt man das **Fortpflanzungsmaß**. Somit können die Zusammenhänge zwischen Ausgangs- und Eingangswellenspannung der hinlaufenden Welle beschrieben werden.

$$\frac{\underline{U}_{h1}}{\underline{U}_{h2}} = e^{\underline{g}} = e^{a + jb} = e^a \underline{/b} \tag{10.14}$$

Die Schreibweise der Gleichung (10.14) lässt eine einfache physikalische Interpretation zu:

$$\frac{\underline{U}_{h1}}{\underline{U}_{h2}} = \frac{|\underline{U}_{h1}|\ \underline{/\varphi_{h1}}}{|\underline{U}_{h2}|\ \underline{/\varphi_{h2}}} = \frac{|\underline{U}_{h1}|}{|\underline{U}_{h2}|}\,\underline{/\varphi_{h1} - \varphi_{h2}} = e^a \underline{/b} \tag{10.15}$$

Daraus folgt:

$$\left|\frac{U_{h1}}{U_{h2}}\right| = e^a \quad \text{oder} \quad \frac{a}{\text{Np}} = \ln\left|\frac{U_{h1}}{U_{h2}}\right| ; \quad \frac{a}{\text{dB}} = 20\log\left|\frac{U_{h1}}{U_{h2}}\right| \quad (10.16)$$

$$\varphi_{h1} - \varphi_{h2} = b \qquad (10.17)$$

Die Größe a ist für das Amplitudenverhalten verantwortlich. Sie wird als **Wellendämpfungsmaß** oder kurz **Wellendämpfung** (*image attenuation*) bezeichnet. Die Größe b gibt Auskunft über die Phasendifferenz zwischen Eingangs- und Ausgangsgröße. Sie wird deshalb als **Phasenmaß** (*phase constant*) oder **Wellenwinkel** (*image phase angle*) bezeichnet.

Entsprechend ergeben sich aus $\alpha \cdot l = a$, $\beta \cdot l = b$ und $\underline{\gamma} \cdot l = \underline{g}$

- α als **Dämpfungskoeffizient** (kilometrische Dämpfung),
- β als **Phasenkoeffizient** (kilometrische Phasenverschiebung) und
- $\underline{\gamma}$ als **Fortpflanzungskoeffizient**.

Diese Größen beruhen auf den Leitungsbelägen R', G', L' und C'.

Die Abhängigkeit der Amplitude und des Phasenwinkels von der Entfernung x wird in Bild 10.4 dargestellt.

10

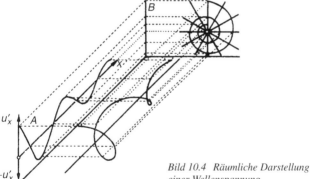

Bild 10.4 Räumliche Darstellung einer Wellenspannung

Es lassen sich aus diesen Betrachtungen weitere interessante Größen zur Beschreibung des Verhaltens von Spannung und Strom auf einer Leitung ableiten. Betrachtet man den Abstand zweier Orte, zwischen denen die Phasendifferenz 360° beträgt, erhält man die Wellenlänge der Leitung.

Da β die **kilometrische Phasendrehung** ist, gilt:

$$\lambda = \frac{360°}{\beta} \quad \text{oder} \quad \lambda = \frac{2\pi}{\beta}$$

Die Änderung des Phasenverhaltens muss auch in Abhängigkeit von der Zeit betrachtet werden.

In der Leitungstheorie bezeichnet man die Wegdifferenz dividiert durch die Zeitdifferenz zweier Punkte gleicher Phasenlage als **Phasengeschwindigkeit** c_p.

$$c_p = \frac{x_2 - x_1}{t_2 - t_1} = \frac{\omega}{\beta} \qquad (10.18)$$

Die **Phasengeschwindigkeit** (*phase speed*) wird größer, je höher die Frequenz ω und je kleiner die Phasenkonstante β sind. Bildet man den Kehrwert der Phasengeschwindigkeit, erhält man die **kilometrische Phasenlaufzeit**.

$$t_p' = \frac{1}{c_p} = \frac{\beta}{\omega} \qquad (10.19)$$

Die **kilometrische Phasenlaufzeit** (*phase delay time*) beschreibt, in welcher Zeit die Welle den Weg von 1 km auf der Leitung zurücklegt.

Die Zeit, die die Welle zum Durchlaufen der gesamten Leitungslänge l benötigt, nennt man **Laufzeit der Leitung**.

$$t_p = t_p' l = \frac{l}{c_p} = \frac{l\beta}{\omega} = \frac{b}{\omega} \qquad (10.20)$$

Auf einer Leitung, auf der Nachrichten übertragen werden, arbeitet man nicht nur mit einer Frequenz, sondern mit einem Frequenzbereich. Durch die Überlagerung von mehreren Frequenzen entstehen neue Signale. Als Beispiel sollen hier zwei Frequenzen f_1 und f_2 betrachtet werden, die sich nur wenig voneinander unterscheiden. Durch Überlagerung der beiden Frequenzen entsteht eine Schwebung. Bei gleichen Amplituden der Schwingungen ergibt dies eine Hüllkurve mit der Frequenz $(f_1 - f_2)/2$ und einer ausfüllenden Schwingung mit $(f_1 + f_2)/2$. Die Übertragungseigenschaften einer solchen Frequenzgruppe werden anders als bei einer einzelnen Frequenz sein.

Die Geschwindigkeit, mit der sich eine Frequenzgruppe von einem Ort x_1 zu einem Ort x_2 bewegt, nennt man die **Gruppengeschwindigkeit** c_G.

$$c_G = \frac{d\omega}{d\beta} \qquad (10.21)$$

Aus dem Kehrwert erhält man die **kilometrische Gruppenlaufzeit**

$$t_G' = \frac{d\beta}{d\omega} \qquad (10.22)$$

und die **Gruppenlaufzeit der Leitung**

$$t_G = \frac{d\beta}{d\omega} l = t_G' l = \frac{db}{d\omega} \qquad (10.23)$$

Abschluss der Leitung

Den Abschluss einer Leitung (*line termination*) am Leitungsende zeigt Bild 10.5. Es ist zu erkennen, dass der Abschlusswiderstand über das Ohm'sche Gesetz mit der Spannung und dem Strom am Leitungsende verbunden ist.

Das Verhältnis der reflektierenden Welle zur ankommenden Welle bezeichnet man als **Reflexionsfaktor** (*reflection coefficient*).

$$\frac{\underline{U}_{r2}}{\underline{U}_{h2}} = \frac{\underline{I}_{r2}}{\underline{I}_{h2}} = \frac{\underline{Z}_{A2} - \underline{Z}_W}{\underline{Z}_{A2} + \underline{Z}_W} = \underline{r} \tag{10.24}$$

> Der **Reflexionsfaktor** ist im Allgemeinen eine komplexe Größe, die durch den Abschlusswiderstand und den Wellenwiderstand bestimmt wird.

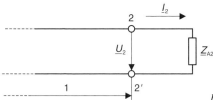

Bild 10.5   Leitungsabschluss

10

Sonderfälle des Abschlusses von Leitungen sind:

- **Leerlaufende Leitung**

  Eine leerlaufende Leitung wird gekennzeichnet durch $\underline{Z}_{A2} \to \infty$.

  Setzt man dies in die Gleichung (10.24) ein, wird

  $$r_{\text{leerl}} = \lim_{\underline{Z}_{A2} \to \infty} \frac{\underline{Z}_{A2} - \underline{Z}_W}{\underline{Z}_{A2} + \underline{Z}_W} = 1 \tag{10.25}$$

  Am Leitungsende werden die Wellen ungedämpft reflektiert.

- **Kurzgeschlossene Leitung**

  Bei einem Kurzschluss am Leitungsende ist $\underline{Z}_{A2} = 0$. Es ergibt sich durch Einsetzen in die Gleichung (10.24)

  $$r_{\text{kurz}} = \frac{-\underline{Z}_W}{+\underline{Z}_W} = -1 \tag{10.26}$$

  Die reflektierten Wellen sind in der Phase um π verschoben, aber in der Amplitude ungedämpft.

- **Angepasste Leitung**

  Unter Anpassung versteht man, dass $\underline{Z}_{A2} = \underline{Z}_W$ gilt. Dies bedeutet, dass der Abschlusswiderstand in Betrag und Phase dem Wellenwiderstand der Leitung entspricht. In diesem Fall ist

  $$\underline{r} = \frac{\underline{Z}_W - \underline{Z}_W}{\underline{Z}_W + \underline{Z}_W} = 0 \tag{10.27}$$

Im angepassten Fall treten keine reflektierenden Wellen auf. Angepasste Leitungen haben dadurch besonders günstige energetische Bedingungen. In der Nachrichtentechnik strebt man den Anpassungsfall an.

10.1.3 Eigenschaften der homogenen unsymmetrischen Leitungen

Koaxiale Hochfrequenzleitungen (*coaxial HF-line*) dienen der Übertragung von breitbandigen Signalen, sind mit hochwertigem Isolationsmaterial aufgebaut und gehören zu den verlustarmen Leitungen. Beim Einsatz bis weit in den Megahertzbereich werden bei Koaxialkabeln die Leitungsbeläge R' und L' durch den Skineffekt beeinflusst. Mit steigender Frequenz werden R' und L' größer.

Bei der Berechnung der Leitungseigenschaften ist der Skineffekt zu berücksichtigen.

$$R' = \sqrt{\frac{\mu f}{4\pi \varkappa}} \cdot \left(\frac{1}{r_i} + \frac{1}{r_a} \right) \tag{10.28}$$

$$L' = \frac{\mu}{2\pi} \ln \left(\frac{r_a}{r_i} \right) \tag{10.29}$$

$$C' = \frac{2\pi \varepsilon_0 \varepsilon_r}{\ln(r_a/r_i)} \tag{10.30}$$

$$G' = \omega C' \cdot \tan \delta \tag{10.31}$$

r_i, r_a Radius des Innen- bzw. Außenleiters
d_i, d_a Durchmesser von Innen- bzw. Außenleiter
ε_0 elektrische Feldkonstante ($= 0{,}088\,5$ pF/cm)
ε_r relative Permeabilität (z. B. $= 2{,}4$ für Styroflex)
$\tan \delta$ Verlustwinkel des Isolationsmaterials (z. B. für Styroflex)
$\varkappa$ spezifische Leitfähigkeit (z. B. $= 57$ m/($\Omega \cdot$ mm^2) für Kupfer)
μ_0 magnetische Feldkonstante ($= 4\pi \cdot 10^{-9}$ V $\cdot$ s/(A $\cdot$ cm))
μ_r relative Permeabilität des Leitermaterials (z. B. $= 1$ für Kupfer)
$\mu = \mu_0 \cdot \mu_r$

Ab 100 kHz bis in den Megahertzbereich gelten folgende Näherungsbeziehungen:

$$R' < \omega L' \quad \text{und} \quad G' < \omega C'$$

$$\alpha = \frac{1}{2} R' \sqrt{\frac{C'}{L'}} + \frac{1}{2} G' \sqrt{\frac{L'}{C'}}, \qquad \beta = \omega \sqrt{L' \cdot C'}, \qquad \underline{Z} = \sqrt{\frac{L'}{C'}}$$

Das Phasenmaß steigt mit der Frequenz linear an, und somit treten keine Phasenverzerrungen auf. Das Nebensprechen wird bei steigender Frequenz durch die Schirmwirkung unkritischer.

Nebensprechen

In jedem realen Nachrichtenkanal treten Störungen auf.

> **Störungen** sind Fremdspannungen, die das Nutzsignal überlagern. Störungen entstehen unabhängig vom Nutzsignal. **Verzerrungen** treten im Gegensatz dazu nur auf, wenn das Signal auch auftritt.

In jedem realen Nachrichtenkanal treten Störungen auf.

Man unterscheidet vier wesentliche Störursachen:
- thermisches Rauschen
- selektive Fremdspannungen
- Klirrgeräusche
- Nebensprechen.

Das **Nebensprechen** (*crosstalk*) wird durch den Kabelaufbau mitbestimmt. In Nachrichtenkabeln befinden sich viele Adernpaare auf engstem Raum und so interessiert auch die Beeinflussung von mehreren Stromkreisen untereinander.

> **Nebensprechen** ist das unerwünschte Übertreten von Energie aus einem störenden Stromkreis in einen gestörten Stromkreis.

10

Das Nebensprechen entsteht durch:
- **galvanische Kopplungen** (Widerstandsunterschiede oder sogar Kurzschlüsse)
- **kapazitive Kopplungen** (geometrische Anordnung der Adern im elektrischen Feld, Isolationsmaterial)
- **induktive Kopplungen** (Unsymmetrien im magnetischen Feld, Kabelaufbau, Verseilung usw.).

Quantitativ erfasst man das Nebensprechen mit der **Nebensprechdämpfung**. Sie ist das logarithmische Leistungsverhältnis zwischen der Signalleistung in dem störenden Stromkreis und der Leistung des eingekoppelten Störsignals im gestörten Stromkreis.

Dabei unterscheidet man zwischen dem **Nahnebensprechen** am Kabelanfang (NEXT – *Near End Crosstalk*), und dem **Fernnebensprechen** am entgegengesetzten Kabelende (FEXT – *Far End Crosstalk*).

Das **Dämpfungs-Nebensprech-Verhältnis** (ACR – *Attenuation to Crosstalk Ratio*) gibt die Beziehung zwischen der Dämpfung und dem Nahnebensprechen bei einer bestimmten Frequenz an.

Um Signale fehlerfrei übertragen zu können, ist ein möglichst großer Abstand zwischen dem Nutzsignal und einem Störsignal erforderlich. Der ACR-Wert wird in den Verkabelungsstandards für die Qualitätsbewertung von End-zu-End-Verbindungen spezifiziert.

10.1.4   Spezielle Telekommunikationskabel

Die Übertragungsmedien haben unterschiedliche Übertragungsfrequenzbereiche und sind im Bild 10.6 zusammengestellt.

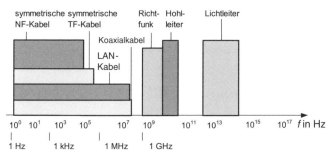

Bild 10.6   Übertragungsbereiche verschiedener Übertragungsmedien

Der im Bild 10.6 dargestellte Bereich der LAN-Kabel beschreibt die symmetrischen Kupferkabel, die durch ihren speziellen Aufbau eine Datenkommunikation bis in einen Frequenzbereich von 600 MHz ermöglichen. Eine Einteilung dieser Kabel erfolgt gemäß nationalen und internationalen Gebäudeverkabelungsstandards in speziellen Kategorien und Klassen. Die Kategorien geben dabei Auskunft über die Übertragungseigenschaften der eingesetzten Komponenten (Kabel, Stecker, Anschlussdosen) und die Klassen sagen etwas über die Qualität einer definierten Übertragungsstrecke (*link performance*) aus. So entspricht die Kategorie 3 der Klasse C bis 16 MHz, die Kategorie 4 der Klasse C bis 20 MHz, die Kategorie 5 der Klasse D bis 100 MHz, die Kategorie 6 der Klasse E bis 200 MHz und die Kategorie 7 der Klasse F bis 600 MHz.

10.2   Lichtwellenleiter

Volkmar Brückner

Ein **Lichtwellenleiter** ist ein Transportmedium für Licht.

Oft versteht man unter „Licht" nur den sichtbaren Teil des Spektrums (etwa zwischen 400 und 700 nm). Die physikalische Optik bezeichnet als Licht weitere Teile des Spektrums, für die Nachrichtentechnik ist besonders das nahe Infrarot (*Near Infrared* – NIR, Wellenlänge von 700 bis etwa 2000 nm) von Interesse. Licht kann man sowohl als **Strahl** mit geradliniger Ausbreitung der Lichtteilchen (Photonen) mit Lichtgeschwindigkeit wie auch als cosinusförmige **Welle** (Schwingungen der elektrischen Feldstärke $\vec{E}$) betrachten (Dualismus Welle–Teilchen). Im Dauerstrichlaser hängt die **Leistungsdichte**

$$S = \frac{c_0 \varepsilon_0 \vec{E}_0^2}{2} \qquad (\text{in W/m}^2) \tag{10.32}$$

von der elektrischen Feldstärke $\vec{E}_0$ ab. Dabei ist $c_0 = 3 \cdot 10^8$ m/s die Lichtgeschwindigkeit und $\varepsilon_0 = 8,854\,187\,818 \cdot 10^{-12}$ F/m die elektrische Feldkonstante im Vakuum. Im gepulsten Licht hängt die **Energiedichte**

$$U = \frac{\varepsilon_0 \vec{E}_0^2}{2} \qquad (\text{in J/m}^2) \tag{10.33}$$

von der elektrischen Feldstärke $\vec{E}_0$ ab. Während im Sonnenlicht mit maximal 1350 W/m^2 Feldstärken von unter 10^3 V/m auftreten, erreicht man mit Laserlicht in Glasfasern (z. B. 100 mW pro $65\,\mu\text{m}^2$) etwa 10^6 V/m.

Licht als Welle /10.5/ wird mathematisch beschrieben als:

$$\vec{E}(x, y, z, t) = \vec{E}_0(x, y)\, e^{-\mathrm{j}(\omega t - \vec{k}z)} + c.c. \tag{10.34}$$

Dabei ist ω die Kreisfrequenz, $\vec{k}$ der Wellenzahlvektor mit dem Betrag $k = n\omega/c_0$. $c.c.$ bezeichnet den komplex-konjugierten Anteil. $\vec{E}_0$ ist die Amplitude, $\omega t - \vec{k}z$ die Phase. In Bild 10.7 sind die Phasenfronten einer *ebenen* Welle mit dem Abstand $\lambda/2$ dargestellt. Durch die Linse werden die ebenen Wellenfronten zu sphärischen umgewandelt. Von Bedeutung ist auch die Polarisation des Lichtes, die mit der Schwingungsrichtung des E-Feldes identisch ist. Dominierend ist dabei eine lineare Polarisation. Eine parallele Polarisation liegt vor, wenn die Schingungsrichtung des E-Feldes ($E_\parallel$) in der Einfallsebene liegt. Anderenfalls ($E_\perp$) spricht man von senkrechter Polarisation.

10

Der **Lichtwellenleiter** besteht aus einem Kern mit dem Durchmesser d und der Brechzahl n_K, der von einem Mantel mit dem Durchmesser D und der Brechzahl $n_\mathrm{M} < n_\mathrm{K}$ begrenzt wird. Die Strahlbrechung bei Ausbreitung vom optisch dünneren ($n_\mathrm{dünn}$) in ein optisch dickeres (n_dick) Medium erfolgt entsprechend dem Snellius'schen Gesetz (Brechungsgesetz).

Brechungsgesetz

$$\frac{\sin \varphi}{\sin \varphi'} = \frac{n_\mathrm{dick}}{n_\mathrm{dünn}} \tag{10.35}$$

Bei Ausbreitung vom optisch dickeren (n_dick) in ein optisch dünneres ($n_\mathrm{dünn}$) Medium gilt entsprechend

$$\frac{\sin \varphi}{\sin \varphi'} = \frac{n_\mathrm{dünn}}{n_\mathrm{dick}} \tag{10.36}$$

10.2.1   Lichtwellenleitung in Glasfasern

Bei der Einkopplung eines Strahls in eine Glasfaser /10.6/ betrachtet man ein Winkelspektrum, wie es aus einer ebenen Welle durch Fokussierung erzeugt werden kann ($\rightarrow$ Bild 10.7).

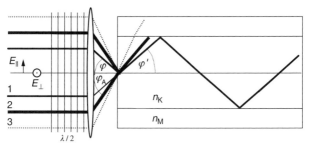

Bild 10.7   Wellen, Wellenfronten, Polarisation und Strahlenverlauf im Lichtwellenleiter

▶ *Hinweis:* Strahl 3 wird durch die Stirnfläche in den Kernbereich des LWL und anschließend an der Grenzfläche zwischen Kern und Mantel in den Mantel gebrochen und kann nicht für die Übertragung genutzt werden. Strahl 2 wird zuerst in den Kernbereich gebrochen und fällt auf die Grenzfläche Kern–Mantel unter dem *Grenzwinkel der Totalreflexion.*

Aus Bild 10.7 ergibt sich, dass nur Einfallswinkel $\varphi \leq \varphi_A$ (Akzeptanzwinkel) im LWL transportiert werden. Strahl 1 in Bild 10.7 stellt diesen Fall der Wellenleitung dar (Zick-Zack-Modell).

$$\frac{\sin(90° - \varphi')}{\sin 90°} = \frac{n_K}{n_M} \tag{10.37}$$

10.2.1.1   Akzeptanzwinkel, numerische Apertur, normierte Brechzahl, Pegel

Der **Akzeptanzwinkel** φ_A ist

$$\varphi_A = \arcsin\left(\sqrt{n_K^2 - n_M^2}\right) \tag{10.38}$$

Daraus ergibt sich die **numerische Apertur** NA als

$$NA = \sin \varphi_A = \sqrt{n_K^2 - n_M^2} = n_K\sqrt{2\Delta} \tag{10.39}$$

Die **normierte** oder **relative Brechzahl** ist dann

$$\Delta = \frac{n_K^2 - n_M^2}{2n_K^2} \cong \frac{n_K - n_M}{n_K} \tag{10.40}$$

Mit $n_K = 1,5$ und $n_M = 1,485$ erhält man die normierte Brechzahl $\Delta = 1\,\%$ und eine numerische Apertur von $NA = 0,21$. Der Akzeptanzwinkel ist $\varphi_A = 12°$.

Physikalisch wird die Lichtleistung P in Watt bzw. mW gemessen, im Ingenieurbereich werden jedoch der **Pegel** und das **Pegelmaß** benutzt.

$$p = -10 \log \left(\frac{P/\text{mW}}{1\,\text{mW}} \right) \quad \text{(in dBm)} \quad (10.41)$$

Die **Dämpfung** $a = p_2 - p_1$ (in dB) ist dann die Differenz zwischen zwei Pegeln.

> Der **Dämpfungsbelag** oder die kilometrische Dämpfung $\alpha = a/L$ (in dB/km) ist die Dämpfung pro Faserlänge L (in km).

10.2.1.2 Stufenindex- und Gradientenindex-Fasern

> Die Brechzahl im Kern n_K ist größer als im Mantel (n_M). Je nach Verlauf der Brechzahl im Kern unterscheidet man zwischen **Stufenindex-** (SI) und **Gradientenindex-Fasern** (GI). Der **Profilfaktor** g charakterisiert den Gradientenverlauf. Die Standard-GI-Faser hat einen parabolischen Verlauf mit $g = 2$ ($\rightarrow$ Bild 10.8). Die SI-Faser hat einen stufenförmigen Verlauf.

10

$$n(r) = n_K - (n_K - n_M) \left(\frac{2r}{d} \right)^{g} \quad \text{bei} \quad r \leqq \pm \frac{d}{2}$$

$$n(r) = n_M \quad \text{bei} \quad r \geq \pm \frac{d}{2} \quad (10.42)$$

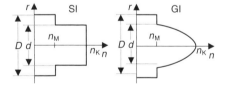

Bild 10.8 Brechzahlverlauf in SI- und GI-Fasern ($g = 2$) d Kerndurchmesser, D Faserdurchmesser, n Brechzahl

Eine Änderung der Brechzahl n erreicht man, indem man das reine Glas (SiO_2) mit anderen Materialien mischt. TiO_2, GeO_2 und P_2O_5 erhöhen die Brechzahl, B_2O_3 und F verringern sie.

10.2.2 Moden in optischen Fasern

Der Wellencharakter des Lichts führt zur Entstehung von Moden.

> **Moden** sind die in einer Glasfaser möglichen diskreten Ausbreitungsverläufe der Lichtwelle.

10.2.2.1   Entstehung transversaler Moden, Faserparameter, longitudinale Moden

Betrachtet man den Einfall von ebenen Lichtwellen in einen Lichtwellenleiter unter einem Winkel $\varphi \leq \varphi_A$ zur optischen Achse, so findet nach der Brechung und der zweifachen inneren Totalreflexion eine Überlagerung (Superposition) der Wellen statt. Dabei entsteht ein Gangunterschied $\Delta s = \overline{AB} - \overline{AC}$, der zu einem Phasenunterschied $\Delta\varphi = k\Delta s = 2\pi n_K \Delta l/\lambda$ führt.

Reflexion bewirkt einen polarisationsabhängigen Phasensprung δ.

$$\tan\frac{\delta_\perp}{2} = -\frac{\sqrt{\sin^2\alpha - \left(\dfrac{n_M}{n_K}\right)^2}}{\cos\alpha}, \quad \tan\frac{\delta_\|}{2} = -\frac{\sqrt{\sin^2\alpha - \left(\dfrac{n_M}{n_K}\right)^2}}{\left(\dfrac{n_M}{n_K}\right)^2 \cos\alpha} \quad (10.43)$$

Konstruktive Interferenz ergibt sich, wenn der Gesamtphasenunterschied ein ganzzahliges Vielfaches von 2π beträgt, z. B. bei senkrechter Polarisation $\Delta\varphi + 2\delta_\perp = 2\pi q$ mit $q = 0, 1, 2, \ldots$ Man erhält eine transzendente Gleichung

$$2d\frac{2\pi}{\lambda}n_K\sqrt{1-\sin^2\alpha} - 4\arctan\frac{\sqrt{\sin^2\alpha - \left(\dfrac{n_M}{n_K}\right)^2}}{\cos\alpha} = 2\pi q \quad (10.44)$$

Als Lösungen dieser Gleichung findet man bei gegebenen Werten von n_K, n_M, d und q nur bestimmte zugelassene Werte für α_q, die einer **Mode** q entsprechen. Moden, die durch Interferenz in x-y-Richtung (senkrecht zur Ausbreitungsrichtung) entstehen, werden als transversale elektromagnetische Moden (TEM – *Quermoden, laterale Moden*) bezeichnet. Da der LWL zylindersymmetrisch ist, vergrößert sich die Zahl der ausbreitungsfähigen Moden mit wachsendem Kerndurchmesser quadratisch. Die Mode mit $q = 0$ bezeichnet man als Grundmode TEM_{00}. Sie ist immer ausbreitungsfähig. Ingenieurmäßig kann man die Zahl der transversalen Moden in einem LWL mithilfe des **Faserparameters** V berechnen:

$$V = \frac{\pi \cdot d}{\lambda} \cdot NA \quad (10.45)$$

d Kerndurchmesser
λ Wellenlänge
NA numerische Apertur

Der Faserparameter charakterisiert den Zusammenhang zwischen Kerndurchmesser, Wellenlänge und numerischer Apertur. Die Zahl der ausbreitungsfähigen transversalen Moden M kann man abschätzen als:

$$M_{SI} = \frac{1}{2} \cdot V^2 \qquad \text{für Stufenindex-Fasern} \quad (10.46)$$

$$M_{\mathrm{GI}} = \frac{1}{2} \cdot V^2 \left(\frac{g}{2+g} \right) = \frac{1}{2} M_{\mathrm{SI}} \quad \text{für Gradientenindex-Fasern}$$

Interferenzerscheinungen in Ausbreitungsrichtung bezeichnet man als **longitudinale Moden** (axiale oder Längsmoden). Sie können nur durch eine Rückkopplung, z. B. durch Spiegel, entstehen. Longitudinale Moden spielen eine Rolle im Laser, nicht aber im Lichtwellenleiter.

10.2.2.2 Multimode- und Singlemodefasern, Modenfelddurchmesser, Cut-Off-Wellenlänge

Ist der Faserparameter $V \leqq V_{\mathrm{c}} = 2{,}405$ (kritischer Faserparameter), so ist nur die transversale Grundmode ausbreitungsfähig.

> Glasfasern, in denen nur eine einzige Mode ausbreitungsfähig ist, bezeichnet man als **Einmodenfaser** (*Single Mode Fibre* – SMF).

Damit gilt $d \leqq 0{,}766\lambda\,/NA$. Anderenfalls liegt eine **Multimodefaser** (*Multi Mode Fibre* – MMF) vor. Aus der Einmodenbedingung $V < V_{\mathrm{c}}$ erhält man bei vorgegebenen Größen d, λ und *NA* die **Cut-off-Wellenlänge**

$$\lambda_{\mathrm{c}} = \frac{\pi \cdot d \cdot NA}{2{,}405}$$

d Kerndurchmesser
NA   numerische Apertur

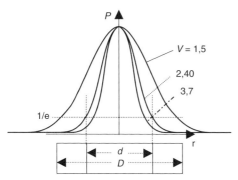

Bild 10.9 Leistungsverteilung im Lichtwellenleiter; d Kerndurchmesser, D Faserdurchmesser

Jede Mode nimmt in der Glasfaser einen bestimmten Raum ein. Beispielsweise wird die Grundmode im Wesentlichen in der Kernmitte transportiert. Die Verteilung der Feldstärke (bzw. der Leistung) in radialer Richtung (*x* oder

y) ist glocken- oder Gaußförmig. Für die Leistungsverteilung ($\rightarrow$ Bild 10.9) erhält man $P(r) = E_0^2 \exp(-2\frac{r^2}{w_0^2})$ mit dem **Modenfelddurchmesser** w_M bzw. **Modenfeldradius**:

$$w_0 = \frac{w_M}{2} = 1{,}3\frac{d}{V} \qquad (10.47)$$

d Kerndurchmesser
V Faserparameter

> Der Modenfelddurchmesser ist der Wert, bei dem die Leistung sich auf den $1/e^2 (= 0{,}135)$-ten Teil verringert.

Man kann auch von einer **Modenfeldfläche** $A_{eff} = \pi w_0^2$ sprechen, in der sich das Licht ausbreitet. Folglich breitet sich das Licht im Multimodebetrieb ($V > 2{,}405$) im Wesentlichen im Faserkern aus ($w_M < d$), während es sich im Singlemodebetrieb ($V \leq 2{,}405$) hauptsächlich im Kern, aber auch im Mantel ausbreitet ($w_M > d$). Dieses „Mitschleppen" der Lichtleistung im Mantel hat Konsequenzen für die Dispersion ($\rightarrow$ 10.4).

10.3   Dämpfung in Glasfasern

> Als **Dämpfung** oder **Faserverluste** (*attenuation*) bezeichnet man die Verringerung der Lichtleistung P (in mW) bzw. des Pegels p (in dBm) bei Ausbreitung in einer Glasfaser der Länge L.

Der Pegel des Lichtes verringert sich bei Ausbreitung im Lichtwellenleiter durch **Streuung** und **Absorption** im Glas und an Fremdstoffen. Für Glasfasern ist der Dämpfungsverlauf $\alpha(\text{dB}/\text{km}) = f(\lambda)$ von entscheidender Bedeutung.

10.3.1   Mechanismen der Dämpfung

> Im Wellenlängenbereich $< 500\,\text{nm}$ ist die wellenlängenunspezifische Absorption an Elektronen im Quarzglas (SiO_2) von Bedeutung (Ultraviolett- oder **UV-Absorption**).

Oberhalb von $\lambda = 500\,\text{nm}$ ist die Zusatzdämpfung durch UV-Absorption $\alpha_{UV} < 1\,\text{dB}/\text{km}$ ($\rightarrow$ Bild 10.10), sie spielt damit praktisch keine Rolle mehr.

> Ein wesentlicher Prozess ist die **Rayleigh-Streuung** als Streuung des Lichtes in alle Raumrichtungen an mikroskopisch kleinen Inhomogenitäten im Faserkern, deren Dimensionen kleiner oder vergleichbar mit der Wellenlänge des Lichtes sind.

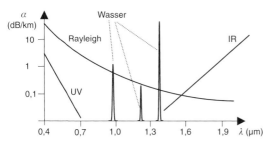

Bild 10.10 Dämpfungsmechanismen; UV ultraviolettes Licht, IR Infrarot, d Dämp-fung, λ Lichtwellenlänge

Die durch Rayleigh-Streuung bedingte Erhöhung des Dämpfungsbelags α_R berechnet man nach der Formel $\alpha_R = \alpha_1 / \lambda^4$, wobei λ in μm anzugeben und $\alpha_{1\mu}$ der materialspezifische Dämpfungsbelag bei $\lambda = 1\,\mu m$ ist (Werte zwischen 0,63 für Quarz und 1,1 für Quarz +13,5 % GeO_2).

Ab etwa 1,6 μm unterschreitet die Zusatzabsorption durch Rayleigh-Streuung den Wert von 0,1 dB/km ($\rightarrow$ Bild 10.10) und kann bei größeren Wellenlängen vernachlässigt werden.

10

▶ *Hinweis:* Glas selbst besteht aus SiO_2-Molekülen, damit verbunden sind Schwingungen dieses Moleküls im Infrarot-(IR-)Bereich (9 μm, 12,5 μm, 21 μm). Die damit verbundene Resonanzabsorption ist extrem stark (bis etwa 10^{10} dB/km); dadurch ergeben sich Oberwellen, eine Absorption auch bei niedrigeren Wellenlängen (bis hinab zu etwa 1400 nm) ist die Folge (IR-Absorption). Ab etwa 1,6 μm unterschreitet die Zusatzabsorption durch IR-Absorption den Wert von 0,1 dB/km und kann bei kleineren Wellenlängen vernachlässigt werden. In Wassermolekülen findet man eine stark wellenlängenspezifische Wasser-Resonanzabsorption des Lichtes bei 3 Schwingungen mit den Wellenlängen 0,95 μm, 1,24 μm und 1,395 μm. Die durch Wasserionen entstehende Zusatzdämpfung α_{OH} bei 1 ppm (particels per million, Wasseranteile pro Million SiO_2-Moleküle) beträgt etwa 1 dB/km bei einer Wellenlänge von 0,95 μm und 40 dB/km bei 1,395 μm. Die Zusatzdämpfung ist linear von der Wasserkonzentration abhängig; bei einer Konzentration von 10^{-9} ist sie 0,001 dB/km bei 0,95 μm und 0,040 dB/km bei 1,395 μm und somit praktisch vernachlässigbar. Eine weitere Form der Resonanzabsorption entsteht durch Absorption des Lichtes an Metall-Ionen wie Vanadium (V), Chrom (Cr), Mangan (Mn), Eisen (Fe), Cobalt (Co) und Nickel (Ni). Die dadurch entstehenden Zusatzdämpfungen können erheblich sein.

10.3.2 Dämpfungsverlauf in Glasfasern

Die einzelnen Dämpfungsmechanismen führen zuammen zum **Dämpfungs-verlauf** in einer Glasfaser /10.6/. In einer Standard-SMF (SSMF) findet man die charakteristischen Wasserpeaks; neuere Fasern vermeiden Wasseranteile nahezu vollständig ($\rightarrow$ Bild 10.11).

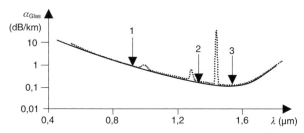

Bild 10.11   Dämpfungsverlauf in Standard-SMF und AllWave^{TM}-Fasern;
α Dämpfungsbelag, λ Lichtwellenlänge

Minima im Dämpfungsverlauf führen zu den drei **optischen Fenstern** bei ca. 850 nm, 1300 nm und um 1500 nm (→ Bild 10.11). Man unterteilt heute folgende optische Bänder:

- O-Band (*original*, 1260 . . . 1360 nm)
- E-Band (*extended*, 1360 . . . 1460 nm)
- S-Band (*short*, 1460 . . . 1530 nm)
- C-Band (*conventional*, 1530 . . . 1565 nm)
- L-Band (*long*, 1565 . . . 1625 nm).

Das Dämpfungsminimum von etwa 0,1 dB/km liegt im dritten optischen Fenster.

10.3.3   Verluste durch Makro- und Mikrokrümmungen

> Verluste in LWL können durch Faserbiegungen auftreten. Man unterscheidet Mikro- und Makrokrümmungen. Mikrokrümmungen sind regellose Biegungen mit Radien < 1 mm.

▶ *Hinweis:* Mikrokrümmungen entstehen z. B. beim Aufwickeln unter Zugspannung auf raue Trommeln oder bei der Verkabelung. Makrokrümmungen (Krümmungsradius > 1 mm) treten beim Verlegen von Fasern auf.

Einmodenfasern mit kleiner Brechzahldifferenz, kleinem Faserparameter und großer Betriebswellenlänge haben ein weit in den Mantel ausgedehntes optisches Feld. Bei zu starken Krümmungen kommt es zur Abstrahlung und damit zu Dämpfungen. Eine Standard-SMF darf nach ITU-T-G 652 mit 100 Windungen bei einem Biegeradius von 30 mm nicht mehr als 0,1 dB Zusatzdämpfung erzeugen. Es werden Fasern mit reduzierter Krümmungsempfindlichkeit angeboten, die einen Biegeradius von 16 mm und weniger erlauben.

▶ *Hinweis:* Bei der BendBright^{X5}-Faser wird eine Zwischenschicht ins Brechzahlprofil eingebaut, die das Modenfeld im relativen Leistungsbereich unterhalb von

10 % etwas verkleinert im Vergleich zur Modenfeldausdehnung der Standard-Faser. Der Modenfeldradius ist für beide Fasern gleich. Durch das Profil wird erreicht

– dass der Biegeradius etwas verkleinert werden kann ohne erhebliche Zusatzverluste,
– dass wegen des gleichen oder fast gleichen Modenfeldradius wie bei der Standard-SMF keine nennenswerten Zusatzverluste bei der Verbindung mit Standard-Fasern auftreten. Die BendBright-Faser erfüllt voll die im Standard ITU-T-G 652 angegebenen Eigenschaften,
– dass unbeabsichtigte Krümmungen durch unsachgemäße Installation nicht gravierenden Einfluss ausüben.

Bisher galten 30 mm Biegeradius als ausreichend. Das Komponentenvolumen wird aber mehr und mehr ein wichtiger Kostenfaktor, gerade im Hinblick auf den Ausbau des Zugangsnetzes, daher sind z. B. Platz sparende Spleißkassetten erforderlich: Mit geringeren Biegeradien können im gleichen Volumen mehr Spleißkassetten untergebracht werden.

Auch bei **Multimodefasern** treten Biegeverluste auf, wobei höhere Moden abgestrahlt werden. Damit verringern sich die Laufzeitdifferenz und die Dispersion, die Dämpfung erhöht sich. Bei Mehrmodenfasern kann Energie unter den Moden ausgetauscht werden, oder es können neue Moden entstehen, die ihre Energie aus vorhandenen Moden ziehen. Diese Effekte nennt man Modenkopplung und Modenkonversion. Bei der Modenkopplung wird Energie aus einer Ausbreitungsrichtung auf mehrere andere übertragen, z. B. an Streuzentren oder an der Kern-Mantel-Grenzfläche. Bei Modenkonversion wird Lichtleistung aus einer Strahlrichtung in eine andere übertragen.

10

10.4 Dispersion in Glasfasern

10.4.1 Dispersion und ihre Auswirkungen, Übertragungsbandbreite

> **Dispersion** ist die Änderung der Brechzahl n mit der Wellenlänge λ. In der Nachrichtentechnik bezeichnet man als Dispersion die Änderung der Gruppenbrechzahl $n_g = n - \mathrm{d}n/\mathrm{d}\lambda$ mit der Wellenlänge.

Die Gruppenbrechzahl hat ihr Minimum bei etwa 1300 nm ($\rightarrow$ Bild 10.12).

Dispersion führt zu einer **Laufzeitverzerrung** Δt_g, also zu einer Impulsverbreiterung. Eine Verbreiterung der Impulse (Bits) hat Auswirkungen auf die **Übertragungsbandbreite**, d. h. auf den minimal möglichen Abstand zweier Bits. Durch die Impulsverbreiterung kommt es zu einem „Verschmieren" der beiden Bits (Impulse), sodass sie nach einer bestimmten Faserlänge L am

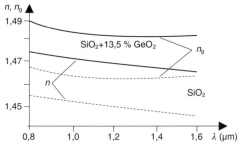

*Bild 10.12   Brechzahl und Gruppenbrechzahl für SiO₂ (gestrichelt) und 13,5 %
GeO₂ + SiO₂*

Empfänger nicht mehr unterscheidbar sind. Der Bitabstand t_B hängt mit der
Übertragungsbandbreite bzw. Bitrate zusammen:

$$BR = \frac{1}{t_B} \cong \frac{1}{\Delta t_g}$$

10.4.2   Mechanismen der Dispersion

> Der Laufzeitunterschied zwischen verschiedenen transversalen Moden
> führt zur **Modendispersion**.

Da in Single-Mode-Fasern nur eine Mode ausbreitungsfähig ist, tritt Modendispersion nur in Multi-Mode-Fasern auf. Die Modendispersion wird durch
den **Dispersionsparameter** D_{Moden} (Maßeinheit ns/km) beschrieben, der für
Stufenindex- und Gradientenindex-Fasern verschieden ist.

Stufenindex: $D_{\text{Moden}} \cong \dfrac{n_K}{c} \cdot \dfrac{\Delta^2}{2}$

(10.48)

Gradientenindex: $D_{\text{Moden}} \cong \dfrac{n_K}{c} \cdot \Delta$

Ein typischer Wert für eine GI-MMF ist $D_{\text{Moden}} \cong 0,2$ ns/km. Damit ist die
nutzbare Länge für hochbitratige Übertragung (Gbps) in einer MMF auf
weniger als 1 km begrenzt (LAN-Bereich).

> **Materialdispersion** entsteht durch die spektrale Breite (Linienbreite) des
> Lasers.

Die verschiedenen Wellenlängenanteile breiten sich durch unterschiedliche
Gruppengeschwindigkeiten verschieden schnell in der Glasfaser aus. Mate-
rialdispersion tritt immer auf, sie ist jedoch nur für SMFs von Bedeutung.
Der **Dispersionsparameter** bestimmt sich aus der Änderung der Gruppen-

brechzahl Δn_g bei Änderung der Wellenlänge. Formelmäßig errechnet man den Materialdispersionsparameter D_{Mat} (in ps/(km · nm)) als

$$D_{Mat} = \frac{1}{c} \cdot \frac{d n_g}{d\lambda} = -\frac{\lambda}{c} \frac{d^2 n}{d\lambda^2}$$

Im zweiten optischen Fenster wird die Materialdispersion in SMFs nahezu 0, während im dritten optischen Fenster $D_{Mat} \cong 10\,\text{ps}/(\text{km} \cdot \text{nm})$ typisch sind.

Bei sehr kleinem Kerndurchmesser ist der Modenfelddurchmesser größer als der Kerndurchmesser. Folglich breitet sich z. B. in einer SMF ein Teil der Strahlung im Mantel aus. Wegen der geringeren Brechzahl im Mantel breitet sich der im Mantel geführte Teil des Lichtes schneller aus als im Kern, es kommt insgesamt in der Faser zu einer Impulsverbreiterung, der **Wellenleiterdispersion** mit D_{WL} (in ps/(km · nm)).

Die Wellenleiterdispersion ist negativ, dadurch kann sie zur **Dispersions-kompensation** benutzt werden. Die resultierende **chromatische Dispersion** (Materialdispersion + Wellenleiterdispersion) mit dem Dispersionsparameter D_{chrom} (in ps/(km · nm)) kann dadurch auch im dritten optischen Fenster nahezu 0 werden.

10

Die **Laufzeitverzerrung** Δt_g darf nur so groß sein, dass zwei benachbarte Bits noch unterscheidbar bleiben. Da der Bitabstand t_B mit der Bitrate BR zusammenhängt ($BR = 1/t_B = 1/\Delta t_g$), gilt

$$BR \cdot L = \frac{1}{D_{chrom} \cdot \Delta\lambda} \tag{10.49}$$

mit $\Delta\lambda$ als Linienbreite in nm. Das ist das so genannte **Bitrate-Länge-Produkt** (meist als **Bandbreite-Länge-Produkt** bezeichnet).

Der Gedanke liegt nun nahe, Laser mit extrem geringer Linienbreite (so genannte DFB-MQW-Laser mit Linienbreiten unter $\Delta\lambda_L = 10^{-4}$ nm) zu verwenden. Für derartig schmalbandige Laser sorgt allerdings die Modulation für eine Linienverbreiterung ($\Delta\lambda = \Delta\lambda_L + BR \cdot \lambda^2/c$). Wenn man $\Delta\lambda_L$ vernachlässigen kann, gilt für die Übertragungslänge

$$L \cong \frac{c}{BR^2 \cdot \lambda^2 \cdot D_{chr}} \tag{10.50}$$

❏ *Beispiel:* In Glasfasern mit $D_{chrom} = 18\,\text{ps}/(\text{nm} \cdot \text{km})$ bei $\lambda = 1,55\,\mu\text{m}$ kann man eine Bitrate von $BR = 2,5\,\text{Gbit/s}$ über 1110 km übertragen, 10 Gbit/s über 70 km oder 40 Gbit/s über 4,3 km.

Die Grundmode in einer SMF kann unterschiedlich polarisiert sein – durch aufbaubedingten Druck auf den Kern breiten sich unterschiedlich polarisierte Moden verschieden schnell im Kern aus. Das führt zur **Polarisations-Moden-Dispersion** (PMD).

Typische PMD-Effekte können je nach Bitrate bei Faserlängen von einigen 100 m bis zu einigen 1000 km auftreten. Um PMD-Effekte quantitativ zu betrachten, setzt man üblicherweise voraus, dass die durch PMD verursachte Laufzeitverzerrung Δt_g nicht größer als 10 % des Bitabstandes t_B sein darf ($\Delta t_g \leq t_B/10 = 1/(10 \cdot BR)$). Diese Laufzeitverzerrung Δt_g ist eine statistische Größe, sie vergrößert sich mit der Wurzel aus der Faserlänge L und mit dem **PMD-Koeffizienten** Δt_{PMD}:

$$\Delta t_g = \sqrt{L} \cdot \Delta t_{PMD} \leq \frac{1}{10 \cdot BR} \tag{10.51}$$

▶ *Hinweis:* Für die durch PMD begrenzte maximale Übertragungsstrecke gilt $L_{PMD} \leq 1/(100 \cdot BR^2 \cdot \Delta t_{PMD}^2)$. Der PMD-Koeffizient spielt in alten, früher verleg-ten Glasfasern eine große Rolle. „Schlechte" Fasern haben $\Delta t_{PMD} \geq 2\,\text{ps}/\sqrt{\text{km}}$, ca. 20 % der älteren Fasern haben $\Delta t_{PMD} \geq 0.8\,\text{ps}/\sqrt{\text{km}}$. Der zukünftige Stan-dardwert sollte bei $\Delta t_{PMD} \approx 0.5\,\text{ps}/\sqrt{\text{km}}$ liegen; einige Hersteller schaffen heute schon $\Delta t_{PMD} \approx 0.1\,\text{ps}/\sqrt{\text{km}}$. Mit letztgenannten Werten könnte man 2,5 Gbit/s über 160 000 km, 10 Gbit/s über 10 000 km bzw. 40 Gbit/s über 625 km ohne Polarisationsmodendispersion übertragen.

Die Eigenschaften der Glasfasern sind in Tabelle 10.1 zusammengefasst.

Tabelle 10.1   Fasertypen und Eigenschaften

Typ	Kern/Mantel-Durchmesser in µm	Numerische Apertur	λ-Be-reich in nm	Dämpfung in dB/km	Bandbreite MHz/km
SSMF	9,3/125		1300	0,2 . . . 0,5	$\geq 10\,000$
GI (EU-Standard)	50/125	0,2 . . . 0,22	850 1300	2,5 . . . 3,5 0,6 . . . 1,0	200 . . . 1000 600 . . . 2000
GI (US-Standard)	62,5/125	0,275 . . . 0,29	850 1300	3,5 0,9 . . . 1,2	≥ 160 200 . . . 700
GI	85/125	0,26	850 1300	3,2 . . . 4,0 1,2 . . . 2,0	100 . . . 200 200 . . . 600
SI	100/140	0,30	850	7,0	20 . . . 30
SI	200/380	0,40	850	8,0 . . . 10,0	≤ 10

10.5   Nichtlinearitäten in Glasfasern

Als **Nichtlinearität** (*nonlinearity*) in der Optik bezeichnet man die Situa-tion, in der grundlegende optische Eigenschaften und Parameter wie der Brechungsindex und die Absorptionskonstante nicht mehr konstant sind, sondern abhängig von der Lichtintensität.

Nichtlinearitäten in LWL treten nur bei hoher Feldstärke auf /10.7/. Wenn die **nichtlineare Polarisation** $\vec{P}^{\text{NL}}$ quadratisch von der Feldstärke abhängt ($\vec{P}^{\text{NL}} \propto \vec{E} \cdot \vec{E}$), spricht man von **Nichtlinearitäten zweiter Ordnung**.

Falls $\vec{P}^{\text{NL}} \propto \vec{E} \cdot \vec{E} \cdot \vec{E}$ so hat man **Nichtlinearitäten dritter Ordnung**. Für Glasfasern spielen praktisch zwei Fälle von Nichtlinearitäten eine Rolle:

- Nichtlineare Streueffekte (Nichtlinearität dritter Ordnung):
  - stimulierte Raman-Streuung (*Stimulated Raman Scattering* – SRS);
- Nichtlinearitäten dritter Ordnung:
  - Vier-Wellen-Mischung (*Four Wave Mixing* – FWM),
  - Selbst-Phasen-Modulation oder Kerr-Effekt (*Self Phase Modulation* – SPM).

Bei hohen Lichtleistungen (über 100 mW) kommt es zur stimulierten oder induzierten Raman-Streuung. Dadurch wird Laserlicht aus einem Pumpstrahl auf eine um 13 THz ($\cong$ 70 nm) nach unten verschobene Frequenz übertragen. Hat man mehrere Kanäle, z. B. beim dichten Wellenlängenmultiplex (DWDM), wirken die kürzeren Wellenlängen wie „**Pumplicht**" und verlieren permanent Leistung an die längeren Wellenlängen, d. h. das Spektrum der Kanäle verändert sich (Raman-Verkippung). Dieser Effekt kann zu einem Übersprechen zwischen den Kanälen führen.

10

4-Wellen-Mischung (FWM) ist an die Wechselwirkung von vier beteiligten Photonen geknüpft. Die Frequenzen der beteiligten Photonen müssen dem Energieerhaltungssatz genügen. Der Impulserhaltungssatz entscheidet dann darüber, wie effektiv die nichtlineare Wechselwirkung ist. Für FWM bedeutet das, dass 3 Kanäle (Frequenzen) eine vierte Frequenz $f_{\text{FWM}} = f_1 \pm f_2 \mp f_3$ erzeugen. Die neue Frequenz f_{FWM} wird als Geist (*ghost*) bezeichnet. Bei äquidistantem Frequenzabstand sind die Kombinationen aus $f_1, f_2 = f_1 + \Delta f$ und $f_3 = f_1 + 2\Delta f$ in Bild 10.13 dargestellt. Zum Beispiel ergibt sich eine neue Frequenz f_{123} als Kombination dreier Frequenzen mit dem Kanalabstand Δf als $f_{123} = f_1 + f_2 - f_3 = f_1 - \Delta f$. Im vorliegenden Fall entsteht Licht auf 24 neuen Frequenzen (*ghosts*), wovon allerdings 16 mit den ursprünglichen Frequenzen f_1, f_2 oder f_3 identisch sind. Zur Vermeidung von FWM muss also die Gesamtleistung aller Kanäle begrenzt werden, laut IUT-Empfehlung für das dritte optische Fenster auf maximal 17 dBm (50 mW). In Zukunft sind 20 dBm (100 mW) vorgesehen.

Die **Selbst-Phasen-Modulation** (SPM) hat ebenfalls 4 beteiligte Wellen, das Licht ändert seine Originalfrequenz $f_{\text{SPM}} = f_1 + f_1 - f_1 = f_1$ nicht, allerdings wird die Phase durch eine intensitätsabhängige Brechzahl $n = n_0 + n_2 \cdot I$ beeinflusst. Dadurch breitet sich die Impulsspitze langsamer aus als die Flanken – es kommt zu Verzerrungen. Zusammen mit der Materialdispersion kann dieser Effekt zur Erzeugung formstabiler, sich verlustfrei ausbreitender Impulse führen – den *Solitonen*.

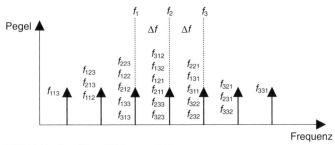

Bild 10.13   Four-Wave-Mixing von 3 Frequenzen

10.6   Passive optische Komponenten

Für die Verbindung zwischen Glasfasern benutzt man optische Verbindungstechniken /10.8/.

10.6.1   Stecker und Spleiße

Folgende Anforderungen werden an optische Steckverbinder gestellt:

- geringe Koppeldämpfung
- reproduzierbare Dämpfungswerte
- hohe Rückflussdämpfung
- einfache Bedienung (gut steckbar und abziehbar)
- Schutz gegen Fehlbedienung
- hohe Zahl an Steckzyklen
- Schutz gegen Verschmutzung
- Beständigkeit gegen Umwelteinflüsse
- schnelle Montage und kostengünstige Herstellung der Verbindung
- Platz sparend.

In Steckern treten intrinsische (von den Fasereigenschaften herrührende) und extrinsische (von der Qualität der Kopplung herrührende) **Verluste** auf ($\rightarrow$ Tabelle 10.2).

Für die Kopplung von Single-Mode-Fasern ist anstelle des Kerndurchmessers der Modenfelddurchmesser $w_{1,2}$ von Bedeutung.

Die Vielfalt der hohen Anforderungen lässt nur eine Optimierung je nach Anwendungsfall zu. So sind Forderungen wie geringe Koppeldämpfung, hohe Rückflussdämpfung und geringe Kosten nicht ohne weiteres zu erfüllen.

Tabelle 10.2 Intrinsische und extrinsische Verluste in Steckverbindungen (MMF und SMF)

Kritischer Parameter	schematische Darstellung	Formel
Intrinsische Verluste in MMF		
Kerndurchmesser d		$a_d = -20\lg\left(\dfrac{d_2}{d_1}\right)$
Numerische Apertur NA		$a_{NA} = -20\lg\left(\dfrac{NA_2}{NA_1}\right)$
Brechzahlprofil g		$a_g = -10\lg\left[\dfrac{g_2}{g_1}\left(\dfrac{g_1+2}{g_2+2}\right)\right]$
Extrinsische Verluste in MMF		
Radialer Versatz v		$a_v = -10\lg\left(1 - \dfrac{16v}{3\pi d}\right)$
Winkelfehler α		$a_\alpha = -10\lg\left(1 - \dfrac{16\sin(\alpha/2)}{3\pi NA}\right)$
Lücke L		$a_L = -10\lg\left(1 - \dfrac{L}{d}NA\right)$
Intrinsische Verluste in SMF		
Modenfelddurchmesser w		$a_w = -20\lg\left(\dfrac{2w_1w_2}{w_1^2 + w_2^2}\right)$
Extrinsische Verluste in SMF (n_s Brechzahl zwischen den Glasfasern, bei Luft $n_s = 1$)		
Radialer Versatz v		$a_v = 4{,}43\left(\dfrac{v}{w}\right)^2$
Winkelfehler α		$a_\alpha = 4{,}34\left(\dfrac{\alpha\pi n_s w}{\lambda}\right)^2$
Lücke L		$a_L = -10\lg\dfrac{1}{1 + \left(\dfrac{\lambda L}{2\pi n_s w^2}\right)^2}$

10

Es müssen Kompromisse zwischen vertretbaren Kosten und hoher Qualität geschlossen werden ($\rightarrow$ Tabelle 10.3).

Als **Spleiß** bezeichnet man die dauerhafte Verbindung zweier Glasfasern.

Tabelle 10.3 Wichtige Stecker und Steckereigenschaften

Stecker	Fasertyp	Verdrehschutz	Dämpfung in dB	Anwendung
DIN	Multi- und Monomode	nein	0,7	nur bei Deutscher Telekom
SC	Multi- und Monomode	ja	0,2...0,4	FCS, ATM, Test Equipment, CATV, Telecom
LC	Multi- und Monomode	ja	0,1	LAN, SAN, Gbit-Ethernet, Video, Telecom
FC-APC	Multi- und Monomode	nein	0,5	Test Equipment, Telecom, CATV, LAN, WAN
E2000	Multi- und Monomode	ja	0,2...0,4	MAN, WAN, LAN, CATV

Es gibt mechanische und thermische Spleiße.

In **mechanischen Spleißen** werden die Fasern durch **Klebung** oder **Crimpung** fixiert. Mechanische Spleiße sind kostengünstig und sehr einfach zu handhaben; es ist kein Spezialwerkzeug erforderlich. Sie werden hauptsächlich zur Reparatur und im Laborbereich eingesetzt.

Zur Herstellung einer nicht lösbaren, dauerhaften Verbindung zweier Glasfasern hat sich das **thermische Spleißen** durchgesetzt. Die Glasfasern werden bis an ihren Schmelzpunkt erhitzt, zusammengeführt und verschmolzen. Die Vorteile liegen in der geringen Spleißdämpfung und darin, dass kein zusätzliches Material eingesetzt werden muss.

Typische Einfügedämpfungen sind in Tabelle 10.4 dargestellt.

Tabelle 10.4 Typische Dämpfungswerte für optische Verbindungen

Verbindungsstelle	Dämpfung in dB
Stecker Multimode PC	< 0,5
Steckverbindung für POF	1...3
Stecker Monomode PC	< 0,2
Schmelzspleiß SMF	< 0,05
Rückflussdämpfung (Schrägschliff)	> 60
LED – Multimode LWL	< 12
Laserdiode – Multimode LWL	< 1...2
LED – Monomode LWL	< 20
Laserdiode – Monomode LWL	3...4

10.6.2 Koppler und Splitter

Koppler werden zum Zusammenführen, **Splitter** zum Verzweigen von optischen Signalen genutzt /10.8/.

Viele Anwendungen erfordern Verbindungen von drei oder mehr Fasern. Dafür werden Koppler und Splitter eingesetzt.

Bei der Aufteilung eines optisches Eingangssignals auf mehrere Ausgänge teilt sich auch die optische Leistung auf die beteiligten Ausgänge auf. Die maximale Anzahl der Ausgangsports hängt von der Empfindlichkeit des Empfängers und der Dämpfungsbeträge der anderen Systemkomponenten ab.

Man betrachtet die **Koppelparameter** ($\rightarrow$ Bild 10.14):

- Das **Koppelverhältnis** *CR* (*Coupling Ratio*) gibt das Teilungsverhältnis der Leistung am Port 4 zur Gesamtausgangsleistung in Prozent an:

$$CR \text{ (in \%)} = \frac{P_4}{P_3 + P_4} \cdot 100$$

10

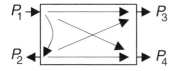

Bild 10.14 Zu den Koppelparametern, P Leistung an den Ports

- Die **Einfügedämpfung** *IL* (*Insertion Loss*) gibt die Dämpfung vom Eingang zu einem der Ausgänge an:

$$IL \text{ (in dB)} = 10 \cdot \lg \left(\frac{P_1}{P_3} \right), \quad IL \text{ (in dB)} = 10 \cdot \lg \left(\frac{P_1}{P_4} \right) \quad (10.52)$$

Tabelle 10.5 Verluste durch das Aufteilungsverhältnis am Splitter (1 : m-Teilung, gleiche Aufteilung auf jeden Port)

Anzahl der Ausgangsports	Aufteilungsverhältnis	Verlust in dB
2	1 : 2	3,01
3	1 : 3	4,77
4	1 : 4	6,02
5	1 : 5	6,99
8	1 : 8	9,03
10	1 : 10	10,0
15	1 : 15	11,76
20	1 : 20	13,01
100	1 : 100	20,00
200	1 : 200	23,01

Für die symmetrische Aufteilung ($P_3 = P_4$) ist $IL = 3\,dB$, wenn keine Zusatzverluste vorhanden sind.

- Die **Nebensprechdämpfung** D (*Directivity*) ist das Verhältnis der einge-koppelten Leistung P_1 zur an P_2 austretenden Leistung

$$D \text{ (in dB)} = 10 \cdot \lg \left(\frac{P_1}{P_2} \right) \tag{10.53}$$

Ein Überblick ist in Tabelle 10.5 gegeben.

Es gibt auch Splitterstrukturen, die eine unterschiedliche Aufteilung zulassen, z. B. kann die Leistung in einem 1 : 2-Splitter mit 10 % und 90 % aufgeteilt werden, oder es können mehrere Eingangsports vorhanden sein.

10.6.3   Optische Dämpfungsglieder

Optische Dämpfungsglieder werden im Übertragungssystem zur Leis-tungsanpassung eingesetzt.

So darf z. B. die auf den Empfänger treffende Leistung einen bestimmten Wert nicht überschreiten. Eine andere Anwendung ist die Pegelanpassung der einzelnen Wellenlängenkanäle in einem WDM-System, wenn die einzelnen Kanäle in optischen Verstärkern unterschiedlich verstärkt werden. Auch zum Testen der Linearität und der Dynamik optischer Detektoren werden Dämp-fungsglieder verwendet.

Die einfachste Lösung stellen **Festwertdämpfungsglieder** dar. Sie werden meist aus optischen Richtkopplern hergestellt, bei denen nur ein Ausgang und ein Eingang benutzt werden. Ist das Teilungsverhältnis z. B. 1 : 99, dämpft der Koppler um 20 dB.

Bei anderen Festwertdämpfungsgliedern werden Mikro- oder Makrokrüm-mungen, axialer Abstand oder seitlicher Versatz zweier Fasern ausgenutzt.

Abstimmbare Dämpfungsglieder (*Variable Optical Attenuator* – VOA) wer-den benötigt, um Pegelschwankungen schnell nachregeln zu können. Dazu werden **Mach-Zehnder-Interferometer** verwendet, die durch den thermoop-tischen Effekt einstellbar sind. Auch **mikromechanische Systeme** gestatten eine variable Einstellung der Dämpfung.

10.6.4   Optischer Isolator

Um die optische Rückwirkung (z. B. Reflexion von Verbindungsstellen) auf die Laserdiode optischer Verstärker zu minimieren, werden optische Isolato-ren eingesetzt /10.9/.

Als **optischer Isolator** oder **Faraday-Rotator** (*optical isolator*) bezeichnet man eine optische Einwegleitung, die von Licht nur in eine Richtung passierbar ist.

In der klassischen Strahlenoptik sind die Lichtwege umkehrbar. Fügt man in den Strahlengang ein so genanntes nicht reziprokes Element ein, wird durch die **Polarisationseigenschaft** des Lichtes eine Umkehrung des Strahlenganges verhindert. Das nicht reziproke Element ist ein Faraday-Rotator. Es beruht auf dem **Faradayeffekt**: Bringt man z. B. einen Yttrium-Eisen-Granat-Kristall (YIG) in ein longitudinales Magnetfeld, wird entsprechend der Länge des Kristalls die Polarisationsebene des Lichtes um den Winkel Φ gedreht; dabei ist $\Phi = V \cdot L \cdot H$ mit V = Verdetkonstante, L = Wechselwirkungslänge und H = Magnetfeld. Vor und hinter dem YIG-Kristall sind Polarisatoren angebracht. Das Licht der Quelle tritt durch den Polarisator in den YIG-Kristall ein, die Polarisationsebene wird darin um 45° gegenüber der Eingangspolarisation gedreht und durchläuft den zweiten Polarisator, der ebenfalls um 45° gegen den Eingangspolarisator gedreht ist. Zurückgestreutes Licht passiert den zweiten Polarisator, der nur eine Polarisationsebene unter 45° durchlässt. Im YIG-Kristall wird die Lichtwelle um weitere 45° gedreht, und zwar nicht reziprok, also aus Sicht des einfallenden Senderlichtes im Uhrzeigersinn. Nun trifft es auf den Eingangspolarisator, dessen Durchgangsrichtung gerade 90° zum zurückgestreuten Licht steht und dieses damit abblockt.

10

Mit einem Isolator lässt sich die optische Rückwirkung um ca. 30 . . . 40 dB unterdrücken, bei einer Hintereinanderschaltung von zwei Isolatoren erreicht man etwa den doppelten Wert.

Die Grundfunktion eines **optischen Zirkulators** besteht darin, dass das Licht wie in einem Kreisverkehr nur in eine Richtung umlaufen darf. Licht, das in die eine „Einfahrt" einfährt, muss den Kreisverkehr an der nächsten Ausfahrt verlassen. Optische Zirkulatoren werden z. B. in optischen **Add-Drop-Multiplexern** (**OADM**) und in optischen Rückstreumessgeräten anstelle des Strahlteilers eingesetzt. Die Einfügedämpfung liegt bei einigen Zehntel dB.

11 Nichtleitungsgebundene Kommunikationskanäle

Thomas Schneider

11.1 Einführung

> Nichtleitungsgebundene Kommunikationskanäle sind Wege der Nachrichtenübermittlung, die nicht auf klassischen Leitungen beruhen.

Leitungen sind Formen von Koaxialkabeln, Zweidrahtleitungen und Lichtwellenleitern. Für die nichtleitungsgebundene Kommunikation kommen alle Kanäle, die auf der Freiraumübertragung der Nachrichten beruhen, infrage. Man kann demnach den Begriff „nichtleitungsgebunden" wie beim englischen *wireless communications* auch mit dem kürzeren und einfacher handhabbaren Begriff *drahtlos* beschreiben.

Die drahtlose Kommunikation kann mit Funkwellen und mit Licht durchgeführt werden. Beides sind elektromagnetische Wellen, die sich lediglich in ihrer Frequenz voneinander unterscheiden. Neben elektromagnetischen lassen sich für besondere Anwendungen aber auch Schallwellen nutzen.

Auf drahtlosen Kommunikationskanälen beruhen Technologien wie der Mobilfunk ($\rightarrow$ 17), drahtlose lokale Computernetzwerke (*Wireless Local Area Networks* – WLAN $\rightarrow$ 17.4), Broadcast-Systeme wie Rundfunk und Fernsehen ($\rightarrow$ 18), aber auch Richtfunkstrecken, optische Verbindungen und Satellitensysteme.

11.2 Physikalische Grundlagen

11.2.1 Die Wellengleichung

Die gesamte Nachrichtentechnik und demnach auch die drahtlose Kommunikation beruhen auf den Maxwell'schen Gleichungen. Diese wurden von James Clerk Maxwell in seinem Buch „A Treatise on Electricity and Magnetism" im Jahre 1865 veröffentlicht. Sie sagen aus:
- dass die zeitliche Änderung des magnetischen Feldes unweigerlich zu einer zeitlichen Änderung des elektrischen Feldes führt, während
- die zeitliche Änderung des elektrischen Feldes wiederum eine zeitliche Änderung des magnetischen Feldes hervorruft.

Beide Felder breiten sich dementsprechend durch ein periodisches Wechselspiel aus. Ein Medium ist für die Ausbreitung nicht erforderlich. Maxwell sagte damit die Existenz elektromagnetischer Wellen voraus, die dann später von Heinrich Hertz experimentell bewiesen wurde. Die Maxwell'schen Gleichungen sind Differenzialgleichungen, die man unter bestimmten Bedingungen im Vakuum zu der so genannten Wellengleichung zusammenfassen kann:

$$\Delta \vec{E} = \frac{1}{c^2} \frac{\partial^2 \vec{E}}{\partial t^2} \tag{11.1}$$

$\vec{E}$ elektrische Feldstärke
c Lichtgeschwindigkeit

Die elektromagnetischen Wellen, die für fast alle drahtlosen Kommunikationssysteme genutzt werden, breiten sich in der Erdatmosphäre aus. Fällt die Frequenz der Welle nicht gerade mit einer Resonanzfrequenz der in der Luft enthaltenen Moleküle zusammen, so ist ihre Dämpfung äußerst gering. Man kann die Ausbreitung der Wellen in der Erdatmosphäre daher in den meisten Fällen mit der im Vakuum annähern.

Die Lösung der Wellengleichung für eine ebene, transversale, monochromatische Welle, die sich in z-Richtung ausbreitet, ist z. B.

11

$$\vec{E}(z,t) = \frac{1}{2} \left(\hat{E} e^{j(k_0 z - \omega t)} + \hat{E}^* e^{-j(k_0 z - \omega t)} \right) \vec{e}_i$$

$$= |\hat{E}| \cos \left(k_0 z - \omega t + \varphi_0 \right) \vec{e}_i, \tag{11.2}$$

▶ *Hinweis:* Im Gegensatz zu longitudinalen Schallwellen sind elektromagnetische Wellen immer **transversal**, da der elektrische und magnetische Feldvektor immer senkrecht zur Ausbreitungsrichtung der Welle stehen bzw. das elektrische und magnetische Feld senkrecht zu ihrer Fortpflanzungsrichtung schwingen. **Monochromatisch** ist eine Welle, wenn sie einfarbig ist, d. h. eine einzige Frequenz hat. Eine **ebene Welle** tritt auf, wenn alle Wellenfronten Ebenen bilden, also wenn das elektrische und magnetische Feld auf allen Ebenen senkrecht zur Ausbreitungsrichtung überall konstant ist.

Aus Gl. (11.2) lassen sich folgende wichtige Punkte ableiten:

- Die **Ausbreitungsrichtung** der Welle wird über den **Wellenzahlvektor** ($\vec{k}_0$) beschrieben. Im Fall von Gl. (11.2) handelt es sich um die z-Richtung. Wenn die Richtung der Ausbreitung der Welle mit einer der Achsen des Koordinatensystems übereinstimmt, hat der Vektor nur eine einzige Komponente und der Vektorcharakter lässt sich vernachlässigen; $\vec{k}_0 = (0, 0, k_z = |\vec{k}_0|)$.
- Die **Schwingungsrichtung** des elektrischen Feldes wird über den Einheitsvektor $\vec{e}_i$ definiert. Da sich die Welle in z-Richtung ausbreitet, schwingt das Feld in der x-y-Ebene.

- Der Betrag des Wellenzahlvektors bestimmt die örtliche Periodizität der Welle bzw. ihre **Wellenlänge** $\lambda = 2\pi/|\vec{k_0}|$.
- Die zeitliche Periodizität der Welle wird über die **Frequenz** f bestimmt. Sie ist: $f = \omega/2\pi$ mit ω als **Kreisfrequenz**.
- Die aktuelle Zustandsform der Welle an einem bestimmten Ort oder zu einer bestimmten Zeit wird über deren **Phase** definiert. Sie ist der gesamte Klammerausdruck $(k_0 z - \omega t + \varphi_0)$.
- Die **Amplitude** bestimmt den größten Ausschlag der Schwingung im Zeit- und Ortsbereich und ist der Ausdruck vor der mathematischen Funktion, also $|\hat{E}|$ bzw. die komplexe Amplitude $\hat{E}$. Diese enthält die so genannte **Nullphase** für $z, t = 0$, (φ_0):

$$\hat{E} = E_0\, e^{j\varphi_0}, \tag{11.3}$$

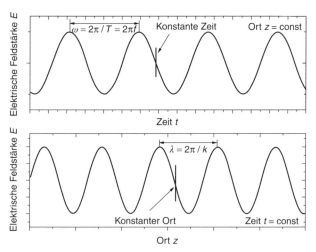

Bild 11.1 *Elektrisches Feld einer elektromagnetischen Welle für einen konstanten Ort (oben) und eine konstante Zeit (unten)*

Da die Wellen sowohl zeitlich als auch örtlich periodisch sind, lassen sie sich nicht mit einem einzigen Bild darstellen. Der Beobachter, welcher z. B. die elektrische Feldstärke misst, muss dies entweder an einem einzigen festen Ort tun und damit die örtliche Periodizität ausschließen, oder er misst für einen extrem kurzen Zeitpunkt die Variation der Feldstärke im Raum und schließt damit die zeitliche Änderung der Welle aus. Im oberen Teil von Bild 11.1 ist die zeitliche Feldstärkeänderung der Welle an einem konstanten Ort (z = const) dargestellt, während im unteren Teil der Abbildung die örtliche Änderung der Feldstärke zu einer festen Zeit zu sehen ist (t = const).

11.2.2 Polarisation

> Die **Polarisation** der Welle wird definiert als die Richtung des elektrischen Feldvektors. Sie sagt damit etwas über die Schwingungsrichtung des elektrischen Feldes aus.

Polarisation bezeichnet im Wortsinn die Herausbildung von Gegensätzen. Die „Gegensätze" des elektrischen Feldvektors sind dementsprechend das positive und das negative Potenzial der Feldstärke.

▶ *Hinweis:* Da elektromagnetische Wellen transversal sind, ist die Welle immer senkrecht zu ihrer Ausbreitungsrichtung, die über $\vec{k}_0$ festgelegt ist, polarisiert.

11.2.2.1 Lineare Polarisation

> Bleibt die Richtung des elektrischen Feldstärkevektors während der ganzen Zeit der Ausbreitung der Welle erhalten, so spricht man von **linear polarisierten Wellen**. Je nach Bezugssystem unterscheidet man linear polarisierte Wellen in horizontale/vertikale, s/p-, TE/TM- und H/E-Wellen.

11

Bild 11.2 zeigt eine linear in z-Richtung polarisierte Welle, die sich in der x-y-Ebene ausbreitet.

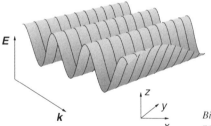

Bild 11.2   Linear in z-Richtung polarisierte Welle

Bei drahtlosen Kommunikationssystemen verwendet man keine abstrakten x-y-z-Koordinatensysteme, sondern die Polarisationsrichtung der Welle wird relativ zu bestimmten Bezugssystemen definiert.

Bild 11.3 zeigt die Ausbreitung einer linear polarisierten Welle zwischen einer Basisstation und einem Mobiltelefon. Jede Antenne hat einen bestimmten Öffnungswinkel ihrer Strahlcharakteristik. Dementsprechend wird ein Teil der Energie nicht direkt übertragen, sondern erreicht erst nach dem Umweg der Reflexion an der Erdoberfläche den Empfänger.

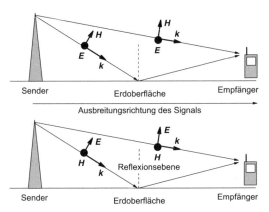

Bild 11.3   Linear polarisierte Wellen. Oben: transversal elektrische (TE), horizontal polarisierte bzw. s- oder H-Welle. Unten: transversal magnetische (TM), vertikal polarisierte bzw. p- oder E-Welle

Im oberen Bild steht der elektrische Feldvektor ($\vec{E}$) parallel zur Erdoberfläche bzw. – vom Sender aus gesehen – parallel zum Horizont. Dementsprechend werden diese Wellen als **horizontal polarisiert** bezeichnet. Im unteren Bild steht der elektrische Feldvektor nicht senkrecht zur Erdoberfläche, trotzdem werden diese Wellen – im Gegensatz zu den eben aufgeführten – **vertikal polarisierte** Wellen genannt. Definiert man als die Ausbreitungsrichtung des Signals den direkten Weg zwischen Sender und Empfänger (→ Bild 11.3), so steht im oberen Bild nur der elektrische Feldvektor senkrecht auf dieser Ausbreitungsrichtung, während im unteren Bild nur der magnetische Feldvektor ($\vec{H}$) senkrecht dazu schwingt. Dementsprechend wird die Polarisation im oberen Bild als **transversal elektrisch (*TE*)** und die im unteren als **transversal magnetisch (*TM*)** bezeichnet. Gleichzeitig lässt sich im oberen Bild erkennen, dass der magnetische Feldvektor eine Komponente in der Ausbreitungsrichtung zwischen Sender und Empfänger aufweist. Demzufolge heißen diese Wellen auch **H-Wellen**. Analog dazu wird die Welle im unteren Bild als **E-Welle** bezeichnet, da hier eine Komponente des elektrischen Feldes in Ausbreitungsrichtung existiert.

Aus dem Gebiet der Optik sind auch noch zwei weitere Bezeichnungen geläufig, die sich auf die Stellung des E-Vektors zur Reflexionsebene beziehen.

> Die **Reflexionsebene** ist die Ebene, die durch den einfallenden und den reflektierten Strahl sowie die Oberflächennormale (→ Bild 11.3) gebildet wird.

Im oberen Bild steht der elektrische Feldvektor **senkrecht** zu dieser Ebene, deshalb wird diese Polarisation mit dem Buchstaben **s** bezeichnet. Im unteren Bild steht der elektrische Feldvektor hingegen **parallel** zur Reflexionsebene, demzufolge handelt es sich hier um eine **p-polarisierte** Welle.

▶ *Hinweis:* Antennen für Mobilfunkbasisstationen weisen eine horizontale, eine vertikale oder eine so genannte **X-Polarisation** auf. Letzteres ist keine neue Polarisationsrichtung, sondern bedeutet einfach, dass diese Antenne beide Polarisationsrichtungen anregt bzw. empfängt. Speziell bei Mobilfunksystemen ist dies nötig, da die Welle bei ihrer Ausbreitung häufig an Häusern, Straßen oder anderen Objekten reflektiert wird. Jede Reflexion ändert die Polarisation der Welle. Um eine Fehlausrichtung der Empfangsantenne durch die Polarisation zu verhindern, werden daher beide Polarisationsrichtungen angeregt bzw. empfangen. Diese Technik wird auch als *Polarization Diversity* bezeichnet.

11.2.2.2 Zirkulare und elliptische Polarisationen

Dreht sich der elektrische Feldvektor während der Ausbreitung der Welle um deren Ausbreitungsrichtung und bleibt sein Betrag konstant, so beschreibt er eine Kreisbahn. Man spricht dementsprechend von **zirkular polarisierten** Wellen. Je nach der Drehrichtung des Vektors wird in **rechts-** und **links-**zirkular unterschieden. Ändert sich der Betrag während der Drehung, handelt es sich um **elliptisch polarisierte** Wellen.

11

Jeder Vektor kann als die Summe seiner Komponenten ausgedrückt werden. Definiert man ein x-y-z-Koordinatensystem, so folgt für die elektrischen Vektorkomponenten einer sich in z-Richtung ausbreitenden, linear polarisierten Welle:

$$\vec{E}(z,t) = \left(E_x, E_y, 0\right)$$

$$E_x = \frac{1}{2}\left(E_{0x}e^{j(\omega t - kz)} + c.c.\right) \qquad (11.4)$$

$$E_y = \frac{1}{2}\left(E_{0y}\,e^{j(\omega t - kz + \varphi_0)} + c.c.\right)$$

$$c.c. = \hat{E}^* \,e^{j(k_0 z - \omega t)} \qquad c.c. \text{ konjugiert komplex (\emph{conjugate complex})}$$

Solange E_x und E_y in Phase bleiben ($\varphi_0 = 0$), ist die Welle linear polarisiert. Tritt hingegen eine Phasenverschiebung für die beiden Komponenten von $\varphi_0 = \pm\pi/2$ auf und ist der Betrag der beiden Komponenten gleich, so vollführt der elektrische Feldvektor eine Kreisbahn. In diesem Fall handelt es sich um eine **zirkulare Polarisation**. Haben beide Komponenten unterschiedliche Beträge oder ist die Phasenverschiebung zwischen beiden nicht $\pi/2$, so bewegt sich der elektrische Feldvektor auf einer elliptischen Bahn. Die Wellen sind dementsprechend **elliptisch polarisiert**.

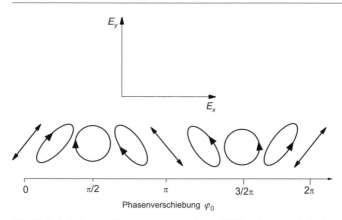

Bild 11.4 *Polarisation einer elektromagnetischen Welle bei unterschiedlicher Phasenverschiebung zwischen ihren Vektorkomponenten*

Bild 11.4 zeigt vom Sender aus gesehen die Bahn, welche der elektrische Feldvektor für unterschiedliche Phasenverschiebungen zwischen den Vektorkomponenten beschreibt.

11.2.3   Magnetischer Anteil

▶ *Hinweis:* Elektromagnetische Wellen bestehen immer aus einem elektrischen und einem **magnetischen Anteil**. Erst das Zusammenspiel zwischen beiden macht die Ausbreitung der Welle möglich.

Für das Verhältnis zwischen den elektrischen und magnetischen Feldanteilen im Vakuum ergibt sich aus den Maxwell'schen-Gleichungen die Vektorgleichung

$$\vec{B} = \frac{1}{c}\left(\vec{E} \times \vec{k_0}\right) \tag{11.5}$$

$\vec{B}$ magnetische Feldstärke
$\vec{k_0}$ Wellenzahlvektor

Daraus lassen sich drei wichtige Punkte ableiten:
- Elektrisches und magnetisches Feld sind in Phase zueinander.
- Der elektrische Feldvektor steht senkrecht auf dem magnetischen und beide zusammen stehen senkrecht auf dem Wellenzahlvektor.
- Für die Beträge der elektrischen und magnetischen Feldvektoren gilt:

$$|\vec{B}| = \frac{1}{c}|\vec{E}|. \tag{11.6}$$

Der Betrag des magnetischen Feldes ist dementsprechend rund 300 Millionen Mal kleiner als der Betrag des elektrischen Feldes.

❏ *Beispiel:* Vernachlässigt man den Gewinn der Antenne, so ergibt sich für eine Basisstation, die mit einer Leistung von 40 W sendet, in einer Entfernung von 20 m ein elektrisches Feld von $|\vec{E}| = 1{,}73$ V/m. Nach Gl. (11.6) folgt daraus für den Betrag des magnetischen Feldes ein Wert von $|\vec{B}| = 5{,}77 \times 10^{-9}$ T. Das Erdmagnetfeld am Äquator ist hingegen rund 10 000 Mal größer: $|\vec{B}| = 3{,}1 \times 10^{-5}$ T.

11.2.4 Wellenwiderstand des Freiraums

Ein Widerstand ist das Verhältnis zwischen Spannung und Strom. Bei einem Wellenwiderstand eines Kabels ist er das Verhältnis zwischen der Spannungs- und der Stromwelle der hinlaufenden und – falls das Kabel nicht mit eben diesem Wellenwiderstand abgeschlossen ist – der rücklaufenden Welle (→ 10.1.3). Im Freiraum gibt es keine frei beweglichen Ladungsträger und damit auch keinen Strom. Das Äquivalent zu Spannung und Strom sind das elektrische und magnetische Feld. Der **Wellenwiderstand** ist daher

$$Z_0 = \frac{|\vec{E}|}{|\vec{H}|} \qquad (11.7)$$

Mit den bisher gegebenen Beziehungen folgt daraus für den Freiraumwellenwiderstand

$$Z_0 = \sqrt{\frac{\mu_0}{\varepsilon_0}} = \sqrt{\frac{1{,}2566 \times 10^{-6}\,\mathrm{V\cdot s \cdot A^{-1} \cdot m^{-1}}}{8{,}854 \times 10^{-12}\,\mathrm{A\cdot s \cdot V^{-1} \cdot m^{-1}}}} \approx 377\,\Omega \quad (11.8)$$

μ_0 magnetische Feldkonstante
ε_0 elektrische Feldkonstante

11.2.5 Frequenz und Wellenlänge

Die **Frequenz** ist der reziproke Wert einer vollständigen Schwingungsdauer des Feldes.

$$f = \frac{1}{T} \qquad (11.9)$$

❏ *Beispiel:* Eine Mobilfunkwelle des Primary-GSM-Bandes benötigt demnach bei einer Frequenz von 898 MHz lediglich 1,1 ns für eine vollständige Schwingung. Eine vollständige Schwingung eines UKW-Senders ist dagegen 10-mal langsamer, während sichtbares Licht im grünen Bereich rund 1,5 Millionen mal schneller schwingt.

> Die **Wellenlänge** λ ist umgekehrt proportional zur Frequenz f. Beide sind über die Lichtgeschwindigkeit $c \approx 2,99792 \times 10^8 \, \text{m/s}$ miteinander verbunden.

Im Vakuum gilt:

$$c = \lambda \cdot f \tag{11.10}$$

Demnach sinkt die Frequenz bei steigender Wellenlänge und umgekehrt.

❑ *Beispiel:* Das oben erwähnte P-GSM-Signal hat demzufolge eine Wellenlänge von 33,4 cm. Sichtbares grünes Licht hat hingegen eine Wellenlänge von 531 nm, während Langwellensender Wellenlängen zwischen 1 und 10 km und Längstwellen – zur Kommunikation mit getauchten U-Booten – gar Wellenlängen zwischen 10 000 km und 10 km aufweisen können.

Von der Frequenz bzw. Wellenlänge der elektromagnetischen Welle hängt deren physikalisches Verhalten und damit auch der Einfluss auf den Menschen ab. Wellen im infraroten Bereich nimmt man beispielsweise als Wärme auf der Haut wahr, sichtbares Licht lässt sich mit den Augen sehen und Röntgen- und Gammastrahlung gehen durch den Menschen hindurch und führen zu schweren Schäden des Organismus.

Frequenzbänder der Funktechnik

Für die Nachrichtentechnik wird mit wenigen Ausnahmen fast das gesamte Spektrum von Frequenzen mit wenigen kHz bis in den Infrarotbereich mit Frequenzen von fast 200 THz benutzt. Tabelle 11.1 zeigt die in der Funktechnik üblichen Frequenzbänder.

Tabelle 11.1   Frequenzbänder der Funktechnik mit englischen und einigen deutschen Bezeichnungen

Bandname	Frequenzbereich	Wellenlänge
Extremely Low Frequency (*ELF*)	30 . . . 300 Hz	10 . . . 1 Mm
Ultra Low Frequency (*ULF*)	0,3 . . . 3 kHz	1000 . . . 100 km
Very Low Frequency (*VLF*)	3 . . . 30 kHz	100 . . . 10 km
Low Frequency (Langwelle, *LF*)	30 . . . 300 kHz	10 . . . 1 km
Medium Frequency (Mittelwelle, *MF*)	0,3 . . . 3 MHz	1000 . . . 100 m
High Frequency (Kurzwelle, *HF*)	3 . . . 30 MHz	100 . . . 10 m
Very High Frequency (*UKW, VHF*)	30 . . . 300 MHz	10 . . . 1 m
Ultra High Frequency (*UHF*)	0,3 . . . 3 GHz	100 . . . 10 cm
Super High Frequency (Zentimeterwelle, *SHF*)	3 . . . 30 GHz	10 . . . 1 cm
Extra High Frequency (Millimeterwelle, *EHF*)	30 . . . 300 GHz	10 . . . 1 mm

Die Frequenzbänder der Satellitensysteme liegen im SHF- und EHF-Bereich.
Diese zeigt Tabelle 11.2.

Tabelle 11.2 Frequenzbänder der Satellitensysteme

L-Band	1 ... 2 GHz
S-Band	2 ... 4 GHz
C-Band	4 ... 8 GHz
X-Band	8 ... 12 GHz
Ku-Band	12 ... 18 GHz
K-Band	18 ... 27 GHz
Ka-Band	27 ... 40 GHz

Der Frequenzbereich der Radio- und Mikrowellen ist bis zu einer Frequenz
von 10 GHz mit sehr vielen Anwendungen wie Rundfunk und Fernsehen
($\rightarrow$ 18), Flugfunk, Militär, zellularem Mobilfunk ($\rightarrow$ 17), WLAN ($\rightarrow$ 17.4)
usw. dicht besiedelt. Oberhalb von 10 GHz existieren noch Satellitenbänder
und einige vereinzelte Anwendungen, deren Standardisierung bislang z. T.
noch nicht abgeschlossen ist. Im infraroten Abschnitt, also bei Frequenzen
von einigen 100 000 GHz, schließt sich der Bereich der optischen Nachrichtentechnik ($\rightarrow$ 10, 13) mit seinen Short- (S), Conventional- (C) und Long-
Bändern (L) an. Das Gebiet dazwischen wird als der Bereich der Terahertz-
Wellen bezeichnet. Er ist heute weitgehend ungenutzt und liegt im Mittelpunkt
des Interesses intensiver Forschungsarbeit.

11

11.2.6 Energie und Impuls

Jede elektromagnetische Welle ist gleichzeitig auch ein Teilchen, ein so
genanntes Photon. Daher sind die physikalischen Größen Energie und Impuls
des Photons eng verbunden mit der Frequenz und der Wellenlänge der Welle.

Die **Energie** eines Photons E ist proportional zu seiner Kreisfrequenz ω.

$$E = \hbar \cdot \omega \qquad (11.11)$$

Die Energie eines Photons kann keine beliebigen Werte annehmen, sondern
besteht – entsprechend der Quantennatur der Materie – aus kleinen Portionen.
Die Proportionalitätskonstante zwischen Energie und Frequenz ist das von
Max Planck im Jahre 1900 eingeführte Wirkungsquantum $h = \hbar/2\pi$. Das
Planck'sche Wirkungsquantum ist eine Naturkonstante und hat einen Wert
von $h = 6{,}626\,18 \cdot 10^{-34}$ J $\cdot$ s.

❑ *Beispiel:* Ein GSM-900-Signal mit einer Frequenz von 898 MHz hat dementsprechend eine Energie von $5{,}95 \cdot 10^{-25}$ J $= 3{,}72 \cdot 10^{-6}$ eV.

Zur Aufspaltung von Molekülen benötigen Photonen deutlich mehr Energie.

▶ *Hinweis:* Die Energie, die benötigt wird, um Bindungen eines Moleküls aufzu-
spalten, wird als der Beginn der **ionisierenden Strahlung** definiert (ca. 10 eV).
Haben die Photonen höhere Energien, können sie zu schweren Schäden im
menschlichen Organismus führen. Die Ionisierungsenergie des Wassers beträgt
z. B. 12,56 eV.

Für eine solche Energie muss das Photon eine Frequenz von 3033 THz bzw. eine
Wellenlänge von rund 100 nm aufweisen.

Die technischen Anwendungen der mobilen Kommunikation liegen alle im
Bereich der **nichtionisierenden Strahlung**. Ihre Photonenenergien sind vernachlässigbar klein.

In Bild 11.5 sind die Wellenlänge und Photonenenergie in einer Balkenform
dargestellt.

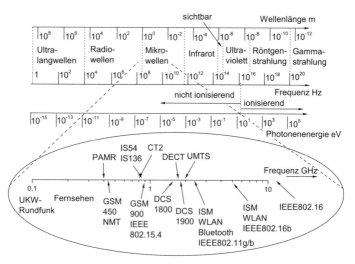

*Bild 11.5   Frequenz- und Wellenlängenaufteilung elektromagnetischer Wellen mit
technischen Anwendungen*

Jedes Teilchen besitzt nicht nur eine bestimmte Energie, sondern auch
einen **Impuls**. Der Impuls der Photonen hängt von ihrem Wellenzahlvektor
ab.

Der Impuls eines Photons ist:

$$\vec{p} = \hbar \vec{k} \tag{11.12}$$

❏ *Beispiel:* Demnach hat ein GSM-900-Photon lediglich einen Impulsbetrag von
rund $2 \cdot 10^{-33}$ kg · m · s^{-1}.

Trotz der Einfachheit der Gleichungen, die den Wellencharakter mit dem Teilchencharakter der elektromagnetischen Strahlung verbinden, ist die Frage, was denn ein Photon tatsächlich ist, sehr kompliziert und immer noch nicht vollständig geklärt /11.1/, /11.2/.

11.2.7 Leistung und Intensität

> Der **Poynting-Vektor** bestimmt die Richtung des Energieflusses der elektromagnetischen Welle.

Der Poynting-Vektor im Vakuum ist:

$$\vec{S} = \frac{1}{\mu_0} \left(\vec{E} \times \vec{B} \right) \tag{11.13}$$

Der Energiefluss einer elektromagnetischen Welle findet dementsprechend in ihrer Ausbreitungsrichtung und senkrecht zur Schwingungsrichtung des elektrischen und magnetischen Feldes statt.

> Der Betrag des Poynting-Vektors ist die **Intensität** des Feldes.

11

Die Intensität einer elektromagnetischen Welle ist:

$$I = |\vec{S}| = c\varepsilon_0 |\vec{E}|^2. \tag{11.14}$$

Sie bestimmt die Leistung P, die durch eine Fläche A tritt:

$$I = \frac{P}{A} \tag{11.15}$$

Wenn die eingesetzte Antenne die Welle in alle Richtungen gleichmäßig abstrahlt, tritt die Welle durch eine kugelförmige Fläche der Größe $A = 4\pi d^2$. Die elektrische Feldstärke in der Entfernung d von der Antenne ist dann:

$$|\vec{E}| = \sqrt{\frac{PZ_0}{A}} \tag{11.16}$$

Nach Gl. (11.15) ist die Intensität eine Leistung pro Fläche. Die Fläche steigt mit der Entfernung vom Sender quadratisch an. Demnach wird die von der Antenne des Senders abgestrahlte Leistung auf eine mit der Entfernung quadratisch zunehmende Fläche aufgeteilt. Die Intensität nimmt dementsprechend quadratisch ab.

❏ *Beispiel:* Ist die Intensität nach einer Entfernung von 1 m vom Sender 1 Einheit, so ist sie nach der doppelten Entfernung nur noch 1/4 so groß. Nach 10 m beträgt sie nur noch 1 % und nach 1 km nur noch ein Millionstel des Ursprungswertes.

11.3   Wellenausbreitung

Elektromagnetische Wellen unterschiedlicher Frequenz verhalten sich auch verschieden voneinander. Allerdings kann man davon ausgehen, dass das Verhalten der Wellen innerhalb gewisser Frequenzbänder (→ Tabelle 11.1) annähernd gleich ist. Bild 11.6 zeigt die Wellenausbreitung unterschiedlicher Frequenzbänder in der Erdatmosphäre.

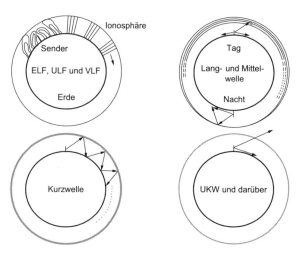

Bild 11.6   Wellenausbreitung in der Erdatmosphäre

11.3.1   Längstwellen

Wellen im ELF-, ULF- und VLF-Bereich zwischen 30 Hz und 30 kHz haben extrem große Wellenlängen zwischen 10 km und 10 000 km. Sie werden daher als Längstwellen bezeichnet. Die Eindringtiefe einer elektromagnetischen Welle in einem leitfähigen Medium wie dem Meerwasser oder dem Erdboden hängt von deren Wellenlänge ab (Skineffekt). Längstwellen werden daher für die Kommunikation mit getauchten U-Booten oder für den Bergwerksfunk eingesetzt. Blitze, die durch die weltweite Gewittertätigkeit entstehen, strahlen ebenfalls Wellen in diesen Frequenzbereichen ab, da der Blitz wie eine Antenne wirkt.

▶ *Hinweis:* Längstwellensender sind oft riesige Anlagen, sie beanspruchen eine Fläche von einigen Quadratkilometern. Ein großer Nachteil der Längstwellensender ist ihre geringe Bandbreite.

Für Längstwellen stellen die Ionen in der Ionosphäre und die gelösten Ionen im Grundwasser der Erdoberfläche zwei leitfähige Ebenen dar. Diese beiden Ebenen lassen sich wie zwei Metallplatten eines Wellenleiters betrachten. Die Wellen werden innerhalb dieses Wellenleiters um die ganze Erde herum geleitet, da sich die Dämpfung ($\rightarrow$ 7) weitestgehend vernachlässigen lässt.

11.3.2 Lang- und Mittelwellen

Langwellen

Langwellensender arbeiten bei Frequenzen zwischen 30 kHz und 300 kHz. Für Rundfunkübertragungen ($\rightarrow$ 18) werden Trägerfrequenzen zwischen 148,50 kHz und 283,50 kHz genutzt. Daneben gibt es auch einen Bereich für den Amateurfunk zwischen 135,70 kHz und 137,80 kHz. Weitere Anwendungsgebiete der Langwelle sind Funkfeuer bei Frequenzen zwischen 283,50 kHz und 526,50 kHz sowie das Zeitzeichen DCF77 der Physikalisch-Technischen Bundesanstalt bei 77,50 kHz.

Mittelwellen

Als Mittelwelle wird der Frequenzbereich zwischen 0,3 MHz und 3 MHz bezeichnet. Mittelwellensender eignen sich besonders gut zur Übertragung von Signalen über weite Strecken, daher wird die Mittelwelle für den Rundfunk ($\rightarrow$ 18), von Funkamateuren und im Seefunk benutzt.

11

Ionosphäre

Für den Frequenzbereich der Lang- und Mittelwellen lässt sich die Ionosphäre nicht mehr so einfach wie bei den Längstwellen beschreiben, da hier die Trägerwellenlänge der Sender in den Bereich der Abmessungen der Ionosphäre kommt.

> Die **Ionosphäre** entsteht durch hochenergetische Photonen (elektromagnetische Wellen im UV-, Röntgen- und Gamma-Bereich), die von der Sonne kommend auf die Atmosphäre der Erde treffen. Die Energie der Photonen ist so hoch, dass sie zu einer Aufspaltung der Luftmoleküle führt. Die daraus entstehenden Ionen bilden die Ionosphäre.

Wenn ein Photon ein Molekül ionisiert, wird es absorbiert und dringt somit nicht mehr weiter in die Lufthülle der Erde vor. Demnach nimmt die Anzahl der energiereichen Photonen vom Weltraum zur Erde hin ab, die Anzahl der ionisierbaren Moleküle steigt jedoch mit kleiner werdender Höhe, da der Luftdruck zunimmt. Man kann sich demnach vorstellen, dass es eine bestimmte Höhe gibt, in der das Produkt aus Photonen und ionisierbaren Molekülen maximal ist. Daher ist in dieser Höhe auch die Anzahl der ionisierten Moleküle maximal. Auf der anderen Seite besteht die Luft aus unterschiedlichen Gasbestandteilen wie Stickstoff, Sauerstoff und Spurengasen. In den oberen Atmosphärenschichten kommt es – aufgrund der verschiedenen Molekülgewichte dieser Bestandteile – zu einer Entmischung der Luft. Die einzelnen Moleküle haben eine verschiedene Ionisierungsenergie und absorbieren demzufolge Ionen unterschiedlicher Energie. Dementsprechend besteht die Ionosphäre nicht aus einer einzigen, sondern aus mehreren Schichten.

> Die Ionosphärenschichten sind die **D-Schicht** in einer Höhe von ca. 70...90 km, die **E-Schicht** in einer Höhe von ca. 110...130 km, die **F1-Schicht** in einer Höhe von ca. 200 km und die **F2-Schicht** in einer Höhe von ca. 250...400 km.

Die Stärke und die Höhe der einzelnen Schichten hängt von der Anzahl der Photonen und damit der Intensität der Sonnenstrahlung ab. Zur Mittagszeit ist die Sonnenstrahlung am stärksten, die Schichten werden also tiefer wandern; in der Nacht geht sie gegen null. In der Ionosphäre besteht auch weiterhin eine gegenseitige Anziehungskraft zwischen den einzelnen Ionen. Wenn die Energiezufuhr der Sonne abbricht, rekombinieren die Ionen wieder zu Molekülen. Dies geschieht am Abend in den unteren beiden Schichten (D und E1). Dementsprechend existieren in der Nacht nur noch die beiden F-Schichten der Ionosphäre. Diese beiden Schichten bilden in der Nacht eine Einzelne.

Wellenausbreitung bei Lang- und Mittelwelle

Lang- und Mittelwellensender arbeiten bei Wellenlängen zwischen 100 m und 10 km. Diese Wellenlängen sind geringer als der Abstand zwischen den einzelnen Ionosphärenschichten. Die Antenne eines Senders strahlt Wellen in unterschiedliche Richtungen aus. Ein Teil der Wellen breitet sich entlang der Erdoberfläche aus, diese werden als **Bodenwellen** bezeichnet, während sich die so genannten **Raumwellen** in Richtung der Ionosphäre ausbreiten. Am Tage existieren alle 4 Ionosphärenschichten. Die Plasmagrenzfrequenzen der unteren beiden Ionosphärenschichten (*D* und *E*) liegen im Frequenzbereich der Lang- und Mittelwelle. Die Welle dringt größtenteils in diese Schichten ein und wird absorbiert. Für die Verbindung zwischen Sender und Empfänger bleibt dementsprechend nur die Bodenwelle.

▶ *Hinweis:* Bei leitfähigen Medien wie Metallen und ionisierten Gasen geht man davon aus, dass die Ladungsträger nicht aneinander gebunden sind, sondern sich – wie in einem Plasma – frei bewegen können. In jedem Medium ist der Brechungsindex von der Frequenz der Wellen abhängig. Ist die Frequenz der Welle, die sich in einem Plasma ausbreitet, kleiner als seine **Grenzfrequenz**, so ist sein Brechungsindex imaginär. Die Welle wird im Medium gedämpft. Ist die Frequenz viel kleiner, wird ein Großteil der Welle an der Grenzschicht reflektiert. Ist die Frequenz der Welle größer als die Plasmagrenzfrequenz, so ist der Brechungsindex reell. Die Welle erfährt in diesem Fall im Medium lediglich eine Phasenverschiebung. Kupfer hat beispielsweise eine Plasmagrenzfrequenz von 2498 THz bzw. 120 nm. Ist die Frequenz der Welle kleiner, wie z. b. beim sichtbaren Licht, so wird sie an der Oberfläche größtenteils reflektiert. Für ionisierende Strahlung wie z. B. Röntgen- und Gammastrahlen ist Kupfer hingegen durchsichtig.

In der Nacht lösen sich die unteren beiden Schichten der Ionosphäre durch die Rekombination der Moleküle auf. Die Raumwelle dringt bis zur F-Schicht vor. Da die Plasmagrenzfrequenz dieser Schicht viel größer ist als die Frequenz der Wellen, werden diese wieder in Richtung der Erdoberfläche zurückreflektiert.

In der Nacht existieren demnach 3 Zonen für den Empfang von Lang- und Mittelwellensendern:

- In der ersten Zone ist die Bodenwelle viel stärker als die Raumwelle. Hier bestehen in der Nacht dieselben Empfangsbedingungen wie am Tage.
- In der zweiten Zone sind die von der Ionosphäre reflektierte Raum- und die Bodenwelle annähernd gleich groß. Je nach der Phasenlage zwischen beiden kommt es zu einer konstruktiven bzw. destruktiven Überlagerung. Die Wellen können sich zeitweise gegenseitig auslöschen (**Verwirrungszone**).
- In der dritten Zone überwiegt die Raumwelle gegenüber der Bodenwelle. Dies führt dazu, dass in den Abend- und Nachtstunden eine enorme Anzahl von Mittelwellensendern empfangbar ist.

11

11.3.3   Kurzwelle

Als Kurzwelle werden Trägerwellen mit Frequenzen zwischen 3 MHz und 30 MHz bezeichnet. Neben einigen Rundfunksendern und dem Flugfunk ist die Kurzwelle vor allem für Amateure von besonderem Interesse, da in diesem Frequenzbereich mit einfachen Mitteln und relativ wenig Leistung weltumspannende Verbindungen möglich sind. Die Wellenlänge der Kurzwelle liegt zwischen 10 m und 100 m. Sie ist demnach bereits so klein, dass nicht nur der Abstand, sondern auch die Ausdehnung der einzelnen Ionosphärenschichten mit in Betracht gezogen werden muss. Mit wachsender Höhe ändert sich der Brechungsindex der Ionosphärenschicht. Dadurch kann die Raumwelle des Kurzwellensenders wieder zurück in Richtung Erde gelenkt werden, wenn die Frequenz und der Einstrahlwinkel dies zulassen. Am Erdboden kann die Welle durch die gelösten Salze (Ionen) im Grund- oder Meerwasser wieder reflektiert werden usw. Dementsprechend sind mit Kurzwellensendern erdumspannende Verbindungen möglich.

▶ *Hinweis:* Welche Frequenzen wie gut an der Ionosphäre abgelenkt werden, hängt von vielen verschiedenen Faktoren wie der Tages- und Jahreszeit, aber auch von der Sonnenaktivität ab. Zur Berechnung der besten Parameter gibt es im Internet Funkprognosen die meist auf die Daten der NASA und anderer US-Behörden zurückgreifen.

11.3.4   Ultrakurzwelle und darüber

Ab einer Frequenz von 30 MHz stellt die Ionosphäre kein Hindernis mehr
für die Welle dar. Sie dringt in den Weltraum vor. Dementsprechend beginnt
ab 30 MHz der UKW-Bereich, der bis zu einer Frequenz von 300 MHz
reicht. Von besonderer Bedeutung sind UKW-Radiosender zwischen 88 und
108 MHz, aber auch der Behördenrundfunk (Polizei, Feuerwehr, usw.) und
einige terrestrische Fernsehsender arbeiten bei diesen Frequenzen.

▶ *Hinweis:* Da die Raumwelle durch die Ionosphäre dringt, existiert für die Verbindung zwischen Sender und Empfänger nur die Bodenwelle die relativ schnell
gedämpft wird. Dementsprechend sind UKW-Sender regional begrenzt. Um größere Gebiete mit einem Radio- oder Fernsehprogramm zu versorgen werden
so genannte **Senderketten** aufgebaut. Dies sind einzelne Sendestandorte die
dasselbe Programm bei unterschiedlichen Trägerwellenlängen abstrahlen.

Abhängig von der Wellenlänge haben Effekte wie Beugung, Streuung, Reflexion, Interferenz und Dämpfung einen großen Einfluss auf die Wellenausbreitung im UKW-Bereich und darüber.

11.3.5   Dämpfung

> Eine **Dämpfung** ($\rightarrow$ 7) tritt auf wenn die elektromagnetische Feldenergie
> in andere Energieformen, vorzugsweise Wärme, umgewandelt wird.

Tritt eine elektromagnetische Welle durch ein Medium mit der Dämpfungs-
konstanten α, so folgt für die Leistung in Abhängigkeit von der Ausdehnung
des Mediums z:

$$P(z) = P(0)\,e^{-\alpha z} \tag{11.17}$$

$P(0)$ Leistung bei $z = 0$

Drahtlose Kommunikationssysteme arbeiten in der Erdatmosphäre. Für Frequenzen, die heute üblicherweise für die drahtlose Kommunikation verwendet
werden, ist die Dämpfung in der Erdatmosphäre in den meisten Fällen vernachlässigbar klein. Trotzdem gibt es einzelne Frequenzbereiche, bei denen
die Dämpfung recht groß wird. Große Dämpfungswerte treten immer dann
auf, wenn die Frequenz der Welle in die Nähe der Resonanzfrequenz von
Molekülen kommt.

▶ *Hinweis:* Ein Molekül hat mehrere Resonanzfrequenzen. Es kann in unterschiedlichen Richtungen schwingen, um verschiedene Achsen rotieren und noch einige
andere Bewegungen ausführen. Weiterhin führen nicht nur die direkten Resonanzen zu einer starken Absorption, sondern auch Oberwellen und Mischungen
unterschiedlicher Resonanzen.

In dem für drahtlose Anwendungen wichtigen Frequenzbereich zwischen 1 und 100 GHz gibt es vor allem Resonanzen des Sauerstoff- und des Wassermoleküls. Die Frequenzen und Dämpfungen sind in Tabelle 11.3 zusammengefasst.

Tabelle 11.3   Resonanzfrequenzen und mittlere Dämpfungskoeffizienten der Moleküle der Erdatmosphäre in einer Höhe von Normal Null im Frequenzbereich zwischen 1 und 100 GHz

Molekül	Frequenz in GHz	Dämpfung in dB/km
H_2O	22	0,18
O_2	63	15
O_2	126	2
H_2O	183	30
H_2O	325	35

Den Dämpfungsverlauf in diesem Frequenzbereich zeigt Bild 11.7.

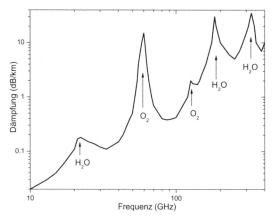

11

Bild 11.7   Mittlere atmosphärische Absorption von elektromagnetischen Wellen im Frequenzbereich von 10 bis 400 GHz bei einer Temperatur von 20 °C auf Meereshöhe und einem Wasserdampfgehalt von 7,5 g/m³, nach /11.3/

▶ *Hinweis:* Für drahtlose Kommunikationssysteme mit geringer Reichweite, wie Mobilfunk, WLAN, WiMAX usw. unterhalb einer Trägerfrequenz von 20 GHz, ist die **atmosphärische Dämpfung** vernachlässigbar gering.

Von besonderer Bedeutung für drahtlose Kommunikationssysteme ist die Dämpfung der Verbindungskabel zwischen Verstärker und Antenne – wie Tabelle 11.4 für die WLAN-Frequenzen zeigt – und die Dämpfung von Wänden und anderen Hindernissen (→ Tabelle 11.5).

Tabelle 11.4 Dämpfung typischer Antennenkabel in den
WLAN-Frequenzbereichen in dB/m nach /11.4/

Typ	2,4 GHz	5,3 GHz	5,8 GHz
RG 214	0,45	0,75	0,85
RG 223	0,82	1,35	1,43
RG 316	1,47		
EF 316 D	1,54	2,51	2,66
EF 393	0,49	0,86	0,92
EF 400	0,87	1,46	1,55
1/2″ Highflex	0,17	0,27	0,28
1/2″ Highflex UL	0,17	0,27	0,28

Tabelle 11.5 Typische Dämpfungen für Hindernisse
bei einer Frequenz von 2.4 GHz nach /11.4/

Hindernis	Dämpfung in dB
Dünne Mauer	2 … 5
Holzmauer	5
Geschlossene Aluminiumblenden	8
Gitterfenster mit Holzrahmen	4 … 5
Gitterfenster mit Stahlrahmen	10
Stahlbretter/Schränke	15
Ziegelmauer	6 … 12
Betonmauer	10 … 20
Betondecke	20
Aufzug	20 … 30

11.3.6   Regendämpfung

Wenn Regen fällt, führt dies zu einem zusätzlichen Energieverlust der elektromagnetischen Welle. Wie groß die Dämpfung durch Regen ist, hängt von der Stärke des Regens und der Frequenz der Welle ab, wie Bild 11.8 zeigt.

❑ *Beispiel:* Unterhalb von 2 GHz hat auch der stärkste Regen kaum einen Einfluss auf die Dämpfung der Funksignale. Bei WLAN-Systemen (→ 17.4) mit Trägerfrequenzen von 5 GHz können starke Regenfälle mit Mengen von 150 mm/h zu einer zusätzlichen Dämpfung von 1/2 dB/km führen. Bei einer Frequenz von 60 GHz (z. B. bei einer Variante von WiMAX) kann auch ein relativ schwacher Regen zu einem nicht zu vernachlässigenden Anstieg der Dämpfung führen. Ein Starkregen lässt die Dämpfungskonstante in einem 60-GHz-System auf 30 dB/km ansteigen. In einer Entfernung von 1km kommt in diesem Fall nur noch 1/1000 der Leistung an, die ohne Regen dort empfangen werden könnte.

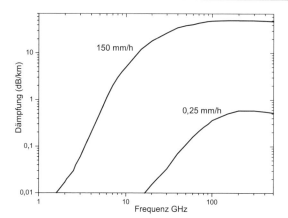

Bild 11.8 Zusätzliche Dämpfung einer Welle durch Regen, nach /11.3/

Bei starkem Regen sinkt die Reichweite des Signals und Funkzellen von Mobilfunksystemen (→ 17) werden kleiner. Teilnehmer an den Rändern der Funkzelle können in diesem Fall nicht mehr bedient werden. Richtfunk- oder Satellitenverbindungen brechen zusammen, wenn Dämpfungseffekte nicht in die Dimensionierung des Systems einfließen.

11

11.3.7 Brechung

Mit dem Begriff **Brechung** wird die Änderung der Ausbreitungsrichtung einer elektromagnetischen Welle an der Grenzfläche zwischen zwei Medien beschrieben. Die Ursache hierfür ist die Änderung der Ausbreitungsgeschwindigkeit der Welle durch die unterschiedlichen Brechungsindizes.

Für drahtlose Kommunikationssysteme ist vor allem die Brechung in der Atmosphäre interessant. Sie ist eine Folge der Veränderung des Brechungsindex der Luft mit steigender Höhe und führt zu einer Erweiterung des Radiohorizonts. Mit steigender Höhe nimmt der Luftdruck und damit auch der Brechungsindex ab. Die elektromagnetische Welle wird beim Durchgang durch die Atmosphäre gebrochen, und zwar stets vom Lot weg wenn sie höher steigt. Die Welle breitet sich also nicht geradlinig aus, sondern in einer Bogenkurve (→ Bild 11.9).

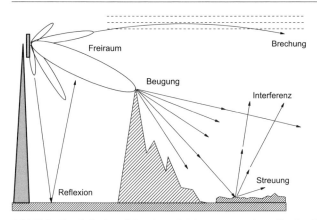

Bild 11.9 Physikalische Effekte, die auf elektromagnetische Wellen bei ihrer Ausbreitung einwirken

Der Brechungsindex der Luft am Boden ist rund 1,000 315. Da eine derartige Schreibweise umständlich ist, drückt man den Brechungsindex in so genannten **N-units** aus. Diese bezeichnen den Unterschied des Brechungsindex zu 1.

$$N = (n - 1) \cdot 10^6 \tag{11.18}$$

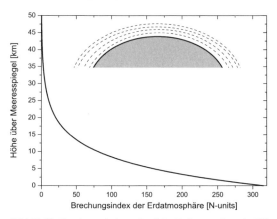

Bild 11.10 Brechungsindexverlauf der Erdatmosphäre in Abhängigkeit von der Höhe über dem Meeresspiegel für $H = 7{,}35$ km und $N_S = 315$

Der Brechungsindex am Boden ist demzufolge $N_S \approx 315$. Da der Brechungsindex von der Dichte der Luftmoleküle abhängt, folgt er demselben exponentiellen Verlauf wie diese. Der Brechungsindex der Luft in Abhängigkeit von der Höhe h ist:

$$N = N_S \, e^{-\frac{h}{H}} \tag{11.19}$$

mit $H = 7,35$ km und $N_S = 315$ als Referenzwerten /11.5/. Den Brechungsindex in Abhängigkeit von der Höhe über dem Meeresspiegel zeigt Bild 11.10.

11.3.8 Reflexion

> **Reflexionen** treten bei drahtlosen Systemen auf, wenn die Wellen auf ein Hindernis stoßen, dessen Abmessungen viel größer als die Wellenlänge sind und dessen Oberfläche als eben bezeichnet werden kann ($\rightarrow$ Bild 11.9).

Dies können z. B. Häuserfassaden sein. Aber auch wenn sich kein Hindernis im Ausbreitungsweg zwischen Sender und Empfänger befindet, kommt es in den meisten Fällen zu Reflexionen der Welle an der Erdoberfläche. Dies liegt vor allem daran, dass die Höhe des Empfängers bei den meisten drahtlosen Systemen relativ gering ist, während die Entfernung zwischen Sender und Empfänger relativ groß sein kann.

11

Im Bereich der drahtlosen Kommunikation führt die Reflexion zu zusätzlichen Kopien des drahtlosen Signals, die am Empfänger ankommen (**Mehrwegeausbreitung**). Diese Kopien können dort das Signal-zu-Rausch-Verhältnis durch Interferenz verschlechtern und sie führen zu einer zeitlichen Verbreiterung der im Funkkanal gesendeten Impulse durch **Intersymbolinterferenz.**

▶ *Hinweis:* Durch eine geschickte Signalverarbeitung, die z. B. bei MIMO-Systemen angewandt wird, können diese Reflexionen aber auch eine Vergrößerung der Übertragungskapazität des Funkkanals bewirken.

Die Intensität bzw. Leistung des reflektierten Anteils der Welle hängt von der Frequenz und dem Material, aber auch vom Einfallswinkel und der Polarisation der Welle ab. Die reflektierten Intensitäten bzw. Leistungen für unterschiedliche Materialien zeigt Bild 11.11.

Außer bei Einfallswinkeln von $0°$ und $90°$ wird eine TE-Welle immer besser reflektiert als eine TM-Welle. Daraus ergeben sich zwei wichtige Konsequenzen für drahtlose Übertragungssysteme:

- Wenn Reflexionen vermieden werden sollen – wie z. B. bei Richtfunkstrecken oder Antennenmessungen – wird meist mit einer TM-Polarisation gearbeitet.
- Reflexionen ändern in den meisten Fällen die Polarisation einer Funkwelle.

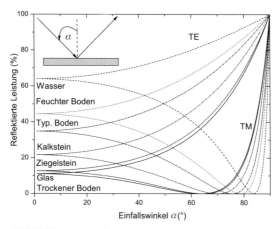

Bild 11.11   Intensität bzw. Leistung einer am Erdboden reflektierten Welle als Funktion des Einfallswinkels für unterschiedliche dielektrische Materialien bei Frequenzen zwischen 0,1 und 10 GHz

Der Winkel, bei dem der reflektierte Anteil einer TM-Welle verschwindet, wird **Brewster-Winkel** genannt.

11.3.9   Streuung

> Eine **Streuung** tritt auf, wenn die Wellen auf ein Hindernis stoßen, dessen Abmessungen viel größer als die Wellenlänge sind und dessen Oberfläche NICHT eben ist.

Bei einer Streuung wird die Welle in viele verschiedene Raumrichtungen abgelenkt, wie Bild 11.9 zeigt. Ob die Oberfläche für die einfallende Welle so rau ist, dass eine Streuung auftritt, hängt vom Einfallswinkel der Welle und ihrer Wellenlänge ab.

Der Höhenunterschied einer Oberflächenstruktur, ab dem es zu einer Streuung kommt, ist:

$$h \geq \frac{\lambda}{8 \cos \alpha} \qquad (11.20)$$

Bild 11.12 zeigt die maximale Rauigkeit für die Reflexion an einer Oberfläche in Abhängigkeit vom Einfallswinkel für unterschiedliche Frequenzen der Wellen.

❑ *Beispiel:* Fällt eine Welle unter einem Winkel von 45° auf eine raue Oberfläche, so wird ein GSM-Signal mit einer Frequenz von rund 1 GHz noch von einer Oberflächenstruktur mit einem Höhenunterschied von 5,3 cm reflektiert. Bei einem WLAN-Signal mit einer Frequenz von 5 GHz beträgt der maximale Höhenunterschied hingegen nur 1 cm und ein drahtloses Signal einer Trägerfrequenz von 100 GHz wird nur von Strukturen reflektiert, deren Tiefe kleiner als 0,5 mm ist. Ist der Einfallswinkel allerdings flach ($\alpha \approx 90°$), so tritt auch noch für grobe Strukturen eine Reflexion der einfallenden Welle auf.

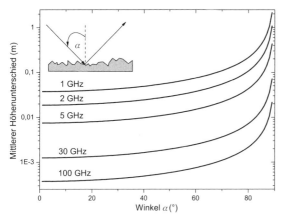

Bild 11.12 Maximaler Höhenunterschied einer rauen Oberfläche, bei der es noch zu einer Reflexion eines einfallenden Strahls unterschiedlicher Frequenz kommt

Für drahtlose Kommunikationssysteme ist neben der Streuung an Oberflächen auch die Streuung durch das Laub von Bäumen von Bedeutung. Diese Streuverluste sind /11.3/:

$$L_{dB} = 0,2 f^{0,3} R^{0,6} \tag{11.21}$$

f Trägerfrequenz des Signals in MHz für Frequenzen von 200 . . . 95 000 MHz
R Dicke der Laubschicht in m für Dicken bis 400 m

RADAR

Systeme, welche die Streuung und Reflexion elektromagnetischer Wellen ausnutzen, sind RADAR-Anlagen, die zur Flugsicherung, zur Wettervorhersage oder zur Fernerkundung dienen.

RADAR steht für **Ra**dio **D**etection **a**nd **R**anging. RADAR-Systeme arbeiten auf der Grundlage der Laufzeit-, Frequenz- oder Polarisationsmessung und dienen der Erkennung oder Ortung von Objekten.

RADAR-Anlagen lassen sich in folgende Gruppen einteilen:

- Impuls-RADAR: Es wird ein kurzer Impuls ausgesendet, der vom Objekt reflektiert oder gestreut und von der Radaranlage wieder empfangen wird. Aus der Laufzeit zwischen dem Aussenden des Pulses und dem Empfang des Echos lässt sich die Entfernung bestimmen.
- Dauerstrich-(Continous Wave, CW-)RADAR oder Doppler-RADAR: Der Sender sendet eine Welle mit konstanter Frequenz aus. Die Relativbewegung des Objekts zur RADAR-Station verändert die Frequenz der reflektierten Welle durch eine **Doppler-Verschiebung**, die zur Messung der Geschwindigkeit des Objekts benutzt wird.
- Moduliertes Dauerstrich-RADAR: Ein CW-RADAR wird mit einer Sägezahnfunktion frequenzmoduliert, sodass sich die Frequenz linear ändert. Mit diesem Gerät lässt sich die Entfernung und Geschwindigkeit eines Objekts bestimmen.
- Polarimetrisches Doppler-RADAR: Da die Reflexion von der Polarisation der Wellen abhängt, werden bei diesen Geräten mithilfe unterschiedlich polarisierter Wellen zusätzliche Informationen über das Objekt gewonnen.

11.3.10   Beugung

Mit dem Begriff der **Beugung** wird eine Ablenkung der Welle in den Schattenbereich hinter einem Hindernis beschrieben.

Die Beugung einer Welle tritt an allen Kanten wie Hausdächern und Ecken von Straßenzügen oder anderen scharfkantigen Hindernissen auf, die sich im Ausbreitungsweg befinden ($\rightarrow$ Bild 11.9). Durch die Beugung ist es überhaupt erst möglich, dass eine Verbindung zwischen dem mobilen Teilnehmer und der Basisstation besteht, obwohl keine direkte Sicht zwischen ihnen existiert. Erst die Beugung ermöglicht dementsprechend die Kommunikation mit Teilnehmern, die sich beispielsweise in Straßenschluchten befinden und von dort aus telefonieren.

▶ *Hinweis:* Optische Wellen werden natürlich ebenfalls gebeugt, aber die Beugung ist umso stärker, je größer die Wellenlänge der Welle ist. Dementsprechend leuchtet die Welle einer Basisstation auf dem Dach eine Straßenschlucht aus, obwohl eine Lampe, an derselben Stelle angebracht, die Straße im Dunkeln lassen würde.

11.3.11   Interferenz

Der Begriff **Interferenz** beschreibt die Überlagerung zweier Wellen. Haben diese dieselbe Frequenz, so hängt das Ergebnis der Überlagerung von der Phasenbeziehung der beiden Wellen zueinander ab.

Haben die Wellenzahlvektoren beispielsweise einen Winkel zueinander, so findet man in der Überlagerung Orte, an denen sich beide Wellen verstärken, und andere, an denen sie sich gegenseitig auslöschen. Bei drahtlosen mobilen Funksystemen gibt es meist keine direkte Sichtverbindung zwischen dem Sender und dem mobilen Teilnehmer. Das Signal breitet sich über so genannte Mehrwegekomponenten aus. Am Ort des Empfängers interferieren diese Komponenten. Ob es bei der Interferenz zu einer Verstärkung oder gegenseitigen Auslöschung kommt, hängt von der Phasenbeziehung der Komponenten zueinander ab. Diese verändert sich aber sowohl zeitlich als auch örtlich. Bei einem UMTS-Signal ($\rightarrow$ 17.3) mit einer Frequenz von 2 GHz ergibt sich beispielsweise eine Wellenlänge von 15 cm. Demnach kann hier schon ein Ortswechsel von wenigen Zentimetern eine extrem starke Signaländerung ergeben. Diese Interferenzerscheinungen werden in Funksystemen **small scale fading** genannt und können nur noch statistisch bzw. über bestimmte von Messungen abgeleitete Parameter (**Kanalparameter**) beschrieben werden.

11.4   Funkkanal

11

11.4.1   Der Gauß-Kanal

Ein **Gauß-Kanal** tritt in Funksystemen auf wenn:
- es eine direkte und starke Sichtverbindung zwischen Sender und Empfänger gibt,
- sich weder Sender noch Empfänger bewegen und
- das Rauschen unabhängig vom Signal ist und sich diesem einfach aufaddiert.

Das Rauschen weist eine konstante Leistungsverteilung über sein Spektrum auf – es ist weiß – und es hat eine Gauß'sche Normalverteilung über seine Leistung. Wenn es keine anderen zusätzlichen Einflüsse auf das Signal gibt und die Kanalbandbreite verglichen mit der Signalbandbreite groß ist, so handelt es sich um einen **AWGN-**(Additive White Gaussian Noise-)**Kanal** ($\rightarrow$ 5.3).

Ein AWGN-Kanal ist in Bild 11.13 dargestellt.

Das vom Sender abgestrahlte Signal sei $u(t)$, der Pfadverlust lässt sich multiplikativ mit der Konstanten A zusammenfassen und das Rauschen sei $n(t)$. Nach Bild 11.13 ergibt sich das Empfangssignal $y(t)$ in einem AWGN-Kanal zu

$$y(t) = Au(t) + n(t) \qquad (11.22)$$

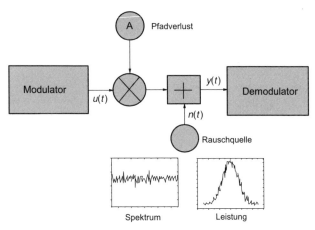

Bild 11.13   AWGN-Kanal

In Abhängigkeit vom Signal-zu-Rausch-Verhältnis und der im System verwendeten Modulationsart (→ 8.2.2) lässt sich die Bitfehlerrate im Empfänger bestimmen. Für einen AWGN-Kanal ist sie in Bild 11.14 gezeigt.

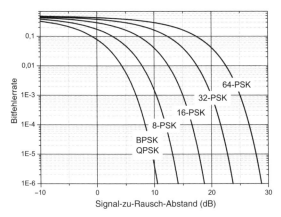

Bild 11.14   Bitfehlerrate in Abhängigkeit vom SNR für verschiedene Phase-Shift-Keying-(PSK-)Modulationsarten in einem AWGN-Kanal

In guter Näherung lässt sich beispielsweise bei Richtfunk- und Satellitenstrecken von einem AWGN-Kanal ausgehen.

▶ *Hinweis:* Wichtige Parameter von Kommunikationskanälen wie z. B. die Kapazität nach Shannon sind nur für einen AWGN-Kanal definiert. Ein derartiger Kanal tritt in guter Näherung auch in Kupferkabeln und Glasfasern auf. In Letzteren aber nur, wenn die Signalleistung nicht zu hoch ist /11.6/.

Bei mobilen Systemen wie dem zellularen Mobilfunk (→ 17) und WLAN (→ 17.4) liegt das Problem allerdings in der Bewegung des mobilen Teilnehmers und der Mehrwegeausbreitung. Für den mobilen Mehrwegekanal gilt daher nicht mehr das AWGN-Modell.

11.4.2 Rayleigh- und Rice-Kanal

Beim mobilen Mehrwegekanal wird das Signal nicht mehr nur vom Pfadverlust und dem additiven Rauschen, sondern auch vom Fading durch die Überlagerung der Mehrwegekomponenten beeinflusst. Es gelten die Beziehungen aus Bild 11.15.

11

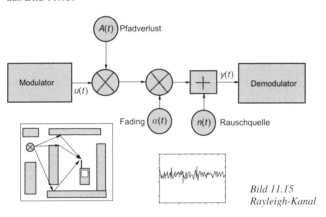

Bild 11.15
Rayleigh-Kanal

Das Empfangssignal hat demzufolge gegenüber den Verhältnissen beim AWGN-Kanal eine zusätzliche multiplikative Komponente.

$$y(t) = A\alpha(t)u(t) + n(t) \tag{11.23}$$

Aus dieser Tatsache folgt eine statistische Verteilung der Empfangsfeldstärke, die sich nicht mehr mit einer Gauß-Funktion beschreiben lässt. Die Wahrscheinlichkeit des Auftretens eines bestimmten Signalpegels r folgt einer so genannten **Rayleigh-Verteilung**

$$P_R(r) = \left(\frac{r}{\sigma^2}\right) e^{-r^2/(2\sigma^2)} \tag{11.24}$$

σ Standardabweichung

Im Gegensatz zur Gauß-Funktion ist die Rayleigh-Funktion asymmetrisch. Demnach ist die Wahrscheinlichkeit dafür, dass ein geringerer Signalpegel als der mittlere auftritt, größer als die Wahrscheinlichkeit für einen größeren Pegel. Für den Empfänger bedeutet die statistische Änderung des Signalpegels einen zufälligen Einbruch oder eine Überhöhung des Empfangssignals um den Mittelwert. Sie kann als ein zusätzliches Rauschen dargestellt werden. Dieses Rauschen führt zu einer Vergrößerung der Bitfehlerrate im Kanal. Den Vergleich zwischen den Bitfehlerraten in einem AWGN- und einem Rayleigh-Kanal für eine BPSK-Modulation (→ 8.2.2) zeigt Bild 11.16.

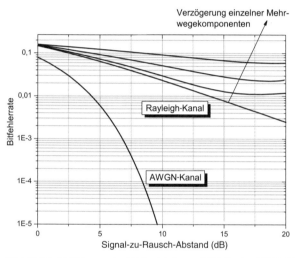

Bild 11.16   Bitfehlerrate in Abhängigkeit vom SNR für eine BPSK-Modulation in einem AWGN- und Rayleigh-Kanal

Wie man Bild 11.16 entnehmen kann, ist die Bitfehlerrate (*Bit Error Rate* BER) in einem Rayleigh-Kanal um ein Vielfaches höher als die BER in einem AWGN-Kanal und sie sinkt deutlich langsamer mit steigendem SNR. Wenn die Verzögerung zwischen einzelnen Mehrwegekomponenten im Rayleigh-Kanal größer wird, dann steigt auch die BER an. Sie führt zu einem Rausch-teppich, der auch mit einem sehr großen SNR nicht ausgeglichen werden kann.

Die Rayleigh-Verteilung gilt nur, wenn es keine direkte Sichtverbindung zwischen der Mobilstation und der BTS (→ 17.2) gibt. Wenn diese existiert, besteht das Empfangssignal aus einer Mischung zwischen der direkt empfangenen Signalkomponente und der Überlagerung der Mehrwegekomponenten. In der Folge wird die Verteilung symmetrischer. Und zwar umso deutlicher, je stärker die direkte Komponente ist. In diesem Fall geht die Rayleigh-Funktion in eine so genannte Rice-Verteilung über /11.7/ und der Rayleigh- wird zum **Rice-Kanal**.

11.5   Antennen

Antennen dienen der Abstrahlung und dem Empfang von Radiowellen. Für Antennen gilt das **Reziprozitätstheorem**. Dieses besagt, dass sich die Antennen bezüglich ihrer Antennenparameter gleich verhalten, unabhängig davon, ob sie als Sende- oder Empfangsantenne eingesetzt werden. Dies bedeutet insbesondere: Kennt man die Sendeeigenschaften einer bestimmten Antennenanordnung, so kennt man auch ihre Empfangseigenschaften.

11.5.1   Nah- und Fernfeld einer Antenne

Die Eigenschaften einer Antenne unterscheiden sich im **Nah-** und **Fernfeld** grundlegend. Beispielsweise weisen das elektrische und magnetische Feld im Nahfeld eine Phasenverschiebung von $90°$ zueinander auf und die Beträge des elektrischen und magnetischen Feldes sind nicht mehr über die Lichtgeschwindigkeit miteinander verbunden. Die Ursache des **Nahfeldes** einer Antenne ist die Stromdichte im Leitermedium, aus dem die Antenne besteht.

11

▶ *Hinweis:* Alle hier definierten Antennenparameter und die meisten Gleichungen zur Funkfeldberechnung gelten nur für das Fernfeld einer Antenne. Die Grenze zwischen dem Nah- und Fernfeld der Antenne ist auch die Grenze zwischen der Fresnel- und Fraunhofer-Beugung. Im Fernfeld bzw. der Fraunhofer-Region kann man die abgestrahlten Wellenfronten mit guter Näherung als Kugeln betrachten, sodass die konkrete Form der Sendeantenne keine Rolle spielt.

Der Übergang zwischen dem Nah- und Fernfeld einer Antenne ist fließend, trotzdem wird eine praktische Grenze definiert. Der Nahfeldradius einer Antenne ist

$$r = \frac{2l^2}{\lambda} \tag{11.25}$$

λ Wellenlänge, die von der Antenne abgestrahlt oder empfangen wird
l Länge der Antenne bzw. der Durchmesser der kleinsten Kugel, die die Antenne vollständig umschließt

❏ *Beispiel:* Geht man für die Antenne von einem $\lambda/2$-Dipol aus, so ergibt sich für den Nahfeldradius $r = \lambda/2$. Das Fernfeld eines solchen Dipols beginnt also bereits in einer Entfernung, die der Hälfte der abgestrahlten Wellenlänge entspricht ($\rightarrow$ Bild 11.17).

Bei der Konstruktion von Antennenstandorten ist es wichtig, die Antenne so aufzubauen, dass sich alle anderen Objekte außerhalb des Nahfelds der Antenne befinden, da sich sonst deren Sende- und Empfangseigenschaften stark ändern.

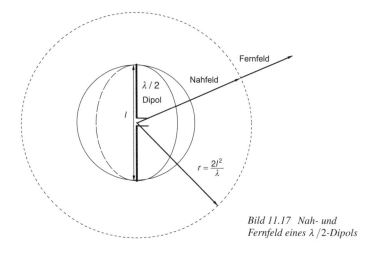

Bild 11.17 Nah- und Fernfeld eines $\lambda/2$-Dipols

11.5.2   Ersatzschaltbild einer Antenne

Eine Antenne ist in der Lage, einer elektromagnetischen Welle Energie zu entziehen. Die Welle induziert in der Antenne eine Spannung, die einen Strom i treibt, der zur Eingangsstufe im Empfangsgerät geleitet wird.

Diese Eingangsstufe hat einen bestimmten Widerstand zur Anpassung zwischen Empfänger und Antenne $\underline{Z}_T$. In der Antenne selbst findet der Strom ebenfalls einen Widerstand, den **Antennenwiderstand** $\underline{Z}_A$, vor. Die Spannung U, die in der Antenne induziert wird, lässt sich im Ersatzschaltbild durch einen Generator darstellen und die erwähnten Widerstände sind im Allgemeinen komplex.

$$\underline{Z}_T = R_T + jX_T \tag{11.26}$$

$$\underline{Z}_A = R_A + jX_A \tag{11.27}$$

Der in der Antenne fließende Strom i bewirkt, dass ein Teil der empfangenen Energie wieder zurück in den Raum abgestrahlt wird. Diese Energie kommt dementsprechend nicht am Empfängereingangswiderstand an. Ein anderer Teil der Energie wird in der Antenne in Wärme umgewandelt und trägt demnach ebenfalls nichts zur Energie am Empfängereingang bei. Der Realteil des Empfängerwiderstandes besteht entsprechend aus zwei Teilen, dem Strahlungswiderstand R_S und dem ohmschen Verlustwiderstand R_O:

$$R_A = R_S + R_O \tag{11.28}$$

Das entsprechende Ersatzschaltbild zeigt Bild 11.18.

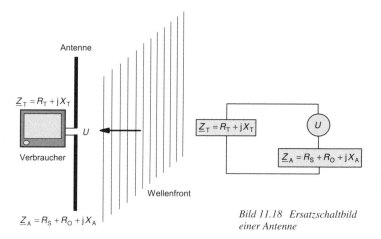

Bild 11.18 Ersatzschaltbild einer Antenne

11

11.5.3   Antennendiagramm

> Im Sendefall gibt das **Antennen-** oder auch **Strahlungsdiagramm** (*radiation pattern*) die normierte Intensitätsverteilung im Raum um die Antenne an. Aufgrund der Reziprozität zeigt das Strahlungsdiagramm sowohl die richtungsabhängige Sendeleistung im Sendefall als auch die Richtungsempfindlichkeit im Empfangsfall. Antennendiagramme werden messtechnisch oder durch Computersimulationen ermittelt.

Ein Antennendiagramm ist dreidimensional. Zur grafischen Veranschaulichung werden meist zwei Polarkoordinatensysteme verwendet. Diese zeigen die normierte Leistungsverteilung um die Antenne (die Antenne befindet sich im Zentrum) in den beiden senkrecht zueinander stehenden Ebenen.

Eine Antenne wird so konstruiert, dass sie mechanisch an einem Mast oder Ähnlichem befestigt werden kann. Die Orientierung der Antenne gegenüber der Erde ist demnach durch ihre Konstruktion festgelegt. Die Ebene des Strahlungsdiagramms, die parallel zur Erdoberfläche orientiert ist, wird als

horizontale Ebene oder *H-plane* bezeichnet. Man sieht demnach von oben auf das abgestrahlte Feld der Antenne. Die Ebene, welche senkrecht zur Erdoberfläche und damit senkrecht zur *H-plane* steht, ist entsprechend die *V-plane* oder **vertikale Ebene**. Sie gibt dementsprechend eine Seitenansicht des Feldes. In der englischen Literatur wird gleichbedeutend mit der *V-plane* auch der Begriff der *E-plane* verwendet. Das E steht für *elevation*, also die Höhe über dem Horizont und damit dem Winkel in der Vertikalen. Das Strahlungsdiagramm einer Antenne in der horizontalen und vertikalen Ebene zeigt Bild 11.19.

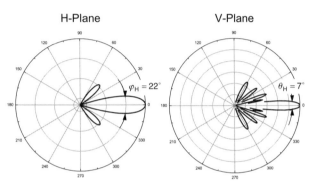

Bild 11.19 Horizontales und vertikales Strahlungsdiagramm einer Antenne

11.5.4   Antennenparameter

Entsprechend der Strahlungs- bzw. Empfangscharakteristik der jeweiligen Antenne werden bestimmte Parameter zu ihrer Beschreibung definiert. Diese Parameter sind in Bild 11.20 dargestellt.

- Das Maximum der Leistungsverteilung wird auch als **Hauptkeule** (*main lobe*) bezeichnet, während die Nebenmaxima entsprechend **Nebenkeulen** (*side lobes*) genannt werden.
- Das Verhältnis zwischen der Hauptkeule und der größten Nebenkeule des Richtdiagramms heißt **Nebenkeulendämpfung** (*sidelobe level*).
- Das Verhältnis der Leistung in Richtung der Hauptkeule zur Leistung in entgegengesetzter Richtung ist die **Rückdämpfung** bzw. das **Vor-/Rückverhältnis** der Antenne (*front-back ratio*).
- Der Raumwinkelbereich Θ um die Antenne, in dem die Leistung noch mindestens der Hälfte der maximal abgestrahlten Leistung entspricht, wird als **Öffnungswinkel**, **Strahl-** oder **Halbwertsbreite** der Antenne bezeichnet (*half-power beamwidth*). Dementsprechend ist dieser Bereich durch einen

Leistungsabfall von -3 dB als Grenze definiert, wie in der Abbildung zu sehen ist.

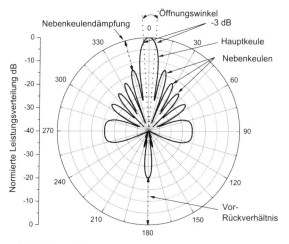

Bild 11.20   Strahlungsdiagramm mit Antennenparametern

11

Richtfaktor

Der Richtfaktor bestimmt, wie gut eine Antenne in der Lage ist, die Strahlung in einen bestimmten Raumwinkelbereich zu konzentrieren. Als Vergleichsgröße wird hierbei der ideale Kugelstrahler herangezogen, der – rein theoretisch – in der Lage ist, die Leistung isotrop (also gleichmäßig) in alle Raumrichtungen, die durch eine Kugel mit dem Radius r bestimmt werden, abzustrahlen.

> Der **Richtfaktor** (*directivity*) D, ist das Verhältnis zwischen der maximalen Strahlungsintensität der betrachteten Antenne und der Intensität einer Antenne, die in eine Kugelfläche mit demselben Radius abstrahlt und mit derselben Leistung betrieben wird.

$$D = \frac{I_{max}}{I_{\text{Kugel } P=\text{const}}} \tag{11.29}$$

Bei einer Antenne mit Richtwirkung ist die Leistung über einen Raumwinkel Ω_A gerichtet. Es ergibt sich für die Intensität in der Entfernung r von der Antenne: $I_{max} = P/(r^2 \Omega_A)$. Die Intensität, die ein Kugelstrahler in demselben Abstand erzeugt, ist $I_{\text{Kugel}} = P/(r^2 \Omega_K)$. Daraus folgt:

$$D = \frac{\Omega_K}{\Omega_A} = \frac{4\pi}{\Omega_A} \tag{11.30}$$

Ist die Richtwirkung der Antenne groß, kann man den Leistungsanteil, der in Richtung der Nebenkeulen abgestrahlt wird, vernachlässigen und der Raumwinkelbereich kann über die Halbwertsbreiten der *H-* und *V-plane* ($\rightarrow$ Bild 11.20) bzw. der Winkel in θ- und φ-Richtung angenähert werden. Damit ergibt sich für den Richtfaktor von stark richtenden Antennen

$$D \approx \frac{4\pi}{\theta_H \varphi_H} \tag{11.31}$$

❏ *Beispiel:* Der Richtfaktor der Antenne in Bild 11.19 ist demnach $D \approx 4\pi/(0,384 \cdot 0,122) = 268,23$ oder in logarithmischen Maßen $D \approx 24,3$ dBi. Der Index i drückt aus, dass sich der Richtfaktor auf den isotropen Kugelstrahler bezieht.

Gewinn

> Der **Gewinn** einer Antenne entspricht ihrem Richtfaktor, der mit dem Wirkungsgrad gewichtet wird.

Der Wirkungsgrad bestimmt, wie viel der in die Antenne eingespeisten Leistung tatsächlich in Strahlungsleistung umgesetzt wird, die sich als Welle im Raum ausbreitet.

▶ *Hinweis:* Im Gegensatz zu einem echten Gewinn, den man beispielsweise mit Verstärkern erzielen kann, sagt der Antennengewinn nur etwas darüber aus, um wie viel stärker die Leistung in einer bestimmten Richtung gebündelt wird.

Ist die Antenne angepasst, so ist der Gewinn $G = kD$, mit $0 \leq k \leq 1$. Ist $k = 0$, wird keine Energie in den Raum abgestrahlt. Hat die Antenne hingegen eine sehr hohe Effektivität, ist also $k \approx 1$, so kann man den Gewinn der Antenne mit ihrem Richtfaktor gleichsetzen.

Apertur

> Der Begriff **Apertur** kommt aus dem Lateinischen und bedeutet Öffnung. Die Apertur einer Antenne ist eine Fläche und sagt (beispielsweise im Empfangsfall) etwas darüber aus, wie viel Leistung einer elektromagnetischen Welle eine Antenne aufnehmen kann.

Die **effektive** Apertur A_e ist der Teil der Gesamtfläche der Antenne, der zu einer nutzbaren Leistung im Empfänger führt. Diese Fläche hängt vom Gewinn der Antenne ab und ist:

$$A_e = G\frac{\lambda^2}{4\pi} \tag{11.32}$$

▶ *Hinweis:* Die effektive Apertur steigt also proportional zum Gewinn und quadratisch mit der Wellenlänge, auf die die Antenne angepasst ist.

11.6   Ausbreitungsmodelle

Ausbreitungsmodelle werden zur Berechnung der Reichweite und der Abdeckung eines Funksystems innerhalb eines bestimmten Gebiets verwendet. Diese Modelle können rein empirisch, physikalisch oder eine Mischung aus beidem sein.

11.6.1   Das Freiraummodell

Das **Freiraummodell** ist ein einfaches physikalisches Modell. Es wird auch **Grundgleichung der Funkwellenausbreitung** oder **Friis-Modell** genannt, da es auf die 1946 von Harald T. Friis in den Bell Telephone Laboratories abgeleiteten Zusammenhänge zurückgeht /11.8/. Beim Freiraummodell wird davon ausgegangen, dass sich die Wellen ohne jede Beeinflussung durch das Medium oder die Umgebung ausbreiten. Mit guter Näherung lässt sich dieses Modell für **Richtfunk-**, **Punkt-zu-Multipunkt-** und z. T. auch für Satellitensysteme verwenden.

Ausgangspunkt ist das in Bild 11.21 dargestellte Szenario.

11

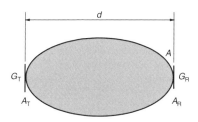

Bild 11.21   Modell der Freiraumausbreitung

Ein Sender strahle mit einer Leistung P_T elektromagnetische Wellen mithilfe einer Sendeantenne mit dem Gewinn G_T in den Raum ab. In einer Entfernung d tritt die gesamte abgestrahlte Leistung durch die Fläche A. Ein Empfänger habe eine Antenne mit der effektiven Apertur A_R und dem Gewinn G_R und liefere die Leistung P_R an die Empfängereingangsstufe. Dann ist die empfangene Leistung:

$$P_R = P_T G_T G_R \left(\frac{\lambda}{4\pi d} \right)^2 \tag{11.33}$$

Der so genannte **Pfadverlust** ist der gesamte Verlust an Leistung, der in einem Mobilfunkkanal auftritt. Er ist das Verhältnis von gesendeter zu empfangener Leistung.

Wenn man d in km und f in MHz einsetzt, folgt aus Gl. (11.33) für den Pfadverlust in logarithmischer Form:

$$L_{PF} = 10\log\left(\frac{P_T}{P_R}\right) = 32,4 + 20\log f + 20\log d$$
$$-G_{TdB} - G_{RdB}$$

(11.34)

Diese Beziehung wird als **Freiraum**pfadverlust (*Freespace Path Loss*) oder Pfadverlust unter **Line-of Sight**-(LOS-)Bedingung bezeichnet, d. h., es befinden sich keine Hindernisse – auch nicht der Erdboden – im Weg, die das Funksignal in irgendeiner Weise beeinflussen können. Aus Gl. (11.34) lassen sich zwei wichtige Punkte ableiten:

- Der Streckenverlust steigt quadratisch mit der Entfernung.
- Der Pfadverlust steigt quadratisch mit der Frequenz.

▶ *Hinweis:* Andere physikalische Modelle sind z. B. das **Zweistrahlmodell**, bei dem ein direkter und ein reflektierter Strahl berücksichtigt werden. Zur Berechnung von Hindernissen bei Richtfunkstrecken wird das so genannte *Knife-Edge-Diffraction*-Modell eingesetzt. In diesem werden die Ergebnisse des Fresnel-Kirchhoff-Beugungsintegrals berücksichtigt.

11.6.2   Empirische Modelle

Empirische Modelle beruhen auf einer Vielzahl von Messungen. Es wird versucht, eine zu den Messungen passende Funktion zu bestimmen. Um den Fehler zu verkleinern, werden Parameter definiert, welche die spezielle Umgebung, die Frequenzabhängigkeit der Messung und die Höhe von Sende- und Empfangsantenne beschreiben.

Das einfachste empirische Modell gibt den Pfadverlust bezogen auf eine Referenzleistung P_{ref}, die in einer Referenzentfernung von der Antenne gemessen wird, an. Es ist:

$$L_{PE} = 10\log\left(\frac{P_{ref}}{P_R}\right) = 10n\log d$$

(11.35)

n Exponent des Pfadverlusts

Tabelle 11.6 zeigt einige Exponenten für unterschiedliche Umgebungen /11.9/.

▶ *Hinweis:* Die Referenzleistung muss im Fernfeld der Antenne gemessen oder aus den Antennenparametern berechnet werden. Für mobile Funkanwendungen, die meist im oberen MHz- und GHz-Bereich arbeiten, befindet man sich bei einer Referenzentfernung von $d_0 = 1$ m bereits im Fernfeld.

Eine Alternative zur Messung der Referenzleistung besteht darin, alle unbekannten Größen, die die Ausbreitung beeinflussen, in eine gemeinsame

Tabelle 11.6 Exponent des Pfadverlusts für unterschiedliche Umgebungen

Umgebung	Exponent n
Freiraum	2
Ebene Fläche	4
Städtisches Gebiet	2,7 bis 3,5
Stadt mit Abschattung	3 bis 5
In Gebäuden mit Sichtverbindung	1,6 bis 1,8
In Gebäuden ohne Sicht	4 bis 6

Konstante K zu integrieren. Sie beinhaltet alle Eigenschaften des Antennenge-winns, der Antennenhöhe, Frequenz usw. Für die Empfangsleistung bezogen auf die Sendeleistung ergibt sich dann:

$$L_{PK} = 10 \log \left(\frac{P_T}{P_R} \right) = 10n \log d - 10 \log K \qquad (11.36)$$

▶ *Hinweis:* Für die Funknetzplanung bei zellularen Mobilfunksystemen und ande-ren Anwendungen werden kompliziertere empirische Ausbreitungsmodelle wie das **Okumura-Hata-Modell**, das **Walfisch-Ikegami-Modell** oder das **COST-231-Modell** verwendet.

11

11.6.3 Ray-Tracing

Zur Berechnung der Abdeckung kleiner Bereiche, wie z. B. von Hotspots bei WLAN-Systemen ($\rightarrow$ 17.4) und im Indoor-Bereich, kommen oft Strahlver-folgungsmodelle wie **Ray-Tracing** bzw **Launching** zum Einsatz. Hierbei werden die elektromagnetischen Wellen als Strahlen angenähert und ihre Ausbreitung innerhalb des zu berechnenden Gebiets wird mithilfe von Com-puterprogrammen simuliert. Dabei wird die Feldstärkeänderung durch die auf sie einwirkenden Effekte wie Beugung und Reflexion berechnet. In der vorher festgelegten Ebene – z. B. ein Ausschnitt aus einem Stadtgebiet – bestimmt man dann die Überlagerung der einzelnen Strahlen .

▶ *Hinweis:* Ray-Tracing- und Launching-Modelle können recht gute Ergebnisse liefern. Die Interferenz der einzelnen Signale und damit das Small Scale Fading werden allerdings – da keine Phaseninformation vorliegt – nicht berechnet.

Der Nachteil dieser Verfahren ist, dass sie relativ komplex sind und damit auch bei schnellen Rechnern lange Berechnungszeiten benötigen können. Für genaue Ergebnisse des Verfahrens benötigt man auch exakte Kenntnisse über die Bebauung und die Eigenschaften des Geländes, welches man berechnet.

11.7   Drahtlose Systeme

Es gibt eine ganze Reihe drahtloser Kommunikationssysteme für unterschiedliche Anwendungen. Im Einzelnen sind das:

- **Broadcast** z. B. für Rundfunk und Fernsehen ($\rightarrow$ 18).
- Netze mit **Basisstation** oder **Access Point** für zellulare Mobilfunk- und WLAN-Systeme ($\rightarrow$ 17).
- **Richtfunk** und andere **Punkt-zu-Punkt**-Systeme
- **Punkt-zu-Multipunkt**-Systeme
- **Ad-hoc-** bzw. **Peer-to-Peer**-Netze

Den prinzipiellen Aufbau der Systeme zeigt Bild 11.22:

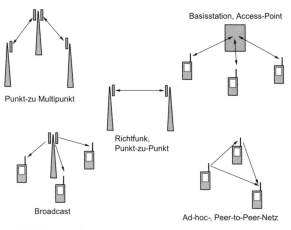

Bild 11.22   Drahtlose Netze

11.7.1   Broadcast

Eine oder mehrere Antennen bedienen ein großes Gebiet. Die Antennen haben einen geringen Gewinn und eine gute Rundstrahlcharakteristik, um das gesamte Gebiet möglichst optimal zu versorgen. Die Reichweite der Signale hängt von der Topographie des Geländes und den Sendeparametern ab. Es treten Effekte wie Beugung, Streuung, Interferenz und Reflexion auf. Die Abdeckung innerhalb des zu versorgenden Gebiets wird meist mithilfe empirischer Modelle berechnet.

Rundfunk und Fernsehen ($\rightarrow$ 18)

Typische Broadcast-Systeme sind Fernseh- oder Rundfunkstationen. Bei Broadcast-Systemen decken Sender mit großer Leistung (mehrere kW für

Fernsehsender) ein großes Gebiet ab. Üblicherweise haben die einzelnen Standorte für ein Fernseh- oder Rundfunknetz unterschiedliche Frequenzen, damit sie sich in den Überlappungsbereichen zwischen zwei Stationen nicht gegenseitig durch Interferenz beeinflussen. Dies kann aber zu einer Unterversorgung an den Rändern führen. So genannte Gleichwellennetze (*Single Frequency Network* SFN) können dies verhindern. Hier senden alle Antennen mit derselben Frequenz. Eine konstruktive Interferenz im Überlappungsbereich sorgt für eine verbesserte Versorgung an den Rändern. Dazu muss allerdings die Phase der von den Antennen abgestrahlten Signale übereinstimmen. Dies wird durch GPS-Empfänger in den Sendern gesteuert, damit alle Standorte dieselbe Zeitbasis besitzen. SFN kommen z. B. für digitales terrestrisches Fernsehen (*Digital Video Broadcast-Terrestrial*) **DVB-T** zum Einsatz.

11.7.2 Basisstation, Access Point

Ähnlich wie im Broadcast-System bedienen hier Antennen von einem festen Standort aus ein gesamtes Gebiet. Dieses Gebiet wird beim Mobilfunk **Zelle** und beim WLAN **Hotspot** genannt. Im Zentrum der Zelle steht eine **Basisstation** (bei GSM → 17.2) oder **Node B** bei UMTS (→ 17.3), während sich im Zentrum des *Hotspots* (→ 17.4) ein **Access Point** befindet. Anders als bei Broadcast-Systemen wird die Verbindung nicht nur in eine, sondern in beide Richtungen betrieben. Es gibt also keinen einzelnen Sender und Empfänger, sondern Transceiver.

11

> Der Begriff **Transceiver** ist ein Kunstwort, das aus den englischen Bezeichnungen für Sender **Trans**mitter und Empfänger Re**ceiver** besteht. Ein Transceiver ist also ein Gerät, das senden und empfangen kann.

Mobilfunk (→ 17)

Die zellularen Mobilfunksysteme arbeiten meist im UHF-Band mit Frequenzen von wenigen GHz.

Die Sendeleistung der mobilen Endgeräte und der Basisstationen ist gering (wenige W), sodass die Zellgröße im Vergleich zu Broadcast-Systemen ebenfalls gering ist.

▶ *Hinweis:* Das Verhältnis zwischen der Leistung des Senders in der Zelle und der Leistung der Sender der Nachbarcluster, die dieselben Kanäle verwenden, wird *Carrier to Interference Ratio* (C/I) genannt. Zur Verringerung des C/I-Verhältnisses wird die Zelle meist sektorisiert, sodass die Antennen in einen $120°$-Winkel abstrahlen.

WLAN ($\rightarrow$ 17.4)

Für WLAN-Systeme haben die Antennen meist einen geringen Gewinn und eine gute Rundstrahlcharakteristik. Da Access Points nur mit Sendeleistungen im mW-Bereich arbeiten, sind Hotspots im Gegensatz zu Mobilfunkzellen klein. Für derart kleine Zellen lassen sich *Ray-Tracing-* bzw. *Launching-*Methoden zur Berechnung der Ausbreitungsbedingungen verwenden. Meist wird bei WLAN-Hotspots aber auf eine Berechnung verzichtet.

11.7.3   Richtfunk, Punkt-zu-Punkt

Richtfunk stellt im Prinzip einen Kabelersatz dar. Über eine vorher fest definierte Strecke werden große Datenmengen ausgetauscht. Der Vorteil ist, dass teure Kabelverbindungen oder Standleitungen entfallen, auch über schwer zugängliches Gebiet lassen sich große Datenmengen transportieren. Der Aufbau ist schnell und relativ einfach. Anwendungen sind z. B. eine Funkbrücke zwischen einzelnen LANs in unterschiedlichen Gebäuden, die Anbindung von Basisstationsstandorten an das Festnetz usw.

Richtfunkantennen haben einen sehr hohen Gewinn und strahlen nur in eine einzige, vorher definierte Richtung. Die Wellen breiten sich annähernd geradlinig zwischen Sender und Empfänger aus. Die Topographie des Geländes spielt für die Reichweite keine Rolle. Daher lässt sich das **Freiraummodell** verwenden. Es muss aber berechnet werden, ob kein Hindernis in den Ausbreitungsweg zwischen Sender und Empfänger hineinragt. Für diese Berechnung werden Beugungsmodelle, die von den Fresnel'schen-Zonen abgeleitet wurden verwendet.

> **Fresnel-Zonen** sind gedachte Ellipsoide mit dem Sender und Empfänger der Richtfunkverbindung in den beiden Brennpunkten. Nimmt man an, die Welle würde an der Innenfläche des Ellipsoids reflektiert, so ist die m-te Fresnel-Zone dadurch gekennzeichnet, dass die an ihr reflektierte Welle einen um $m \cdot \lambda/2$ längeren Weg als die sich direkt ausbreitende Welle zurücklegen muss. Wenn der Beugungsverlust vernachlässigbar klein sein soll, dann darf ein Hindernis zu höchstens 40 % in den ersten Fresnel-Radius einer Richtfunkstrecke hineinragen.

Von besonderer Bedeutung für Richtfunkstrecken ist die Erdkrümmung, die in die Berechnung mit einbezogen werden muss. Aufgrund der Brechung in der Erdatmosphäre vergrößert sich der Radiohorizont. Diesem Effekt wird durch einen so genannten effektiven Erdradius Rechnung getragen. Er ist:

$$R_{\text{eff}} = 4/3 \cdot 6375\,\text{km} = 8500\,\text{km} \tag{11.37}$$

Troposcatter

Durch die Vergrößerung des Radiohorizonts kann eine Richtfunkstrecke über den sichtbaren Horizont hinausreichen. Die überbrückbare Distanz hängt von den Antennenhöhen ab, ist aber durch die Erdkrümmung begrenzt. Für die Überbrückung sehr großer Distanzen werden in eine Richtfunkstrecke Zwischenstationen auf hohen Bergen oder Gebäuden eingefügt. Eine andere Möglichkeit ist das Troposcatter-Verfahren.

> **Troposcatter** oder *Tropospheric Scatter* (Troposphären-Streuung) ist ein Verfahren zur Übertragung von Radiosignalen mit Frequenzen oberhalb des Kurzwellenbandes über große Entfernungen.

Vom Sender wird eine stark gebündelte Welle mit hoher Leistung in Richtung der Troposphäre in der Mitte zwischen Sender und Empfänger abgestrahlt. Durch Brechungsindex-Inhomogenitäten (geringfügige Änderungen des Brechungsindex z. B. durch Wasserdampf) in der Troposphäre wird ein Teil der Leistung in die Richtung des Empfängers gestreut und kann von diesem empfangen werden.

> Die **Troposphäre** ist die unterste Schicht der Atmosphäre. Sie reicht von der Erdoberfläche bis zum Beginn der Stratosphäre (20 km am Äquator, 7 km an den Polen).

11

Optische Verbindungen

Eine andere Möglichkeit, Daten zwischen zwei Punkten drahtlos auszutauschen, bieten optische Verbindungen, bei denen sich Licht im Freiraum zwischen Sender und Empfänger ausbreitet (→ 13.2.2, 16.3).

▶ *Hinweis:* Optische Links mit Lasern werden auch für die hochbitratige Verbindung zwischen Satelliten im Weltraum eingesetzt. Im Weltraum gibt es so gut wie keine Beeinflussung der Lichtwelle, sodass der räumlich hoch kollimierte (scharf gebündelte, in gerader Linie geführte) Laserstrahl über extrem weite Strecken reichen kann. Ein Problem ist allerdings die Ausrichtung der Satelliten auf den Strahl.

Vorteile:
- Im Gegensatz zu Richtfunkstrecken sind keine Berechnungen der Ausbreitungsbedingungen nötig. Für Laser Links ist die Ausdehnung der ersten Fresnel-Zone vernachlässigbar klein.
- sie sind einfach und preiswert aufzubauen
- lizenzfrei
- es gibt keine Probleme mit der elektromagnetischen Verträglichkeit

Nachteile:

- Die Datenraten und Reichweiten variieren sehr stark mit den Bedingungen der Atmosphäre, die sich sehr schnell ändern können. Regen, Schnee und Nebel führen zu einer starken Dämpfung des Signals.
- Sichtverbindung ist nötig
- Speziell für hohe Masten und Gebäude kann deren Schwankung durch starken Wind zu einem Abbruch der Verbindung führen.
- Befindet sich die Sonne hinter dem Sender, kann deren Strahlung das Signal überdecken.

Meist werden für die Verbindung Infrarot-Laserdioden benutzt. Eine preiswerte Alternative für geringe Datenraten stellen Licht emittierende Dioden (LED) dar.

▶ *Hinweis:* Optische Links sind auch eine billige Alternative zu WLAN-Hotspots im Indoor-Bereich. So wird z. B. diskutiert, die wahrscheinlich in Zukunft zur Raumbeleuchtung eingesetzten weißen LEDs, gleichzeitig als WLAN Access Points zu verwenden /11.10/.

11.7.4   Punkt-zu-Multipunkt

Bei diesem System werden z. B. mehrere Gebäude miteinander verbunden. Auf einem Gebäude befindet sich die Basisstation mit einer Rundstrahlantenne mit geringem Gewinn, während die Antennen der anderen Gebäude einen hohen Gewinn haben und auf die Basisstation ausgerichtet werden. Auch hier ist die Reichweite nicht von der Topographie des Geländes, sondern von den Sende- und Empfangsparametern abhängig. Ein Beispiel für ein solches System ist z. B. WiMax, mit dem auch auf dem Lande einzelnen Teilnehmern schnelle Netzanschlüsse zugänglich gemacht werden können.

Für eine Berechnung der Empfangsfeldstärke lässt sich mit guter Näherung das **Freiraummodell** verwenden. Auch hier ist – wie beim Richtfunk – vor allem sicherzustellen, dass sich keine Hindernisse in der ersten Fresnelzone befinden. Je nach der Frequenz des Funksystems kann Regen zu einer starken Dämpfung führen.

11.7.5   Ad-hoc, Peer-to-Peer

Bei diesen Systemen geht es – im Gegensatz zu allen anderen – nicht um die Verbindung eines mobilen Teilnehmers mit einem Festnetz im Hintergrund, sondern um die Verbindung einzelner mobiler Teilnehmer untereinander. Wenn jedes einzelne Gerät nicht nur senden und empfangen, sondern auch Signale weiterleiten kann, lassen sich sehr einfach große mobile Netze aufbauen. Dies ist überall dort interessant, wo keine Informationsinfrastruktur existiert oder diese zerstört wurde.

Die Richtwirkung und damit der Gewinn der Antennen ist meist relativ gering und die Reichweite hängt von den jeweiligen Systemen ab. Besteht freie Sicht zwischen Sender und Empfänger, lässt sich das **Freiraummodell** bzw. das **Zweistrahlmodell** zur Berechnung der Reichweite verwenden. In bebauten Gebieten ist eine Voraussage der Empfangsfeldstärken hingegen schwierig bis unmöglich, da sowohl Sender als auch Empfänger ihre Position ständig ändern können.

11

12 Telekommunikationstechnik

Wolfgang Frohberg

12.1 Telekommunikationsnetze

Telekommunikationsnetze sind alle die Netze, welche an Telekommunikationsdiensten (→ 19) Beteiligte (Nutzer, Anbieter) technisch miteinander verbinden. Sie sind im Allgemeinen wie in Bild 12.1 gegliedert.

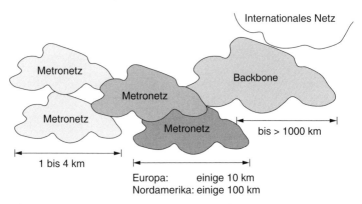

Bild 12.1 Horizontale Gliederung der Telekommunikationsnetze

Zugangsnetze (→ 16) schließen Teilnehmer individuell an Telekommunikationsnetze an. **Metronetze** konzentrieren den Verkehr der Teilnehmer (*aggregation*) und wickeln diesen zwischen an dasselbe Metronetz angeschlossenen Teilnehmern ab. **Core-** oder **Backbone**-Netze verbinden Metronetze eines oder mehrerer Netzbetreiber auf nationaler oder regionaler Ebene (z. B. Europa). Corenetze schließlich sind über internationale Netze verbunden.

12.2 Schichtenmodelle

Neben der in Bild 12.1 dargestellten topologischen Strukturierung von nachrichtentechnischen Netzen gibt es die Strukturierung von Netzen oder Systemen in Schichten, die jeweils abgeschlossene funktionale Einheiten bilden. Damit werden eine übersichtliche Darstellung komplexer Funktionen und die Zuordnung von Aufgaben zu realen oder virtuellen Systemkomponenten (z. B. Geräten) ermöglicht.

Jede Schicht stellt Dienste (*services*) für die darüber liegende Schicht zur Verfügung und bedient sich der Dienste der darunter liegenden Schicht. Der Zugriff auf die Schichtendienste erfolgt immer von der höheren auf die niedrigere Schicht.

Dienstzugriffspunkt (*Service Access Point* – SAP): der Punkt einer Schicht, an dem die Dienste einer Schicht für die Benutzung zugänglich sind.

Zwischen verschiedenen Instanzen einer Schicht in einem Schichtenmodell erfolgt die Kommunikation nach einem Kommunikationsprotokoll.

Kommunikationsprotokoll (*communication protocol*): alle Festlegungen, Vereinbarungen und Formate (Syntax und Semantik), nach denen die Kommunikation zwischen Instanzen einer Schicht erfolgt.

Protokollstack (*protocol stack*): Architektur aus verschiedenen Schichten zugeordneten, zusammenarbeitenden Protokollen (z. B. IP-Protokollstack).

Bild 12.2 zeigt die Prinzipien von Schichtenmodellen und eine Einordnung der wichtigsten Begriffe.

12

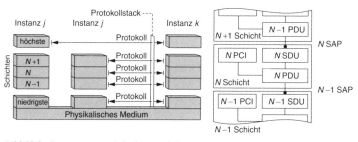

Bild 12.2   Prinzipien von Schichtenmodellen

Dateneinheit (*Data Unit* – DU): Informationstypen, die in Schichtenstrukturen bearbeitet und ausgetauscht werden.

- *Service Data Unit* (SDU): Dienstdateneinheit, Daten, die am SAP empfangen und unverändert übertragen werden.
- *Protocol Data Unit* (PDU): Protokolldateneinheit, setzt sich aus Protokollsteuerinformationen und Nutzdaten (SDU) zusammen und wird an den SAP der darunter liegenden Schicht übergeben.

Steuerinformation (*Protocol Control Information* – PCI): Protokollsteuerinformationen, werden zwischen Instanzen einer Schicht ausgetauscht, steuern das Protokoll der Schicht.

Weitere Konzepte in Schichtenmodellen:

- **Verbindungen** existieren zwischen SAP benachbarter Instanzen einer Schicht. Dabei ist es möglich, mehrere Verbindungen einer höheren Schicht auf eine Verbindung der niederen Schicht zu multiplexen (inverser Vorgang: Demultiplexen) oder eine Verbindung der höheren Schicht auf mehrere Verbindungen der niederen Schicht zu splitten (inverser Vorgang: *Rekombination*).
- Operationen mit Dateneinheiten
  - **Segmentierung** (*segmentation*): Aufteilung einer SDU in mehrere PDU derselben Schicht (inverser Vorgang: *reassembly*)
  - **Blocking**: mehrere SDU werden zu einer PDU derselben Schicht zusammengefasst (inverser Vorgang: *deblocking*)
  - **Verkettung** (*concatenation*): Mehrere PDU werden zu einer SDU der darunter liegenden Schicht zusammengeführt (inverser Vorgang: **Trennung** (*separation*)

❏ *Beispiel:* Segmentation und Reassembly werden beim IP-Protokoll ($\rightarrow$ 14.2) angewendet, um große Datenpakete auch über Router transportieren zu können, die für solche Datenpakete ungeeignet sind.

❏ *Beispiel:* Concatenation wird in Übertragungssystemen ($\rightarrow$ 13.1) angewendet, um Bandbreiten bereitzustellen, die über die Granularität der Übertragungssysteme hinausgehen.

12.2.1   OSI-Referenzmodell

OSI (*Open Systems Interconnection Reference Model*): offener, den Standards der *International Organization for Standardization* (ISO – www.iso.org) ISO 7498 folgender Informationsaustausch zwischen Systemen.

Das OSI-Referenzmodell ist ein Schichtenmodell für die Datenkommunikation, in dem sieben logische Schichten definiert sind. Es ist textgleich im Standard ISO7498 und der ITU-T-Empfehlung X.200 beschrieben.

In Endsystemen sind alle Schichten bis zur Anwendungsschicht vorhanden, auch wenn einzelne Funktionen nicht benötigt werden und dadurch Schichten zusammenfallen. Die Schichten 4 . . . 7 sind nur in Endsystemen vorhanden, da sie Ende-zu-Ende-Funktionen beinhalten. In Transitsystemen (Netzknoten mit ausschließlich Kommunikationsfunktionen, z. B. Vermittlung) sind nur die Schichten 1 . . . 3 vorhanden.

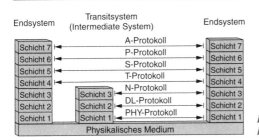

Bild 12.3 OSI-Referenzmodell

Tabelle 12.1 Schichten des OSI-Referenzmodells

Nr. der Schicht	Schichtname	Schichtname (engl.)	Abk.	Funktionen
7	Anwendungs-schicht	*Application Layer*	A	Anwendungsdienste (Telefonie, Dateiübertragung, elektronische Post)
6	Darstellungs-schicht	*Presentation Layer*	P	Semantik der ende-zu-ende übermittelten Daten
5	Sitzungs-schicht	*Session Layer*	S	Aufbau und Unterhaltung von Ende-zu-Ende-Beziehungen zwischen den Anwendungen
4	Transport-schicht	*Transport Layer*	T	Ende-zu-Ende-Steuerung des medienunabhängigen Transports von Informationen zwischen den Endgeräten
3	Netzschicht, Vermittlungs-schicht	*Network Layer*	N	Aufbau von Verbindungen durch Netze, Weitergabe von Dateneinheiten durch das Netz
2	Sicherungs-schicht	*Data Link Layer*	DL	Steuerung des Transports von Informationen zwischen benachbarten Netzknoten; Fehlererkennung und ggf. -korrektur
1	Physikalische Schicht, Bitübertra-gungsschicht	*Physical Layer*	PHY, PH	Darstellung und Übermittlung von Bitströmen, Kanalcodierung, Modulation/Demodulation

12

12.2.2 Andere Schichtenmodelle

Der Protokollstack ($\rightarrow$ Bild 12.2) des **Internet** ($\rightarrow$ 19.3) ordnet die Protokolle ebenfalls in einem Schichtenmodell an, das sich in den Funktionen der Schichten, wie in Bild 12.4 /12.1/ gezeigt, dem OSI-Referenzmodell gegenüberstellen lässt.

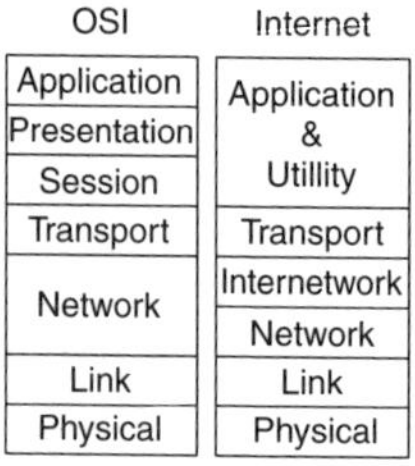

OSI	Internet
Application	Application
Presentation	&
Session	Utillity
Transport	Transport
Network	Internetwork
	Network
Link	Link
Physical	Physical

Bild 12.4 Internet-Schichtenmodell und OSI-Referenzmodell

Darüber hinaus gibt es Systeme, die sich nicht eindeutig anhand eines bestimmten Schichtenmodells beschreiben lassen, wie z. B. ATM ($\rightarrow$ 15).

12.3   Grundprinzipien der Nachrichtenübermittlung

> **Nachrichtenübermittlung** ist die Übertragung und Vermittlung von Nachrichten von einer Nachrichtenquelle zu einer Senke durch ein Netz.

Die Nachrichtenübermittlung umfasst damit die Schichten 1 bis 3 des OSI-Modells ($\rightarrow$ 12.2.1). Involvierte Systeme der Nachrichtentechnik sind Übertragungssysteme ($\rightarrow$ 13.1, 14.1) sowie die Vermittlungstechnik ($\rightarrow$ 13.3) und Systeme zum *Switching* und *Routing* ($\rightarrow$ 14.2).

Die Nachrichtenübermittlung erfolgt immer in einem Netz ($\rightarrow$ 3, Bild 3.2), das aus Netzknoten und diese verbindenden Netzkanten besteht. Im Netz werden Nachrichten vieler Kommunikationsbeziehungen gleichzeitig übermittelt. Auf den Netzkanten werden dazu Informationsströme gemultiplext ($\rightarrow$ 12.1, 9). In den Netzknoten werden die Nachrichten vermittelt, d. h., es wird dafür gesorgt, dass die Nachrichten den richtigen Empfänger erreichen.

Die Übermittlung von Informationen kann grundsätzlich nach zwei Verfahren erfolgen:

- **Kanalvermittlung**: Vermittlung von Kanälen für die Übermittlung
- **Paketvermittlung**: Zerlegen von Informationen und die Vermittlung einzelner Nachrichtenpakete

Es gibt auch Netze, in denen alle Informationen an viele oder alle Endsysteme geschickt werden, wobei die Auswahl der für ein Endsystem bestimmten Informationen im Endsystem getroffen wird (**verbindungslose Verfahren**).

Grundsätzlich kann die Übermittlung von Informationen von einem Endsystem zu einem anderen Endsystem (Punkt-zu-Punkt, z. B. SMS, e-mail), von einem Endsystem zu mehreren Endsystemen (Punkt-zu-Mehrpunkt, *Multicast* oder *Broadcast*, z. B. Rundfunk) oder auch von mehreren Endsystemen zu mehreren Endsystemen (Mehrpunkt-zu-Mehrpunkt) erfolgen. Sie geschieht immer unidirektional. Bei Anwendungen und Diensten, die dialogorientiert sind (z. B. Telefonie) erfolgt die Übermittlung in beiden Richtungen, u. U. in denselben Kanälen.

12.3.1 Kanalvermittlung

Bei der **Kanalvermittlung** wird die korrekte Weitergabe von Informationen durch ein Netz dadurch sichergestellt, dass zwischen den Netzknoten vorhandene Kanäle zu einer Ende-zu-Ende-Verbindung zusammengeschaltet werden, die für die gesamte Zeit des Informationsaustausches zur Verfügung steht.

Die Kanalvermittlung ist gekennzeichnet durch:
- eine Verbindungsaufbauphase vor der eigentlichen Kommunikation
- das Zuweisen von garantierten Ressourcen (Bandbreite) zu einer Verbindung
- das Bestehenbleiben der Verbindung für die gesamte Dauer der Kommunikation

Kanäle können im Raumbereich (getrennte elektrische Leitungen) und im Zeitbereich (Zeitschlitze einer Rahmenstruktur) existieren.

12

▶ *Hinweis:* Die kanalorientierte Übermittlung von Nachrichten wird in Kapitel 13 ausführlich erläutert.

▶ *Hinweis:* Weiterführende Literatur zur Kanalvermittlung: /12.2/, /12.3/, /12.4/, /12.5/, /12.6/

12.3.2 Nachrichtenvermittlung (Paketvermittlung)

Bei der **Nachrichtenvermittlung** werden Informationen durch ein Netz geleitet, indem die Nachricht mit Adressinformationen versehen wird, die in den Netzknoten für die Weiterleitung der Nachrichten ausgewertet werden. Nachrichten können den gesamten zu übertragenden Inhalt enthalten oder Pakete großer und langer Nachrichten sein.

Die Nachrichtenvermittlung ist durch folgende Merkmale gekennzeichnet:
- keine Verbindungsaufbauphase vor der eigentlichen Kommunikation, Nachrichten können ad hoc gesendet werden
- Nachrichten/Pakete enthalten Adressinformationen für das Weiterleiten der Pakete in den Netzknoten
- da es keine Verbindung gibt, gibt es auch keine Zuweisung von Ressourcen (Bandbreite)

- Nachrichten/Pakete haben eine nicht genau vorhersehbare Laufzeit durch das Netz.

▶ *Hinweis:* Die paketorientierte Übermittlung von Nachrichten wird in Kapitel 14 ausführlich erläutert.

▶ *Hinweis:* Die paketorientierte Übermittlung wurde 1962 von Paul Baran erstmals vorgeschlagen und 1969 im ARPA Net, dem Vorläufer des heutigen Internet, erstmals implementiert.

12.3.3   Virtuelle Verbindungen

> Bei **virtuellen Verbindungen** werden Eigenschaften der Kanalvermittlung mit Eigenschaften der Paketvermittlung kombiniert. Es werden Verbindungen aufgebaut, die für die gesamte Zeit des Informationsaustausches zur Verfügung stehen. Entlang dieser Verbindungen werden Pakete versendet.

Virtuelle Verbindungen sind gekennzeichnet durch:
- eine Verbindungsaufbauphase vor der eigentlichen Kommunikation
- das Zuweisen von garantierten Ressourcen (Bandbreite) zu einer Verbindung
- das Bestehenbleiben der Verbindung für die gesamte Dauer der Kommunikation
- das Zerlegen von zu transportierenden Informationen in Pakete
- Adressinformationen in Nachrichten/Paketen für das Weiterleiten der Pakete in den Netzknoten.

▶ *Hinweis:* Virtuelle Verbindungen werden bei ATM angewendet (→ 15). Darüber hinaus werden Prinzipien ähnlich denen virtueller Kanäle in einigen Technologien der Paketübermittlung benutzt, wie z. B. bi MPLS (→ 14.2).

12.4   Systeme der Nachrichtentechnik

Im Laufe der Entwicklung der Nachrichtentechnik haben sich Systeme herausgebildet, die nach verschiedenen Gesichtspunkten systematisiert werden können.

Zunächst soll eine Systematisierung nach dem Ort des Einsatzes bzw. der Ausdehnung der Systeme erfolgen:
- **Endsysteme** und **Endeinrichtungen** sind Systeme, die direkt beim Nutzer angesiedelt sind und dessen Wirkungsbereich nicht verlassen. Solche Systeme sind Endgeräte, DECT-Systeme für die schnurlose Sprachkommunikation. Auf diese Systeme wird im vorliegenden Buch nicht eingegangen.
- **Lokale Systeme** wie **lokale Netze** (LAN, → 14.1) und **Telekommunikationsanlagen** (→ 19.2.3) befinden sich immer noch im Wirkbereich des

Endnutzers, sind aber weiter ausgedehnt als Endsysteme und verbinden in der Regel mehrere Endsysteme.

- **Zugangssysteme** ($\rightarrow$ 16) binden Endnutzer, ihre Endsysteme und lokale Systeme an geographisch ausgedehnte Netze an.
- Regionale Systeme wie **Metropolitain Area Networks** (MAN, Metronetze, $\rightarrow$ 13) werden von Netzbetreibern betrieben und decken Regionen geographisch ab.
- **Kernnetze** decken den gesamten Bereich eines Netzbetreibers ab. Das kann regional, national oder auch global sein.

Eine weitere Einteilung der Systeme der Nachrichtentechnik ist die nach der Ansiedlung der Funktionen der Systeme im Schichtenmodell:

- **Zugangssysteme** ($\rightarrow$ 16) und **Übertragungssysteme** (SONET/SDH und WDM-Systeme, $\rightarrow$ 13, Ethernet $\rightarrow$ 14.1) arbeiten auf den unteren Schichten, im OSI-Referenzmodell auf Schicht 1.
- **Vermittlungssysteme** der Kanalvermittlung ($\rightarrow$ 13.3) und der Paketvermittlung ($\rightarrow$ 14) arbeiten auf darüber liegenden Schichten.
- Systeme, welche **Dienste und Anwendungen** ($\rightarrow$ 19) realisieren, sind in noch höheren Schichten der Schichtenmodelle angesiedelt.

Eine weitere Systematik ist die nach den für eine Nachrichtenübermittlung verwendeten Medien. Während die meisten Systeme auf elektrischen Kabeln oder Lichtwellenleitern (**optische Mehrkanalsysteme, WDM,** $\rightarrow$ 13) arbeiten, sind spezielle Systeme auf die Nutzung von Funktechnologien (**Mobilkommunikation,** $\rightarrow$ 17, **Rundfunk,** $\rightarrow$ 18, **WLL** und **WLAN,** $\rightarrow$ 16.3) oder die optische Freiraumübertragung ($\rightarrow$ 11.7.3, 13.2.2, 16.3) spezialisiert.

12

13 Kanalorientierte Übertragungs- und Vermittlungstechnik

13.1 Synchrone digitale Hierarchie

Frank Porzig

13.1.1 Standards und Gründe der Einführung

Die digitale Signalübertragung wurde ab 1960 in den Telekommunikations-netzen eingesetzt. Es entstanden Übertragungstechnologien, die einerseits durch die Entwicklung der Bauelementetechnik und andererseits durch die sich verändernden Anforderungen der Netzbetreiber beeinflusst waren. Diese Entwicklung ist nicht abgeschlossen und somit stellt die **synchrone digitale Hierarchie** (SDH) eine Transporttechnologie dar, die sich weiterentwickelt bzw. von anderen abgelöst werden kann /13.1/.

Die SDH wurde 1988 von der International Telecommunications Union – Telecommunications (ITU-T) als Übertragungstechnologie standardisiert. Bei der Entwicklung des SDH-Standards kamen die Erfahrungen aus dem **SONET** (*Synchronous Optical Network*), welches vom amerikanischen Standardisierungsinstitut ANSI (*American National Standards Institute*) 1985 erarbeitet wurde, zur Anwendung. Mit der SDH entstand ein Weltstandard, der die **Plesiochrone Digitale Hierarchie** (PDH) ablöste und viele Gemeinsamkeiten mit SONET besitzt.

Gründe für die Einführung der SDH

- Notwendigkeit eines weltweiten Standards oberhalb 139,264 Mbit/s (Europa) und 44,736 Mbit/s (Nordamerika)
- Fehlen einer standardisierten optischen Leitungsschnittstelle
- steigender Bedarf an steuerungstechnischen (signalbegleitenden) Zusatzinformationen für das Netzmanagement
- einfaches Einfügen und Entnehmen von einzelnen Kanälen oder Multiplexgruppen
- hohe Flexibilität und Verfügbarkeit
- höhere Wirtschaftlichkeit

> Die SDH arbeitet nach dem Prinzip der **Synchronous-Time-Division-Multiplex**-(STDM-)Methode. Dies bedeutet, dass eine genau definierte Zeitzuordnung (Zeitschlitz im Multiplexrahmen) besteht ($\rightarrow$ 9.3).

Ein Kanal stellt somit eine Punkt-zu-Punkt-Verbindung mit festgelegter Übertragungsbitrate dar.

Diese Systeme sind für die Sprachsignalübertragung optimiert. Synchron bedeutet aber auch, dass die Netzelemente in einem SDH-basierten Netz alle von einem zentralen Takt aus synchronisiert werden /13.1/, /13.2/, /13.4/.

Wichtige Empfehlungen zur SDH sind die ITU-T-Empfehlungen:

- G.707 *Network node interface for the synchronous digital hierarchy (SDH)*
- G.783 *Characteristics of synchronous digital hierarchy (SDH) equipment functional blocks*
- G.803 *Architecture of transport networks based on the synchronous digital hierarchy (SDH)*
- G.831 *Management capabilities of transport networks based on the synchronous digital hierarchy (SDH)*
- G.841 *Types and characteristics of SDH network protection architectures*

Im Bild 13.1 sind die Bitraten der SDH und SONET zusammengestellt und die Gemeinsamkeiten deutlich gemacht.

SONET		SDH	
STS-768: 39813,12 Mbit/s		STM-256: 39813,12 Mbit/s	
↑		↑ x4	
STS-192: 9953,28 Mbit/s		STM-64: 9953,28 Mbit/s	
↑		↑ x4	
STS-48: 2488,32 Mbit/s		STM-16: 2488,32 Mbit/s	
STS-36: 1866,24 Mbit/s			
STS-24: 1244,16 Mbit/s		↑ x4	
STS-12: 622,08 Mbit/s		STM-4: 622,08 Mbit/s	
↑		↑ x4	
STS-3: 155,52		STM-1: 155,52 Mbit/s	
↑		↑ x3	
STS-1: 51,84 Mbit/s		STM-0: 51.84 Mbit/s	

13

STM – Synchrones Transport-Modul, STS – Synchrones Transport-Signal

Bild 13.1 Bitraten bei SDH und SONET

13.1.2   Multiplexstrukturen und Rahmenaufbau

In der ITU-T-Empfehlung G.707 sind die Multiplexstrukturen der SDH und die Übergänge aus der PDH und anderen Datenstrukturen standardisiert.

Der Grundrahmen der SDH wird als **STM-1** (synchroner Transport-Modul-1) bezeichnet.

Er besitzt eine Übertragungsbitrate von 155,52 Mbit/s und kann mit Nutzsignalen verschiedener Bitraten gefüllt werden. Im Bild 13.2 sind die Multiplexstrukturen der SDH dargestellt.

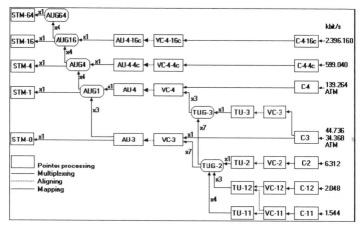

Bild 13.2   Muliplexstruktur der SDH nach ITU-T G.707

Die Ziele der Multiplexer:

- die Bitraten von Nicht-SDH-Signalen auf den SDH-Netztakt synchronisieren
- eine Signalbearbeitung durchführen, damit im Multiplexer byteweise und rahmensynchron nach dem TDM-Verfahren gearbeitet werden kann
- Zusatzinformationen für das Netzmanagement einfügen.

> Die **synchronen Transportmodule** (STM-N) sind die Bitübertragungsrahmen in der SDH.

Sie bestehen aus drei funktionalen Bereichen:

- **Payload** dient der Übertragung von Nutzinformationen
- **Sektion Overhead** (SOH) für Zusatzinformationen zum Betreiben, Überwachen und Steuern
- **Administrative-Unit-Pointer** (*AU-Pointer*) für Entkopplung der Nutzinformationen vom Transportrahmen und Synchronisationsaufgaben.

Der Transportmodulaufbau und die Rahmenlänge mit $125\,\mu s$ sind in allen SDH-Ebenen gleich ($\rightarrow$ Bild 13.3). Die synchronen Transportmodule höherer SDH-Ebenen beziehen sich in ihrer Bezeichnung auf die Anzahl *N* an aufgenommenen synchronen Transportmodulgrundrahmen (STM-1).

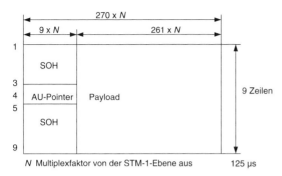

Bild 13.3 Rahmenaufbau eines STM-N-Rahmens

Die Übertragung von STM-N-Rahmen erfolgt zeilenweise. Es wird mit dem
1. Bit der 1. Zeile begonnen und mit dem letzten Bit der Zeile 9 geendet.

❑ *STM-1-Rahmen entsprechend Bild 13.3 mit N = 1:*

Übertragungsbitrate 270 Byte × 9 Zeilen × 8 bit × 8000 Hz = 155,52 Mbit/s
Bitrate Payload 261 Byte × 9 Zeilen × 8 bit × 8000 Hz = 150,336 Mbit/s.
Dies entspricht einem Nutzinformationsgehalt von 96,66 % pro Rahmen. Dabei
wurde nicht berücksichtigt, dass im Payloadbereich noch Zusatzinformationen
enthalten sind.

Section Overhead. Der SOH (→ Bild 13.4) wird in *Regenerator Section
Overhead* und *Multiplexer Section Overhead* mit folgenden Aufgaben eingeteilt:

- *Regenerator Section Overhead* RSOH
  - Rahmensynchronisation
  - STM-1-Identifikation und -Zuordnung
  - Qualitätsprüfung
  - Datenkanäle für das Netzmanagement
  - Dienstkanal
- *Multiplexer Section Overhead* MSOH
  - Ersatzwegschaltung
  - Qualitätsüberwachung
  - Alarmüberwachung
  - Datenkanäle für das Netzmanagement
  - Netztaktinformationen
  - Dienstkanal

Path Overhead. Der POH ist ein Bestandteil von **virtuellen Containern** und
begleitet diese von ihrer Entstehung bis zur Auflösung. Der Informationsgehalt des POH hängt vom Containertyp ab. Es werden Informationen über

13

A1	A1	A1	A2	A2	A2	J0	X	X	RSOH
B1	•	•	E1	•		F1	X	X	
D1	•	•	D2	•		D3			
Pointer									
B2	B2	B2	K1			K2			MSOH
D4			D5			D6			
D7			D8			D9			
D10			D11			D12			
S1	Z1	Z1	Z2	Z2	M1	E2	X	X	

A1, A2 Rahmensynchronisation, JO Regenerator Section Trace,
B1, B2, B3 Bitfehlerüberwachung, D... Datendienstkanäle,
E1, E2 Sprachdienstkanäle, F1 Nutzkanal, K1, K2 Steuerung der Ersatzschaltung,
S1 Synchronisationsinformation, Z1, Z2 Reservekanäle,
M1 Rückmeldung Übertragungsfehler
X für nationale Verwendungen reservierte Bytes
   vom Übertragungsmedium abhängige Bytes

Bild 13.4 SOH eines STM-1

die Übertragungsqualität, Containerstruktur, Alarmmeldungen und z.B. ein Dienstkanal übertragen. Die Zuordnung der Bestandteile des SOH und POH zu ihren Aufgabenbereichen zeigt Bild 13.5.

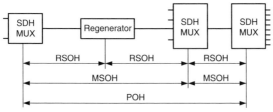

RSOH – Regenerator Section Overhead
MSOH – Multiplex Section Overhead
POH – Path Overhead

Bild 13.5 Wirkungsbereiche von SOH und POH

Container, C-n ($n = 1$ bis 4) ($\rightarrow$ Bild 13.2). Diese Elemente sind Übertragungseinheiten der Payloadkapazität, welche so aufgebaut sind, dass damit die Bitraten nach ITU-T-Empfehlung G.702 (PDH-Signale) oder Breitbandsignale übertragen werden können. Das Anpassen der plesiochronen Zubringer an die synchrone Signalverarbeitung nennt man *Mapping*; es erfolgt durch **Stopfverfahren** ($\rightarrow$ 13.1.4).

Virtueller Container, VC-n ($\rightarrow$ Bild 13.2). Es gibt zwei Typen von virtuellen Containern. *Basic Virtual Container* VC-n ($n = 1$; 2) – dieses Element enthält ein Signal C-*n* (*n* = 1; 2) plus den *Path-Overhead* (POH) passend zur Containerbitrate. *Higher Order Virtual Container* VC-*n* (*n* = 3; 4) – dieses Element enthält ein Signal C-*n* (*n* = 3; 4), eine Anzahl von *Tributary Unit Groups* (TUG-2 oder TUG-3) und den passenden *Path-Overhead* (POH).

Tributary Unit, **TU-n** (*n* = 1; 2; 3) (→ Bild 13.2). Dieses Element besteht aus einem VC-*n* plus einem *Tributary Unit Pointer*, der die Phasenbeziehung zwischen *virtuellen Containern* unterschiedlicher Kapazität regelt. Dies ist erforderlich, da nicht davon ausgegangen werden kann, dass VC aus unterschiedlichen Zubringersystemen beim Multiplexen phasensynchron zum Rahmenanfang stehen.

Tributary Unit Group, **TUG-n** (*n* = 2; 3) (→ Bild 13.2). Durch rahmensynchrones und byteweises Multiplexen von TU entsteht eine TUG. Man unterscheidet zwischen TUG-2 und TUG-3. Bei einer TUG-2 werden TU-2, TU-11 oder TU-12 zusammengefasst (→ Bild 13.2).

Administrative Unit, **AU-n** (*n* = 3; 4) (→ Bild 13.2). Dieses Element besteht aus VC-n (*n* = 3; 4) plus dem *Administrative Unit Pointer* (AU PTR). Der AU PTR hat die Aufgabe, die Phasenbeziehung zwischen den VC und dem STM-1-Rahmen herzustellen. Im Bild 13.6 sind die Elemente eines STM-1-Rahmens am Beispiel eines 2,048-Mbit/s-Signals als Zubringer dargestellt.

13.1.3 Signalverarbeitungsschritte eines 2,048-Mbit/s-Signals in einen STM-1-Rahmen

13

Im Bild 13.6 sind die Signalverarbeitungsschritte von einem 2,048-Mbit/s-Signal bis in einen STM-1-Rahmen dargestellt. Aus dem Multiplexschema (→ Bild 13.2) ist zu erkennen, dass 63 mal 2,048 Mbit/s Signalquellen in einem STM-1-Rahmen aufgenommen werden können. Die Signalverarbeitungsschritte sind in den Funktionsbaugruppen im Abschnitt 13.1.2 beschrieben.

13.1.4 Pointertechnik

Die **Pointertechnik** ermöglicht eine flexible Kopplung zwischen den Nutzinformationen in den VC und dem Transportrahmen. Es können somit Zwischenspeicher eingespart und Laufzeiten minimiert werden.

Pointer treten in der Multiplexstruktur als TU-Pointer und AU-Pointer auf /13.2/, /13.4/. Der prinzipielle Aufbau und die Funktionen sind gleich.

Aufgaben von Pointern

- Entkopplung der Nutzsignale vom Übertragungsrahmen

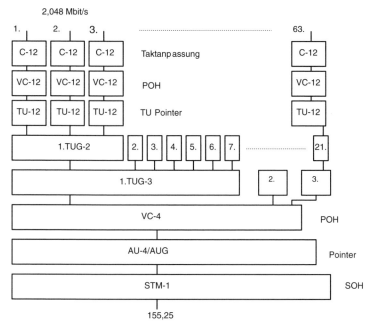

Bild 13.6   Umsetzung eines 2,048-Mbit/s-Signals in einen STM-1-Signal

- Definition der Lage jedes beliebigen VCs im Rahmen mit dem Ziel, einzelne Multiplexgruppen ohne Schwierigkeiten entnehmen oder einfügen zu können
- Synchronisation des Nutzinformationstaktes und des Rahmentaktes
- Ausgleich von Phasenschwankungen zwischen den Rahmen (Laufzeit) z. B. für das synchrone Multiplexen von STM-N auf STM-M

Aufbau von Pointern

Der Aufbau von TU- und AU-Pointern ist prinzipiell gleich. Ein Pointer besteht aus 3 Byte. Zwei Byte werden für den Pointerwert und ein drittes Byte, das Pointeractionbyte, zur Taktanpassung mittels Stopfverfahren verwendet.

Der Pointerwert gibt an, wo der VC im Payload liegt (Zeigerfunktion). Wenn eine Taktanpassung zwischen STM-1-Rahmen und VC erfolgen muss, so werden Stopfinformationen über die Invertierung von Pointerwertbits dem Empfänger mitgeteilt ($\rightarrow$ Bild 13.7).

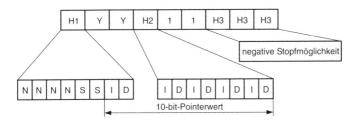

D Decrement bits, I Increment Bits, N New Data Flag, S AU-Typ, Y 1001XX11

Stopfinformation Positiv-Stopfen   I-bits invertiert
               Negativ-Stopfen   D-bits invertiert

Bild 13.7 AU-4-Pointerbytes

13.1.5   Ethernet über SDH/SONET (EoS)

Die folgenden Protokolle dienen zur Realisierung des Dienstes „Ethernet über SDH" (Ethernet over SONET – EoS).

13.1.5.1   Link Access Protocol SDH (LAPS)

Für die Übertragung paketorientierter IP-Daten in SDH-Containern wurde das Transportprotokoll LAPS entwickelt. In der Empfehlung ITU-T X-85 ist die Übertragung von IP-Daten über SDH definiert und ITU-T X-86 definiert die Übertragung von Ethernet-Signalen über SDH.

13

Die SDH stellt synchrone Punkt zu Punkt Links bereit, die byteorientiert arbeiten. Dagegen ist die IP-Welt eine paketorientierte, verbindungslose und asynchrone Kommunikation /13.5/.

> Die Aufgabe von LAPS ist der Transport von asynchronen Datenströmen über eine bytesynchrone SDH-Struktur.

Es muss eine Rahmenstruktur definiert werden, die einen Rahmenanfang und ein Rahmenende festlegen und den asynchronen Datenstrom an die synchronen Links der SDH anpassen.

Die Basis für die Rahmenstruktur von LAPS ist das *High-Level-Data-Link-Control*-Protokoll (HDLC). Im Bild 13.8 ist der LAPS-Rahmen nach ISO 3309, RFC 1662 dargestellt.

Die Felder des LAPS-Rahmens haben folgende Bedeutung:
- Die *Flags* haben die Aufgabe, den Rahmen zu begrenzen.

- Das Adressfeld wird für eine Punkt-zu-Punkt-Verbindung nicht benötigt und auf 04 (hex) gesetzt.
- Das *Control*-Feld kennzeichnet die Daten und Steuerbefehle und die entsprechenden Antworten.
- Der *Service Access Point Identifier* (SAPI) kennzeichnet das transportierende Protokoll.
- Im Informationsfeld können in einer ganzzahligen Anzahl von Bytes IP-Pakete oder Ethernet-Rahmen eingefügt werden.
- Die *Frame Check Sequence* (FCS) ist ein Fehlerschutz.

Flag	Address	Control	SAPI	Infor-	FCS	Flag
01111110	00000100	00000011	(16 bit)	matio-nen	(32 bit)	01111110

Bild 13.8 LAPS-Rahmen

Die synchrone Übertragung wird erreicht, indem man Füllinformationen einfügt.

Beim Einpacken von Ethernet-Rahmen in einen LAPS-Rahmen werden die Preamble und das Start Feld (SFD) entfernt.

Mit LAPS kann man den Transport von IP-Paketen oder Ethernet-Rahmen über SDH gegenüber dem verbreiteten *Point-to-Point Protocol* (PPP) vereinfachen.

13.1.5.2 Generic Frame Procedure (GFP)

Die *Generic Frame Procedure* (GFP) wurde von der ITU-T standardisiert, um die Nachteile vom *Point-to-Point Protocol* (PPP benutzt üblicherweise HDLC-Rahmenstrukturen mit Feldern ohne direkte Anwendung), dem *Asynchronous Transfer Mode* (ATM, ursprünglich für die Übertragung von Echtzeitdaten entwickelt) und dem Ethernet-MAC-Rahmen (besitzt für eine Point-to-Point-Übertragung nicht notwendige Adressfelder; Rahmenstruktur ist mit der Präambel nicht ideal für eine oktettstrukturierte Übertragung geeignet) für eine optimale Übertragung von paketorientierten Daten über SDH/SONET zu beseitigen.

Die Eigenschaften von GFP sind:
- Rahmenerkennung mit geringem Overhead
- optimale Adressierung
- Übertragung von unterschiedlichen, rahmenstrukturierten Protokollen mit beliebiger Rahmenlänge
- Übertragung von Daten mit konstanter Übertragungsgeschwindigkeit.

In Bezug auf die Übertragung lassen sich grundsätzlich zwei unterschiedliche Nutzinformationsarten unterscheiden. Es sind paketorientierte Nutzinformationen, wobei GFP die Paketstruktur erhält und verarbeiten kann, sowie reine Datenströme ohne Strukturierung in Pakete. Dies führte zu zwei GFP-Typen:

- Frame-mapped GFP für paketorientierte Daten und
- Transparent-mapped GFP für blockcodierte Datenströme.

Die Rahmenstruktur eines GFP-Rahmens ist im Bild 13.9 dargestellt.

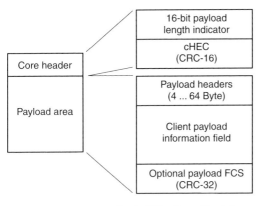

CRC – Cyclic Redundancy Check, FCS – Frame Check Sequence

Bild 13.9 GFP-Rahmenstruktur (Quelle ITU-T G7041)

Zum Ausfüllen von Lücken im Datenstrom bzw. zum Anpassen von Systemen mit unterschiedlichen Übertragungsgeschwindigkeiten dienen Leerrahmen (Idle-Frames).

Die *Generic Frame Procedure* ist somit ein Adaptionsmechanismus, der es erlaubt, beliebige paketorientierte Daten oder blockcodierte Daten über ein oktettsynchrones Übertragungssystem (SDH/SONET oder OTN) zu übertragen.

Eine Kombination von GFP mit einer flexiblen Verkettung von Containern und der zeitlichen Kapazitätsanpassung lassen die als unflexibel geltende SDH-Technik in einem neuen Licht erscheinen.

13.1.5.3   Containerverkettung

Ein steigender Bedarf an der Übertragung von Bitraten, die die Übertragungskapazität eines VC-4 (149,760 Mbit/s) überschreiten, forderte neue Lösungswege in der SDH-Technik. Die ITU-T-Empfehlung G.707 wurde erweitert.

Zwei Varianten der Erweiterung der Übertragungsbitraten sind standardisiert worden.

Contiguous Concatenation

Dies ist eine Zusammenfassung (Verkettung) von VC-4-Containern (→ Bild 13.2) mit dem SDH-typischen Multiplexfaktor nx4. In der Tabelle 13.1 sind Bitraten der **Contiguous-Concatenation-Technik** (CCAT) zusammengestellt.

Tabelle 13.1 Nutzbitraten von CCAT

CCAT-Bezeichnung	Bitrate (Mbit/s)
VC-4	149,76
VC-4-4c	599,04
VC-4-16c	2 396,16
VC-4-64c	9 584,64
VC-4-256c	38 338,56

Die Containerverkettung nach dem CCAT-Prinzip ist nicht variabel und fest an die Multiplexstruktur der SDH gebunden. Der Bedarf an der Übertragung von paketorientierten Datenströmen mit Bitraten, die nicht optimal an die Übertragungsbitraten der VC angepasst sind, steigt ständig. Eine Weiterentwicklung der CCAT erfolgte zur virtuellen Verkettung.

Virtual Concatenation

VCAT (*Virtual Concatenation*, virtuelle Verkettung) ist in der Empfehlung der ITU-T G.707 standardisiert. Der Ausdruck VC-m-Xv beschreibt die Konfiguration der Bündelung der Container. Die Übertragung eines 100-Mbit/s-Ethernet-Signals über eine SDH-Strecke wird durch die virtuelle Verkettung von 2 VC-3-Containern (VC-3-2v) zu einer VCG (*Virtual Concatenated Group*) ermöglicht. Die erreichbaren Nutzdatenraten bei der virtuellen Verkettung von VC-3- oder VC-4-Containern sind in Tabelle 13.2 zusammengestellt. In Tabelle 13.3 sind die Nutzbitraten bei virtueller Verkettung von VC-11, VC-12 und VC-2 veranschaulicht.

Jeder virtuelle Container wird über ein Byte aus dem POH verwaltet. Die Low-Order-VCAT-Anordnungen werden über die K4-Byte und die High-Order-VCAT-Anordnungen über die H4-Byte organisiert. Dabei bilden 4096 hintereinander übertragene Container bei den High-Order-VCAT-Anordnungen und 32 Container bei den Low-Order-VCAT-Anordnungen einen *Multiframe* (Überrahmen). Die H4- und K4-Byte enthalten somit Informationen über die räumliche Anordnung in der VCG (SQ; Sequence) und zu Laufzeitunterschieden bei der Übertragung der Container (MFI; *Multiframe Indication*). Laufzeitunterschiede können durch unterschiedliche Wege der einzelnen Container im SDH-Netz entstehen. Anhand der Informationen aus

H4- bzw. K4-Byte wird es durch eine Zwischenspeicherung der Container möglich, Laufzeitunterschiede in einem definierten Zeitraum auszugleichen. Die Container einer VCAT-Anwendung werden somit beim Empfänger wieder in der richtigen zeitlichen Reihenfolge angeordnet. Bei High-Order- und bei Low-Order-VCAT-Anordnungen können Laufzeitunterschiede bis 512 ms kompensiert werden.

Tabelle 13.2 Nutzdatenbitraten für High Order Container VCAT

VCAT-Bezeichnung	Einzelcontainergröße (Byte)	Bitrate (Mbit/s) X: 1…256
VC-3-Xv	756	X x 48,384
VC-4-Xv	2.340	X x 149,760

Tabelle 13.3 Nutzdatenbitrate für Low Order Container VCAT

VCAT-Bezeichnung	Einzelcontainergröße (Byte)	Bitrate (Mbit/s) X: 1…64
VC-11-Xv	25	X x 1,600
VC-12-Xv	34	X x 2,176
VC-2-Xv	106	X x 6,784

Link Capacity Adjustment Scheme

In der Verbindung mit den VCAT-Anwendungen wurde das *Link-Capacity-Adjustment-Scheme*-(LCAS-)Verfahren standardisiert. In der ITU-T-Empfehlung G.7042 wird die Funktionalität von LCAS beschrieben.

Mit LCAS erreicht man einen Anpassungsmechanismus der Übertragungskapazitäten einer VC-n-Xv Verbindung durch Zu- und Wegschalten von Containern an die zeitlichen Bedarfsanforderungen von Kunden. In SDH-Netzen können dynamisch Übertragungskapazitäten zur Verfügung gestellt werden, die den asynchronen, paketorientierten Datenströmen eine optimale Umgebung bieten.

Mit LCAS können kostengünstige Ersatzschaltungen im SDH-Netz realisiert werden (*soft protection*). Dabei kann das Verfahren einerseits fehlerhafte Container in einer VCAT-Anwendung erkennen und diese in einer VCG deaktivieren. Andererseits können auch deaktivierte Container in einer VCG wieder aktiviert werden, falls der betreffende Container die Nutzdaten wieder fehlerfrei überträgt /13.5/.

Die Änderungen der Übertragungskapazitäten zwischen Sender und Empfänger werden beim LCAS-Verfahren mit Kontrollpaketen über die bestehenden Multiframes der VCAT-Anwendung übertragen. Der Aufbau der Kontrollpakete bzw. die auszutauschenden Kontrollinformationen sind in der ITU-T-Empfehlung G.7042 festgelegt.

13.1.5.4   Multiplexvorgang Ethernet in STM-N

Mit Schnittstellen, die eine Aufnahme von paketorientierten Datenströmen
(z. B. Ethernet, → 14.1) ermöglichen, wird die SDH flexibler und effizienter.
Man spricht auch von der Next Generation SDH. Im Bild 13.10 sind die
Signalverarbeitungsmöglichkeiten zusammengestellt.

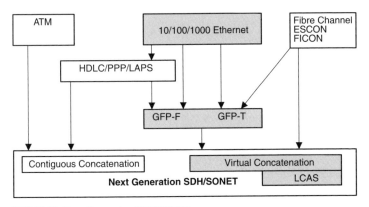

Bild 13.10   Next Generation SDH/SONET

Beim *Frame-mapped* GFP werden Datenrahmen beliebiger Länge, wie z. B.
bei Ethernet, direkt in GFP-Rahmen verpackt. Felder, die der Rahmenken-
nung dienen, werden nicht übernommen, da GFP diesen Prozess über die
PDU-Delineation selbst vornimmt. Die GFP-Rahmen werden in die *Virtual
Container* eingefügt und die Taktanpassung erfolgt durch das Einfügen von
Leerrahmen (Idle-Frames). Das Bandbreitenmanagement übernimmt LCAS.
Die Virtual Container werden in synchronen Transportmodulen (SDH-Rah-
men) über optische Übertragungswege transportiert. Das Bild 13.11 zeigt die
Zusammenhänge der Übertragung von paketstrukturierten Datenströmen über
SDH/SONET.

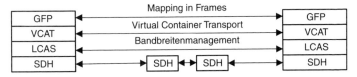

Bild 13.11   Signalverarbeitung der Datenströme in der NG SDH/SONET

13.1.6   Netzelemente der SDH

> **Netzelemente** sind technische Einrichtungen mit verschiedenen Aufgaben zum Betreiben eines Netzes.

In diesem Abschnitt werden nur die Netzelemente der SDH beschrieben, wie Multiplexer, Cross-Connects und Leitungsausrüstungen.

Typen der Multiplexer

- Direktmultiplexer (Terminalmultiplexer) mit plesiochronen Teilnehmer-schnittstellen und einer synchronen Leitungsschnittstelle.

- Direktmultiplexer (Terminalmultiplexer) mit synchronen Teilnehmer-schnittstellen und einer synchronen Leitungsschnittstelle. Es können mehrere STM-N-Signale zu einem STM-M-Signal zusammengefasst werden. STM-1-Schnittstellen können entweder optisch oder elektrisch ausgeführt sein, STM-4-Schnittstellen und Schnittstellen höherer Ordnung sind nur optisch definiert.

- *Add-Drop-Multiplexer* mit synchronen/plesiochronen Teilnehmerschnitt-stellen und zwei synchronen Leitungsschnittstellen. Dieser Multiplexer er-möglicht ein völlig freies Abzweigen und Wiederbelegen von Teilsignalen, ohne das komplette Signal vollständig auflösen zu müssen.

- Umsetzung von Signalen der nordamerikanischen SONET-Hierarchie in Signale der SDH (Interworking).

13

Typen der Cross-Connects (automatische Schaltverteiler)

- *Cross-Connects* Typ I – es können nur *High-Order-VC* (VC-3; VC-4) geschaltet werden. Schnittstellen können sowohl für PDH- als auch für SDH-Signale vorhanden sein.

- *Cross-Connects* Typ II – es können nur *Low-Order-VC* (VC-11; VC-12; VC-2) geschaltet werden. Schnittstellen können für PDH-, LAN- und SDH-Signale vorhanden sein.

- *Cross-Connects* Typ III – es können sowohl *High-Order-VC* als auch *Low-Order-VC* geschaltet werden. Schnittstellen können für PDH- als auch SDH-Signale vorhanden sein.

Synchrone Leitungsausrüstung (SLA)

- Synchrone Leitungsmultiplexer (SLX) verknüpfen STM-1-Signale nach dem Prinzip der Direktmultiplexer mit synchronen Teilnehmerschnittstel-len und besitzen optische Leitungsschnittstellen.

- Synchrone Leitungsregeneratoren (SLR) werden nach Bedarf zur Über-brückung von großen Entfernungen eingesetzt.

- Synchrone Richtfunksysteme können STM-N-Signale übertragen.

13.1.7   Taktverteilung im SDH-Netz

Synchronisation ist die Herstellung eines festen Bezuges bzw. die Kopplung mit einem vorgegebenem Ereignis. In der synchronen digitalen Hierarchie bedeutet dies, dass alle Netzelemente mit dem gleichen Grundtakt (Referenzsignal) arbeiten.

Übertragungsknoten mit SDH-Technik werden mit einem Referenztaktsignal synchronisiert. Der Referenztakt, der abgeleitet wird aus einem „Mastertakt" hoher Stabilität, wird unter Verwendung der Netzinfrastruktur an alle Netzelemente verteilt und synchronisiert dort den Taktgenerator innerhalb des Netzelementes. Fällt der Mastertakt aus, gewinnt das Netzelement den Takt aus einem der ankommenden synchronen Signale oder leitet ihn aus dem internen Quarzoszillator ab. Die Stabilität des Referenztaktes (Mastertakt) oder des abgeleiteten Taktes muss nach ITU-T-Empfehlung G.811 besser als $1 \cdot 10^{-11}$ sein. Die Taktverteileinrichtungen (SSUT – *Synchronous Supply Unit/Transit Node*) der Fernnetzebene werden nach der Empfehlung G.812T mit einer Stabilität von $5 \cdot 10^{-10}$, die Ortsnetzebene (SSUL – *Synchronous Supply Unit/Local Node*) nach der Empfehlung G.812L mit $1 \cdot 10^{-8}$ und die interne Taktversorgung in den Netzelementen (SEC – *Synchroner Equippment Clock*) nach G.813 mit $5 \cdot 10^{-8}$ festgelegt.

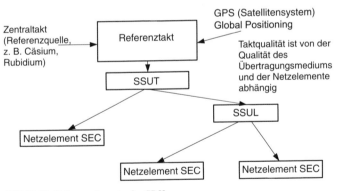

Bild 13.12   Taktverteilung in der SDH

Durch die Pointertechnik können Systeme der SDH auch dann noch fehlerminimiert arbeiten, wenn alle Möglichkeiten der externen Synchronisation ausfallen und die Netzelemente plesiochronen Charakter tragen.

Die prinzipielle Taktverteilung in einem SDH-Netz zeigt Bild 13.12.

13.1.8   Qualitätssicherung

Die hohe Konzentration von Übertragungskapazitäten auf Multiplexleitungen stellt auch eine hohe Anforderung an die Verfügbarkeit der Baugruppen der Netzelemente und der Übertragungswege dar.

Zentrale Baugruppen, wie z. B. die Stromversorgung, Koppelnetzwerke, *Central Processing Unit* oder *Line Cards*, sind in den Netzelementen redundant aufgebaut. Im Störungsfall werden die Ersatzbaugruppen in Betrieb genommen und über das Netzmanagement diese Informationen weiterverarbeitet. Diese Form der Ersatzschaltung bezeichnet man als *Card Protection*.

Eine Dopplung der Übertragungsstrecke erhält man durch eine *Line Protection* für Punkt-zu-Punkt-Verbindungen. Dabei unterscheidet man **drei Ersatzwegschaltungen**.

- Die einfachste Form ist die 1 + 1-Ersatzwegschaltung, bei der jeder Nutzleitung eine Ersatzleitung zugeordnet ist. Im Störungsfall schaltet nur der Empfänger um ($\rightarrow$ Bild 13.13a).
- Bei der Ersatzschaltung 1 : 1 wird die gestörte Nutzleitung auch durch eine Ersatzleitung ersetzt. Diese Ersatzleitung wird sende- und empfangsseitig im Störungsfall zugeschaltet. Die Schaltung an der Sendeseite wird durch eine Information über einen Rückkanal durchgeführt. Die Prinzipskizze ist im Bild 13.13b dargestellt.
- Die kostengünstigste Ersatzwegschaltung ist die 1 : N-Schaltung. Bei dieser Ersatzwegschaltung werden N Nutzleitungen durch einen Ersatzweg gesichert. Bei Bedarf wird nach einer Prioritätenliste die Ersatzleitung der gestörten Nutzleitung zugeordnet. Im normalen Betriebsfall können über den Ersatzweg auch Daten mit geringer Priorität übertragen werden. Das Bild 13.13c zeigt eine Ersatzwegschaltung nach dem Prinzip 1 : N.

SDH-Netze sind vorrangig in **Ringstrukturen** aufgebaut. Das Ringnetz stellt die einfachste und kosteneffektivste Möglichkeit dar, Netzelemente miteinander zu verbinden. Bei der Organisation der Ersatzschaltungen ist zu beachten, ob der Ring bidirektional oder unidirektional betrieben wird.

Bei **bidirektionalen Ringen** werden die Übertragungswege gedoppelt. Das Wirkprinzip ist mit einer 1 : 1-Schaltung aus Bild 13.13b zu vergleichen. Sind beide Übertragungswege zwischen benachbarten Netzelementen gestört, kann durch eine Schleifenschaltung die Nutzleitung mit der Ersatzleitung im beteiligten Netzelement verbunden werden. Der Ring ist über die Ersatzleitungen wieder geschlossen und der Betrieb kann weiter erfolgen.

Bei **unidirektionalen Ringen** werden die Nachrichten zwischen den Netzelementen richtungsbezogen und getrennt auf den Übertragungswegen geführt. Bei einer Störung werden die Übertragungskapazitäten auf die noch zur Ver-

13

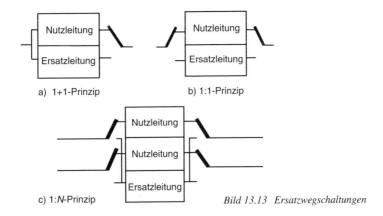

a) 1+1-Prinzip

b) 1:1-Prinzip

c) 1:*N*-Prinzip

Bild 13.13 Ersatzwegschaltungen

fügung stehenden Übertragungswege umgeschaltet. Die Ersatzwege bestehen aus reservierten Übertragungskapazitäten auf den Nutzleitungen.

Erfolgen die beschriebenen Ersatzwegschaltungen in Auswertung der ermittelten Alarme automatisch, so ist dies ein *Automatic Protection Switching* (APS).

13.2   Photonische Übertragungssysteme

Volkmar Brückner

13.2.1   Optische Mehrkanalsysteme

Die in die Glasfasernetze eingespeiste, digital codierte optische Information erleidet alle aus der elektrischen und optischen analogen Übertragungstechnik bekannten Veränderungen (→ 7, 10). Der Streckenabschnitt bis zu der vollständigen Rekonstruktion des digitalen (elektrischen) Informationsstromes aus einem verzerrten optischen Signal wird nach ITU-T *Optical Channel* genannt (mit OCH oder OCh abgekürzt). Dieser **optisch-transparente Kanal** kann Datenraten bis zu 40 Gbit/s und Längen bis zu 10 000 km aufweisen und führt über viele optische Verstärker, Multiplexer usw. Das bedeutet eine enorme Steigerung der Kapazität und Flexibilität, aber zu dem Preis eines überaus komplexen Zusammenspiels aller Effekte – meist in Richtung Signaldegradation. Die Planung solcher OCH-basierten Netze ist nur mit umfangreichen numerischen Simulationstools möglich, flankiert von einer ausgefeilten System-Messtechnik. Hauptaufgabe ist die Abschätzung der Systemreichweite. Sie bestimmt bei einer vorgegebenen Bitrate die Leistungsfähigkeit des optischen Übertragungssystems. Sie wird durch die Signaldämpfung entlang der Übertragungsstrecke, die Sendeleistung, die minimale Empfangsleistung und durch die Dispersion begrenzt. Die Übertragungsstrecke kann durch optische Verstärker und Dispersionskompensationsmodule erweitert, die Übertragungskapazität durch Mehrfachausnutzung der Faser erhöht werden /13.8/.

WAN, MAN, LAN

> Ausgehend von der Netzausdehnung werden drei Netzarten unterschieden:
> - das Weitverkehrsnetz (*Wide Area Network*, WAN)
> - das Regionalnetz (*Metropolitain Area Network*, MAN) und
> - das lokale Netz (*Local Area Network*, LAN)

Ein **WAN** oder auch *Backbone-Netz* überbrückt größere Entfernungen, z. B. Verbindungen zwischen größeren Städten und/oder Ländern. Die Entfernungen einer Einzelstrecke reichen von einigen 10 bis zu tausenden Kilometern.

Das **Metronetz** ist ein Regionalnetz, mit dem Verbindungen innerhalb einer Stadt oder einer Region hergestellt werden, die Entfernungen reichen von einigen Kilometern bis ca. 100 km.

Ein **lokales Netz** verbindet z. B. die Rechner einer Firma oder auf einem Campus. Der Privatkunde ist über das Zugangsnetz angeschlossen. Hier ist die Verzweigung am stärksten, d. h. die Anzahl der Komponenten am größten. Das Glasfasernetz der Deutschen Telekom besteht aus mehr als 160 000 km Einmodenfaserkabel mit max. 96 Fasern pro Kabel. Die Länge der Teilabschnitte liegt zwischen 50 km und 600 km. Will ein Client A mit einem Clienten B Daten austauschen, läuft das Signal von A über das Zugangsnetz oder ein LAN in das Metronetz (MAN), dann ins Backbonenetz (WAN) und schließlich wieder durchs MAN ins Zugangsnetz zum Client B. Das MAN ist ein vermaschtes Netz, das WAN ist als Ring ausgelegt. Das Zugangsnetz ist als „Verzweigungsnetz" häufig als passives optisches Netz (PON) ausgebildet. Die Datenströme und damit die Bitrate werden in Richtung WAN aggregiert. Daraus folgt, dass für die einzelnen Netztypen völlig unterschiedliche Anforderungen erfüllt werden müssen. Bild 13.14 zeigt schematisch den Aufbau eines einfachen fasergebundenen optischen Übertragungssystems, mit dem zwei Punkte miteinander verbunden sind. Im realen System, z. B. WAN, sind die Knoten miteinander vermascht, sodass es mehrere Möglichkeiten gibt, von einem Knoten zum anderen zu gelangen. Ein Vorteil eines vermaschten Systems liegt in der Möglichkeit, bei Ausfall eines Knotens oder einer Teilstrecke (Kabelbruch) Ersatzwege schalten zu können.

13

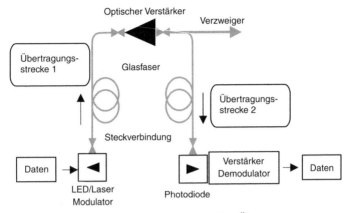

Bild 13.14   Schematische Darstellung eines optischen Übertragungssystems

13.2.2   Optische Freiraumübertragung

Bei **optischer Freiraumübertragung** ($\rightarrow$ 11.7.3, 16.3) werden Daten über Laserlicht direkt durch den Raum übertragen. Eine Unterbrechung des optischen Weges führt zu sofortigem Datenverlust.

Für die Signalübertragung zwischen Satelliten im Weltraum gibt es spezielle Systeme, die große Datenmengen übertragen müssen. Die zu überbrückenden Entfernungen sind in der Regel sehr viel größer als in terrestrischen Fasersystemen. Die von Lasern ausgesandte Strahlung ist immer leicht divergent, sodass sie mit Linsensystemen gebündelt werden muss. Gleichzeitig müssen die Satelliten räumlich so stabilisiert sein, dass die Strahlung detektiert werden kann.

Der Wellenlängenbereich der terrestrischen Freistrahlübertragung, die auch in IR-Fernbedieungen eingesetzt wird liegt zwischen 800 nm und 1000 nm. Als Sender werden häufig LED eingesetzt, als Empfänger Si-Fotodioden mit einem vorgeschalteten Bandpassfilter, um das Tageslicht zu eliminieren. Mit den meisten Digitalkameras kann man die Strahlung der Fernbedienungen – für das Auge unsichtbar – auf dem Monitor sichtbar machen.

Voraussetzung für das Funktionieren einer optischen Freistrahlübertragung (*Free Space Optics – FSO*) /16.20/ ist die Sichtverbindung. Optische Freistrahlübertragung wird auch für Datenübertragung mit einer Übertragungsrate von einigen Gbit/s über wenige Kilometer genutzt. Die Vorteile dieser Systeme liegen in der kurzen Bereitstellungszeit und der hohen Kosteneffizienz, da keine Kabelverlegearbeiten und Genehmigungsverfahren erforderlich sind. Anders als bei der Benutzung von Funkwellen ($\to$ 11) ist bei der optischen Freiraumübertragung das genutzte Spektrum lizenzfrei. Die verwendeten Wellenlängen sind vorwiegend 850 nm, 1310 nm und 1550 nm. Der Hauptnachteil besteht in der Witterungsabhängigkeit der Übertragungsqualität ($\to$ Tabelle 13.4).

Tabelle 13.4 Typische Dämpfung bei terrestrischer Freistrahlübertragung

Klare Sicht	< 1 dB/km
Leichter Regen (5 . . . 10 mm/h)	3 dB/km
Starker Regen (15 . . . 20 mm/h)	5 dB/km
Wolkenbruch, Schnee, leichter Nebel	17 dB/km
Gewitter, Nebel	30 dB/km

13.2.3 Erhöhung der Übertragungskapazität optischer Fasern

Die Einführung von Wellenlängenmultiplex (WDM $\to$ 13.2.6) und dichtem WDM (DWDM) in Verbindung mit den optischen Verstärkern (*Erbium Doped Fibre Amplifier* – EDFA) ließ die Datenraten in die Höhe schnellen /13.9/, /13.10/. Ab 2000 stand die 10-Gbit/s-Technik zur Verfügung, sodass mit dichtem Wellenlängenmultiplex eine Gesamtübertragungsrate von mehr als 1 Tbit/s erreicht werden konnte.

13

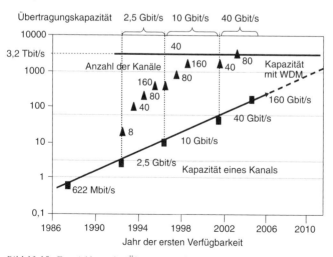

Bild 13.15 Entwicklung der Übertragungskapazität

13.2.4   Aufbau eines optischen Übertragungssystems

Ein optisches Übertragungssystem besteht im Wesentlichen aus drei Abschnitten (→ Bild 13.14):

- dem Sender, meist einer Halbleiterquelle, LED oder Laserdiode.
- der Übertragungsstrecke, Freistrahlstrecke oder einer optischen Faser mit Steckern, Kopplern, Verzweigern, optischem Verstärker.
- dem optischen Empfänger, einem Halbleiterbauelement (Photodiode) mit nachgeschaltetem elektrischen Verstärker.

13.2.5   Multiplexsysteme

Zur Erhöhung der Übertragungskapazität der optischen Faser werden Multiplexverfahren (→ 9) eingesetzt. Ziel ist es, viele Datenströme auf einem Kanal (z. B. auf einer Faser) zu übertragen. Drei Möglichkeiten stehen im Prinzip zur Verfügung:

- mehr Fasern installieren
- Impulse der einzelnen Kanäle miteinander verschachteln und in kürzeren Zeitschlitzen übertragen
- Signale auf verschiedenen Trägerfrequenzen über eine Faser übertragen.

In Bild 13.16 sind die Möglichkeiten dargestellt. Die erste Möglichkeit ist das Raummultiplex SDM (*Space Division Multiplex*), die zweite das Zeitmultiplex TDM (*Time Division Multiplex*) und die dritte das optische Frequenzmultiplex OFDM oder WDM (*Optical Frequency Division Multiplex* oder *Wavelength Division Multiplex*).

Das optische Frequenzmultiplex wird meist als Wellenlängenmultiplex bezeichnet. Weiterhin darf das optische Frequenzmultiplex nicht mit dem elektrischen Frequenzmultiplex verwechselt werden, bei dem mehrere Trägerfrequenzen in der elektrischen Ebene zusammengefasst werden.

❑ *Beispiel:* In jedem einzelnen Wellenlängenkanal können die Signalströme im Zeitmultiplex (TDM) übertragen werden, z. B. werden $16 \times 155\,\mathrm{Mbit/s}$ (STM1) zu $2{,}5\,\mathrm{Gbit/s}$ zusammengefasst. Die Gesamtkapazität einer einzelnen Faser beträgt in unserem Beispiel $16 \times 2{,}5\,\mathrm{Gbit/s} = 40\,\mathrm{Gbit/s}$, mit 100 Fasern hat das Kabel eine Übertragungskapazität von $4\,\mathrm{Tbit/s}$.

Beim **Raummultiplex** werden n Kanäle mit jeweils m bit/s über $p = n$ Fasern übertragen. Es werden n Sender und n Empfänger benötigt. Die Gesamtübertragungskapazität ist $n \cdot m$ bit/s.

Werden die Signale zeitlich dichter ineinandergeschachtelt, erhöht sich die Übertragungskapazität, z. B. in der SDH – Technik (synchrone digitale Hierarchie) um jeweils Faktor 4 von STM-1 (155 Mbit/s) bis STM-256 (40 Gbit/s).

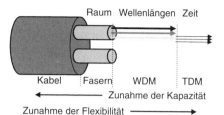

Bild 13.16 Multiplexsysteme

Beim **elektrischen Zeitmultiplex** (ETDM) werden n Kanäle mit jeweils m bit/s in der elektrischen Ebene zeitlich miteinander verschachtelt.

Zur Übertragung werden ein optischer Sender, eine Faser und ein Empfänger benötigt. Die Übertragungskapazität der einen Faser beträgt $n \cdot m$ bit/s. Benutzt man p Fasern, ergibt sich eine Gesamtübertragungskapazität von $p \cdot n \cdot m$ bit/s.

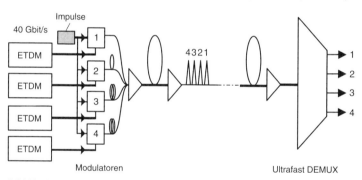

Bild 13.17 Optisches Zeitmultiplex

13

Beim **optischen Zeitmultiplex** werden die verschiedenen optischen Impulsfolgen so gegeneinander verschoben in eine Faser eingekoppelt, dass die Impulse eines Signals jeweils in den Impuls-Zwischenräumen der anderen Signale liegen.

Ein Beispiel für eine 160-Gbit/s-Datenübertragungsstrecke ist schematisch in Bild 13.17 dargestellt. Ein Laser (*pulse source*) emittiert sehr kurze Impulse mit einer Halbwertsbreite von wenigen Pikosekunden und einem Impulsabstand von z. B. 25 ps.

❑ *Beispiel:* Es sollen vier Kanäle mit jeweils 40 Gbit/s übertragen werden. Mit den zu übertragenden Nachrichten werden vier Modulatoren moduliert. Nun müssen die einzelnen optischen Impulse hinter den einzelnen Modulatoren zeitlich miteinander verschachtelt werden (analog zum elektrischen Zeitmultiplex, allerdings erfolgt dies hier optisch). Die sich so ergebenden vier Bitfolgen werden jeweils um eine viertel Periode zur Pulsfrequenz der Quelle zeitlich verschoben und in eine Faser eingekoppelt. Die Verzögerung wird durch das Durchlaufen unterschiedlicher Faserlängen erreicht. Als Summenbitrate ergeben sich 160 Gbit/s. Auf der Empfängerseite werden die Impulse nach gleichem Schema wieder durch Demultiplexen auf vier Kanäle mit 40 Gbit/s aufgeteilt. Auch hierfür werden Verzögerungsleitungen eingesetzt. Vier Detektoren wandeln die optischen Impulse in elektrische Signale um. Für das Internet der nächsten Generation sind Bitraten von 160 Gbit/s und mehr Gegenstand der aktuellen Forschung. Mit 160 Gbit/s lassen sich z. B. 2,5 Millionen Telefongespräche gleichzeitig durch einen Kanal übertragen.

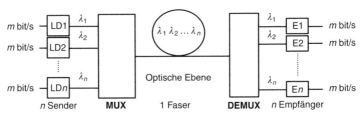

Bild 13.18 Wellenlängenmultiplex

Beim **Wellenlängenmultiplex** werden mehrere Wellenlängen in einer Faser übertragen.

Dadurch erhöht sich die Übertragungskapazität in einer Faser (Wellenlängenmultiplex, → Bild 13.18). Die elektrischen Signale (z. B. bestehend aus TDM-Signalströmen) modulieren jeweils einen optischen Sender, die optischen Signale werden in einem Multiplexer zusammengeführt und in eine Faser eingekoppelt. Am Ende der Übertragungsstrecke werden die Wellenlängenkanäle in einem Demultiplexer (optisches Filter) getrennt und jeweils in einem Empfänger in die elektrische Ebene umgewandelt.

❑ *Beispiel:* Pro Faser beträgt jetzt die Kapazität $n \cdot m$ bit/s, ein Zahlenbeispiel mit $m = 40$ Gbit/s, $n = 16$ ergibt 640 Gbit/s. Ein weiterer Vorteil der WDM-Technologie ist die Flexibilität, mit der Kanäle je nach Bedarf zu- oder abgeschaltet werden können. Es müssen nicht sofort alle Kanäle des Systems aufgebaut werden, sondern erst, wenn der Bedarf entsteht. Mit optischer Multiplextechnik können unterschiedliche Datenformate wie Gigabit Ethernet, IP, SDH, Sprache und Video oder auch andere Dienste in gewünschten Kombinationen und bei verschiedenen Bitraten übertragen werden. WDM-Technologie ist protokollneutral.

13.2.6 Wavelength-Division-Multiplex-Technologien (WDM)

Der Wellenlängenmultiplex benutzt verschiedene WDM-Technologien ($\rightarrow$ Tabelle 13.5):

- WWDM: *Wide WDM*
- CWDM: *Coarse WDM*
- DWDM: *Dense WDM*
- UDWDM: *Ultra DWDM*

Tabelle 13.5 Übersicht über WDM-Technologien

Standards: ITU G.671, G.692.1, G.692.2	WWDM	CWDM	DWDM/UDWDM
Kanalabstand	> 50 nm, 1310 nm und 1550 nm	< 50 nm > 1000 GHz	< 1000 GHz
Wellenlängen-bänder	O, C	O, E, S, C, L	C, L
Anzahl Kanäle	2	18	einige 100
Anwendungen	PON	Metro, kurzreich-weitig	große Reichweite
Kosten	niedrig	niedrig	hoch

Der Abstand der Wellenlängenkanäle richtet sich nach der Anwendung: In ITU G.671, G.694.1 und G.694.2 sind die Wellenlängenkanäle definiert. Für DWDM werden die Kanalabstände festgesetzt mit 12,5 GHz, 25 GHz, 50 GHz und 100 GHz, ausgehend von der Frequenz 193,1 THz.

13

In Bild 13.19 werden der DWDM- und CWDM-Bereich sowie die Dämpfung und Dispersion verschiedener Fasertypen dargestellt. Der Kanalabstand von CWDM-Systemen beträgt in der Anwendung typischerweise 20 nm, bei WWDM sind die Abstände größer als 50 nm, z. B. 1310 nm und 1550 nm. Während in DWDM-Systemen die Sendelaser ein sehr schmales Spektrum emittieren müssen und daher mit Temperaturstabilisierung arbeiten, werden für CWDM ungekühlte DFB- oder auch FP-Laser eingesetzt. Die Verschiebung des Spektrums der FP-Laser bleibt innerhalb der Grenzen, sodass der Kanalabstand von 20 nm eingehalten wird. Für die Kanäle bei CWDM gelten die ITU-G.694.2-Empfehlungen. Sie liegen zwischen 1271 nm und 1611 nm, d. h., bei Verwendung einer wasserpeakfreien oder *Low-Water-Peak*- oder *Zero-Water-Peak*-(ZWP)Faser können 18 Kanäle genutzt werden. Im DWDM-System im C-Band haben die Kanäle einen Abstand von 200 GHz. Im CWDM-System wird ein Temperaturbereich zwischen 0 °C und 70 °C zugelassen. Außerdem können Standardlaserdioden mit einer Abweichung der Nennwellenlänge von ±3 nm gewählt werden. Dadurch verringern sich erheblich die Investitions- und Betriebskosten.

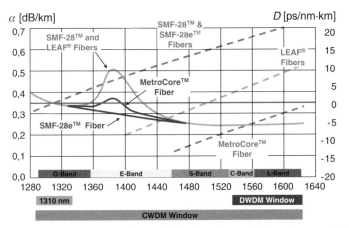

Bild 13.19 Wellenlängenbänder (→ 10.3.2), Dämpfung und Dispersion verschiedener Fasertypen

Ein Vorteil der WDM-Technologie liegt darin, dass für längere Übertragungsstrecken alle Wellenlängen in einem **optischen Verstärker** verstärkt werden. Ohne optische Verstärker müssten die Wellenlängenkanäle im Demultiplexer getrennt, dann optisch-elektrisch gewandelt, aufbereitet und elektrisch-optisch gewandelt auf dem nächsten Faserteilstück übertragen werden. Zusätzlich muss nach einer bestimmten Strecke die Dispersion kompensiert /13.11/ werden. Dies erfolgt für alle Kanäle mit einer Kompensationsfaser. Dabei muss beachtet werden, dass die einzelnen Wellenlängen unterschiedliche Impulsgeschwindigkeiten in der Faser aufweisen und die Kompensation nicht vollständig erreicht werden kann. Erst nach der Länge, bei der die maximal zulässige Dispersion erreicht ist, werden die Signale regeneriert, d. h. in die elektrische Ebene umgewandelt.

13.2.7   Regeneratoren

Die Aufgabe eines Regenerators besteht darin, das Signal völlig wiederherzustellen, sodass es die gleiche Form wie das Eingangssignal hat. Das verrauschte optische Signal wird erkannt, in ein elektrisches umgewandelt und elektronisch aufbereitet. Teilregenerationen können auch rein optisch erfolgen. Man unterscheidet drei Stufen der Signalregeneration (3-R-Regeneration → 13.20):

- Verstärkung (*Re-amplification*)
- Taktrückgewinnung (*Re-timing*)
- Impulsformung (*Re-shaping*).

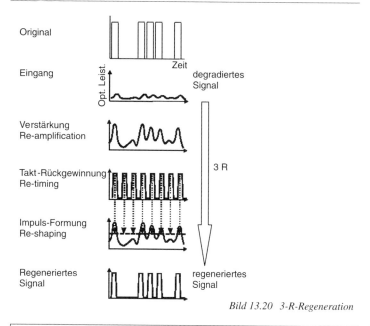

Bild 13.20 3-R-Regeneration

Im **3-R-Regenerator** werden sowohl Amplitude als auch Form und Takt des Impulses wiederhergestellt.

13

Die 1-R-Regeneration wird mithilfe der optischen Verstärkung durchgeführt und ist Stand der Technik. Eine „*All Optical Regeneration*" ist sehr schwierig und kommerziell nicht verfügbar.

13.2.8 Optische Filter für MUX und DEMUX

Jedes optische Filter hat eine endliche Bandbreite. Ragt der Durchlassbereich des Filters in die Nachbarkanäle, so kann es zum Übersprechen kommen. Folgende Filtertypen sind möglich /13.11/:

- Bei **Dünnschichtfiltern** (*Thin Film Filter*, TFF) wird die zu filternde Wellenlänge transmittiert, alle anderen werden reflektiert. Die Filterbandbreite beträgt einige nm. Eine Wellenlänge passiert das Filter, die anderen werden reflektiert.
- **Transmissions- und Reflexionsgitter**, in dem durch Beugung die einzelnen Wellenlängenanteile getrennt werden.
- In einem **Demultiplexer** mit einem **Beugungsgitter** werden die Wellenlängen λ_1 bis λ_n in der Eingangsfaser über ein Linsensystem auf das Reflexi-

onsgitter geleitet, in die Spektralanteile zerlegt und auf die Ausgangsfasern fokussiert.

- Ein **Active Wave Guide** (AWG) besteht aus einem Array von planaren (integriert-optischen) Wellenleitern. Die Funktion ist ähnlich wie die eines Beugungsgitters. Vom Eingang führen die Wellenleiter zu einem Bereich, in dem sich die Lichtwellen frei (nicht geführt) ausbreiten. Es schließt sich ein Gebiet an, in dem das Licht wiederum in Wellenleitern unterschiedlicher Länge geführt wird. Dadurch entsteht eine Phasendifferenz, die in der Fokusebene hinter dem zweiten Freistrahlbereich zur Interferenz der Einzelwellen führt und das Licht spektral zerlegt. Benutzt man nur einen Eingang, z. B. den Eingang a, und führt dort vier Wellenlängen λ_1 bis λ_4 zu, erscheinen am Ausgang des AWG die Wellenlängen getrennt in den einzelnen Ausgangswellenleitern. Dieses Bauelement kann sowohl als Multiplexer als auch als Demultiplexer verwendet werden.

- In einem **Faser-Bragg-Gitter** (FBG) /13.12/ wird durch das im Faserkern eingeschriebene Gitter die gewünschte Wellenlänge reflektiert, die anderen durchgelassen. Mit einem gechirpten Faser-Bragg-Gitter (veränderliche Gitterperiode) kann man gleichzeitig eine Dispersionskompensation erreichen.

13.2.9   WDM-Systeme, bidirektionale Übertragung

Mit WDM-Technik lässt sich auch bidirektionale Übertragung realisieren. Allerdings ist der EDFA nur in einer Richtung durchlässig, da am Eingang und Ausgang jeweils ein optischer Isolator richtungsselektiv wirkt. Dieses Problem kann dadurch gelöst werden, dass man ein **Zweifasersystem** aufbaut. Ein Beispiel ist in Bild 13.21 dargestellt: Es werden zwei Fasern benötigt, eine für die Hin- und eine für die Rückrichtung mit jeweils 32 Wellenlängenkanälen; alle Komponenten der Übertragungsstrecke sind gedoppelt.

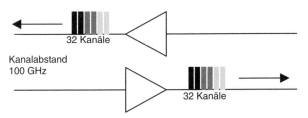

Bild 13.21 Bidirektionales Zweifasersystem mit 32 Kanälen

Eine andere Möglichkeit ist das **Einfasersystem**, dargestellt als Beispiel in Bild 13.22 mit 32 Wellenlängenkanälen: 16 Kanäle (schwarze Bänder

= kleinere Wellenlängen, sog. „blaues" Band) für die Hinrichtung und 16 Kanäle (graue Bänder = größere Wellenlängen, sog. „rotes" Band) für die Rückrichtung. Vor dem optischen Verstärker werden durch optische Filter die beiden Bänder getrennt, in jeweils einem Verstärker verstärkt und wieder auf eine Faser geleitet. Die gleiche Prozedur erfolgt an beiden Enden des Systems vor den Transceivern. Da sich die Übertragung auf nur einer Faser abspielt, werden bei der Verbindungstechnik Spleiße und Stecker eingespart. Dafür werden wellenlängenselektive Abzweige benötigt.

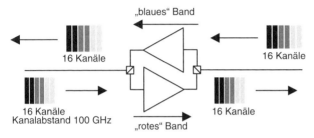

Bild 13.22   Bidirektionales Einfasersystem mit 2 × 16 *Kanälen*

13.2.10   ROADM

> Der **Reconfigurable Add Drop Multiplexer** (ROADM) sind aus der Ferne konfigurierbare optische Add-Drop-Multiplexer (→ 13.1.6).

13

Mit rekonfigurierbaren optischen Add-Drop-Multiplexern (ROADM) erreicht man neuerdings eine extern steuerbare Konfiguration bzw. Rekonfiguration von Netzen. Ein ROADM-Aufbau ist in Bild 13.23 dargestellt.

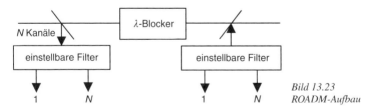

Bild 13.23
ROADM-Aufbau

Das optische Signal wird durch einen Splitter gleichmäßig auf zwei Pfade aufgeteilt. Der untere Pfad versorgt den Dropkanal, der durch *einstellbare Filt*er ausgewählt wird. Im anderen Pfad werden Kanäle, die bereits „gedropt" wurden, für die Weiterleitung ausgeschlossen. Das erledigt der so genannte

Wellenlängenblocker. Anschließend werden die Kanäle durch einen anderen Koppler für die Ausgabe zusammengeführt. Um vollständige Konfigurierbarkeit zu gewährleisten, könnten die neuen Kanäle durch einstellbare Laser eingefügt werden. Vorteil der ROADM's sind geringere Verluste beim Einfügen neuer Wellenlängen im Gegensatz zu herkömmlichen Schaltern wie beispielsweise MEMS (*Micro-Electro-mechanical Switches*) und die geringere Anzahl benötigter Komponenten und damit verbundene Kostenreduzierung im Vergleich zu Alternativen. Eine „klassische" ROADM-Architektur basiert auf Multiplexern und Schaltungsgeflechten (*switching fabrics*). Alle eintreffenden Wellenlängen müssen aufgesplittet (*demultiplexing*) werden, auf den entsprechenden Pfad geschaltet (*switching*) und anschließend wieder kombiniert (*multiplexing*) werden.

13.2.11   Übertragungskapazität von Single-Mode-Fasern

Der große Vorteil von Glasfaser-Übertragungssystemen besteht vor allem darin, dass hohe Bandbreiten über große Entfernungen übertragen werden können. Hierzu steht ein enormes Frequenzband zur Verfügung: Vernachlässigt man die Wasserpeaks, so umfasst es den gesamten Wellenlängenbereich, in dem die SiO_2-Faser eine Dämpfung von maximal $0{,}5\,dB/km$ aufweist, von $1260\,nm$ bis $1680\,nm$. Dies entspricht einer nutzbaren Bandbreite von ca. $60\,THz$.

❑ *Beispiel:* Nimmt man eine Bitrate von $40\,Gbit/s$ pro Kanal an und beim Einsatz der Wellenlängenmultiplextechnik einen Kanalabstand von $100\,GHz$, dann ergibt sich eine Kanalanzahl von $60\,000/100 = 600$ und eine Gesamtbitrate von 600 Kanälen mal $40\,Gbit/s = 24\,000\,Gbit/s = 24\,Tbit/s$ auf einer Einmodenfaser. Angenommen, es würden HDTV-Signale mit $10\,Mbit/s$ übertragen werden, so stünde nach obigen Angaben eine Kapazität von $24\,000/0{,}01 = 2{,}4$ Mio Programmen zur Verfügung. Um diese Signale über größere Strecken übertragen zu können, sind der Einsatz optischer Verstärker und die Kompensation der Dispersion unerlässlich. Optische Verstärker haben grundsätzlich eine endliche Bandbreite. Daher arbeiten heutige Weitverkehrssysteme mit leistungsfähigen optischen Verstärkern (EDFA) im Wellenlängenbereich von $1525\,nm$ bis $1565\,nm$. Hierin können 50 Kanäle mit $100\,GHz$ Kanalabstand genutzt werden. Es ergibt sich eine Gesamtbitrate pro Faser von $2\,Tbit/s$. Nach dem obigen Beispiel könnten also immerhin $200\,000$ HDTV-Kanäle pro Faser übertragen werden.

In Tabelle 13.6 sind die Einsatzmöglichkeiten von CWDM und DWDM in Abhängigkeit von verschiedenen Parametern dargestellt. CWDM wird hauptsächlich im Metronetzbereich, aber auch im Zugangsnetz eingesetzt. Der Metrobereich ist nicht auf $80\,km$ Entfernung beschränkt, dann allerdings ist optische Verstärkung nötig. EDFA können allerdings nur im 1500-nm-Bereich verwendet werden, also nur für einen Teil der beim CWDM zur Verfügung stehenden Wellenlängenkanäle. Für Übertragungssysteme mit sehr großen

Reichweiten, z. B. Unterwassersysteme mit mehreren 1000 km, werden sehr hohe Datenraten über eine Faser übertragen. Die Kanalabstände betragen 50 GHz oder weniger, die Bitraten bis zu 40 Gbit/s. Als Verstärker werden EDFA und/oder (in Experimentalsystemen) auch Ramanverstärker und Fasern mit extrem niedriger Dämpfung eingesetzt, um große Verstärkerabstände zu erreichen.

Tabelle 13.6   Übersicht über wichtige Parameter von CWDM- und DWDM-Systemen

Anwendung/ Parameter	CWDM Zugangsnetz, Metronetz	DWDM Metronetz, Corenetz	DWDM, UDWDM Sehr große Reichweite
Anzahl der Kanäle	4 ... 16	32 ... 80	80 ... 160
Genutzte Wellen- längenbänder	O, E, S, C, L	C, L	S, C, L
Kanalbreite	20 nm (2500 GHz)	0,8 nm (100 GHz)	0,4 nm (50 GHz)
Kanalbitrate	2,5 ... 10 Gbit/s	10 Gbit/s	10 ... 40 Gbit/s
Faserbitrate	20 ... 40 Gbit/s	100 ... 1000 Gbit/s	> 1 Tbit/s
Filtertechnologie	Dünnschichtfilter (TFF)	TFF, AWG, FBG, Gitter	TFF, AWG, FBG, Gitter
Reichweite	bis ca. 80 km	einige 100 km	einige 1000 km
Kosten	gering, mittel	mittel, hoch	hoch, sehr hoch
Verstärkertyp	bis 80 km kein Verstärker	EDFA	EDFA, Raman

13

13.3   Kanalorientierte Vermittlungstechnik

Wolfgang Frohberg

> Bei der **Kanalvermittlung** wird die korrekte Weitergabe von Informationen durch ein Netz dadurch sichergestellt, dass zwischen den Netzknoten vorhandene Kanäle zu einer Ende-zu-Ende-Verbindung zusammengeschaltet werden, die für die gesamte Zeit des Informationsaustausches zur Verfügung steht.

Die Kanalvermittlung ist gekennzeichnet durch:
- eine Verbindungsaufbauphase vor der eigentlichen Kommunikation
- das Zuweisen von garantierten Ressourcen (Bandbreite) zu einer Verbindung
- das Bestehenbleiben der Verbindung für die gesamte Dauer der Kommunikation.

Kanäle können im Raumbereich (getrennte elektrische Leitungen) und im Zeitbereich (Zeitschlitze einer Rahmenstruktur) existieren.

13.3.1   Verbindungsauf- und -abbau

Für die Kanalvermittlung ist das Herstellen einer Verbindung vor der eigentlichen Kommunikation erforderlich, nach der Kommunikation muss die Verbindung wieder abgebaut werden. Daher gliedert sich die Verbindung in Phasen:

- Der **Verbindungsaufbau** geschieht durch den Austausch von Signalisierinformationen zwischen den beteiligten End- und Vermittlungseinrichtungen und zwischen den Vermittlungseinrichtungen untereinander.

  ❏ *Beispiel:* **ISDN**. Der Anstoß zum Verbindungsaufbau kommt von der Endeinrichtung, die die Kommunikationsbeziehung initiieren will (A-Teilnehmer). Es erfolgt eine Belegung von Einrichtungen der Vermittlungsanlage. Kann die Belegung akzeptiert werden, wird das der belegenden Endeinrichtung mitgeteilt (Wählton). Danach teilt die belegende Endeinrichtung durch Wählen mit, welche Endeinrichtung(en) sie ansprechen möchte (Wahlinformationen, Adressinformationen). Danach wird versucht, einen Weg zu der gerufenen Endeinrichtung (B-Teilnehmer) aufzubauen (Verbindung schalten, durchschalten). Ist dies erfolgt, wird der B-Teilnehmer gerufen und der A-Teilnehmer über den Verbindungsaufbau benachrichtigt (Rufanzeige, im Fernsprechnetz Freiton).

- Der eigentliche Informationsaustausch erfolgt in der zweiten Phase der Verbindung. Er kann ebenfalls von Signalisierung begleitet werden.

- Der **Verbindungsabbau** wird von einer der beteiligten Endeinrichtungen durch Signalisierung ausgelöst. Die beteiligten Kanäle und Ressourcen werden wieder freigegeben (Auslösen).

13.3.2   Vermittlungseinrichtung

Eine Vermittlungseinrichtung hat verschiedene Funktionsblöcke, die nicht alle mit dem eigentlichen Vermitteln zu tun haben, dieses jedoch unterstützen:

- **Vermitteln**: Verbinden von Teilnehmern über Anschlussleitungen und Verbindungsleitungen, um individuelle Kommunikationsbeziehungen herzustellen.
- **Verwalten**
- **Instandhalten**
- **Bedienen**.

Eine Vermittlungseinrichtung besteht aus
- der **Steuerung**
- dem **Koppelnetz** zur eigentlichen Herstellung der Verbindungen. Es wird von der Steuerung eingestellt.

- der Peripherie, welche die so genannten BORSCHT-Funktionen ausübt:
  - Battery (Speisung)
  - Overvoltage (Überspannungsschutz)
  - Ringing (Schaltung des Rufes zum Teilnehmer)
  - Signalling (Signalisierung)
  - Coding (Analog/Digital-Umsetzung)
  - Hybrid (Zweidraht-Vierdraht-Wandlung)
  - Test (Fehlererkennung).

13.3.3   Koppelnetze

Das **Koppelnetz** ist das zentrale Element einer Vermittlungsanlage. Es ist eine Anordnung aus Koppelelementen, die zur Durchschaltung von Nutzkanälen in einer Vermittlungsanlage dient.

Das Koppelnetz ist in drei wichtige Funktionsgruppen gegliedert, in denen der zu vermittelnde Verkehr konzentriert, verteilt und danach expandiert wird. *Konzentrierende Koppelanordnungen* haben mehr Eingänge als Ausgänge, *lineare Koppelanordnungen* gleich viele Eingänge und Ausgänge *expandierende Koppelanordnungen* mehr Ausgänge als Eingänge.

▶ *Hinweis:* Typische Konzentrationsverhältnisse in der Telefonvermittlungstechnik liegen in der Größenordnung von 10 : 1.

13

Raumgeteilte Koppelnetze. Ein Kanal besteht aus elektrischen Leitungen, die durch elektrische Kontakte miteinander verbunden werden. Diese Kontakte können realisiert sein in Relais, Wählern, Koordinatenschaltern oder elektronischen Bauelementen (Transistoren).

Zeitgeteilte Koppelnetze. Dabei sind einzelnen Zeitschlitzen einer digitalen Rahmenstruktur ($\rightarrow$ 9.3) die zu übertragenden Informationen eines Kanals zugeordnet. Diese Technik wird beispielsweise bei der Pulse Code Modulation (PCM, $\rightarrow$ 8.2.1) angewendet.

Raum- und Zeit-Koppelnetze sind eine Kombination aus raumgeteilten und zeitgeteilten Koppelnetzen. Die Vermittlungstechnik des ISDN arbeitet mit dieser Form der Kanalvermittlung.

13.3.4   Signalisierung

Unter **Signalisierung** wird die Übertragung aller Informationen verstanden, die der Steuerung der Nutzsignalübermittlung dienen.

Zur Steuerung der Nutzsignalübertragung gehören die Steuerung des Netzes (Schalten von Verbindungen und Kanälen), der Endeinrichtungen und die Überwachung sowie der Betrieb des Netzes. Die Zeichengabe ist ein wesentlicher Teil der Signalisierung.

> Durch **Zeichengabe** werden Informationen zur Steuerung der Vermittlungstechnik übermittelt.

▶ *Hinweis:* Der englische Begriff *Signalling* wird sowohl für „Signalisierung" als auch für „Zeichengabe" verwendet.

Signalisiersysteme. Besondere Bedeutung hat die Signalisierung dadurch, dass mit ihrer Hilfe die Zusammenarbeit verschiedener Techniken in einem Netz ermöglicht wird. Aus diesem Grund gibt es verschiedene Signalisiersysteme und Alphabete für die Zeichengabe zwischen Vermittlungseinrichtungen. Sie unterscheiden sich nach

- der **Kennzeichenmenge**, d. h. dem Vorrat an Zeichen, der für die Zeichengabe verwendet werden kann;
- den benutzten Kanälen
  - bei **Inband-Signalisierung** (kanal- oder leitungsgebundener Signalisierung) werden Signalisierinformationen im Nutzkanal ausgetauscht,
  - bei **Outband-Signalisierung** werden Signalisierinformationen außerhalb des Nutzkanals übermittelt, meist in einem gemeinsamen Zeichenkanal
- dem **Übermittlungsmodus** im Vermittlungsnetz
  - schrithaltend mit dem Verbindungsaufbau jeweils Ende-zu-Ende,
  - zeitlich unabhängig von Steuervorgängen zwischen einzelnen Knoten des Vermittlungsnetzes
- der Zuordnung zu den Nutzkanälen
  - zwischen Verarbeitungseinheiten, die jeweils fest einem Nutzkanal zugeordnet sind,
  - zwischen wenigen Verarbeitungseinheiten, die wahlweise für kurze Zeit einzelnen Nutzkanälen zugeordnet werden.

Im **analogen Fernsprechnetz** wird zwischen Endgerät und Vermittlungsstelle eine Inband-Signalisierung auf der Anschlussleitung benutzt.

Im **ISDN** erfolgt die Signalisierung zwischen Teilnehmer und Vermittlungsstelle über einen eigenen Kanal, den D-Kanal (*Outband*-Signalisierung). Dieser hat für jeden Teilnehmer eine Kapazität von 16 kbit/s. Das Protokoll des D-Kanals ist in der ITU-Empfehlung Q.950 (*Digital Signalling System One –* DSS1) beschrieben.

Zeichengabesystem Nr. 7

> Das **Zeichengabesystem Nr. 7** (*Signalling System No. 7* – SS7) der ITU-T dient dem Auf- und Abbau von Nutzverbindungen im ISDN und zur Steuerung von ISDN-Diensten.

Es ist ein **Zentralkanal-Zeichengabesystem**. Signalisierinformationen werden gemeinsam in den 64-kbit/s-Signalisierverbindungen des Signalisiernetzes übertragen.

Wesentliche **Funktionen**, die das Zeichengabesystem Nr. 7 erfüllt:
- Übertragung von Zeichengabenachrichten zwischen Signalisierungspunkten
- Überwachung und Steuerung des Zeichengabenetzes
- Zeichengabe zwischen den Endeinrichtungen (Ende-zu-Ende).

Grundlegende Merkmale des Zeichengabesystems Nr. 7
- Die Signalisierverbindungen sind keinen Kanälen zugeordnet, sie werden von den Nutzverbindungen nach Bedarf genutzt.
- Das Zeichengabenetz selbst verbindet die Steuerrechner der Vermittlungseinrichtungen und ist damit ein Rechennetz.
- Die Datenübertragung im Zeichengabenetz erfolgt in Paketen variabler Länge.

Die **Protokolle des Zeichengabesystems Nr. 7** sind in die Schichten des Referenzmodells für offene Kommunikationssysteme (OSI-Referenzmodell, → 12.2.1) eingeordnet.

13

Das Zeichengabesystem Nr. 7 ist in den ITU-Empfehlungen Q.700 und folgende (*Specification of Signalling System No. 7*, SS7) beschrieben.

▶ *Hinweis:* Die Trennung zwischen Nutz- und Signalisierkanälen sowie das Zeichengabesystem Nr. 7 sind wichtige Konzepte des intelligenten Netzes (→ 19.2.5). In einer Ebene über dem Kommunikationsnetz werden Dienstevermittlungsknoten (*Service Switching Points* – SSP) über das Zeichengabenetz vernetzt und mit Dienststeuerungsknoten (*Service Control Points* – SCP) verbunden.

ISDN-Teilnehmersignalisierung (DSS 1)

Im Anschlussbereich wird in Europa das Zeichengabesystem Nr. 1 für ISDN-Teilnehmerleitungen (DSS 1 – *Digital Signalling System*, auch als D-Kanal-Protokoll bezeichnet) genutzt. In der Vermittlungsstelle erfolgt eine Umsetzung der Signalisierungsinformationen von den Protokollstrukturen des DSS 1 in das Zentralkanalzeichengabesystem Nr. 7.

Merkmale des DSS1 sind:
- international standardisiert (ITU-T)
- hohe Übertragungssicherheit

- für alle Telekommunikationsdienste anwendbar
- kurze Reaktionszeiten
- flexibel für neue Anforderungen.

13.3.5   Fernsprechvermittlungstechnik

Das **Fernsprechnetz** ist das älteste Nachrichtennetz der Welt. Es hat sich über einen Zeitraum von 120 Jahren entwickelt und gewährleistet, dass neue Komponenten dieser „größten Maschine der Welt" stets kompatibel zur bestehenden Technik sind.

Das Fernsprechnetz weist heute weltweit die in Bild 13.24 gezeigte Struktur auf.

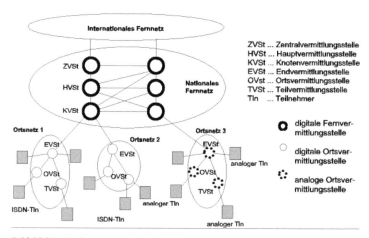

Bild 13.24   Struktur des weltweiten Telefonnetzes

Die unterste Stufe bildet das **Ortsnetz**, an welches die Teilnehmer angeschlossen sind. Es wird durch Ortsvermittlungsstellen (OVSt) gebildet. Ortsnetze können unterschiedlich groß sein: von einigen 100 Teilnehmern bis zu 100 000 Teilnehmern. Vermittlungsstellen des Ortsnetzes, die die Verbindung zum **Fernnetz** herstellen, sind Endvermittlungsstellen (EVSt). Die Ortsnetze werden durch das nationale Fernnetz verbunden. Das nationale Fernnetz wird durch die Knotenvermittlungsstellen (KVSt), die Hauptvermittlungsstellen (HVSt) und die Zentralvermittlungsstellen (ZVSt) gebildet. Die nationalen Fernnetze der einzelnen Länder wiederum sind durch das internationale Fernnetz vernetzt. Dieses gliedert sich in zwei Netzebenen:

- Das **interkontinentale Fernnetz** hat Vermittlungsstellen in New York, London, Sydney, Moskau und Tokio.
- Die untere Ebene wird durch die kontinentalen Fernnetze gebildet. Die kontinentalen Fernnetze haben folgende Kennziffern:
1: Nordamerika
2: Afrika
3 und 4: Europa
5: Südamerika
6: Australien, Ozeanien
7: Russische Föderation
8: Asien außer Russland, Indien und arabischer Raum
9: Indien und arabischer Raum

Liberalisierung. Im Zuge des Vorhandenseins neuer Netzbetreiber und der Deregulierung kann die für ein Land gültige, auf einen Netzbetreiber ausgerichtete Form der Nummerierung nicht weiter benutzt werden. Die Netzbetreiber werden sich in Zugangsnetzbetreiber und Verbindungsnetzbetreiber gliedern. Verbindungsnetzbetreiber haben keine eigenen Teilnehmer. Bei der freien Wahl des Zugangsnetzbetreibers ist eine hohe Flexibilität bezüglich der Rufnummer erforderlich. Beim Wechsel des Betreibers muss der Teilnehmer die Rufnummer beibehalten können (Betreiberportabilität). Beim Umzug, zumindest im Bereich eines Ortsnetzes, soll die Rufnummer ebenfalls beibehalten werden können (geographische Rufnummernportabilität). Die freie Auswahl eines Verbindungsnetzbetreibers für die Abwicklung von Ferngesprächen kann durch Voreinstellung für einen Teilnehmer (*preselection*) oder für jedes Gespräch einzeln (*call by call*) erfolgen.

13

14 Paketorientierte Übertragungs- und Vermittlungstechnik

Ulrich Hofmann

> **Paketorientierte Übermittlungstechnik** zerlegt größere Nachrichten in kleinere Einheiten, die getrennt voneinander übertragen werden.

Diese Einheiten heißen **Rahmen** (*frames*, OSI-Layer 2 LLC, Ethernet, → 14.1), **Pakete** (*packets*, IP network, → 14.2), **Zellen** (*cells*, ITU ATM network, → 15), **Segmente** (*segments*, TCP transport, → 14.2).

14.1 Übertragungstechnik: Ethernet

> **Ethernet** ist ein **Multiple Access Control (MAC)** basierendes Übertragungsverfahren für den Anschluss mehrerer Endsysteme in einer Kollisionsdomaine (*collision domain*) an ein Koaxialkabel.

Der stochastische Zugriff auf das einzige Übertragungsmedium gleicht dem Zugriff auf das so genannte ALOHA-Funksystem, daher der Name *ether* für Äther. Das Einsatzspektrum beginnt bei preiswerten 10 Mbit/s. Gegenwärtig werden 100-Gbit/s-Standards diskutiert. Diese Technologien arbeiten nicht mehr in Kollisionsdomänen. Im Bereich der Maschinensteuerung werden noch Kollisionsdomänen installiert, die aber durch ein zusätzliches Reservierungsprotokoll (*token-protocol*) kollisionsfrei und echtzeitfähig sind.

Ethernet wird in der IEEE-802.3-Standardfamilie spezifiziert und überdeckt die OSI-Layer 1 (*physical*) und 2 (*logical link control*) mit der zusätzlich dazwischen eingefügten Schicht für die Medienzugriffssteuerung (*media access layer* /14.9/).

14.1.1 Physikalische Schicht

Auf der physikalischen Ebene gibt es verschiedene Kabeltypen und Modulationsarten (→ Tabelle 14.1). Die Endsysteme sind mit einer Netzwerkkarte (*Network Interface Card* – NIC) an das Kabel angeschlossen. Über *Repeater* und *Hubs* können mehrere Kabelsegmente verbunden werden (< 925 m). *Hubs* haben mehrere Leitungen, an die die Endsysteme angeschlossen werden, und bilden somit genauso eine Kollisionsdomäne wie das Kabel mit mehreren angeschlossenen NIC.

Werden zwei NIC direkt miteinander verbunden, entfallen die Kollisionen im *Full-Duplex*-Modus, nicht aber im *Half-Duplex*-Modus.

Tabelle 14.1 Ethernet-Typen

Übertragungsrate	Kabel, Kanalcodierung
10 Mbit/s	Manchestercodierung, diskontinuierliche Übertragung (nur wenn Daten anliegen) 10Base2: Koaxialkabel, < 185 m, max. 30 Endsysteme 10Base5: Koaxialkabel, < 500 m, max. 100 Endsysteme 10Base T: duplex, 2 verdrillte Kabelpaare (*twisted pair*) 10Base Fx: Glasfaser
100 Mbit/s Fast Ethernet	4B5B-Codierung, kontinuierliche Übertragung Twisted Pair, Glasfaser
Gigabit-Ethernet	1000 BaseT: 4 Twisted Pair, < 100 m, PAM-5-Modulation mit Trellis-Codierung ($\rightarrow$ 5.3), Vollduplex
10-Gigabit-Ethernet	1000Base-LX, SX: Glasfaser Multimode (< 500 m), Single Mode ($\rightarrow$ 13.2.10) ($< 10, 70, 100$ km)

Evolution des Ethernet:

- Übertragungsrate: 10 Mbit/s $\rightarrow$ 100 Mbit/s $\rightarrow$ 1 Gbit/s $\rightarrow$ 10 Gbit/s
- Topologie: Bus $\rightarrow$ Stern-/Baumtopologie $\rightarrow$ vermascht
- Frameweiterleitung: Bus $\rightarrow$ Repeater $\rightarrow$ L2-Switch
- Qualitätssicherung: CSMA/CD $\rightarrow$ Duplex $\rightarrow$ Prioritäten
- Übertragungsstrecke: 185 m $\rightarrow$ 2 km $\rightarrow$ 100 km

Power over Ethernet (PoE) versorgt mit 48 V über ungenutzte Adern des Ethernetkabels angeschlossene Geräte mit bis zu 15,4 W Leistung.

14

14.1.2 Link-Layer

14.1.2.1 Medium Access Control

Carrier Sense Multiple Access/Collision Detection (CSMA/CD) ist das gebräuchlichste Zugriffsverfahren auf ein von mehreren Kommunikationspartnern genutzes Medium /14.22/, /14.25/, /14.26/.

Der Ablauf der Übertragung bei 10BaseT ist:

1. Sender prüft, ob Kanal belegt
2. wenn nein: Sender sendet Frame
3. Sender prüft weiter den Kanal und kann Kollison entdecken (anderer Sender hat gleichzeitig gesendet)
4. a) wenn Kollision: Sender startet mit Senden von Jam-Bits, erneuter Versuch nach zufälligem Vielfachen der Frameübertragungsdauer 51,2 µs;

b) keine Kollision: Pause (*interframe gap*) 9,6 μs, damit andere Sender senden können

5. Empfänger-NIC erkennt an der MAC-Adresse, dass das Frame im Puffer gespeichert werden muss

Präambel 6 Byte	Ziel- adresse 6 Byte	Quell- adresse 6 Byte	Type 2 Byte	Daten 46...1500 Byte	FCS 4 Byte CRC

Bild 14.1   Ethernet-II-Frameformat (FRC: Frame Check Sequence)

Das Adressfeld enthält 24 bit für die NIC-ID, 22 bit für die Herstellerkennung, ein I/G-Bit für die Anzeige des Adresstypes „individuelle oder Gruppenadresse mit diesen nachfolgenden gesetzten Bits" und ein G/L-Bit für die Anzeige „global oder lokal gültige Adresse".

14.1.2.2   Logical Link Control LLC (IEEE 802.2)

LAN nach dem Standard IEEE 802.x bieten einen verbindungslosen Datagrammdienst an /14.27/. Zur Übertragung von IP-Paketen (→ 4.2) sind keine Garantien notwendig und werden auch nicht erwartet. Ethernet ist unabhängig von TCP/IP und kann mit dem Typfeld im Ethernet Type II Header verschiedene Netzprotokolle bedienen (z. B. IP 0800h, X.25/3 0805h). Dafür enthält der Header Längenangaben, einen SAP-Identifikator (→ 12.2) und weitere Steuerinformationen (IEEE 803.2/802.2). IEEE 802.2 ist ein mit Multicast-, Broadcast- und Multiplexfunktionen erweitertes HDLC-Sicherungsprotokoll (*High Level Data Link Control*) aus dem Bereich der Weitverkehrsnetze (WAN). Eine optionale Fehlerüberwachung und Flusssteuerung durch das Protokoll der Sicherungsschicht wird in den LLC-Diensttypen spezifiziert:

- Typ1: verbindungsloser unbestätigter Datagrammdienst
- Typ2: verbindungsorientierter Datagrammdienst mit Bestätigung
- Typ3: verbindungsloser Datagrammdienst mit Bestätigung

Es werden folgende Frametypen verwendet:

- I-Frame: LLC-Quelladresse, LLC-Zieladresse, Sendefolgenummer $N(S)$, Empfangsbestätigungsnummer $N(R)$, Daten
- S-Frame: Mitteilung von Empfangsbereitschaft, Quittierung von I-Frames
- U-Frame: Steuerungsfunktionen ohne Quittierung

Bild 14.2 zeigt einen Typ-2-Ablauf. Der Verbindungsaufbau erfolgt mit den U-Frames SABM (*Set Asynchronous Balanced Mode Extended*) und der Rückmeldung der Empfangsbereitschaft mit UA (*Unnumbered Acknowledgement*). Danach senden beide LLCs Daten mit Folgenummern $N(S)$ und bestätigen sich den Empfang mit $N(R)$. Die Übertragung kann mit RNR

(*Receive Not Ready*) angehalten werden. Der Verbindungsabau erfolgt mit DISC (*Disconnect*) und der Bestätigung.

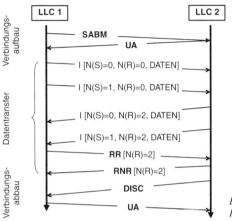

Bild 14.2   IEEE 802.2:
Protokollablauf

Die Entscheidung zur Verwendung eines verbindungsorientierten oder verbindungslosen LLC-Layers hängt von den Charakteristika des Netzes und der zu übertragenden Daten ab. Für kurze Echtzeitdaten (periodisch) kann man Typ 1 verwenden, da keine Pufferüberlaufgefahr beim Empfänger besteht und eine Wiederholung im Fehlerfall wegen der Echtzeitforderung sinnlos ist.

14

14.1.2.3   Bridges, Switches

LAN-Bridges (auch: LAN-Switches) verbinden mehrere LAN-Segmente.

Die wichtigste Aufgabe von Bridges ist die Filterfunktion. Sendet eine Station an eine Station im anderen LAN-Segment, wird das Frame weitergeleitet. Nachrichtenverkehr zwischen Stationen am gleichen LAN-Segment wird nicht weitergeleitet.

Die Informationen darüber, welche Stationen an dem LAN-Segment angeschlossen sind, werden in der **Filterdatenbank** gespeichert.

Lokale MAC-Bridges werden eingesetzt, um LANs auf dem MAC-Level direkt zu koppeln. **Translation-Bridges** verbinden LANs mit unterschiedlichen Zugriffsverfahren oder/und Framelängen.

Remote Bridges nutzen WAN-Verbindungen, um LANs miteinander zu koppeln. Die Frames werden dabei in WAN-Pakete verpackt (*encapsulated*) und über das WAN verschickt.

Lernende Bücke

> **Lernende Bücken** (*learning bridges, transparent bridges*) ermöglichen das Umziehen von Endsystemen von einem Teilsegment in ein anderes.

So genannte nichtpermanente (*non permanent*) Einträge in der Filterdatenbank haben einen Alterungswert. Nach Ablauf ohne zwischenzeitliche Frameübertragung werden die Einträge gelöscht. Zieht eine Station um, wird somit ihr Eintrag aus der Tabelle gelöscht, da die Station nicht mehr als Sender in Erscheinung tritt. Wird ein Frame an diese Station geschickt, wird dieses Frame an alle Stationen gesendet (*broadcast*), d. h., die Bridges senden es an alle Out-Ports. Irgendwann wird das Frame die Station in einem anderen Segment erreichen. Die Station quittiert die Daten (z. B. TCP, → 14.2.4) und wird damit als Quellstation in die Tabelle der anderen Bridges aufgenommen.

Spanning Tree

> Der **Spanning-Tree-Algorithmus** verhindert in vermaschten Brücken-Topologien die Bildung von Schleifen /14.3/, /14.24/, /14.27/.

Durch das Netzmanagement werden den Bridges Identifikatoren (IDs, *Identifiers*) zugeordnet. Die Bridge mit der Verbindung zum WAN sollte die niedrigste Nummer bekommen, da diese Bridge die Wurzel (*root*) des Bridge-Baumes sein wird. Beim Hochfahren oder periodisch senden alle Bridges ihre IDs in BPDUs (*Bridge Protocol Data Unit*) per Broadcast aus. Empfängt eine Bridge eine BPDU mit höherer ID als der eigenen, wird die ID in der BPDU auf den eigenen kleineren Wert gesetzt und weitergeschickt. Nach einer gewissen Zeit kursieren nur noch BPDUs mit der kleinsten ID im Netz. Damit liegt die Root-Bridge fest. Danach erfolgt von der Root-Bridge ausgehend durch jede Bridge an die Nachbar-Bridge ein Aussenden der Information „Über mich kostet es zur Root-Bridge soundso viel Kosteneinheiten". Jede Bridge wählt nun die beste Nachbar-Bridge in Richtung Root-Bridge aus usw. Die nicht benutzten Interfaces (*ports*) werden deaktiviert. Die Kostenwerte können vom Netzmanager festgelegt werden: Stark belastete Segmente mit vielen Stationen erhalten hohe Kosten, Netze mit hoher Übertragungsrate erhalten niedrige Kosten. Es ergibt sich eine Lastverteilung.

14.1.2.4   Virtuelle LANs (VLAN), Quality of Service (QoS)

> VLANs bilden aus einer Untermenge der Endsysteme Teilnetze auf derselben physikalischen Topologie. Motivation: Sicherheit, Verkleinerung der Broadcast-Domain.

Der Ethernet-Header wird dafür erweitert.

TPID	Priorität	CFI	VID
2 Bytes	3 bit	1 bit	12 bit

TPIT Tag Protocol Identifier = fix, Priorität: vom Nutzer festgelegt
CFI: Canonical Format Identifier (je nach Position des MSB Most Significant Bit im Byte:
Little endian: MSB ist letztes Bit, Big endian: MSB ist erstes Bit) Ethernet hat little endian
VID: VLAN Identifier; nur die NIC, die diesem VLAN zugeordnet sind, erhalten das Frame

Bild 14.3 VLAN-Header-Erweiterung nach IEEE 802.1Q

Das **Cisco Inter-Switch Link Protocol (ISL)** vermeidet die Veränderung des Ethernet-Headers durch Einpacken (*encapsulation*) des Ethernet-Frames in eine ISL-PDU mit 26 Byte ISL-Header und 4 Byte CRC.

QoS im Ethernet

QoS wird mit Prioritäten unterstützt und in *schedulern* umgesetzt ($\to$ 14.2.8). Die Zuordnung der Layer-3-DSCP-Werte zu den Ethernetprioritäten erfolgt in *Mapping Tables* jeweils für die Übertragungsrichtungen LAN $\to$ WAN (*inbound*) und WAN$\to$ LAN (*outbound*).

❏ *Beispiel:* INBOUND_MAPPING: MAC_PRIO = 7 IP_DSCP = 0 VLAN_ID = 0 vergibt für alle Internet-Telefonie-Frames ($\to$ 19.3.1) der Nutzer im VLAN 0, die mit hoher Priorität 7 in die Switch eintreffen, für die Weiterleitung auf dem IP-Layer die hohe IP-Priorität DSCP = 0.

14.2   IP-Netze   14

Das Internet mit dem **Internet-Protokoll (IP)** hat seinen Ursprung im experimentellen ARPA-Netz (1969) der Advanced Research Projects Agency des US-Verteidigungsministeriums. Das Ziel war, Erfahrungen mit paketorientierter Übertragung (Paul Baran 1962) für verteilte Zusammenarbeit von Rechnern (*computer networks*) zu sammeln.

Das Internet besteht physikalisch aus Übertragungskanälen (*transmission channels, links*) in Form von Kabeln (*cable, wired*) oder kabellosen (*wireless*) Funk- (*radio*) und optischen (*optical*) Übertragungsstrecken. Paketvermittlungsrechner (*router*) verbinden die Übertragungskanäle. Endsysteme (*hosts*) senden und empfangen die IP-Pakete.

Der Betrieb und die Vernetzung des Internet erfolgen in einer Rangordnung (*tier*) der Dienstanbieter (*service provider, carrier*).

Auf der obersten Rangebene (*top level*) verbinden die Übertragungsleitungen des **Internet Backbone** die Router der zweiten Ebene (*second level*) der **Tier-1-Provider**.

Tier 1: Provider-Netzwerk ist mit Backbone verbunden, kostenfreier Datentransfer von/zu anderen Tier-1-Providern

Tier 2: Provider kauft Transitkapazität von Tier-1-Provider zu, um Teile des Internet zu erreichen

Tier 3: regionaler Provider **muss** Transitkapazität kaufen, um überhaupt das gesamte Internet zu erreichen

❑ *Beispiel:* Tier 1: AT&T, SPRINT; Tier 2: Deutsche Telekom erreicht über SPRINT das Internet

Tier-1-Provider besitzen die globalen Kabelverbindungen. Diese Kapazitäten werden den Tier-2-Providern angeboten. Da der Betrieb von solchen Anschlusspunkten (PoPs, *Point of Presence*) teuer ist, werden zentrale öffentliche Anschlusspunkte eingerichtet: London Internet Exchange (LINX), DeCIX Frankfurt. Für einen 1-Gbit/s-Port müssen die Provider monatliche Gebühren (2007 ca. 1600 €) sowie eine einmalige Anschlussgebühr (2007 ca. 1000 €) entrichten. Im BGP-(*Border Gateway Routing-*)Protokoll wird festgelegt, welcher Internet-Verkehr aus welchem AS (*Autonomous System*) des Providers über diesen Peering-Punkt geleitet wird.

> Ein **AS** (*Autonomous System*) ist eine Gruppe von IP-Netzen mit zugewiesenen Adress-Prefixen (→ Tabelle 14.5), die durch einen oder mehrere Operatoren mit einer festgelegten Routingstrategie betrieben werden (→ RFC 1930). Oft wird für AS auch der Begriff Domäne verwendet.

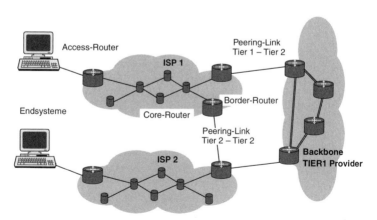

Bild 14.4   Internet-Rangebenen

Endsysteme werden über Access-Links an **Access-Router** (Eingang: *Ingress-Router*, Ausgang: *Egress-Router*) angeschlossen, die die Zugriffsrechte kontrollieren. **Core-Router** sind die Router innerhalb des Netzes.

> **Router** werten die Empfängeradresse aus und leiten das IP-Paket auf einer geeigneten Leitung weiter (*routing*).

14.2.1   Protokoll-Hierarchie und Vergleich mit dem OSI-Modell

Während die aus dem OSI-Modell abgeleiteten ISO-Standards die strenge Trennung von komplexen funktionellen Ebenen *(layers)* vorschreiben, deshalb umfangreich sind und aufwändige Implementierungen erfordern, orientieren sich die Internet-Standards an schneller Implementierbarkeit und effektiver Nutzung der Ressourcen.

❑ *Beispiele:* Bei TCP/IP wird die Länge der Transportdaten (OSI-Layer 4) nicht explizit im Header übertragen, sondern aus den IP-Header-Werten abgeleitet (OSI-Layer 3). TCP/IP verzichtet auf Session- und Presentation-Layer. Das ISO-Netzmanagement kennt Objekte beliebiger Länge, das Internet-Management arbeitet nur mit ganzen Bytes.

Tabelle 14.2   Gegenüberstellung OSI-Modell und TCP-IP-Protokoll-Stack

Layer	OSI (ITU-T, ISO)	TCP/IP (IETF)
7	Application	Application
6	Presentation	—
5	Session	—
4	Transport	Transport
3	Network	Internet
2	Data link	Host-to-Network
1	Physical	

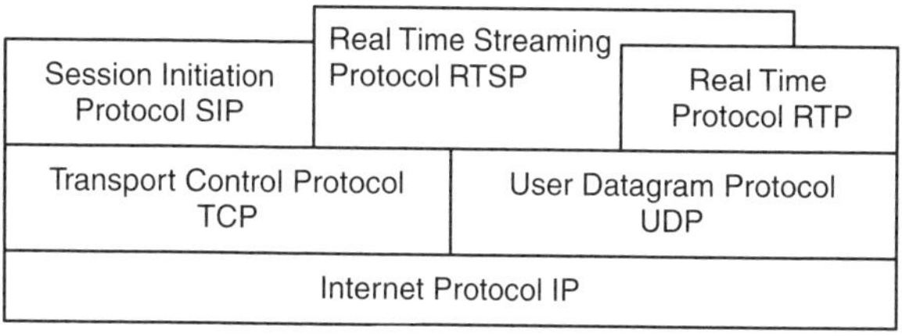

14

Bild 14.5   Internet-Protokollstack

Die **Schwächen** des Internet-Modelles liegen in seiner Begrenzung auf die mittleren Schichten. Es gibt kein Modell zur Spezifikation von neuen Layer-2-

Protokollen. Auch sind noch nicht alle Fragen in Verbindung mit QoS (*Quality of Service*) gelöst, wie es in der OSI-basierten ATM-Technologie ($\rightarrow$ 15) der Fall ist. Der *Presentation-Layer* entfällt, da de facto Standardformate für zu übertragende Objekte ($\rightarrow$ 5.1) vorhanden sind. Die Hierarchie der in diesem Kapitel behandelten Protokolle ist in Bild 14.5 angegeben.

14.2.2   Internet-Protokoll IP

IP-Version 4 (IPv4 /14.12/) stellt einen Übertragungsdienst für ein Paket (*packet*) von Bytes von einer Quelle zu einem Ziel über einen Verbund von Netzen ($\rightarrow$ Bild 14.1) bereit.

Es werden **unabhängige IP-datagrams** (entspricht OSI-Layer 3 PDU) übertragen, die auch als *IP-packets* bezeichnet werden. Es gibt keinen Verbindungsauf- und abbau.

IP-Adressierung ist die Zuordnung eines global eindeutigen Identifikators zu einem (oder mehreren) Sender(n)/Empfänger(n).

Bei **Punkt-zu-Punkt-Übertragung** gibt es einen Empfänger, bei **Multicast** empfangen alle Systeme mit der gleichen **Multicastadresse** die Datenpakete.

14.2.2.1   IP-Header

Der IP-Header (OSI-Layer 3 PCI) beinhaltet zur Erfüllung des Dienstes die in Tabelle 14.3 enthaltenen Elemente.

Tabelle 14.3 IP-Headerelemente

Name	# bit	Bedeutung
Version	4	Gegenwärtig wird Version 4 verwendet; Version 6 ist im Kommen
Internet Header Length (IHL)	4	Headerlänge in 4-Byte-Schritten, z. B. der Wert 5 ergibt 20 Byte Haederlänge
Type of Service	8	Angabe von Anforderungen an die Qualität der Weiterleitung (Verzögerung, Verlustrate), 6 Bit für DiffServ Codepoint DSCP spezifiziert
Total Length	16	Paketgesamtlänge incl. Header
Identification	16	Identifikator für Fragmente eines Paketes zur Wiederzusammensetzung bei Empfang

Tabelle 14.3 IP-Headerelemente (Fortsetzung)

Name	# bit	Bedeutung
Flags	3	Bits mit 0 oder 1: Angabe zu „Paket darf (nicht) fragmentiert werden", „(Nicht)Letztes Fragment"
Fragment Offset	13	Lage eines Fragmentes im Originalpaket, Vielfaches von 8 (wegen der fehlenden $16 - 13 = 3$ bit)
Time to Live (TTL)	8	Lebenszeit eines Paketes in Hops, verhindert das Kreiseln von Paketen bei schlechtem Routing (s. o. Trace-Route), Router zählen herunter und vernichten, wenn null erreicht
Protocol	8	Layer-4 Protocol, das den IP-Dienst aufruft
Header Checksum	16	Bildung der Summe aller 16-Bit-Worte mit Einerkomplement Arithmetik; daraus wieder Einerkomplement
Source Address	32	Senderadresse ($\rightarrow$ 14.2.2.2)
Destination Address	32	Empfängeradresse ($\rightarrow$ 14.2.2.2)
Options	X	Felder für optionale Funktionen: Angabe/Aufzeichnen der Route bei Source Routing
Padding	32-X	Auffüllen auf 32-Bit-Worte

14.2.2.2 Adressstrukturen

Die IP-Adressen sind in die 2 Felder für **Subnetz-** und **Endsystem-Identifikator** geteilt. Netzbetreiber erhalten damit nur so viel Bits für die Adressierung ihrer Endsysteme, wie erforderlich. Es gibt 4 Adressklassen ($\rightarrow$ Tabelle 14.4).

14

Tabelle 14.4 IP-Adressklassen, MC: Multicast

Byte	Klasse			
	A	B	C	D
1	0 Netz	Host	Host	Host
2	10 Netz	Netz	Host	Host
3	110 Netz	Netz	Netz	Host
4	1110 MC	MC	MC	MC

Die Schreibweise der Adressen ist byteweise dezimal durch Punkte getrennt, z. B. 192.17.23.10.

Vorschläge zur Lösung des Problemes der schnellen Verknappung der Klasse-B-Adressen:

- **Classless Interdomain Routing CIDR** /14.5/: Zusammenfassung der weniger gefragten Klasse-C-Netze zu Adressen mit variabler Länge des Netzidentifikators. Die Grenze wird mit Schrägstrich in der Adresse angezeigt (*prefix indication*) und den Routern mitgeteilt, z. B. 192.33.24.30/17-Bit-Adressen, 17 bit für den Netzidentifikator.

- **IPv6** mit 128 Adressbits ($\rightarrow$ 14.2.2.4)
- **DHCP**: dynamische Zuordnung globaler IP-Adressen zu Endsystemen
- **NAT**: Zuordnung globaler IP-Adressen zu lokal gültigen Adressen

Subnetting erlaubt einem Netzbetreiber einen erhaltenen Adresspool auf Subnetze aufzuteilen, damit **strukturierte Netze** aufzubauen und durch Router zu verbinden.

❑ *Beispiel:* VLSM *Variable Subnet Mask*; Organisation hat IP-Adressblock 131.42.0.0/16 bekommen, also die Adressen 131.42.00000000b.00000000b bis 131.42.11111111b.11111111b; die Anforderung an die Strukturierung lautet: 1 Subnetz bis 32 000 Rechner, 15 Subnetze bis 2000 Rechner, 8 Subnetze bis 250 Rechner, VLSM-Festlegungen nach Prinzip Tortenzerschneiden: 1 Subnetz 32 000 Rechner $\Rightarrow$ Zerlegung 131.42.0.0/17 und 131.42.128.0/17 mit den Adressbereichen 131.42.00000000b.00000000b bis 131.42.01111111b.11111111b und 131.42.10000000b.00000000b bis 131.42.11111111b.11111111b. Damit sind pro Bereich 32766 Endsysteme adressierbar, womit die erste Forderung erfüllt ist. Dieses Verfahren der Zerlegung kann nun bis zu den 8 Subnetzen mit je 250 Rechnern erfolgreich durchgeführt werden. Zu beachten sind reservierte Adressen.

Reservierte Adressen

Tabelle 14.5 Reservierte Adressen

Adresse	Reserviert für
0.0.0.0	„dieser Host ist an diesem Netzwerk"
255.255.255.255	eingeschränkter Broadcast „an alle in diesem Subnetz"
A.255.255.255, B.B.255.255, C.C.C.255	gerichtete Broadcast Adresse „an alle Hosts der angegebenen Subnetze"
127.x.y.z	Schleifenadresse, Paket verbleibt im Host, z. B. zum Austesten von Senden-Empfangen
10.0.0.0 bis 10.255.255.255/8 und weitere	nur lokal gültige Adressen für Messungen und NAT

> Mit **Netzwerk-Adress-Übersetzung** (*Network Address Translation* NAT) kann ein Netzbetreiber das Problem des Mangels an global gültigen IP-Adressen lösen. **NAT** ersetzt in einem aus dem Subnetz ausgehenden IP-Paket die nur lokal gültige Senderadresse durch eine verfügbare global gültige Adresse /14.11/.

Damit kann dieses Subnetz Antwortpakete wieder empfangen ($\rightarrow$ 14.2.4). Der NAT-Router merkt sich die Zuordnungen in **NAT-Tabellen**. Bei **Port-NAT** wird der Sendeport (*send port*) ($\rightarrow$ 14.2.4) durch einen Offset X des Eintrages in der NAT-Tabelle ersetzt. Damit können mehrere Endsysteme mit der einen globalen IP-Adresse versorgt werden. Nach Empfang des Antwortpaketes mit Zielport X werden die abgespeicherten ursprünglichen Port- und IP-Adresswerte schnell über den Offsetwert in der Tabelle gefunden.

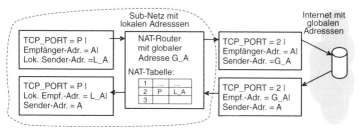

Bild 14.6   Port-NAT

Dynamisches Hostkonfigurationsprotokoll (*Dynamic Host Configuration Protocol* DHCP) vergibt an Endsysteme, die nicht permanent am Netz angeschlossen sind, IP-Adressen bei der Anmeldung /14.8/.

Dazu sendet das Endsystem ein DHCP-Request aus. Einer von mehreren DHCP-Servern bietet eine IP-Adresse an, die das Endsystem bestätigt. Es wird keine feste IP-Adresse garantiert.

Mit dem **Adressauflösungsprotokoll** (*Address Resolution Protocol ARP*) erfragt ein Router die ihm unbekannte Layer-2-Adresse eines Endsystemes im Subnetz, um ein Paket an den Empfänger weiterzuleiten.

14

Der Router sendet ein ARP_Request mit der IP-Adresse des Empfängers aus und erhält von diesem ein ARP_Response mit dessen Layer-2-Adresse.

Domain Name System (DNS) erlaubt das Arbeiten mit Namen zur Identifikation von Endsystemen, die durch DNS den IP-Adress-Ziffern zugeordnet werden (→ 19.3.3).

Dazu gibt es eine Namenskonvention, in der die Positionen und Bedeutung der Namensfelder geregelt wird z. B. Länderangaben am Ende des Namens wie .de für Deutschland.

Multihoming ist die Registration in zwei Domänen mit zwei IP-Adressen. Motivation ist die Erhöhung der Sicherheit bei Netzausfällen.

Die Zuordnung der jeweils gültigen IP-Adresse zum Namen muss im DNS (→ 19.3.3) aktualisiert werden.

14.2.2.3   Internet Control Message Protocol ICMP

ICMP erlaubt das Abfragen von Statusinformationen im IP-Layer /14.9/.

Die Meldungen zu Paketverlusten mit dem Inhalt „TTL-Zeit abgelaufen", „Ziel nicht erreichbar" sind die häufigsten Information an einen Sender. Die Rückmeldung beinhaltet: ICMP-Header + IP_Header_Problempaket + 8 Nutzbytes_Problempaket. Anwendungen sind:

- **Ping**: Ein Sender sendet ein ICMP_Echo_Request-Paket an einen Empfänger aus und erhält das Echo_Reply-Paket zurück. Messergebnisse: Statistiken zu Hin- und Rückübertragungszeit (*Round Trip Time*, RTT), Paketverlusten
- **Trace-Route**: Der Sender beginnt an einen Empfänger IP-Pakete mit *TTL = 1* zu senden. Dieses Paket wird beim ersten Router verworfen, der Absender erhält die ICMP-Fehlernachricht „TTL-Zeit abgelaufen" und kennt damit aus der Absenderadresse des ICMP-Paketes den ersten Router auf dem Weg zum Empfänger. Der Sender wiederholt diesen Ablauf mit jeweils um den Wert 1 erhöhtem TTL-Feld und kennt am Ende den gesamten Routingpfad zum Empfänger. Anwendung: Bewertung der Stabilität von Routen im Internet.

14.2.2.4   IPv6

IPv6 ist das Nachfolgeprotokoll für IPv4 ($\rightarrow$ 14.2.2). Es beseitigt Adressknappheit, vereinfacht die Adresskonfiguration und Headerverarbeitung.

Optionale Funktionalitäten (vgl. IPv4, $\rightarrow$ 14.2.2.1) werden in den Erweiterungsheader *(extension header)* gelegt. Damit hat der IPv6-Header eine feste Länge. Dazu gehören auch Segmentierungsinformationen. Zur Unterstützung von MPLS ($\rightarrow$ 14.2.3.5) ist das Flow Label im IPv6-Header integriert.

Tabelle 14.6   IPv6-Headerelemente

Name	# bit	Bedeutung
Version	4	Wert 6
Priority	8	für QoS-Weiterleitung und FEC-Klassifizierung ($\rightarrow$ 14.2.8)
Flow Label	20	unterstützt MPLS ($\rightarrow$ 14.2.3.5)
Payload Length	16	Anzahl Bytes nach 40-Byte-Header
Next Header	8	Zeiger auf angehangene Extension-Header
Hop Limit	8	Begrenzung der Paketlaufstrecke
Source Address	128	Sendeadresse
Destination Address	128	Empfängeradresse

Die IPv6-Adressen werden als mit Doppelpunkt getrennte Dezimalstellen geschrieben, z. B. 127:55:23:221:20:88:112:01.

Besonderheiten gegenüber IPv4 sind:

- Strukturierung der Adressen nach Provider, Kontinent usw.
- Möglichkeit der Integration-Layer-2-Adresse als Teil der IPv6-Adresse, wodurch ARP überflüssig wird
- keine Prüfsumme, da Layer-4-Protokolle wie TCP die (seltene) Fehlerbehandlung durchführen.

Koexistenz und Migration

Der Übergang von IPv4 zu IPv6 erfolgt stufenweise mit

- **Tunnel Broker TB**: IPv6-Hosts über IPv4-Netze: dynamische IPv4-Adressen werden als Tunnelenden im Host oder Router vergeben; die IPv6-Pakete werden in IPv4-Pakete eingepackt („IP in IP") und durch den Tunnel geschickt.
- **Dual Stack Transition Mechanism DSTM**: Die Randknoten eines IP-Netzes haben IPv4- und IPv6-Protokoll-Stack (*dual stack*), innerhalb des IP-Netzes erfolgt dynamisches Tunneln.

14.2.3   Routing

14.2.3.1   Aufgaben, Arten

> Das **Internet-Routing** ist die Vorschrift zur Abbildung der IP-Empfängeradresse auf einen Pfad vom Sender zum Empfänger. In einem einzelnen Router wird damit ein Paket von einem In-Interface zu einem Out-Interface weitergeleitet (*forwarded*).

14

Es werden unterschieden:

- **Hop by Hop Routing**: Der Router wählt den nächsten Router aus seiner Routingtabelle unabhängig vom bisher zurückgelegten Pfad aus.
- **Quellbasiertes Strict Source Routing**: Der Sender gibt eine Route vor, die von den Routern nicht geändert werden darf.
- **Quellbasiertes Loose Source Routing**: Der Sender gibt eine Untermenge der zu durchlaufenden Router vor. Die Router können die Zwischenpfade selbst bestimmen. Anwendung: Mobile IPv6 ($\rightarrow$ 14.2.3.4), Aufzeichnung der unbekannten Route zur Vermeidung von Dreiecksrouting.

Hierarchisches Routing: Im Subnetz sind Endsysteme und Router einem *default router* als Router für die Internet-Verbindung zugeordnet.

❏ *Beispiel:* In einem strukturierten Netz wird ein *default router* als Übergang zum *wide area network* festgelegt.

Ebenen, in denen alle Router die IP-Pakete zu allen Routern weiterleiten können, haben **flaches Routing**.

> Die **Routing-Hierarchie-Ebenen** sind **Intra-Domain** in einem **autonomen System** (*autonomous system, AS*) und **Inter-Domain** zwischen den AS. Innerhalb der AS können weitere Hierarchien eingerichtet werden.

> Die Routingstandards sind für Intra-Domain z. B.*Open Shortest Path First* OSPF und für Inter-Domain, z. B. *Border Gateway Protocol* BGPv4 (OSPF, BGP, → 14.2.3.4 /14.17/, /14.4/).

Im Intra-Domain-Bereich unterstützen **external/summary records** hierarchisches Routing. Im Inter-Domain-Bereich ist das Festhalten am flachen Routing umstritten (Explosion der BGP-Routing-Tabellen).

Die Sicht eines Routers auf das Netz kann das topologische Gesamtbild (*link state routing*, OSPF, → 14.2.3.4) oder nur die Information, über welche Nachbarn welche Ziele erreichbar sind (*distance vector routing*, BGP, → 14.2.3.4) sein.

> Beim **Link State Routing** sendet jeder Router R an jeden anderen Router R' ≠ R seine Nachbarschafts-Statusinformationen (*Link State Packets LSPs*) aller **Nachbar**router R*: Identifikatoren, IP-Adressen, Link-Metrik-Kostenwert.

Damit kennt jeder Router die gesamte Topologie und kann die Berechnung der besten Wege bis zu allen Zielnetzen an den Routern durchführen (→ 14.2.3.2).

> Beim **Distance Vector Routing** sendet jeder Router R nur an seinen Nachbarrouter R* die Information, welche Kosten bei einer Übertragung zu möglichen Zielen R' entstünden. Jeder Router R wählt nach Vergleichen den Nachbarrouter R' mit dem besten Angebot zu den Zielen aus.

Dieses Verfahren spart zwar Tabellenplatz und verringert die Menge der zu übertragenden Routinginformationen, verlangsamt aber den Austausch der Statusinformationen. Es wurde ursprünglich im Internet eingesetzt. Da die Router nicht die Gesamttopologie kennen, kann es zu Schleifen in den Routingpfaden kommen. Dieses Verfahren wird deshalb nur noch mit zusätzlichen Pfadinformationen bei BGP verwendet (BGP, → 14.2.3.4).

Stochastisch – deterministisch: Beim stochastischen Routing hat ein Router mehr als einen Weg zum Ziel und würfelt die Route aus. Vorteil: Lastverteilung mit Verringerung der Wirkung von *Distributed Denial of Service* (DDoS-

Attacken); Nachteil: Reihenfolge der Pakete wird verfälscht und der Jitter wird erhöht.

Routing-Metriken

> Routing-Metriken spiegeln ein oder mehrere Bewertungskriterien für Routing wider: Übertragungsdauer, Verlustrate, Durchsatz, Ausfallsicherheit eines Pfades.

Da das IP-Paket eine Folge von Leitungen und Routern durchläuft, ergeben sich zusammengesetzte Metriken (*spatial routing metrics*).

❑ *Beispiele für n Leitungen:* $i = 1, \ldots, n$: additive Metrik: Übertragungsverzögerung $D_{gesamt} := \sum D_i$

Im einfachsten Fall ergibt sich die Routing-Metrik als Summe der zu durchlaufenden Leitungen bzw. Router (*hop count metric*).

> **Adaptive Routing Metriken** *(adaptive routing metrics)* passen die Bewertungen der Leitungen an den Netzzustand an, um Überlastungen mit steigender Verzögerung zu vermeiden.

Wie bei jedem Regelkreis ist eine sorgfältige Modellierung notwendig, um Oszillationen zu vermeiden. Dazu muss die Netzreaktion auf veränderte Metrikwerte durch Messungen im Netzreaktionsdiagramm (*network response map*) erfasst werden.

Multicast-Routing

14

> **Multicast-Routing (MC)** sendet IP-Pakete von einem Sender zu einer durch die Multicast-Adresse festgelegten Gruppe von Empfängern.

Das An- und Abmelden von Empfängern im MC-Baum erfolgt mit *Graft-and-pruning*-Nachrichten. Für in der Netztopologie dicht gelegene MC-Empfänger kann jeder Router diese Funktion unterstützen, für dünn verteilte Empfängertopologien wird das *Core-based-tree*-Verfahren eingesetzt, um nicht zu viele Router zu belasten. Je nach starker oder schwacher Dichte der Empfänger (*sparse mode, dense mode*) kommen verschiedene Protokolle zum An- und Abkoppeln von MC-Empfängern an einen MC-Baum zum Einsatz: protokollunabhängiges Multicast (*Protocol Independent Multicast*, PIM).

14.2.3.2 Shortest Path: Dijkstra-Algorithmus

Die Auswahl der kürzesten Route im *link state routing* erfolgt mit dem Algorithmus von Dijkstra. Der Router R nimmt sich als Wurzel des Routing-Baumes in die permanente Menge auf und trägt alle Nachbarn mit den Kosten in die temporäre Menge ein. Dann wird aus der temporären Menge der Knoten mit den minimalen Kosten von R permanent und dessen Nachbarn werden in die temporäre Menge aufgenommen. Ist ein Router zweimal in der temporären Menge, wird der schlechtere Eintrag gestrichen. Die Eintragungsschritte in die permanente Menge ergeben den kürzesten Wegebaum *(shortest path tree)*.

❑ *Beispiel für Router R1:*

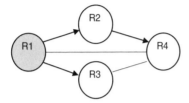

nach von	R1	R2	R3	R4
R1	0	1	2	4
R2	2	0	–	2
R3	3	–	–	1
R4	3	2	1	0

Bild 14.7 Beispieltopologie und Kostentabelle

Tabelle 14.7 Dijkstra-Algorithmus, Bezeichnung „x(y,z)": zu Subnetzen an Router Rx entstehen Kosten z wenn Ry Vorgänger auf Pfad R1 zu Rx ist

Beschreibung des Algorithmus	permanent	temporär
R1 ist Wurzel des Routing-Baumes und damit permanent; alle Nachbarn von R1 werden temporär	1	4(1, 4), 2(1, 1), 3(1, 2)
temporärer Router mit geringsten Kosten von R1 wird permanent = R2; alle Nachbarn von R2 werden temporär	1, 2	alt: 4(1, 4), 3(1, 2) neu: 4(2, 3 = 1 + 2)
Wiederholung dieser Schritte mit Verwerfen des schlechteren Wertes 4(1,4):	1, 2, 3	alt: 4(2, 3) neu: 4(3, 3 = 2 + 1)
wenn zwei gleiche Werte: beliebige Auswahl	1, 2, 3, 4	Ergebnis: siehe dicke Pfeile in Bild 14.7

14.2.3.3   Mobile IP

Mobile IP spezifiziert Protokolle, mit denen ein mobiler Netzknoten (*Mobile Node* MN, *Mobile Host* MH) unter seiner IP-Adresse auch an unterschiedlichen Orten erreichbar ist /14.10/.

Ablauf:

Ein MN ist bei seinem *Home Agent*, HA registriert. Dieser *Home Agent* verwaltet alle relevanten Vertragsdaten. Wandert der MN in das Gebiet eines

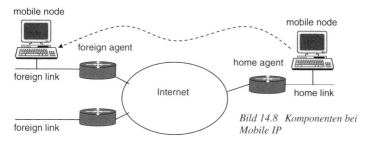

Bild 14.8 Komponenten bei Mobile IP

anderen Providers, bietet sich dort ein *Foreign Agent* auf einem *Foreign Link* FL an. Der MN kann nun dessen Dienste in Anspruch nehmen. Dazu sendet der *Foreign Agent* FA ein Angebot (*advertisement*) mit global gültigen IP-Adressen *Care Of Addresses* COA aus. Der MN wählt eine IP-Adresse aus und antwortet dem FA. Der FA sendet Registrierungsinformationen und die COA an den HA. Damit kann der HA alle für den MN eintreffenden IP-Pakete eines anderen Knotens (*Other Node*, ON) in ein IP-in-IP-Paket verpacken und an die COA in einem **Tunnel** senden (*tunneling*). Der FA packt das für den MN bestimmte Paket aus dem Tunnel-Paket aus und sendet es an den MN auf der FL. Antwortpakete vom MN an ON werden wegen der gültigen IP-Adresse von ON normal durch das Netz geroutet.

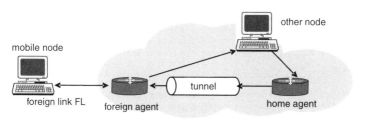

14

Bild 14.9 Dreiecksrouting bei Mobile IP

In Mobile IPv6 ($\rightarrow$ 14.2.2.4) wird das Aufzeichnen der Route im Paket von FA zu ON vorgeschlagen, damit der ON seine Pakete direkt an den FA senden kann.

Beim Wechsel des MN von einem FL auf einen anderen FL wird unterschieden:

- **Micro-Mobilität** (*micro mobility*): Wechsel innerhalb eines Netzbetreibers, keine nochmalige Registrierung bei HA erforderlich
- **Makro-Mobilität** (*Macro Mobility*): Wechsel zwischen Netzbetreibern, Registrierung bei HA erforderlich

Mobile Ad Hoc Networks (MANET)

> **MANET** unterstützen eine hohe Mobilität von Endsystemen mit speziellen Routing-Protokollen. Die Routing-Funktionen sind in den Endsystemen implementiert /14.15/.

Dazu gehören die Gewährleistung von Sprach- und Videokonferenzen, *push to talk*, P2P-Konversation.

Bei relativ langsamen Veränderungen der Topologie werden proaktive Routing-Protokolle *Optimized Link State Routing Protocol* OLSR verwendet. Für sehr dynamische Netze veralten die Topologieinformationen schnell und es kommt *Ad hoc on Demand Distance Vector Routing* (ADDVR) zur Anwendung.

Mit *Route Discovery* werden die Routen ermittelt. Dazu sendet ein MANET-Knoten *Route Request Packets* RRP an das gesuchte Ziel. RRP werden *broadcast* gesendet. Die Knoten im Netz prüfen, ob sie diese Ziele im *route cache* haben. Falls ja: Antwort an Sender, wenn nein: Weiterleiten mit *broadcast*.

Route Maintenance: Falls ein Zwischenknoten Übertragungsfehler entdeckt, wird „*Route Broken*" an den Sender geschickt. Der Sender prüft, ob eine andere Route im Cache gespeichert ist. Alle auf dem Weg zum Sender liegenden Knoten streichen diese Route aus dem Cache.

Delay Tolerant Networks (DTN)

> Ein **DTN** ist ein *overlay network* regionaler Netze. Das Internet ist Bestandteil /14.7/.

Oft treten große Verzögerungen in Funknetzen (geringe Bandbreite, Wiederholungen wegen Bitfehlern) auf. Gleiche Eigenschaften weisen interplanetare Kommunikationen auf. Bei diesen kommt noch das Funkschattenproblem dazu. Eine besondere Klasse von Protokollen wird dafür vorgeschlagen: **episodische Protokolle** (*episodic protocols*) und **opportunistische Protokolle** (*opportunistic protocols/communication*).

DTN arbeiten mit einem zusätzlichen *store and forward layer „Bundle Layer"* auf TCP, der Nachrichten zwischenspeichern kann. Die Transport-Layer-Segmentierung führt zur Trennung von Verzögerungsabschnitten (*delay isolation*). Je nach der Art der Zeitsynchronisation werden *scheduled contacts* (Zeiten bekannt) und *opportunistic contacts* (Zeiten unbekannt) unterstützt.

❏ *Beispiel:* Übertragung von Daten einer gelandeten Marssonde über das Raumschiff zur Erde

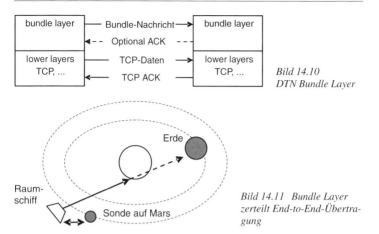

Bild 14.10
DTN Bundle Layer

Bild 14.11 Bundle Layer
zerteilt End-to-End-Übertra-
gung

14.2.3.4 Routing-Standards

Open Shortest Path First (**OSPF** /14.17/): Jeder Router speichert die Routing-Informationen (*link states*) jedes anderen Routers in seiner *Link-State-Database* LSDB und baut sich mit dem Dijkstra-Algorithmus einen kürzesten Wegebaum zu jedem Router auf (*Spanning Tree* STP, *Shortest Path First* SPF).

Die *link state advertisements* werden direkt in IP-Pakete eingepackt (Protokoll-Nr. 89), ohne dass ein anderes Transportprotokoll (UDP, TCP) genutzt wird. OSPF erlaubt hierarchische Strukturen.

Border Gateway Protocol (BGP4): Die Grenzrouter von Domänen tauschen Informatione über die Pfade (über welche Domänen führt der Pfad) und die Kosten aus /14.4/.

Die Routenauswahl (*route selection*) erfolgt nach der Metrik der Anzahl der autonomen Systeme. Die Routing-Informationen werden mit TCP übertragen.

14

14.2.3.5 Multi Protocol Label Switching (MPLS)

MPLS beschleunigt das Weiterleiten (*forwarding*) (→ 14.2.4.1) von Paketen, die in einem Router an ein bestimmtes Out-Interface übergeben werden sollen. Dem Out-Interface werden Labels (ganze Zahlen) zugeordnet und vom davor liegenden sendenden Router (*upstream router*) in den Paketkopf eingetragen /14.16/.

Beim **datenorientierten** (*data driven*) **MPLS** teilt der Router R_x dem *upstream* Router R_y, der vor Router R_x liegt, dieses Label L_x mit. Die Entscheidung, ab wann vom einfachen Routing zu MPLS übergegangen wird, erfolgt auf der Grundlage von Beobachtung der Intensität. R_y trägt das Label in das Paket an R_y ein und R_x kann bei Empfang des Paketes in einer *Label Switching Table* beim Offest L_x das richtige out-Interface auslesen.

Beim gesteuerten (*control driven*) MPLS werden die Labels vom Netzmanagement an die Router vergeben. Bei IPv4 wird dieses Label zwischen dem IP-Header und dem Layer-2-Header eingefügt, IPv6 ($\rightarrow$ 14.2.2.4) hat dieses Feld im Header.

Der Begriff des Multiprotokolles ergibt sich aus der Integrationswirkung von MPLS über Pfade mit unterschiedlichen Netzprotokollen. Verbindungsorientierte Netzdienste ($\rightarrow$ 15) werden als MPLS-Teilstrecke betrachtet, auf der das Label durch den Verbindungsidentifikator (ATM VCI) ersetzt wird. An den Grenzen der Teilstrecke erfolgt eine Zuordung (*binding*) VCI $\leftrightarrow$ IP-Label. Diese Eigenschaft macht MPLS attraktiv für die Migration von IP- und ATM-Netzen, da damit das Verwalten von ATM-Verbindungen auf den Aufbau von MPLS-Pfaden in IP-Netzen übertragen werden kann. Die Verkettung von Labels ersetzt dabei den Identifikator der virtuellen Verbindung.

Das Label kann neben der Routing-Funktion noch weitere Funktionen unterstützen, indem die Labels pro Out-Interface noch in Weiterleitungsklassen (*forwarding equivalence classes*) aufgeteilt werden. Damit kann schnell zwischen verschiedenen Weiterleitungsprioritäten für unterschiedliche Protokolle und Anwendungen differenziert werden.

❑ *Beispiel:* Alle IP-Telefoniepakete (Protokoll: RTP, $\rightarrow$ 14.2.5) müssen mit hoher Priorität weitergeleitet werden und erhalten Label = 3; alle WEB-Pakete erhalten geringe Priorität und bekommen Label = 5; erhält R_x ein Paket mit Label = 3, liest R_x aus seiner Label Switching Tabel an der Offsetstelle 3 die Vorschrift „schnelles Weiterleiten" und das Out-Interface aus.

Die Verteilung der Labels erfolgt mit dem Labelverteilungsprotokoll (*Label Distribution Protocol* LDP /14.14/) oder im Rucksackverfahren, z. B. mit RSVP ($\rightarrow$ 14.2.8).

Die Verallgemeinerung des MPLS-Ansatzes bis hin zum physikalischen λ-*Switching* als Verketten von LWL-Frequenzen wird im *G-MPLS* (*General MPLS*) standardisiert.

14.2.4   Transport Control Protocol TCP

TCP realisiert die zuverlässige Übertragung von IP-Paketen in TCP-Segmenten (*segments*) /14.21/.

> Für die nicht gesicherte Übertragung von IP-Paketen gibt es das *User Datagram Protocol* (UDP).

TCP ist ein verbindungsorientiertes Protokoll, das keine Voraussetzungen an die Zuverlässigkeit des darunter liegenden Layer-3-Dienstes stellt. TCP muss Übertragungsfehler reparieren: Erkennung von Bitfehlern in empfangenen **TCP-Segmenten** (OSI-Layer 4 T_PDU) und Paketverluste in überlasteten Routern.

Die Zuverlässigkeit des Transportdienstes wird durch folgende Funktionen gewährleistet:

- Folgenummerierung (*sequence number*): der Sender nummeriert laufend byteweise {Nummer erstes Byte, Länge} durch, der Empfänger kann damit das Fehlen von verlorenen Bytes und doppelten Empfang ($\rightarrow$ 14.2.4.3) erkennen
- Prüfsumme: Bitfehler werden erkannt
- Flusssteuerung (*flow control*): der Empfänger teilt dem Sender mit, wie viele Byte er senden dürfte, wenn er genügend Sendedaten dafür hätte.

14.2.4.1 TCP-Header

Tabelle 14.8 TCP-Headerelemente 4 Byte (Bitposition modulo 32)

Name	# bit	Bedeutung
Source Port	16	sendende Anwendung (z. B. 80 für HTTP, 25 für mail, ...)
Destination Port	16	empfangende Anwendung
Sequence Number (SN)	32	Sequenznummer: Position des ersten Segmentbytes im gesendeten Bytestrom
Acknowledgement Number (ACK)	32	Nummer des zuletzt richtig empfangenen Bytes
Data Offset	4	Verschiebung der Daten im Segment
Reserved	6	reserviert
Flags	6	u. a. SYN/FIN: Anzeige Auf-/Abbau, ACK: Anzeige „ACK-Feld ist gültig"
Window	16	Fenster: Anzahl der Bytes, die der Empfänger bereit ist zu empfangen
Checksum	16	wird über Header, Nutzdaten und einen 92-Bit-Pseudoheader gebildet ($\rightarrow$ Fehlerbehandlung)

14

14.2.4.2 Dienst und Protokoll

> Der **TCP-Dienst** besteht aus den Phasen Verbindungsaufbau, Datenübertragung und Verbindungsabbau.

Im ersten Schritt wird TCP als Prozess im Betriebssytem aktiviert, geht in den Zustand Hören (*listen*) und ist empfangsbereit. Sollen Daten von TCP_A nach TCP_B gesendet werden, erfolgt der Verbindungsaufbau zum Endsystem B mit bekannter IP-Adresse und der bekannten Portnummer der Anwendung im *3-Way-Handshake*-Verfahren. Dazu wird ein SYN-Segment mit SYN-Flag = 1 und einer vorgeschlagenen ersten Sequenznummer *SN_A* gesendet. Der Empfänger TCP_B muss diesen Aufbauwunsch mit einem SYN-Segment mit *SN_A* + 1 bestätigen, und TCP_B schlägt gleich auch eine erste *SN_B* für seine evtl. nach A zu sendenden Daten vor. A bestätigt nun im dritten Schritt diesen Wert mit einem SYN-Segment an *B* mit dem Wert *SN_B* + 1. Danach erfolgt das Senden und Quittieren der Datensegmente in folgenden Schritten:

1. TCP-Empfänger sendet einem potenziellen TCP-Sender einen Fensterwert *W*
2. Flusssteuerung (*flow control*): TCP-Sender darf maximal *W* Byte senden
3. Empfänger erhält Datensegment und übergibt es nach Plausibilitäts- und CRC-Check der Anwendung (oder sammelt vor Übergabe kleinere Segmente zu einer großen T_SDU)
4. Empfänger sendet ACK mit der Nummer des letzten richtig empfangenen Bytes und einem neuen Wert *W* an den Sender

Schließt die Anwendung von A den TCP-Dienst, sendet TCP_A an TCP_B ein Segment mit FIN-Flag = 1 und wartet auf die Bestätigung von TCP_B.

Fehlerbehandlung

Die Bildung der Checksum beinhaltet auch die IP-Sende- und -Empfangs-adressen, die Protokollnummer und die Länge der TCP-Daten. Damit werden fehlgeleitete (*misrouted*) Segmente erkannt, da in einem solchen Fall die Empfängerdaten nicht passfähig zur Checksum sind.

Datenverluste und Bitfehler werden beim Empfänger entdeckt, was zum Nichtsenden des ACK führt.

> **Wiederholungs-Time-Out** (*Retransmission Time Out* RTO): Das Nicht-empfangen eines ACK beim Sender führt zum Ablauf eines beim Senden des Segmentes gesetzten RTO und zum wiederholten Senden.

Dazu wird eine Anpassung des Time-Out-Wertes mit dem *v.-Jacobson-Algo-rithmus* /14.6/ durchgeführt. Prinzip: Der RTO-Wert darf nicht kleiner als die *Round Trip Time* RTT sein, da vorher kein ACK angekommen sein kann. Eine Zeitreserve wird dazuaddiert. Da zu große RTO-Werte den Durchsatz im Falle von Paketverlusten wegen später Wiederholung senken, wird der Zuschlag minimal gehalten und ergibt sich aus den RTT-Schwankungen im Netz.

RTT-Glättung

$$SRTT_{k+1} := (1 - \alpha) \cdot SRTT_k + \alpha \cdot RTT_{k+1} \qquad (14.1)$$

Berechnung des geglätten SRTT-Fehlers aus Schwankungen von RTT:

$$SDEV_{k+1} := (1 - \beta) \cdot SDEV_k + \beta \cdot |RTT_{k+1} - SRTT|_k \qquad (14.2)$$

Berechnung von RTO aus SRTT plus Zeitreserve aus RTT-Schwankungsbreite

$$RTO_{k+1} := SRTT_{k+1} + 4 \cdot SDEV_{k+1} \qquad (14.3)$$

$\alpha = 0{,}125$, $\beta = 0{,}25$

14.2.4.3 Überlaststeuerung

> Mit der **Überlaststeuerung** (*congestion control*) reduziert der Sender nach Paketverlusten seine Senderate stark und erhöht diese danach wieder langsam

Hat ein Sender einen großen W-Wert vom Empfänger erhalten und sendet viele Daten, kann es wegen Überlast zu Verlusten im Netz mit Wegwerfen der Pakete im Router kommen. Der Verlust wird erst nach Ablauf des RTO festgestellt, was zur Verlangsamung der Übertragung führt. Die verworfenen Datensegmente sind je nach bereits zurückgelegter Strecke verlorene Leistung in einem ohnehin überlasteten Netz. Da zusätzliche Signalisierungen aus der IP-Netzschicht zu Überlastsituationen (wie in ATM- und Frame-Relay-Netzen vorhanden) den minimalistischen Anforderungen von TCP an das darunter liegende Netz widersprächen, wird in TCP ein adaptives Senderatenverfahren eingesetzt. Dieses passt die Senderate an die messbare Verlustrate an und hat zwei Eigenschaften: Reduzierung bei Verlust und Erhöhung bei Nicht-Verlust ($\rightarrow$ Bild 14.9). Gesteuert wird dieses Verfahren über den Parameter Überlastfenster (*congestion window cwnd*) = Anzahl erlaubter Sendesegmente und den Parameter Sendeschwellwert (*send threshold stresh*). Der Sender darf die Anzahl von $\min\{cwnd, W\}$ Segmenten senden.

14

Überlastvermeidungs-Algorithmus (*congestion avoidance algorithm*)

Zu Beginn der Übetragung wird eine maximale Segmentgröße (*maximum segment size*) vereinbart. Der Sender beginnt mit der Übertragung eines Segmentes ($cwnd = 1$). Ist die Übertragung erfolgreich, wird verdoppelt ($cwnd = 2$) usw. Zwangsläufig kommt es je nach Kanalkapazität zu Segmentverlusten, z. B. bei $cwnd = cwnd_{loss}$. Gehen mehrere Segment verloren, kommt es zum Langsamstart (*slow start*) mit $cwnd := 1$ und der Schwellwert wird auf $stresh := cwnd_{loss}/2$ gesetzt. Bis zu diesem Schwellwert verdoppelt TCP wieder wie vor dem Segmentverlust die Senderate pro RTT. Nach Erreichen von *stresh* darf *cwnd* pro RTT nur noch um den Wert 1 erhöht werden.

Geht nur ein Segment verloren, wird dies als nicht starke Netzüberlastung bewertet und TCP setzt nur auf $cwnd := cwnd/2$ zurück. Zur Beschleunigung der Wiederholung (*fast retransmit*) sendet der Empfänger drei Wiederholungen des letzten ACK an den Sender. Das verloren gegangene Segment wird selektiv (*selective ACK, SACK*) wiederholt.

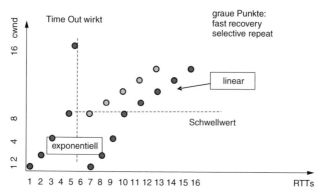

Bild 14.12   TCP-Überlastkontrolle (congestion control)

Leistungsbewertung

Aus dem Überlaststeueralgorithmus ergibt sich eine Übertragungsrate [Byte/s], in die wegen der Rückkopplungsdauer der RTT-Wert [s] eingeht. Im einfachsten Modell wird von einer Segmentverlustwahrscheinlichkeit p in einem RTT-Intervall ausgegangen unter Verwendung der MSS (*Maximum Segment Size*):

$$Durchsatz := \frac{MSS}{RTT \cdot \sqrt{p}} \tag{14.4}$$

Bemerkenswert ist das Fehlen der Kanalkapazität C in dieser Formel, da C über den Algorithmus implizit in p enthalten ist.

Unterstützung von TCP in Routern

Durch zufälliges Verwerfen von TCP-Segmenten (*Random Early Detection*, RED) wird rechtzeitig eine Überlast eines Router-out-Interfaces vermieden.

Dies reduziert die Wahrscheinlichkeit für das Verwerfen von aufeinander folgenden Paketen derselben TCP-Verbindung und somit auch für einen *slow start*. Bild 14.5 zeigt die steigende Verwerfwahrscheinlichkeit ab einem konfigurierbaren Wert *min_th* der geglätteten Pufferbelegung und die Verwerfung aller Pakete ab einem Füllstand von *max_th*.

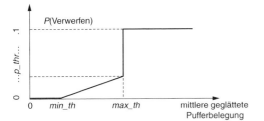

Bild 14.13 Random Early Detection (RED-Algorithmus)

14.2.5   Real Time Protocol (RTP), Real Time Control Protcol (RTCP)

> **RTP** und **RTCP** bilden eine Protokollfamilie für die Übertragung von Echtzeitinformationen. Sie ermöglichen die Synchronisation zwischen Sender umd Empfänger.

- RTP: Real-Time-Übertragung mit Zeitstempel ($\rightarrow$ 19.5.2) /14.18/
- RTCP: Steuerung und Überwachung der Übertragung (Qualität, Eintritt, Austritt aus Konferenz)

Der *RTP-Header* beinhaltet die Felder Sequenznummer (*sequence number*), Zeitstempel (*time stamp*) und Informationen über die Quellen der Echtzeitdaten (*Synchronization Source* SSRC, *Contributing Source Identifiers* CSRC). Das Feld CSRC wird nur benötigt, wenn mehrere Quellen (Audio, Video) in einem RTP-Strom verbunden sind. Die Verbindung mehrerer Quellen hat Vorteile (einfache Synchronisation Sprache mit Bild) und Nachteile (spezifische Übertragungsanforderungen Audio und Video nicht differenzierbar).

Für periodische Abtastungen (*samples*) ist der Zeitstempel die Folgenummer der Abtastungen. Es können mehrere Samples in einem RTP-Paket übertragen werden. Die Zeitstempel müssen nicht monoton mit der Folgenummer steigen, z. B. wenn MPEG-Video ($\rightarrow$ 5.1.6.3) übertragen wird.

Ein **Mixer** empfängt RTP-Pakete von einer oder mehreren Quellen, ändert das Datenformat und kombiniert die Pakete.

❑ *Beispiel Multiplexing:* Mehrere RTP-IP-Telefonie-Ströme mit dem gleichen Ziel werden zu einem RTP-Strom mit nur einem Zeitstempel verbunden.

Ein **Translator** kann die Codierung ohne Mixen ändern und zwischen Multicast-Netzen und Unicast-Netzen übersetzen.

Ein **Monitor** ist eine Anwendung, die RTCP-Pakete empfängt und diese für die Bestimmung der Übertragungsqualität und die Fehlerdiagnose verwendet.

Der Monitor kann auch außerhalb der RTP-Session als *Third Party Monitor* TPM implementiert sein.

❏ *Beispiel:* Ein Content-Provider CP bietet Audio- und Video-Objekte an, die mit RTP zum Kunden übertragen werden. CP kann die Übertragungsqualität mit dem Monitor überwachen. Der TPM ist aber auch beim Netzprovider NP installiert und erlaubt NP die erforderlichen Netzqualitäten zu überwachen.

14.2.6   Real Time Streaming Protocol (RTSP)

RTSP /14.19/ ist ein Protokoll auf Applikationsebene, welches für die Steuerung von Datenströmen (Streams) verantwortlich ist. Diese Datenströme können live geliefert werden oder auch aufgezeichnet sein.

Das RTSP-Protokoll eröffnet und steuert Datenströme. Diese können einzeln oder mehrfach über einen oder mehrere Server zu einem oder mehreren Empfängern gesendet werden.

Falls mehrere kontinuierliche Datenströme versendet werden, können diese zeitsynchronisiert werden. Dabei fungiert das RTSP-Protokoll meist nur als Steuerung der Datenströme (Start, Stopp) wie eine Fernbedienung für einen Videorecorder über Netzwerke.

RTSP ist an kein Transportprotokoll gebunden. Meistens werden für den Steurstrom TCP- und für den Datenstrom RTP/UDP-Übertragungen verwendet.

RTSP unterstützt folgende drei grundlegende Operationsmodi:
- **Unicast**: nur ein Empfänger; Port wird vom Empfänger ausgesucht
- **Multicast (1)**: **Server** wählt die Adresse und den Port mehrerer Empfänger aus
- **Multicast (2)**: **Client** sucht Adresse und Port aus; der Server wird zu einer existierenden Konferenz eingeladen

Zeitdarstellung in RTSP

RTSP verwendet verschiedene Arten von Zeitdarstellungen für Anfang, Position und Ende eines Media Streams, so etwa SMPTE (*Society of Motion Picture Television Engineers*) mit den Angaben Stunden: Minuten: Sekunden: Frame.Subframe. NPT (*Normal Play Time*) zeigt die absolute Zeitposition des Streams relativ zum Beginn der Präsentation an, z. B. „now".

❏ *Programmbeispiel:* Abspielen von `rtsp://audio.example.com/audio` Sekunden 10–15, 20–25, 30–Ende:

```
C->S: PLAY rtsp://audio.example.com/audio RTSP/1.0
CSeq: 835
Session: 1234567
```

```
Range: npt=10-15
C->S: PLAY rtsp://audio.example.com/audio RTSP/1.0
CSeq: 836
Session: 12345678
Range: npt=20-25
C->S: PLAY rtsp://audio.example.com/audio RTSP/1.0
CSeq: 837
Session: 12345678
Range: npt=30-
```

Bild 14.14 RTSP-Phasen

14.2.7   Session Initiation Protocol (SIP)

> **SIP** ($\rightarrow$ 19.2.2, 19.2.3 /14.20/) ist ein Anwendungsprotokoll (*application-layer control protocol*) für Aufbau (*establish*), Modifizierung (*modify*) und Beendigung (*terminate*) von Multimedia Sessions/Calls /14.20/.

Mit SIP können Personen, aber auch Server zur Teilnahme eingeladen werden. SIP kann Unicast und Multicast Sessions aufbauen. SIP untersützt folgende Funktionen:

- Nutzerermittlung (*user location*)
- Nutzeranwesenheit und Bereitschaft (*user availability*)
- Nutzerressourcen (*user capabilities*)
- Sitzungsaufbau (*session setup*)
- Sitzungsmanagement (*session management*): Übertragung, Beendigung, Veränderung von Parametern

14

Vor einer SIP-Kommunikation muss eine Verständigung über die verwendeten Codecs erfolgen. Dafür wird SDP *Session Description Protocol* eingesetzt, um den Medientyp (Video, Audio, ..., $\rightarrow$ 19.2.3), das Übertragungsprotokoll (RTP/UDP/IP, andere) und das Medienformat (H.261, MPEG-Video, ...) zu vereinbaren. Bei der Internet-Übertragung hat sich die Bindung an RTP/UDP als problematisch erwiesen, da oft die Ports und NAT-Adressen dynamisch vergeben werden, d. h., ein SIP-Empfänger hat keine feste IP-Adresse. Viele Firewalls blockieren UDP.

Zur Lösung dieser Probleme wird STUN (*Simple Traversal of UDP over NATs*) für die Ermittlung der aktuell gültigen IP-Adresse eines Anschlusses eingesetzt (Weiterentwicklung auch für TCP).

Ablauf

Ein SIP-Caller sendet ein SIP_request an den Angerufenen (*callee*), z. B. „*invitation*". Der Angerufene wird evtl. nicht direkt erreicht, sondern über eine Kette von Proxies. Die Lokation der SIP-User kann auf SIP-Servern hinterlegt werden (z. B. Telefon-Nr., Name, IP_Adresse Gateway). SIP-url: user@host (z. B. user = tel.Nr, host = domain, netz). Die SIP-url kann über verschiedene Wege zum Anrufenden gelangen: Out-of-Band (z. B. Brief), suchende Media-Agenten, . . . , Ableitung von E-mail-Adresse.

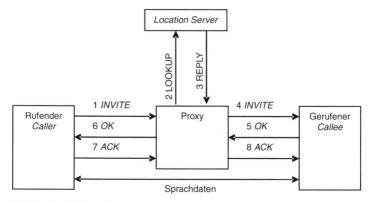

Bild 14.15 SIP-Ablauf

SIP wird als Signalisierungsprotokoll für IP-Telefonie eingesetzt.

Nicht standardisierte Protokolle wie Skype verändern fortlaufend ihre Formate, um Filter zu umgehen, die zur Eindämmung der *Third-Party*-IP-Telefonie und Videokonferenzen von Netzprovidern eingesetzt werden. Zur Ermittlung der aktuell gültigen IP-Adresse wird ein LogIn-Server verwendet, auf dem nach Aktivieren der Anwendung die IP-Adresse abgelegt wird.

14.2.8   Internet Performance Management

Leistungsmanagement-*(performance management)*-Mechanismen dienen der Gewährleistung einer Übertragungsqualität (*Quality of Service* QoS), die für Echtzeitübertragung und/oder Bandbreitengarantien notwendig sind.

Dafür kommen infrage:

- Überdimensionierung (*overprovisioning*): Bereitstellung von so viel Bandbreite, dass Übertragungszeiten und Kanalbelastung auch in Spitzenzeiten gering bleiben
- Ressourcenmanagement (*resource management*): Aufteilung knapper Bandbreiten auf (zahlende) Nutzer und Anwendungen.

Best effort ($\rightarrow$ 19.5.2) ist der Internet-Dienst ohne jegliche Garantien.

Ob eine QoS-Anforderung erfüllt werden kann, hängt von den bereits belegten und noch freien Ressourcen ab. Dafür ist das Ressourcenmanagement (*resource management*) zuständig. Nach einer entsprechenden vertraglichen Service-Level-Vereinbarung (*Service Level Agreement*, SLA) erfolgt die Bestätigung oder Ablehnung im Access-Router. Die Router werden vom Netzmanagement mit dem *Common Open Policy Service Protocol* COPS über den Status der Nutzer und dafür vorzunehmende Interface-Konfigurationen informiert.

Im SLA wird Folgendes zwischen Nutzer und Netzprovider vereinbart: die Spezifikation der gesendeten Pakete (Paketlängen, Abstände/Rate, erlaubte Bursts z. B. für MPEG-Video $\rightarrow$ 5.1.6.3) und die Übertragungsqualitäten (Übertragungszeit, Übertragungsrate, Verlustrate).

Tabelle 14.9   QoS-Anforderungen/EU IST AQUILA/ (VLL: Virtual Leased Line)

	Connection Set-up Time	End-to-end delay	Bandwidth Requirement	Bandwidth control (bandwidth fluctuation)	Jitter control
Voice over IP	+	++	–	++	++
Video Conferencing/Audio	+	++	–	++	++
Video Conferencing/Video	+	++	+	+	–
Video on Demand	–	–	++	+	–
Video Broadcasting			++	+	–
VLL	++	++	++	++	++
Virtual Reality Environments	+	+	+	++	+
E-mail ($\rightarrow$ 19.3.4)			–		
WWW ($\rightarrow$ 19.3.2)	+	–	+	–	
Chatting	+	+	–	–	
FTP	–	–	–		

14

Integrated Services IntServ

> **IntServ** (→ 19.5.2) reserviert mit dem Ressourcenreservierungsprotokoll (*Resource Reservation Protocol*, *RSVP*) zwischen Sender und Empfänger in jedem Router die erforderlichen Ressourcen (Bandbreite, Prioritäten).

Bei allen Routern auf dem Pfad Sender-Empfänger wird abgefragt, ob die geforderte Übertragungsqualität gewährleistet werden kann. Die wichtigsten Parameter sind Durchsatz und Verzögerung. Dazu durchläuft zuerst die *path message* das Netz, die Route wird aufgezeichnet. Die Reservierung der Ressourcen im Router erfolgt entlang des aufgezeichneten Rückweges mit der *reservation message*.

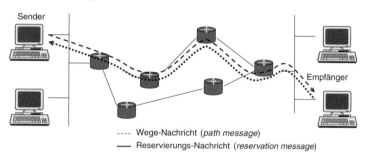

Bild 14.16 RSVP-Ablauf

Je nach Stärke der Garantie wird unterschieden:

- lastüberwachter Service (*controlled load service*): Die Netzqualität entspricht einem normal belasteten Netz mit allen „normalen" Schwankungen. Überlastsituationen wirken sich nicht auf die Übertragungsqualität aus.
- garantierter Service (*guaranteed service*): feste Garantien bezüglich bereitgestellter Bandbreite und Wartezeiten im Router (*queueing delay*).

> Das **IntServ**-Verfahren konnte sich in großen Netzen nicht durchsetzen, da der Aufwand für eine Reservierung durch das gesamte Netz und die Abarbeitung der Schedulingverfahren im Router (→ 14.2.3) pro Verbindung Sender-Empfänger zu groß ist.

Differentiated Services (DiffServ)

> **DiffServ** (→ 19.5.2) bildet die unterschiedlichen QoS-Anforderungen der Nutzer am Netzeingang auf wenige aggregierte Weiterleitungsklassen (*Forwarding Equivalence Classes* FEC) im Netzkern (*core network*, → Bild 14.4) ab. Damit beschleunigt sich das Weiterleiten.

Zur Vermeidung der IntServ-Reservierungsanforderungen für jeden einzelnen Paketstrom erhält jeder Eingangsrouter *(access router)* ein Bandbreitenbudget zu den wichtigsten Zielen und kann damit selbstständig entscheiden, ob eine Anforderung zugelassen wird.

Dieses Bandbreitenbudget erhält der Accessrouter beim Hochfahren und in größeren zeitlichen Abständen während des Betriebes.

❑ *Beispiel:* Bei einem Router in Berlin, der ein Budget von 100 kbit/s nach N. Y. hat, wird ein VoIP-Flow Berlin → N. Y. akzeptiert (Rechte Status o.k. = bezahlt, Bandbreitenbudget: Status erlaubt, Akzeptanz 10 kbit/s, verbleibendes Budget 90 kbit/s), dann werden diese Pakete im Core-Netz in der Klasse „VoIP = low delay" weitergeleitet. Die Core-Router sehen sich somit die Zieladressen nur noch für das Routing, aber nicht mehr (wie bei IntServ) für die QoS-Unterscheidung an. Die Codierung der Klasse erfolgt im CoS-Feld des IP-Headers.

Dieser QoS-Mechanismus wird in einem *Bottom-up*-Ansatz implementiert:

- von Router zu Router (*Per Hop Behaviour* PHB)
- über eine Netz-Domäne (*Per Domain Behaviour* PDB)
- über mehrere Domänen (*end-to-end service*)

Der **DiffServ-Codepoint DSCP** (6 bit im TOS-Feld des IP-Headers) gibt die Klasse an.

Je nach Stärke der Garantie wird unterschieden:

- **gesicherte Weiterleitung** (*Assured Forwarding* AF), 4 Unterklassen mit je 3 Verwerfprioritäten, die Pakete werden mit einer garantierten minimalen Rate übertragen, übersteigt die Senderate das Minimum, können die Pakete in stark belasteten Netzen verworfen werden.

- **bevorzugtes Weiterleiten** (*Expedited Forwarding* EF): Übertragung erfolgt mit garantierter Bandbreite sowie sehr kleinen Verzögerungen und Verzögerungsschwankungen (Jitter), EF wird gegenüber AF mit höherer Priorität weitergeleitet.

▶ *Hinweis:* zum Mapping von IP-QoS auf Layer-2-QoS → 14.1.2.4

14

Metering

Wurde die QoS-Anforderung durch *Admission Control* (AC) vom *access-router* positiv bestätigt, wird mit Messungen (*metering*) überwacht, dass der Sender seine Senderate nicht überschreiten kann.

Dafür werden sog. „*Leaky-Bucket*"-Verfahren eingesetzt. Ein Paket wird erst dann weitergeleitet, wenn ein Token im Bucket vorhanden ist.

Im SLA sind dafür festgelegt: Tokenrate R, Buckettiefe (*size*) B. Ein Token (Erlaubnisschein) entspricht dabei einer vorgegebenen Anzahl von Bits oder Bytes. Durch die *Bucket Size B* kann der Nutzer auch bursthaften Verkehr

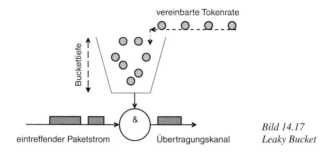

Bild 14.17
Leaky Bucket

senden, da die Größe des Bucket die Menge der gleichzeitig nutzbaren Erlaubnisscheine darstellt. Ist der Bucket voll, werden neu eintreffende Tokens verworfen. Oft wird auch ein zweistufiges Bucketverfahren eingesetzt, um die Spitzenrate (*peak rate*) und die Langzeitrate (*sustainable rate*) zu kontrollieren. Es wird zwischen Token_Bucket mit und ohne Shaping-Funktion unterschieden. Beim Shaping werden überzählige Pakete abgepuffert, was nur bei Nichtechtzeit-Anwendungen (*non-real-time*) sinnvoll ist. Es gibt auch die Möglichkeit, überzählige Pakete zu markieren, in das Netz zu lassen und bei hoher Netzlast dann auf dem Weg zum Ziel zu verwerfen.

Scheduling

Im **Scheduling** ist die Aufteilung der Bandbreite eines Übertragungskanales auf die DiffServ-Klassen festgelegt. Der Router bedient mehrere Warteschlangen (*queues*) mit unterschiedlichen zugeordneten Anteilen an der für DiffServ verfügbaren Bandbreite des Kanales.

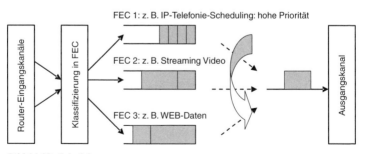

Bild 14.18   Scheduler

Weighted Fair Queueing WFQ: Für jedes erste Paket einer Queue wird berechnet, bis wann das letzte Bit gemäß SLA abgesendet sein müsste (*finish* *time*). Die Pakete werden dann in der Reihenfolge der aufsteigenden *finish time* abgesendet. Damit kann eine garantierte Übertragungsrate eingehalten werden.

Prioritäten unterstützen Applikationen mit Echtzeitanforderungen (z. B. VoIP). Ein Paket dieser Klasse wird als nächstes gesendet, unabhängig davon, ob eine andere Klasse nach WFQ jetzt an der Reihe wäre, unterbricht aber nicht das Senden anderer Pakete (*non preemptive*). Die Gefahr einer totalen Okkupierung des Netzes durch VoIP-Traffic besteht wegen der Bandbreitenbegrenzung am Netzeingang (→ Bucket-Metering) nicht.

14

15   Asynchronous Transfer Mode (ATM)

Helmut Löffler

ATM (*Asynchronous Transfer Mode*): Übertragungs- und Vermittlungsprinzip von Datenstrukturen konstanter Länge (→ *Zelle*), wobei sich die unregelmäßige (asynchrone) Reihenfolge der Zellen aus den Bitraten der Teilnehmer ergibt.

ATM steht im Gegensatz zum synchronen Transfermodus STM, bei dem eine periodische Kanalzuweisung für zu übermittelnde Datenstrukturen erfolgt.

Zelle (*cell*): Die Zelle ist die grundlegende Datenstruktur eines ATM-Netzes (→ 15.1, Tabelle 15.1). Eine ATM-Zelle ist stets 53 Oktetts lang, wovon 5 Oktetts auf den Zellkopf (*header*) entfallen, die restlichen 48 Oktetts sind Nutzinformation (*payload*).

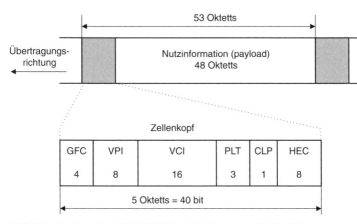

Bild 15.1   Struktur einer ATM-Zelle (Symbolerklärung → Tabelle 15.1)

ATM-basierte Kommunikationsnetze besitzen folgende Hauptmerkmale:

- Flexibilität: Netzbenutzern kann Bandbreite bzw. Kanalkapazität nach Bedarf zur Verfügung gestellt werden
- Möglichkeit der Dienstgütevereinbarung bei Beginn der Nutzer-/Netzkommunikation
- verbindungsorientierte Kommunikation
- Datenstruktur ist die ATM-Zelle konstanter Länge (→ Bild 15.1)

- Vermittlung der Zellen erfolgt anhand von Identifikatoren in den Zellköpfen (→ 15.1)
- skalierbare (in Stufen wählbare) Bitraten im Bereich 2 Mbit/s bis in den Gbit/s-Bereich
- frei wählbares Kommunikationsmedium: Es gibt keine Restriktion, über welches physikalische Medium ATM-Zellen gesendet werden dürfen
- höchste Funktionalität entspricht etwa OSI-Schicht 2 (→ 12.2.1, /15.1/, /15.4/)
- Isochronität (→ 2.1), daher empfiehlt es sich für multimediale Kommunikation.

Tabelle 15.1   Komponenten des ATM-Zellenkopfes und deren Funktionen

Bezeichnung		Bits	Funktion
Abkürzung	Name		
GFC	*Generic Flow Control*		Steuert am Nutzerinterface mehrere Endgeräte auf einem Medium. Wichtig im LAN-Bereich. Wird bei WANs überschrieben.
VCI	*Virtual Channel Identifier*	16	Kanalidentifikator zum Kennzeichnen einer logischen Kanalverbindung.
PTI	*Payload Type Identifier*	3	Nutzlastidentifikator; hiermit werden Nutzerzellen und Zellen des Netzmanagements, die der gleichen Verbindung zugeordnet sind, unterschieden.
CLP	*Cell Loss Priority*	1	Kennzeichnung der Zellenpriorität: CLP = 0 hohe Priorität, CLP = 1 geringe Priorität; wird bei Überlast zuerst verworfen.
HEC	*Header Error Check*	8	Prüfsummenkontrolle. Vor dem Senden wird die Prüfsumme über den gesamten Zellenheader gebildet. Ergebnis wird im HEC-Feld abgelegt. Prüfsummenbildung erfolgt in Übertragungsanpassungssubschicht (TLC-Layer). Die Prüfsumme dient gleichzeitig der Erkennung von Zellgrenzen, da ATM-Zellen keine eigene Rahmenstruktur besitzen.

15

15.1   ATM-Vermittlung

Die Vermittlung der ATM-Zellen (ATM-Switching) ist durch Folgendes charakterisiert:

- Die Zellen werden unabhängig voneinander vermittelt und auf virtuellen Verbindungen übertragen
- verbindungsorientierte Kommunikation

- eine logische (virtuelle) Verbindung (→ 12.4) in einem ATM-Netz ist gekennzeichnet durch einen virtuellen Kanalidentifikator VCI und einen virtuellen Pfadidentifikator VPI (→ Bilder 15.1, 15.2, Tabelle 15.1). Die entsprechenden Identifikatoren können ggf. auf den Übermittlungsabschnitten
ihre Werte ändern.

Virtueller Kanal (VC, *Virtual Channel*): virtuelle (logische) Verbindung
zwischen Endpunkten des ATM-Netzes, auf der Zellen übertragen werden.
Jeder virtuelle Kanal ist durch einen virtuellen Kanalidentifikator (*VCI,
Virtual Channel Identifier*) gekennzeichnet.

Endpunkt (*end point*): Netzelement, welches die Kanalinformation VCI
im Zellenheader verarbeitet.

Virtueller Pfad (VP, *Virtual Path*): gemeinsamer Transportweg für ein
Bündel virtueller Kanäle zwischen zwei oder mehreren Endpunkten. Jeder
virtuelle Pfad ist durch einen virtuellen Pfadidentifikator (*VPI, Virtual Path
Identifier*) gekennzeichnet.

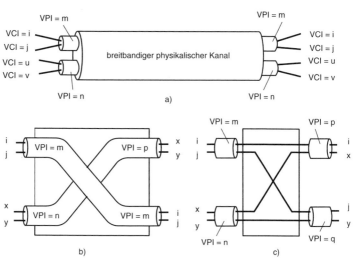

*Bild 15.2   Virtuelle Kanäle und virtuelle Pfade; a) virtuelle Kanäle und virtuelle
Pfade in einem physikalischen Kanal, b) Vermittlung virtueller Pfade im ATM-
Crossconnect, c) Vermittlung virtueller Kanäle und virtueller Pfade im ATM-Switch
(VCI: virtueller Kanalidentifikator, VPI: virtueller Pfadidentifikator)*

> **ATM-Switch**: Vermittlungsstelle von ATM-Zellen. Ein ATM-Switch kann sowohl virtuelle Kanäle als auch virtuelle Pfade schalten (vermitteln).

> **ATM-Cross-Connect**: Einrichtung, die nur virtuelle Pfade schalten (vermitteln) kann.

15.2 B-ISDN-Protokollreferenzmodell

ATM-Netze bilden eine technische Basis des Breitband-ISDN (B-ISDN).

> **B-ISDN-Protokollreferenzmodell**: Mehrdimensionale hierarchische Mehrschichtenstruktur für diensteintegrierende digitale Breitbandnetze, spezifiziert in der ITU-Empfehlung I.321 (→ Bild 15.3).

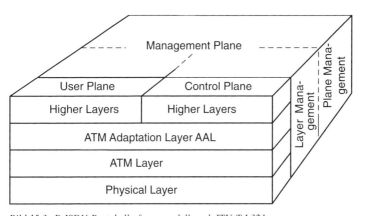

Bild 15.3 B-ISDN-Protokollreferenzmodell nach ITU-T I.321

▶ *Hinweis:* Für den Netzbenutzer ist die Vordersicht (user plane) von Bedeutung. Die anderen Dimensionen betreffen Steuer- und Managementaspekte.

▶ *Hinweis:* Das B-ISDN-Protokollreferenzmodell ist nicht konform mit dem OSI-Basisreferenzmodell (→ ISO 7498, /3.4/). Die höchste ATM-relevante Schicht, die ATM-Anpassungsschicht, entspricht etwa dem Niveau der 2. OSI-Schicht.

Die wichtigsten Funktionen der physikalischen Schicht (*PHY Layer*), der ATM-Schicht (*ATM Layer*) und der ATM-Anpassungsschicht (AAL, *ATM Adaption Layer*) ergeben sich aus Bild 15.3. PHY-Schicht und AAL-Schicht sind in folgende Subschichten strukturiert (→ Bild 15.4):

	Funktionen der höheren Schichten		höhere Schichten	
Schichtenmanagement (Layer Management)	Anpassung (Convergence)		C S	**AAL**
	Segmentieren und Reassemblieren von PDUs (Segmentation and reassembly)		SAR	
	Flusssteuerung (Generic flow control)		**ATM**	
	Erzeugen und Entfernen des Zellenheaders (Cell header generation/extraction)			
	Auswertung/Übersetzen von VPI/VCI (Cell VPI/VCI translation)			
	Multiplexen, Demultiplexen der Zellen (Cell multiplex and demultiplex)			
	Erkennen der Zellgrenzen (Cell delineation)		TC	**Physical Layer**
	Erkennen/Einfügen/Unterdrücken leerer Zellen zum Ausgleich der Übertragungsraten (Cell rate decoupling)			
	Erzeugen der HEC-Prüffolge und Headerprüfung (HEC header sequence generation/extraction)			
	Erzeugen/Behandeln der Übertragungsframes (Transmission frame generation/recovery)			
	Erzeugen/Extraktion von Bit-Timing-Informationen (Bit timing) Leitungscodierung Anpassung an das physikalische Medium		PM	

Bild 15.4 Schichtenfunktionen im B-ISDN-Protokollreferenzmodell nach ITU-T I.321 (User Plane); PM: Physical Medium Sublayer, TC: Transmission Convergence Sublayer, ATM: ATM Layer, AAL: ATM Adaptation Sublayer, SAR: Segmentation and Reassembly Sublayer, CS: Convergence Sublayer

Die ATM-Anpassungsschicht (AAL) hat die Aufgabe, die Datenströme höherer Schichten in 48 Oktetts lange Fragmente aufzuteilen (Segmentierung, → 12.2) bzw. beim inversen Vorgang „von unten nach oben" aus den eintreffenden Fragmenten wieder die ursprünglichen Datenströme zu bilden (Reassemblierung, → 12.2). Die Funktionen der AAL-Schicht sind anwendungsabhängig, und zwar bezüglich folgender Parameter:

- Bitrate (konstant oder variabel)
- Kommunikationsart (verbindungsorientiert oder verbindungslos)
- Zeitbezug zwischen Quelle und Ziel.

Je nachdem unterscheidet man mehrere AAL-Dienstklassen sowie AAL-Typen und anwendungsabhängige ATM-Kommunikationsarchitekturen (→ Tabelle 15.2, Bild 15.4).

Tabelle 15.2   Dienstklassen und Diensttypen

Dienst-klasse	*Constant Bitrate* CBR	*Realtime Variable Bitrate* RT-VBR	*Non-Realtime Variable Bitrate Non-RT VBR*	*Available Bitrate* ABR	*Unspeci-fied Bitrate* UBR
AAL-Diensttyp	AAL 1	AAL 2	AAL 2; AAL 3/4	AAL 5	AAL 5
Beispiel	Übertragung unkom-primierter digitalisierter Sprache (*Circuit Emulation*)	UMTS-Mobilfunk, Videoconfe-rencing	Echtzeit-Datenkom-munikation	IP-basierte Kommuni-kation	IP-basierte Kommuni-kation

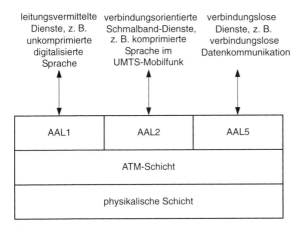

Bild 15.5   Anwendungsabhängige Kommunikationsarchitekturen

Bild 15.5 veranschaulicht drei applikationsabhängige Kommunikationsarchitekturen.

15.3   ATM-Typen und Schnittstellen zu ATM-Netzen

Haupteinsatzgebiet des ATM sind Weitverkehrsnetze (WAN), weniger dagegen lokale ATM-Netze. Dort überwiegt heute Ethernet-LAN mit Datenraten bis weit in den Gbit/s-Bereich /3.4/.

Schnittstellenspezifikationen für den Anschluss von Endsystemen an ATM-Netze gibt es in Form von ITU-Standards /15.14/ und einer großen Anzahl von Spezifikationen des ATM-Forums /15.13/, /15.16/ für (öffentliche) *User Network Interfaces* (UNI, → Bild 15.6) für Datenraten von 2 Mbit/s bis in den 10-Gbit/s-Bereich.

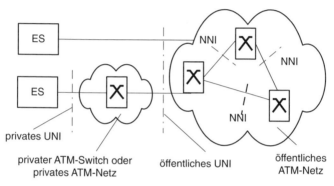

Bild 15.6   Schnittstellen an und in ATM-Netzen. ES: Endsystem, NNI: Network Node Interface, UNI: User Network Interface

Zwischen den ATM-Switches gelten Spezifikationen von *Network Node Interfaces* (NNI, → Bild 15.6).

15.4   Datenkommunikation über ATM

Für die Datenkommunikation über ATM-Netze kommen mehrere Verfahren infrage:

- *LAN-Emulation* (LANE): Kommunikation von LAN zu LAN via ATM-Netz /15.16/, /15.17/.
- *Multiprotocol over ATM* (MPOA /15.16/, /15.17/): umfasst Vorschriften, um Subnetze mit eigenem Adressraum, welche verschiedene Netzwerkprotokolle benutzen (z. B. IP, IPX, OSI CLNP), über ATM-Netze logisch zu koppeln. MPOA baut auf dem LAN-Emulationsprinzip auf.
- *Point-to-Point Protocol over ATM* /15.12/: ermöglicht den Zugang entfernter Teilnehmer zu Internet Service Providern (ISPs) mittels hochbitratiger Access-Möglichkeiten, insbesondere DSL.

- *Classical IP and Address Resolution* (ARP) *over ATM* /15.9/: beschreibt ein Verfahren zur Datenkommunikation, welches auf der Benutzung des Internet-Protokolls IP und des Adressauflösungsprotokolls ATMARP (*ATM Address Resolution Protocol*) beruht. Die Kommunikationspartner müssen hierfür eine (Hardware-)ATM-Adresse und eine IP-Adresse besitzen.
- *Multi Protocol Label Switching* (MPLS, → 14.2.3.5, /15.11/, /15.18/, www.mplsforum.org): Datenkommunikationsverfahren, bei dem IP-Datenpakete mit gleicher Adresse den gleichen Weg durch das Netz nehmen. MPLS eignet sich für ATM-Netze, ist aber nicht auf ATM-Netze beschränkt.

LAN-Emulation

> **LAN-Emulation** (LANE, *LAN Emulation over ATM*): Menge von Diensten, Funktionen und Protokollen, welche dafür sorgen, dass Endsysteme in konventionellen lokalen Netzen (sog. *legacy LANs*) und ATM-Endsysteme das ATM-Netz als Backbone benutzen können.

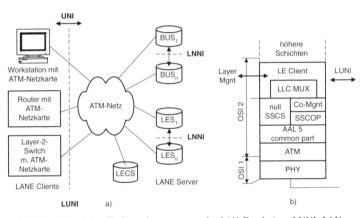

15

Bild 15.7 a) Funktionelle Hauptkomponenten der LAN-Emulation; LUNI: LAN Emulation User Network Interface, LNNI: LAN Emulation Network-to Network-Interface; b) Einordnung der LAN-Emulation in das hierarchische OSI-Referenzmodell; OSI 1: Schicht 1 des OSI-Referenzmodells, OSI 2: Schicht 2 des OSI-Referenzmodells, Co-Mgt: Connection Management, LLC MUX: Multiplexierung auf der Subschicht Logical Link Control, SSCF: Service Specific Function, SSCOP: Service Specific Peer-to-Peer Protocol

LAN-Emulation ist ein Kommunikationsdienst auf dem Niveau der 2. OSI-Schicht (→ 12.2, ISO 7498, /3.4/). ATM-LAN-Emulation ermöglicht LAN-zu-LAN-Kommunikation via ATM-Netze ohne wesentliche Hard- und Softwareänderungen in den Endsystemen, d. h. LANE wirkt wie eine Brücke zwischen den beteiligten LANs unter Zwischenschaltung eines ATM-Netzes. Bei der LAN-Emulation können Protokolle und Applikationen oberhalb der Schicht 2 weiter verwendet werden. Der verbindungslose Dienst konventioneller LANs wird bei der LAN-Emulation protokolltransparent emuliert; Fest- und Wählverbindungen sind möglich. LANE unterstützt die Bildung virtueller LANs und Multicast-Service /3.4/.

▶ *Hinweis:* Weiterführende Literatur und Standardempfehlungen zu ATM findet man in /15.1/ bis /15.18/.

16   Zugangssysteme

Andreas Bluschke, Michael Matthews

16.1   Definitionen und Abgrenzung

Das **(Teilnehmer-)Zugangsnetz** (auch *access network*, *last mile*, *local loop*, Ortsanschlussleitungsnetz, ...) ist das Netz, an das die Teilnehmer angeschlossen sind. Es ist die zur Nutzung von Diensten oder sonstigen Leistungen bereitgestellte logische oder physikalische Verbindung zwischen einem Teilnehmerendgerät und der Teilnehmervermittlungsstelle (TVSt).

Ein Teilnehmerzugangsnetz hat die Aufgabe, den Teilnehmerverkehr zu sammeln, Verkehr, der im Netz bleibt, wieder zu verteilen und Verkehr, der in andere Teilnehmerzugangsnetze fließt, weiterzuleiten. Außerdem verteilen Teilnehmerzugangsnetze den Verkehr, der von anderen Netzen kommt und für Teilnehmer des eigenen Netzes bestimmt ist.

Der Teilnehmerzugang kann netzbezogen definiert werden, z. B. als:
- analoger oder digitaler Telefonanschluss
- Zugang zum Internet
- Zugang zu Fernsehdiensten

Seit einigen Jahren wird *Triple Play* ($\rightarrow$ 19.5.3) als Marketingbegriff verwendet, wenn der Zugang zur Telefonie, zum Internet und zu Fernsehdiensten gebündelt angeboten wird.

Außerdem kann die Art des Teilnehmeranschlusses charakterisierend beschrieben werden als **leitungsgebunden** (*wired*):
- symmetrische Leitungen (verdrillte Kupferdoppelader (DA), Kupferzweidrahtleitung)
- Koaxialkabel
- Stromversorgungsleitungen (*powerline*)
- Glasfasern (Lichtwellenleiter)

oder als **drahtlos** (*wireless*):
- *Wireless Local Loop* (WLL, $\rightarrow$ 16.3)
- Richtfunk
- Satelliten.

Der Teilnehmeranschluss kann auch aus Kombinationen verschiedener Übertragungsmedien bestehen, z. B. ($\rightarrow$ 10):

- symmetrischen Leitungen
- Glasfasern
- Koaxialkabeln (*Hybrid Fiber and Coaxial* – HFC).

Im Bild 16.1 ist beispielhaft ein Teilnehmerzugangsnetz dargestellt.

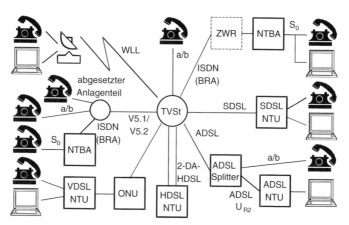

Bild 16.1   Beispiel für Teilnehmerzugangsnetz (Erklärungen siehe Abkürzungsverzeichnis)

Bei digitalen Teilnehmerzugangsnetzen auf Doppeladerbasis (DA, → 16.2.1) nennt man die Einrichtungen, die den Leitungsabschluss in der TVSt realisieren, **DSLAM** – *Digital Subscriber Line Access Multiplexer*. In der englischsprachigen Literatur werden die Teilnehmerendgeräte als **CPE** (*Customer Premises Equipment*) bezeichnet.

Im Zusammenhang mit VoDSL-(*Voice over DSL-*)Anwendungen spricht man auch vom **IAD** (*Integrated Access Device*), **RG** (*Residential Gateway*) oder **HAG** (*Home Access Gateway*). Abgesetzte Konzentratoren bzw. Vorfeldeinrichtungen werden über hochbitratige Übertragungssysteme an der TVSt angeschaltet. Sie werden auch als *Digital Loop Carrier* (**DLC**) oder in glasfaserbasierten Systemen als **ONU** (*Optical Network Unit*) bezeichnet. Durch den Einsatz von DLCs bzw. ONUs reduziert sich die Länge der DA bzw. deren Anteil in der Teilnehmeranschlussleitung (TAL).

▶ *Hinweis:* In Deutschland verwendet man in diesem Zusammenhang auch den Begriff Kabelverzweiger (**KVz**) für die „grauen Kästen am Straßenrand", was jedoch nicht ganz korrekt ist, denn erst nach dem Überbau mittels Multifunktionsgehäuse (**MFG**) kann aktive Technik am Standort des KVz untergebracht werden. In Deutschland gibt es etwa 300 000 KVz.

Die Richtung von der TVSt (*Central Office* – CO) zum Teilnehmer wird als Abwärtsrichtung (*Downstream* – DS) bezeichnet, die Gegenrichtung als Aufwärtsrichtung (*Upstream* – US).

In leitungsgebundenen Systemen spricht man von der TAL als Verbindung zwischen TVSt und Teilnehmer, wobei auch die Inhouse-Verkabelung (mitunter auch „*Last Meter*" genannt) zum Teilnehmeranschluss gehört. Die Längenangabe für die TAL erfolgt üblicherweise in km, in amerikanischen Dokumenten in kft.

$$1\,km \approx 3{,}28\,kft; \qquad 1\,kft = 0{,}3048\,km$$

Im Bild 16.2 ist die Struktur des Teilnehmerzugangsnetzes auf Basis von DA für Deutschland gezeigt /16.1/.

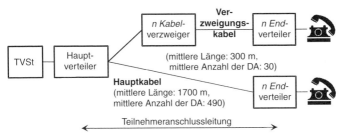

Bild 16.2 Struktur der Verkabelung des Teilnehmerzugangsnetzes in Deutschland

Um die Übertragungsmedien effektiv zu nutzen bzw. mit wenigen Leitungen maximale Information zu übertragen, müssen neben Multiplextechniken auch Verfahren zur Richtungstrennung angewendet werden.

Unabhängig von der Art des Übertragungskanals muss auf dem Abschnitt zwischen TVSt und dem Teilnehmer eine **Richtungstrennung** für DS und US erfolgen.

16

Beim **Simplex-Betrieb** (Richtungsbetrieb) kann die Signalübertragung im Übertragungskanal nur in einer Richtung erfolgen. Zur bidirektionalen Signalübertragung sind zwei getrennte Übertragungssysteme (pro Richtung je ein System) notwendig.

Beim **Halbduplex-Betrieb** (Wechselbetrieb) kann über einen Übertragungskanal bidirektionale Signalübertragung erfolgen – jedoch nur abwechselnd (auch Ping-Pong oder TCM – *Time Compression Multiplexing* genannt).

Beim **Duplex-Betrieb** (Gegenbetrieb) wird zur bidirektionalen Übertragung nur ein Übertragungskanal benötigt. Um den Unterschied zum Halbduplex-Betrieb hervorzuheben, spricht man auch vom **Vollduplex-Betrieb**. Wenn beide Übertragungsrichtungen über eine DA geführt werden, dann gibt es folgende Möglichkeiten der Richtungstrennung:

- Zeitgetrenntlage (TDD – *Time Division Duplex*)
- Frequenzgetrenntlage (FDD – *Frequency Division Duplex*)
- Gabelschaltung/Echokompensation.

Für den Begriff **Breitbandigkeit** gibt es keine einheitliche Festlegung. Beispielsweise heißt es in /16.2/: Breitbandigkeit ist ein Begriff, der relativ zum Stand der Technik hohe Bitraten meint. Aktuell wird das Attribut Breitbandigkeit solchen Technologien zugesprochen, deren Bitraten über der von ISDN liegen. Vor allem sind das Festnetztechnologien, wie DSL, FTTH, Kabelmodem und Powerline. Darüber hinaus werden auch Mobilfunktechnologien, wie UMTS, WLAN und WiMax als breitbandig klassifiziert. Weitere Angaben sind in /16.3/ verfügbar.

▶ *Hinweis:* Die Marktaussichten für die Nutzung der DA mittels xDSL sind bemerkenswert. Mitte 2007 gab es bereits über 200 Mio. xDSL-TAL, wobei Deutschland nach der Anzahl der xDSL-TAL den dritten Platz weltweit belegt hat. Laut Angaben des ehemaligen DSL-Forums werden im Jahr 2010 500 Mio. xDSL-TAL weltweit erwartet. Da die DA auch in absehbarer Zeit das am meisten verbreitete Übertragungsmedium im Teilnehmerzugangsnetz bleiben wird, wird bei den folgenden Ausführungen darauf der Schwerpunkt gelegt.

16.2   Leitungsgebundene Zugangssysteme

16.2.1   Übertragungsmedium Kupferdoppelader

Wenn man von symmetrischen Leitungen spricht, dann meint man damit die (verdrillten – *twisted*) Adernpaare oder einfach die Doppelader (DA). Die Telefonnetze nutzen meist DA, welche auch in Datenübertragungsnetzen zur Anwendung kommen können. Zur Reduzierung der Beeinflussung zwischen den Adern verdrillt man die DA eines Paares miteinander.

▶ *Hinweis:* Die Eigenschaften von Kupferleitungen sind in Kapitel 10 beschrieben.

16.2.1.1   Kabelaufbau

Aus DA werden symmetrische Kabel hergestellt, wobei verschiedene Kabelaufbauten möglich sind, die sich z. B. dadurch unterscheiden, ob die DA separat oder zwei DA als Verseilgruppe (Vierer) als eine Einheit genutzt werden. Außerdem unterscheidet man lagen- und bündelverseilte Kabel /16.4/. Im Bild 16.3 sind Beispiele für die Anordnung der DA in Verseilgruppen dargestellt /16.5/.

Bild 16.3 Verseilgruppen

Neben dem Kabelaufbau haben u. a. der Aderdurchmesser, das Isoliermaterial, der Schäumungsgrad, das Füllmaterial und die Schlaglängen Einfluss auf die Kabeleigenschaften. Verwendet werden Kabel mit bis zu mehreren hundert DA.

Eine DA verhält sich wie ein Tiefpass. Zur Beschreibung der Eigenschaften kann die DA durch unendlich viele – verteilte – unendlich kurze Teilstücke nachgebildet werden /16.5/. Basierend auf einem Ersatzschaltbild, wie es im Bild 16.4 gezeigt ist, lassen sich der Ausbreitungskoeffizient und der Wellenwiderstand ermitteln.

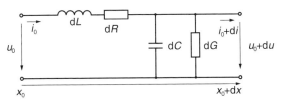

Bild 16.4 Ersatzschaltbild eines DA-Teilstückes (dL – magnetisches Feld um die Adern, dC – elektrisches Feld zwischen den Adern, dR – elektrischer Widerstand der Adern, dG – endliche Isolation zwischen den Adern)

Tabelle 16.1 Ausgewählte elektrische Eigenschaften verschiedener Kabeltypen bei 10 °C (Mittelwerte bei 800 Hz)

16

Aderdurch-messer in mm	Kabeltyp	Gleichstrom-schleifen-widerstand in Ω/km	Planungs-bezugs-dämpfung in dB/km	Wellen-dämpfung in dB/km	Wellen-widerstand in Ω
0,35	Sternvierer Voll-PE-Isolierung	355	2,17	1,60	1,360
0,50	Sternvierer Zell-PE-Isolierung	173	1,30	1,09	970
0,80	Sternvierer Zell-PE-Isolierung	68	0,75	0,68	610

Gebräuchliche Kabeltypen mit ausgewählten elektrischen Eigenschaften sind in Tabelle 16.1 zu finden /16.6/.

Die Kabeleigenschaften und der Aufbau des Teilnehmerzugangsnetzes haben einen großen Einfluss auf die erzielbaren Reichweiten und Bitraten. Über das Internet sind Programme verfügbar, die eine Abschätzung der erzielbaren Werte ermöglichen, z. B. „xDSL simulator homepage" /16.7/, „DSL Assistant" /16.8/ und „MATLAB Web Server" /16.9/.

Bedingt durch die Struktur des Teilnehmerzugangsnetzes (→ Bild 16.2) ist eine Aneinanderreihung von verschiedenen Kabeltypen üblich. Im Bild 16.5 ist der prozentuale Anteil der Teilnehmer in Abhängigkeit von der Entfernung zur TVSt für verschiedene Länder dargestellt /16.1/.

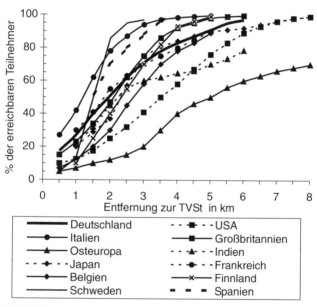

Bild 16.5   Entfernung der Teilnehmer von der TVSt (bzw. TAL-Länge)

In diesem Zusammenhang muss die *Carrier Serving Area* (**CSA**) genannt werden, erleichtert deren Verständnis doch eine bessere Deutung von Reichweiteanforderungen an xDSL-Systeme. CSA entspricht dem Ortsnetzbereich in den USA (→ Bild 16.6). Da die xDSL-Entwicklung zum Großteil in den USA lief bzw. läuft, beruhen viele Vorgaben auf CSA-Gegebenheiten.

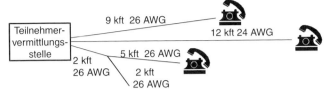

Bild 16.6 Ortsnetzbereich (CSA) in den USA (AWG – American Wire Gauge)

16.2.1.2   Normung

In der Tabelle 16.2 sind die wichtigsten xDSL-Technologien aufgeführt und die zutreffenden Normen genannt.

Tabelle 16.2 Alphabetische Zuordnung der Normen zu den xDSL-Technologien

xDSL-Technologien	Normen
10Base-TS 2Base-TL	IEEE 802.3ah
ADSL – Asymmetric Digital Subscriber Line	ITU-T G.992.1 (G.dmt); ANSI T1.413; ANSI T1.423; ETSI TS 101 388; ETR 328; T-Com U_{R2} Interface
ADSL2	ITU-T G.992.3 (G.dmt.bis)
ADSL2+	ITU-T G.992.5 (G.adslplus)
ESHDSL – Enhanced Symmetric High Bitrate Digital Subscriber Line	ITU-T G.992.1 (G.shdsl.bis)
G.lite (ADSL.lite)	ITU-T G.992.2 (G.lite)
G.lite.bis	ITU-T G.992.4 (G.lite.bis)
HDSL – High Bitrate Digital Subscriber Line	ITU-T G.991.1 (G.hdsl); ANSI TR28; ETSI TS 101 135; ETR152
HDSL2, HDSL4	ANSI T1.418
ISDN (BRA)	ANSI T1.601; ETSI TS 102 080; ETR 080; FTZ 1TR220
RADSL – Rate Adaptive ADSL	ANSI TR59
SHDSL – Symmetric High Bitrate Digital Subscriber Line, ETSI-SDSL – ETSI Symmetric Digital Subscriber Line	ITU-T G.991.2 (G.shdsl); ANSI T1.422; ETSI TS 101 524
UDSL – Universal DSL	ITU-T G.614
VDSL – Very High Bitrate Digital Subscriber Line	ANSI VDSL (Part 1, 2 und 3); ITU-T G.993.1; ETSI TS 101 270
VDSL2	ITU-T G.993.2

16

Die internationalen Normungsaktivitäten wurden bzw. werden hauptsächlich von drei Gremien durchgeführt: von der ITU, dem *European Telecommunications Standards Institute* (ETSI) und dem ehemaligen amerikanischen T1-Komitee. Neben diesen Gremien gab/gibt es noch eine Reihe von Komitees und Initiativen, u. a.:

- ATM-Forum (http://www.atmforum.org)
- DSL-Forum (http://www.dslforum.org)
- ETSI (Arbeitsgruppe TM6) (http://www.etsi.org)
- Full Service VDSL-Komitee
- *Institute of Electrical and Electronics Engineers* (IEEE) – Studiengruppe 802.3ah (EFM – Ethernet in the First Mile) (http://www.ieee.org)
- *Internet Engineering Task Force* (IETF) (http://www.ietf.org).

16.2.2   Analoge leitungsgebundene Systeme

DA können für die Übertragung analoger und digitaler Signale im Teilnehmerzugangsnetz verwendet werden.

Analoger Telefonanschluss

> Der **Telefonanschluss** ist der Netzzugang zu einem Fernsprechnetz (PSTN – *Public Switched Telephone Network*). Er umfasst neben dem Teilnehmerendgerät, der *Inhouse*-Verkabelung, TAL und der Teilnehmerschaltung in der TVSt auch die mit dem Netzbetreiber vertraglich vereinbarte Nutzungsmöglichkeit.

Teilnehmerendgeräte (TE – *Terminal Equipment*) können sowohl Telefone als auch Faxgeräte, Modems mit PC oder andere für die Nutzung im Netz geeignete technische Einrichtungen sein. Sie schaltet man sternförmig über TAL direkt oder über abgesetzte Einheiten an die TVSt an. Ein Telefonanschluss kann analog oder digital sein. Bei einem analogen Telefonanschluss spricht man im angelsächsischen Sprachraum von **POTS**.

▶ *Hinweis:* Laut dem Jahresbericht 2006 der BNetzA existierten Ende 2006 in Deutschland 25,41 Mio. (klassische) analoge Telefonanschlüsse. Davon entfielen 4,5 % auf die Wettbewerber der DTAG /16.10/.

Die DA werden mit a und b bezeichnet, die Schnittstelle zum Anschluss analoger Endgeräte – als **a/b-Schnittstelle** (auch Z-Interface). In der englischsprachigen Literatur nennt man die Adern einer DA auch *Tip* und *Ring*. Für die a/b-Schnittstelle sind verschiedene Parameter definiert, z. B. Nachbild, Schleifenstrom, Schleifenunterbrechung, Ruhe- und Belegtzustand, Anruf-, Wahl- und Gesprächszustand. Außerdem ist eine Reihe von Bedingungen zu erfüllen, z. B.: Reflexions-, Betriebs-, Nachbildfehlerdämpfung, Dämpfungsverzerrung und Geräuschpegel.

Auf der dem TE gegenüberliegenden Seite des analogen Telefonanschlusses müssen sog. **BORSCHT**-Funktionen ($\rightarrow$ 13.3.2) realisiert werden.

▶ *Hinweis:* Für die Übertragung analoger Sprachsignale wird die Bandbreite im Bereich von 0,3 . . . 3,4 kHz verwendet.

Sprachbandmodems (**M**odulator/**Dem**odulator) verwendet man zur Datenübertragung in analogen Telefonnetzen. Sie verhalten sich im Telefonnetz wie ein Telefon, d. h., für die Datenübertragung werden die digitalen Signale in analoge Signale im Frequenzbereich zwischen 0,3 und 3,4 kHz umgesetzt. Durch den Einsatz immer aufwändigerer Codierungs- und Modulationstechniken kann heute die Sprachbandmodemübertragung bis 56 kbit/s DS realisiert werden ($\rightarrow$ 8) /16.11/.

16.2.3   Digitale leitungsgebundene Systeme

Damit ein Telefonanschluss digital ausgeführt werden kann, müssen die analogen Signale zunächst in digitale Signale gewandelt werden. Die Basis dafür bildet die *Pulse Code Modulation* (PCM, $\rightarrow$ 8.2.1).

Nachdem PCM zunächst in der Fernnetzebene zum Einsatz kam (angefangen mit PCM30/32), hat mit dem Basisanschluss **BRA** (*Basic Rate Interface* – BRI) und dem Primärratenanschluss **PRA** (*Primary Rate Interface* – PRI) die Digitaltechnik auch im Teilnehmerzugangsnetz Einzug gehalten (V.5.1 und V.5.2 ohne oder mit Konzentratorfunktion).

Die digitalen Telefonanschlüsse werden auch ISDN-Anschlüsse genannt. Beim BRA wird die Schnittstelle zwischen der digitalen TVSt und dem Teilnehmer mit U_{ko} bezeichnet. Hier soll lediglich darauf hingewiesen werden, dass die Bitrate auf der U_{ko}-Schnittstelle 160 kbit/s beträgt, im Duplexbetrieb mit Echokompensation gearbeitet wird und dass sich als Leitungscodes 2B1Q (2 Binär 1 Quartär) bzw. eine 4B3T-(4 Binär 3 Ternär-)Modifikation (MMS43 – *Modified Monitoring State 4B3T*) (hauptsächlich in Deutschland und Belgien) etabliert haben /16.12/. Für den PRA wird die U-Schnittstelle in Abhängigkeit vom Übertragungsmedium mit U_{k2} (DA mit HDB3 (*High-Density Bipolar Code* dritter Ordnung) als Leitungscode bzw. U_{G2} (Glasfaser mit MCMI – (*Modified Code Mark Inversion*) als Leitungscode, $\rightarrow$ 5.3) bezeichnet. Für jede Übertragungsrichtung wird eine DA bzw. eine Glasfaser verwendet, d. h. Raummultiplex ($\rightarrow$ 9.1). Die Bitrate beträgt 2,048 Mbit/s, d. h. E1.

16

▶ *Hinweis:* Im Zusammenhang mit dem Einsatz der Digitaltechnik im Teilnehmerzugangsnetz wurde im angelsächsischen Sprachraum der Begriff **Digital Subscriber Line** (DSL) geprägt. Ursprünglich war damit lediglich der BRA gemeint. Basierend auf den drei Buchstaben **DSL** wurden im Laufe der letzten Jahre viele Abkürzungen (über 450) für Technologien, Geräte und Dienste kreiert /16.1/,

/16.13/. **xDSL** hat sich dabei als ein Oberbegriff für digitale Anwendungen im Teilnehmerzugangsnetz durchgesetzt, wobei x als Platzhalter für andere Buchstaben bzw. Buchstabenkombinationen dient.

> xDSL-Technologien sind die übertragungstechnischen Verfahren zur digitalen Nutzung verdrillter DA im Teilnehmerzugangsnetz.

16.2.3.1 Symmetrische xDSL-Systeme

> SymDSL steht als Oberbegriff für alle symmetrischen xDSL-Varianten. Bei SymDSL sind die Bitraten in US und DS gleich groß, d. h., BRA gehört zu SymDSL.

SDSL wird auch oft als Abkürzung verwendet, führt aber zu Missverständnissen, weil diese Abkürzung auch für *Single Line DSL* steht.

High Data Rate DSL

Die moderne digitale Signalverarbeitung und die Entwicklung der Mikroelektronik erlauben heutzutage die Übertragung mehrerer Mbit/s über einige Kilometer. Ende der 80er-Jahre, getrieben vom Wunsch, T1 ohne Zwischenregenerator (ZWR, auch *Repeater*) über 12 kft übertragen zu wollen, ist in Nordamerika **HDSL** (*High Data Rate DSL*) entwickelt worden. Damit war es gelungen, 784 kbit/s über eine DA in beiden Richtungen gleichzeitig zu übertragen, indem Echokompensation angewendet wurde. Um die T1-Bitrate übertragen zu können, hatte man auf räumliche Trennung zurückgegriffen, d. h. zur Übertragung waren zwei DA notwendig (spezifiziert im Technical Report TR28) (→ Bild 16.7 unten).

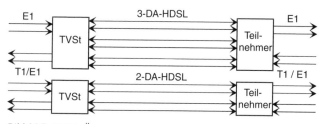

Bild 16.7   HDSL-Übertragung

Als Leitungscode wurde 2B1Q festgeschrieben. ZWRs sind möglich.

Die entsprechende ETSI-HDSL-Variante ist in ETR152 bzw. TS 101 135 definiert und enthält neben der Ausführung mit zwei DA auch Ausführungen mit drei oder einer DA. Neben 2B1Q ist auch CAP (*Carrierless Amplitude Phase Modulation* ($\rightarrow$ 8) möglich.

Der Rahmenaufbau für ETSI-HDSL ist im Bild 16.8 aufgeführt.

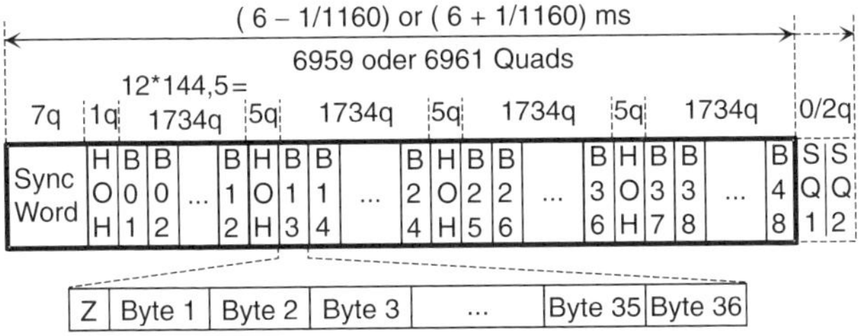

Bild 16.8 Rahmenaufbau für ETSI-HDSL (1-DA-Variante)

Bei HDSL sind nur drei feste Bitraten möglich: 784 kbit/s, 1168 kbit/s und 2320 kbit/s.

HDSL2/ETSI-SDSL/SHDSL

Beim Entwicklungsstart von HDSL2 (HDSL der 2. Generation) in den USA hatte man sich das Ziel gesetzt, innerhalb einer CSA für die T1-Übertragung mit nur einer DA auszukommen und folgende Anforderungen zu erfüllen: Die maximal zulässige Verzögerung zwischen zwei Teilnehmern sollte 500 µs nicht überschreiten, es sollte spektrale Kompatibilität mit anderen Diensten im gleichen Kabelbündel gewährleistet und Interoperabilität garantiert werden.

Im Ergebnis der Entwicklung entstand für Nordamerika eine 1-DA-Lösung – **HDSL2** –, welche beim ehemaligen ANSI als T1.418 genormt wurde. Die HDSL2-Entwicklungsgeschichte ist ausführlich in /16.14/ beschrieben. Zwei Besonderheiten sind erwähnenswert, die Nutzung spektraler Asymmetrie (Verwendung unterschiedlicher spektraler Leistungsdichten in US und DS, auch OPTIS (*Overlapped PAM Transmission with Interlocking Spectra*) genannt, $\rightarrow$ Bild 16.9) und die Verwendung der trelliscodierten PAM (**TCPAM**, $\rightarrow$ 8).

Die entsprechende 2-DA-Variante wird mit **HDSL4** (4 steht dabei für Vierdraht) bezeichnet.

HDSL2 war nur für die Übertragung von T1 vorgesehen. Bei ETSI hatte man Ende 1998 die Verwendung der TCPAM (Ungerböck zu Ehren auch **UCPAM** genannt) mit weiteren Anforderungen kombiniert /16.15/:

- ratenadaptiver Betrieb im Bitratenbereich von $(384 + 16)$ kbit/s bis $(2304 + 16)$ kbit/s im 64-kbit/s-Raster

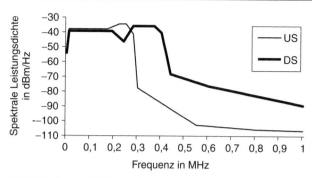

Bild 16.9   Spektrale Leistungsdichte für HDSL2

- BRA-Inbandübertragung mit Notspeisefähigkeit bei Spannungsausfall auf der Teilnehmerseite. Der Einsatz eines analogen Filters zur Trennung von Sprach- und Datendiensten wurde per Definition ausgeschlossen.
- spektrale Kompatibilität zu existierenden E1- (inkl. HDSL), ADSL- und BRA-Diensten
- gesteigerte Reichweite im Vergleich zu vorhandenen 1-DA-HDSL-Systemen: 3,0 km bei 2,32 Mbit/s und 4,5 km bei 600 kbit/s
- maximale Durchlaufzeit 1,25 ms auf der Gesamtstrecke
- geringe Leistungsaufnahme zur Sicherstellung der Fernspeisung von ZWRs und Netzabschlüssen.

Die Anforderungen fanden in der Spezifikation TS 101 524 Berücksichtigung. Die europäische HDSL2-Variante wird mit **SDSL** (*Symmetric DSL*) bezeichnet (zur besseren Zuordnung auch ETSI-SDSL genannt).

Die entsprechende ITU-T-Variante nennt man **SHDSL** (*Single-pair High-speed DSL*).

Der Aufbau eines SHDSL-Rahmens entspricht im Wesentlichen dem von HDSL (→ Bild 16.8), allerdings besteht ein Nutzdatenblock aus einer variablen Z-Bitanzahl (0 bis 7) und variabler Nutzdatenbyteanzahl (3 bis 36 B-Kanäle).

Bedingt durch den Wunsch nach höherbitratigen Anwendungen (Bonding) ist in letzter Zeit ein Trend zu Lösungen mit mehreren DA zu verzeichnen.

ESHDSL

ESHDSL steht für *Enhanced SHDSL* und stellt die jüngste Entwicklung der symmmetrischen xDSL-Technologien dar. Unmittelbar nach der Fertigstellung der ITU-T-G.991.2-Norm für SHDSL begann man die Arbeit am Nachfolger, der auch G.shdsl.bis genannt wurde. Ziel war die Erhöhung der

Bitrate bzw. Reichweite, um neue Applikationen zu ermöglichen. Bereits am Namen ist zu erkennen, dass keine neue Technologie entwickelt wurde, sondern dass SHDSL die Basis bildet. Als wichtigste Änderungen können genannt werden:

- Erhöhung der Maximalbitrate auf 5,696 Mbit/s
- Verwendung von maximal 32-TCPAM
- Erweiterung des Vierdrahtmodus zum Mehrpaarmodus (Bondingtechnologien notwendig)
- Erweiterung der Nutzdaten-Transportklassen um **PTM** (*Packet Transfer Mode*) zum paketorientierten Datentransfer (der Grund dafür lag vor allem in der Arbeit des IEEE zu EFM und *Synchronous Transfer Mode* – **STM**).

16.2.3.2 Asymmetrische xDSL-Systeme

AsymDSL steht als Oberbegriff für alle asymmetrischen xDSL-Verfahren, wobei DS > US gilt. Parallel dazu wird auch die Abkürzung ADSL verwendet, was aber zu Missverständnissen führen kann.

Eine weitere Klassifizierung (→ xDSL-Stammbaum /16.1/, /16.16/) erfolgt nach der Bitrate bzw. Anzahl der DMT-Träger und nach dem Einsatz von Splittern oder Filtern. Nach dem DSL-Forum war ursprünglich für garantierte Bitraten oberhalb von 6,144 Mbit/s die Bezeichnung **VDSL** (*Very High Bitrate DSL*) zu verwenden. Dies gelang durch die Verwendung von maximal 256 DMT-Trägern. Eine Ausnahme bildet die Weiterentwicklung von ADSL2 zu ADSL2+. Gelegentlich findet man auch die Bezeichnung ADSL+ oder VDSL.lite für Bitraten oberhalb von ADSL. Bitraten bis 6,144 Mbit/s nutzen ADSL und RADSL.

Neben den o. g. typischerweise splitterbasierenden Verfahren gibt es splitterlose Verfahren mit Bitraten unter 1,536 Mbit/s. Dazu zählen neben ADSL.lite (G.lite) einige proprietäre Verfahren (z. B. 1-Meg-Modem, CiDSL, MVL, RDSL).

16

ADSL

Die heute populärste AsymDSL-Variante ADSL (*Asymmetrical DSL*) wurde ursprünglich zur Übertragung von Videodaten entwickelt (*Video on Demand* – VoD). Genutzt wird die TAL, aber neben dem analogen Telefonanschluss sollten mit separater Technik (Set-Top-Box) Bilddaten zum Teilnehmer und Steuerinformationen in die Gegenrichtung übertragen werden. Heute sieht man als Hauptanwendung das Internet mit Privatnutzungsprofil (DS > US).

Für die Übertragung existierten anfänglich zwei Verfahren: das Einträgerverfahren CAP und das Mehrträgerverfahren **Discrete Multitone Technology**

(DMT). Das genormte Übertragungsverfahren (z. B. nach ITU-T **G.992.1**) ist DMT. Hier wird das Frequenzband in mehrere Bereiche aufgeteilt. Der untere Bereich dient der Übertragung von POTS (ITU-T G.992.1 Annex A) oder BRA (ITU-T G.992.1 Annex B), es schließen sich die Bereiche für den US und DS an (→ Bild 16.10). Um die Übertragungsrate bzw. Reichweite zu verbessern, ist es als Zusatzoption möglich, DS und US im gleichen (unteren) Frequenzbereich zu übertragen, indem das Echokompensationsverfahren angewandt wird.

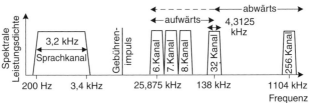

Bild 16.10   Spektrale Leistungsdichte der DMT (Annex A)

Bei ADSL wird das Frequenzband mit 4,3125 kHz (1. Kanal) beginnend in 256 Teilkanäle unterteilt, wobei jeder Teilkanal eine Breite von 4,3125 kHz hat. Die Datenübertragung im US erfolgt vom 6. bis 32. Kanal (G.992.1 Annex A) oder vom 32. (typisch) bis 64. Kanal (G.992.1 Annex B), der DS schließt sich an. Das Spektrum oberhalb des 256. Kanals (1104 kHz) wird nicht zur Übertragung genutzt.

In jedem Teilkanal erfolgt eine Modulation mittels **QAM** (Quadraturamplitudenmodulation, → 8). Die Modulationstiefe richtet sich nach dem Signal-Rausch-Abstand (**SNR** – *Signal-to-Noise-Ratio*) und wird für jeden Teilkanal individuell ausgehandelt (sog. **Bitallokation**). Maximal lassen sich pro Symbol 15 bit übertragen. Ein Blockschaltbild eines DMT-Modems zeigt Bild 16.11.

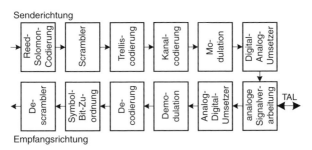

Bild 16.11   Blockschaltbild eines DMT-Modems

Die ADSL-Norm fordert eine Mindest-DS-Datenrate von 6,144 Mbit/s, die meisten Schaltkreise unterstützen aber 8 Mbit/s. Im US sind 640 kbit/s gefordert. Weiterhin müssen genormte *Testloops* geprüft werden. Beispielsweise muss ein Modem für ADSL über BRA (→ T-DSL) bei einem durchgängigen Polyethylen-Kabel mit 0,4 mm Aderdurchmesser und 4,2 km Länge (entspricht ETSI-Loop #1 mit 60 dB Dämpfung) unter Verwendung des Rauschmodells ETSI-A mindestens eine Datenrate von 576 kbit/s DS und 128 kbit/s US erreichen.

ADSL besitzt eine Superrahmenstruktur (→ Bild 16.12), wobei jeweils 69 Rahmen einen Superrahmen bilden. Jeder Rahmen enthält *Fast* und *Interleaved Data*. Während die Daten im *Fast*-Kanal direkt unverzögert gesendet werden (kurze Signallaufzeit), werden die Daten im *Interleaved*-Kanal vor dem Senden zeilenweise in einen Zwischenspeicher geschrieben und spaltenweise ausgelesen. Diese Umstrukturierung wandelt Mehrfachbitfehler (die bei den typischen kurzen Störimpulsen auftreten) in Einfachbitfehler, die durch die **Vorwärtsfehlerkorrektur** (FEC – *Forward Error Correction*, z. B. Reed-Solomon-Codierung) korrigiert werden können.

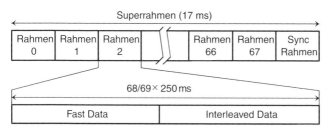

Bild 16.12 ADSL-Rahmenaufbau

16

Der Aufbau eines ADSL-Netzwerkes entsprechend DSL-Forum ist im Bild 16.13 dargestellt. Hier sind auch die Schnittstellen zwischen den Teilkomponenten definiert.

❏ *Beispiel:* Unter der Bezeichnung **T-DSL** vermarktet die DTAG ihr ADSL-Angebot. T-DSL nutzt generell ADSL über BRA (G.992.1 Annex B), auch wenn POTS übertragen wird. Um den Problemen der Interoperabilität aus dem Wege zu gehen, wurde eine eigene erweiterte Spezifikation der U_{R2}-Schnittstelle (→ Bild 16.13) erstellt. Außerdem wurde anfänglich die Bitrate für Privatkunden auf 768 (128) kbit/s begrenzt. Aktuelle Angebote ermöglichen bis zu 6 Mbit/s (DS) und 576 kbit/s (US). Höhere Bitraten sind mit ADSL24 (DSL 16 000) oder VDSL möglich.

Den Aufbau von T-DSL zeigt Bild 16.14 (TAE – Teilnehmeranschlusseinheit, BBAE – Breitbandanschlusseinheit, NTBBA – Netzwerkterminationspunkt Breitbandangebot). Dargestellt ist die maximale Ausbaustufe, bei der parallel zu

ADSL der BRA auch zur Datenübertragung (ermöglicht z. B. Faxübertragung) vom PC verwendet wird, einzelne Komponenten können entfallen.

Die ADSL-Modems können als externe USB- oder interne PCI-Geräte ausgeführt sein. Alternativ dazu können auch externe Router oder Bridge-Modems zum Einsatz kommen. Dabei wird die Verbindung zum PC über ein Ethernet-Netzwerk realisiert.

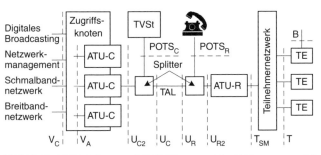

Bild 16.13   ADSL-Referenzmodell (Erklärungen siehe Abkürzungsverzeichnis)

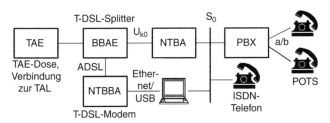

Bild 16.14   Aufbau T-DSL (Erklärungen siehe Abkürzungsverzeichnis)

ADSL2

Um die Erfolgsgeschichte von ADSL fortsetzen zu können, begann man unmittelbar nach dem Abschluss der ADSL-Normung bei der ITU-T mit der Normung der zweiten ADSL-Generation (**ADSL2**), sodass im Mai 2002 die Norm G.992.3 (G.dmt.bis) vorgestellt werden konnte.

Die Netzstruktur und der Aufbau von ADSL2 entsprechen denen von ADSL. Wegen der Kompatibilität ist auch das Modulationsverfahren mit 256 Trägern, in denen jeweils eine unabhängige QAM mit vierdimensionaler 16-stufiger Trelliscodierung angewendet wird, von ADSL übernommen worden. Neu ist die Möglichkeit der Modulation von nur einem Bit pro Träger und der Codiergewinn im Viterbi-Decoder und beim Reed-Solomon-Code, was eine höhere Bitrate ermöglicht (für ADSL2 über ISDN theoretisch maximal 11,34 Mbit/s in DS-Richtung). Deutliche Verbesserungen gab es auch bei der Taktsynchronisation (wahlfreier **Pilotton**) und der Unempfindlichkeit bei Störungen durch Rundfunksender oder Reflexionen bei Stichleitungen.

Ein wichtiger Vorteil von ADSL2 ist die als *On-Line-Reconfiguration* zusammengefasste Möglichkeit, während einer Datenübertragung das Modem neu zu konfigurieren. Dazu gehören auch die neu eingeführte Bitratenadaptivität *Seamless Rate Adaption* (SRA) und das erweiterte *Power Back Off* (PBO) zur Reduzierung der Sendeleistung. Zur Verringerung des Energieverbrauchs gibt es nun ein *Power Management*.

Der Aufbau der Normen **G.992.3** (bzw. G.992.4) ist daher stark an der ADSL-Norm G.992.1 (bzw. ADSL.lite G.992.2) angelehnt. Die Annexes dieser Norm wurden aber um einiges erweitert. Neben Annex A (ADSL und POTS) und Annex B/C (ADSL und ISDN/TCM-ISDN) gibt es Annex I und Annex J, die den *All-Digital-Mode* (auch ADL – *All-Digital-Loop* – genannt) beschreiben. Annex L gehört zu einer ADSL2-Variante, die speziell für eine Erhöhung der Reichweite optimiert wurde (*Reach Extended ADSL2* – **READSL2**). Bild 16.15 stellt die Trägeraufteilung der genannten ADSL2-Varianten grafisch dar.

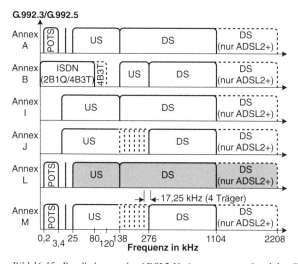

Bild 16.15   Bandbelegung der ADSL2-Varianten entsprechend den G.992.3- und G.992.5-Annexes

ADSL2+

ADSL2+ (ADSL der zweiten Generation plus) ist kompatibel zu ADSL2. Wichtigster Unterschied ist die doppelte Anzahl möglicher DMT-Träger, sodass 512 Träger zur Verfügung stehen. Damit verdoppelt sich das genutzte Frequenzspektrum auf 2,2 MHz. Die zusätzlichen 256 Träger oberhalb 1,1 MHz werden ausschließlich dem US zugeschrieben, im unteren Frequenzbereich bleibt alles wie bei ADSL2. Die maximal mögliche Bitrate im DS steigt deutlich an, was einige Modifikationen bei der Reed-Solomon-Codierung nötig macht. Wegen der **Wurzel-f-Charakteristik** der TAL werden hohe Frequenzen überproportional gedämpft, sodass der Bitratenvorteil nur für kurze Leitungslängen gilt (→ Bild 16.16).

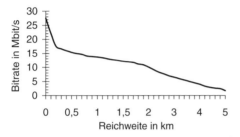

Bild 16.16   ADSL2+-Bitrate (DS) in Abhängigkeit von der Reichweite

ADSL2+ verfügt als erste xDSL-Variante über ein Verfahren zum dynamischen Anpassen des Spektrums (*Dynamic Spectrum Management* – DSM). Alle weiteren Neuerungen von ADSL2 stehen bei ADSL2+ ebenso zur Verfügung.

Im Jahr 2003 wurde die ADSL2+-Norm der ITU-T **G.992.5** ratifiziert.

Splitterlose Technologien

> Ein **Splitter** ist ein Filter, der den Datenstrom auf der TAL in einen schmalbandigen Kanal (Tiefpassfilter für POTS/BRA) und in einen breitbandigen Kanal (Hochpassfilter, z. B. für Internet-Zugang) trennt. In der TVSt wird er oft als Filterbank ausgeführt.

Üblicherweise gehört der Splitter zum Zuständigkeitsbereich des Netzbetreibers, der auch für dessen Installation verantwortlich ist. Das Beauftragen eines Servicetechnikers zur Splittermontage erhöht deutlich die Kosten von ADSL, was u. a. die schnelle Marktdurchdringung hemmte. Infolgedessen entstanden in der Anfangszeit von ADSL (1997/98) viele proprietäre Ansätze für abgerüstete ADSL-Varianten (z. B. 1-Meg-Modem, CiDSL, MVL, RDSL /16.1/), die auf den Einsatz eines Splitters verzichteten oder zumindest nur einfache Mikrodatenfilter verwendeten, die vom Teilnehmer angesteckt werden konnten.

Höhepunkt dieser Entwicklung war eine mit **ADSL.lite** (auch G.lite) bezeichnete Technologie, die durch Verringerung der Mindestdatenraten auf 1536 kbit/s (DS) bzw. 256 kbit/s (US) keinen teilnehmerseitigen Splitter benötigte. Dabei wurde in Kauf genommen, dass bei plötzlichem Ändern der Leitungseigenschaften (z. B. Hörer abheben) die Verbindung kurzzeitig unterbrochen werden konnte.

VDSL

VDSL (nicht selten wird auch von VDSL1 – VDSL der ersten Generation – gesprochen) gilt als Technologie der Zukunft und dient der Übertragung von hohen Bitraten über relativ kurze Entfernungen. Demzufolge geht man bei VDSL von einer sukzessiven Ersetzung der Glasfaser beginnend in der TVSt aus. Aus ökonomischer Sicht ist diese Herangehensweise sinnvoll, da aufgrund der Baumstruktur des Teilnehmerzugangsnetzes die Kosten für den Glasfaserausbau mit zunehmender Entfernung von der TVSt überproportional steigen.

Erste Ansätze zu VDSL reichen bis in die Anfangszeit von ADSL zurück, wobei zwei Strömungen entstanden: VDSL als Nachfolger von HDSL (symmetrisch) hieß ursprünglich **VHDSL** und der Nachfolger von ADSL wurde **VADSL** genannt. Seit Juni 1995 wird vom DSL-Forum VDSL als offizielle Bezeichnung verwendet.

Ähnlich wie bei ADSL erfolgt die Übertragung zusätzlich zum bestehenden BRA bzw. POTS. Auch hier gilt das Hauptaugenmerk der Übertragung von Video- und Internetdaten ($\rightarrow$ Bild 16.17).

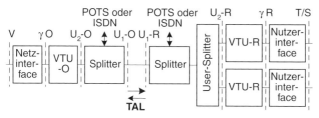

Bild 16.17 VDSL-Referenzmodell (Erklärungen siehe Abkürzungsverzeichnis)

Bei der Umsetzung entstanden ähnlich wie bei ADSL zwei konträre Lager, die entweder eine Lösung mit Ein- (**SCM** – *Single Carrier Modulation* ($\rightarrow$ 8), VDSL-Koalition) oder mit Mehrträgerverfahren (**MCM** – *Multi Carrier Modulation* ($\rightarrow$ 8), VDSL-Allianz) befürworteten.

Das Mehrträgerverfahren der **VDSL-Allianz** sollte ursprünglich mit einem Zeitmultiplexverfahren (TDD) gekoppelt werden. Das als *Synchronized Dis-*

crete Multitone Technology (SDMT) oder Zipper bezeichnete Verfahren wurde aber wegen Problemen bei der Synchronisation nicht weiter verfolgt.

Die **VDSL-Koalition** bevorzugte ein Verfahren, welches die verfügbare Übertragungsbandbreite in vier Teilbereiche zerlegte und in jedem Bereich eine Einträgermodulation vornahm.

Die Aufteilung der Übertragungsbandbreite (**Frequenzpläne**) basiert auf umfangreichen Untersuchungen unter Berücksichtigung regionaler Besonderheiten. Beispiele für Bandpläne sind im Bild 16.18 aufgeführt.

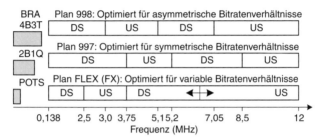

Bild 16.18   VDSL-Frequenzpläne

VDSL2

VDSL2 (VDSL der zweiten Generation) ist die jüngste xDSL-Technologie. Die Entwicklung von VDSL2 wurde einerseits stark vom Ergebnis der VDSL-Olympiade geprägt /16.17/, andererseits kamen mit ADSL2 und ADSL2+ zwei neue Technologien mit deutlich verbesserter Servicefreundlichkeit auf den Markt. VDSL2 sollte all diese positiven Ergebnisse und Erfahrungen in sich aufnehmen. Der VDSL2-Standard **G.993.2** der ITU-T wurde im Februar 2006 verabschiedet.

Wegen der Analogien und des geplanten **Rückfallmodus** ist der Betrieb mit ADSL, ADSL2 und auch ADSL2+ möglich. Damit bietet sich den Netzbetreibern die Möglichkeit, flexibel und kostenoptimiert die bestehende Infrastruktur zu aktualisieren.

Die aktuelle Hauptanwendung von VDSL2 wird in **Triple-Play**-Diensten ($\rightarrow$ 19.5.3) gesehen. Die Videoübertragung ist auch in Form von hochauflösendem Fernsehen (HDTV) denkbar.

Der Aufbau eines VDSL2-Systems ist an ADSL2+ angelehnt. Ähnlich wie dort wurde ein Schichtenmodell eingeführt.

VDSL2 ist kompatibel zu ADSL (einschließlich ADSL.lite), ADSL2 und ADSL2+, da u. a. die Modulation der Nutzdaten mit der **DMT** erfolgt. Die maximale Anzahl der DMT-Träger liegt bei 4096, woraus sich ein genutzter

Frequenzbereich bis 17,664 MHz ergibt. VDSL2 erlaubt aber auch einen Frequenzbereich bis 30 MHz, womit eine Verdopplung der Trägerbreite auf 8,625 kHz einhergeht. Bei Verwendung von 3478 Trägern erreicht man damit die 30-MHz-Marke.

Bandpläne unterteilen das gesamte, zur Datenübertragung bereitstehende Frequenzspektrum in einzelne Bereiche für den US und DS (Festlegung von Grenzfrequenzen). Die Bandpläne entsprechen weitestgehend den bekannten Frequenzplänen von VDSL(1) (→ Bild 16.18) und sind in den Annexes der Norm spezifiziert.

In Europa gilt Annex B, worin zwei auf dem Bandplan 997 basierende und vier auf dem Bandplan 998 basierende Bandpläne festgelegt sind. Das zusätzliche Band US0 ist auch hier teilweise enthalten. Die beiden auf dem Bandplan 997 basierenden Pläne nutzen im Basisband POTS. Auch bei den auf dem Bandplan 998 basierenden Plänen gibt es zwei für POTS-Betrieb. Während der dritte Bandplan für ISDN mit 2B1Q als Leitungscode geeignet ist, kommt der vierte Bandplan ohne zusätzliches US0-Band aus.

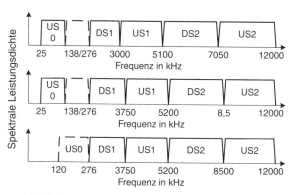

Bild 16.19 Bandpläne entsprechend G.993.2 Annex B /16.18/

16

Neben den Bandplänen beinhaltet Annex B auch so genannte Profile. Ein **Profil** beschreibt erweiterte Einstellungen der Übertragungscharakteristik.

Vergleicht man VDSL(1) mit VDSL2, fallen vor allem der vergrößerte Bandbereich bis 30 MHz, die Diagnosefunktionen wie bei ADSL2 und die vergrößerte maximale Sendeleistung (20,5 dBm wie ADSL) auf. Weitere maximale Sendeleistungen sind je nach Profil 17,5 dBm, 14,5 dBm (wie VDSL(1)) und 11,5 dBm.

Eine weitere nicht unerhebliche Herausforderung stellt die spektrale Verträglichkeit dar. Im Gegensatz zum traditionellen Betrieb ist das im abgesetzten

Amt eingespeiste VDSL2 ein starker Störer für die durch Leitungsverluste bereits bedämpften Dienste (z. B. ADSL/ADSL2/ADSL2+). Beim sog. **PSD-Shaping** wird der Sendepegel des VDSL2-Signals im Frequenzbereich von ADSL bzw. ADSL2+ entsprechend der Dämpfung des ADSL/ADSL2+-Signals bzw. der Entfernung von der TVSt reduziert.

Noch stärker als ADSL2+ kann VDSL2 seinen Bitratenvorteil vor allem bei sehr kurzen Leitungen ausspielen (→ Bild 16.20) geben.

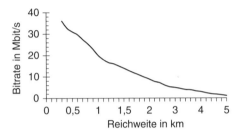

Bild 16.20 VDSL2-Bitraten (DS) in Abhängigkeit der Reichweite

16.2.4   Übertragungsmedium Koaxialkabel

▶ *Hinweis:* Eigenschaften von Koaxialleitungen sind in Kapitel 10 beschrieben.

Breitbandkabelnetze

Der Netzzugang via Kabelverteilnetz (*Cable TV* – CATV) ist durch die Bereitstellung eines so genannten **Rückkanals** möglich geworden. Neben den Kabelverteilnetzen gibt es international zunehmend Einsätze von nicht terrestrischen Rundfunkverteildiensten, bei deren gerätetechnischer Ausführung der Rückkanal auf verschiedene Art und Weise gewährleistet wird. In Bild 16.21 ist das Grundprinzip des Netzzuganges über Kabelverteildienste dargestellt. Die in Kabelverteildiensten vorhandenen breitbandigen Kanäle von einer zentralen Basis zum Teilnehmer sind für die Gewährleistung einer stabilen telekommunikativen Versorgung sehr günstig. Durch die Integration von Rückkanälen und die gerätetechnische Nachrüstung vorhandener Kabelverteilsysteme innerhalb der Teilnehmeranschlüsse mit Möglichkeiten für diese Rückkanäle, sind die wesentlichen Voraussetzungen für eine breite Nutzung gegeben.

Eine Modifikation derartiger Systeme ist durch HFC-Strukturen im Einsatz. Dabei werden kleinere Netzeinheiten (*Cluster*), die in den meisten Fällen durch Koaxialkabel oder Glasfasern vernetzt sind, genutzt. Im Bild 16.22 ist die Systemkonfiguration für ein HFC-Netz dargestellt.

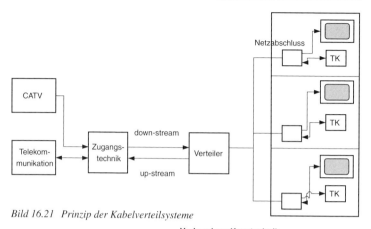

Bild 16.21   *Prinzip der Kabelverteilsysteme*

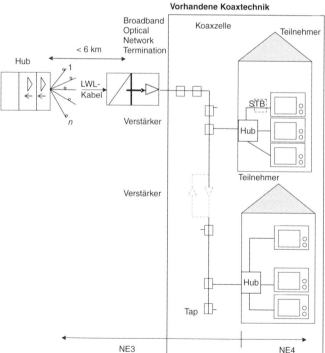

16

Bild 16.22   *Systemkonfiguration für HFC-Netz*

16.2.5   Übertragungsmedium Stromversorgungsleitungen (Powerline)

▶ *Hinweis:* Eigenschaften von Stromleitungen sind in Kapitel 10 beschrieben.

PLC-Systeme

> Der Netzzugang mittels *Powerline Communication* (PLC) bezeichnet den Teilnehmeranschluss unter Nutzung von Energieleitungen der Niederspannungsebene.

PLC hat in den vergangenen Jahren an Bedeutung gewonnen. Nach ersten erfolgreichen Versuchen, vorrangig in Großbritannien, gab es sowohl Normungsbemühungen (ETSI TS 101 876, CENELEC EN 50065-1) als auch die Entwicklung von entsprechender Gerätetechnik.

Die PLC-Technik ermöglicht:
- Teilnehmeranschluss für Internet und Telekommunikationsdienste
- Gebäudeautomatisierung
- Inhouse-Kommunikation
- Energieinformationsdienste.

Vorteilhaft bei PLC ist das vorhandene flächendeckende System der Energieleitungen. Als problematisch hat sich bei der Nutzung dieses Netzes für den Internet- und Telekommunikationszugang herausgestellt:
- Die Energieverteilnetze sind im Niederspannungsbereich bezüglich der Netzstruktur und der verwendeten Kabeltypen sehr unterschiedlich. Damit gibt es große Probleme für die einzusetzenden Übertragungsverfahren.
- Im Zusammenhang mit der stark unterschiedlichen Netzstruktur ist die Sicherung eines definierten Zugriffs aller Teilnehmer auf die Netzressourcen sehr kompliziert.
- Die im Allgemeinen fehlende Schirmung der Energieleitungen führt zu Einstrahlungen bzw. Abstrahlungen elektromagnetischer Wellen. Besonders betroffen ist von den Abstrahlungen der Kurzwellenbereich für die Weitstreckenverkehrstechnik und für Navigationsdienste. Die Möglichkeit der Einkopplung in diese Kabelsysteme ist eng verbunden mit dem Absinken der Übertragungsqualität. Aus diesem Grund können nur für Fremdstörer robuste Übertragungsverfahren wie **OFDM** (*Orthogonal Frequency Division Multiplexing*, (→ 9.5) oder Bandspreizverfahren, besonders Direktsequenztechnik eingesetzt werden.
- Im Netz sind gerätetechnisch entsprechende Modifizierungen z. B. bei den Energiezählern vorzunehmen.
- Die durch die Bundesnetzagentur vorgenommene Regulierung beschränkt die Einsatzmöglichkeiten der PLC wesentlich. Bemühungen, die festge-

legten Parameter weiter zu verändern, dürften aufgrund der dann teilweise starken Störungen anderer Funkdienste sehr problematisch sein.

Im Bild 16.23 ist das Grundprinzip der PLC-Technik dargestellt. In der Trafostation des Niederspannungstransformators ist eine Vermittlungs- bzw. Einkopplungseinheit für die Telekommunikationsdienste zu integrieren, über die die an der jeweiligen Trafostation angeschlossenen Teilnehmer versorgt werden können. Dabei ist eine gefahrlose Trennung zwischen Niederspannungszuleitung und Telekommunikationsdienst erforderlich. Weit höhere Anforderungen diesbezüglich sind für die Hausstation zu gewährleisten. In der Nähe der Stromeinspeisung ist eine Trennung zwischen Telekommunikationsdienst und Elektroversorgungsdienst vorzunehmen.

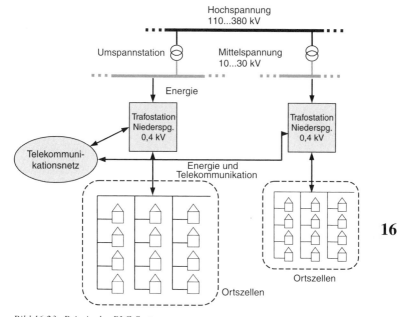

16

Bild 16.23 Prinzip der PLC-Systeme

Aus gegenwärtiger Sicht ist einzuschätzen, dass die Euphorie für den Einsatz von PLC-Technologien im Teilnehmerzugangsnetz einer nüchternen Analyse gewichen ist. Aufgrund der technisch-technologischen und regulatorischen Schwierigkeiten sind dieser Zugangsart objektive Grenzen gesetzt. Der Einsatz von PLC-Technologien im *Inhouse*-Bereich wird sich dagegen in den kommenden Jahren verstärken.

16.2.6   Übertragungsmedium Glasfasern

▶ *Hinweis:* Eigenschaften von Glasfasern sind in Kapitel 10 beschrieben.

Optische Netzzugänge

> Mittels Glasfasern (Lichtwellenleitern) gestaltete Netzzugänge werden optische Netzzugänge genannt.

Die als Übertragungsmedium im Teilnehmerzugangsnetz eingesetzten Glasfasern (**FITL** – *Fiber In The Loop* – steht als Oberbegriff für den Einsatz von Glasfasern im Teilnehmerzugangsnetz) werden

- *Fibre To The Home* (**FTTH**), Glasfasern bis in die Wohnung
- *Fibre To The Basement/Building* (**FTTB**), bis ins Gebäude
- *Fibre To The Curb* (**FTTC**), bis zum Straßenrand/Übergabepunkt
- *Fibre To The Node/Cabinet* (**FTTN/FTTCab**), bis zum Kabelverzweiger
- *Fibre To The Exchange* (**FTTEx**), bis zur TVSt

geführt (→ Bild 16.24). Der entsprechende Oberbegriff ist FTTx.

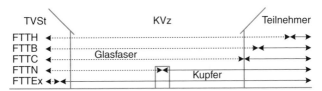

Bild 16.24   Optische Netzzugänge

Auf der Seite der TVSt befindet sich das optische Leitungsterminal **OLT** – *Optical Line Termination*. An ein OLT werden über ein optisches Verteilnetz (**ODN** – *Optical Distribution Network*) optische Netzeinheiten (**ONU**) als Abschluss der optischen Übertragungsstrecke angeschlossen. In den ONUs steht eine hohe Bandbreite zur Verfügung. Sie wird je nach Bedarf und Konfiguration an die einzelnen Schnittstellen aufgeteilt. Im ODN kann die optische Übertragungsstrecke in **OLD** (*Optical Line Distributor*) passiv (**PON** – *Passive Optical Network*) oder aktiv (**AON** – *Active Optical Network*) aufgesplittet werden.

Es gibt verschiedene PON-Varianten:

- APON – ATM PON (ITU-T G.983.1, definiert von FSAN)
- BPON – Broadband PON (ITU-T G.983.3, definiert von FSAN)
- EPON – Ethernet PON
- GPON – Gigabit PON
- GEPON – Gigabit Ethernet PON.

Die Glasfaser eines PON kann durch optische Verzweiger (Splitter) an jeder beliebigen Stelle verzweigt werden (→ Bild 16.25; WDM – *Wavelength Division Multiplexing*, → 13.2.6).

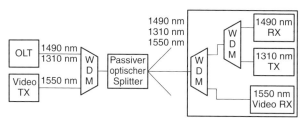

Bild 16.25 BPON-Prinzip

Im Unterschied zu PONs, bei denen die geringen Dämpfungsbudgets der optischen Verzweiger der Architektur verhältnismäßig starre Randbedingungen auferlegen, lassen sich AONs flexibler realisieren (z. B. *Active Ethernet*). Durch die Verwendung von unterschiedlichen Bitraten im aktiven Netz kann eine Erweiterung hin zu höheren Bitraten durch einfachen Austausch von Baugruppen in einzelnen Zweigen des Netzes erreicht werden.

▶ *Hinweis:* Bei den OPAL-Projekten (optisches Anschlussnetz) der DTAG, in deren Rahmen Mitte der 90er-Jahre insgesamt 1,2 Mio. optische Teilnehmerzugänge errichtet wurden, waren 1994 erstmals auch AONs einbezogen worden, z. B. das *Hybrid Telecommunication Access System* (HYTAS).

16.3 Drahtlose Zugangssysteme ohne Mobilität

WLL-Systeme

16

> Der Netzzugang unter Nutzung von Funktechnologien wird als *Wireless Local Loop* (WLL) bezeichnet.

WLL-Systeme sind drahtlose Systeme für den Teilnehmerzugangsbereich, die über einen Koppelpunkt mit dem öffentlichen Fernmeldenetz und Internet verbunden sind und dem Teilnehmer mittels Funktechnologien den Zugang zum öffentlichen Fernmeldenetz bzw. Internet ermöglichen. Die WLL-Systeme selbst haben keine Querverbindungen und bieten auch kein netzübergreifendes *Roaming* und *Handover*. Das Teilnehmerfunkgerät ist nicht TE, sondern bietet Schnittstellen für den Anschluss von TE. Eine Kompatibilität ist deshalb über das standardgerechte Angebot der Schnittstellen zu gewährleisten /16.19/.

Anfänglich bildeten Mobilfunktechnologien wie NMT (*Nordic Mobile Telephone*), TACS (*Total Access Communication System*) und AMPS (*Advance*

Mobile Phone System) oder CT-(*Cordless Telephone-*)Technologien wie CT2, DECT (*Digital Enhanced Cordless Telephony*) und PHS (*Personal Handyphone System*) die technische Grundlage. Später kamen solche Funktechnologien wie GSM (*Global System for Mobile Communications*) und IS-95 (Interim Standard No. 95) dazu. Es ist eine Lizensierung der Funkfrequenzbereiche erforderlich.

Satellitensysteme

Ende der 90er-Jahre gab es mehrere Versuche, eine Teilnehmeranschlusstechnik auf der Basis niedrig orbitierender (*Low Earth Orbit* – LEO) Satelliten einzuführen. Dies geschah unter der Produktbezeichnung „Iridium", „GlobalStar" oder „SkyBridge". Die Kosten für derartige Systeme haben dazu geführt, dass alle diese Vorhaben betriebswirtschaftlich abgesetzt werden mussten. So war bei „Iridium" geplant, knapp 80 Satelliten auf elliptischen Bahnen einzusetzen. Bei „Skybridge" waren 64 Satelliten vorgesehen. Neben der mobilen Sprachkommunikation standen breitbandige Internet-Zugänge im Vordergrund.

Die Satellitendirektsysteme sind technisch sehr problematisch und bilden damit ein betriebswirtschaftlich hohes Wagnis. Satellitenverteilsysteme auf der Basis von *Medium-Earth-Orbit* (MEO) oder geostationären Satelliten (GEO) sind aufgrund der technischen Schwierigkeiten insbesondere bezüglich des Linkbudgets und der damit im Zusammenhang stehenden Aufwendungen für die Verbindungen und die Steuerung von großen Teilnehmeranschlusszahlen unreal.

Optische Freiraumübertragung

Unter bestimmten Bedingungen kann die optische Freiraumübertragung (auch optischer Richtfunk genannt) (FSO – *Free Space Optics*) eine mögliche Alternative für den Teilnehmerzugang sein /16.20/, /16.21/ (→ 11.7.3, 13.2.2)

17 Mobilkommunikation

Andreas Rinkel

17.1 Einleitung

> **Mobilkommunikation** ist drahtlose Kommunikation zwischen mobilen (ortsveränderlichen) Endgeräten, bei denen eine Ortsveränderung der Endgeräte während der Kommunikation möglich ist (Terminalmobilität).

Mit der Einführung des GSM-Netzes hat die Ausbreitung der Mobilkommunikation in Europa und der Welt eine rasante Entwicklung erfahren. Im Jahr 2006 waren allein in GSM-Netzen ca. 2 Milliarden Teilnehmer (*subscriber*) weltweit und davon ca. 650 Millionen in Ost- und Westeuropa registriert. Neben der mobilen, telefonischen Erreichbarkeit an jedem Ort zu jeder Zeit entwickelt sich das Mobiltelefon immer mehr zum multimedialen Arbeits- und Lifestylegerät. Entsprechend ändern sich die Anforderungen an die zugrunde liegende Netzarchitektur hinsichtlich Übertragungsrate und -qualität sowie der Kostenstrukturen, die sich in den Weiterentwicklungen wie GPRS und UMTS (→ 17.3) oder dem Aufbau von kostengünstigen WLAN-Hotspots zeigen /17.2/, /17.3/.

Zur Zeit ist die Entwicklung des Next Generation Network, welche die endgültige Konvergenz der Dienste in einem Netz realisieren soll, in vollem Gange.

Allgemeine Eigenschaften der Mobilkommunikation

> Ein **Mobilkommunikationsnetz** ist ein sicherheitskritisches, fehlertolerantes, heterogenes, verteiltes, ressourcenbegrenztes System, das in wesentlichen Teilen auf Software basiert.

> Der Mobilkommunikationsteilnehmer ist jederzeit an jedem Ort unter einer einheitlichen Kennung erreichbar (Teilnehmermobilität).

Aus der obigen Definition eines Mobilfunknetzes lassen sich einige wesentliche Probleme ableiten, die in allen realen Mobilfunknetzen gelöst werden müssen. In Tabelle 17.1 sind die Probleme strukturiert aufgelistet.

Tabelle 17.1 Übersicht der mobilfunktypischen Probleme

Eigenschaft	Problem
Drahtlos	Störanfällig durch: • Abschattung, z. B. durch Häuser, Tunnel ... Dämpfung (*path loss*, → 11.3.5, 11.6.1) beschreibt die Abschwächung des Signals über dem Weg • Interferenzen, z. B. zu Nachbarstationen oder zu Nachbarkanälen (→ 11.3.11) • Mehrwegeausbreitung (*multipath fading*, → 11.3.8) • Zellplanung (→ 17.2.2) • Sicherheitskritisch, leichter Zugang zum Medium, d. h. leicht abhörbar • Kostenabrechnung, d. h. eine eindeutige und sichere Authentisierung ist erforderlich (*Authentication Center* und Abläufe, → 17.2.3)
Ressourcen-begrenzt	• Die Luftschnittstelle bietet nur eine begrenzte Bandbreite an • Die Belastung durch Elektrosmog ist zu begrenzen • Zellplanung (→ 17.2.2)
Verteilt	• Implementierung einer mobilen Adressierung • Flächendeckende Abdeckung einer Region durch Funkzellen • Regelung des Zellwechsels während der Verbindung, Abläufe → 17.2.3 und Register → 17.2.1
Heterogen	• Übergang in Fremdnetze • Interoperabilität zwischen Komponenten

17.2   GSM

Das GSM-Netz wurde in nur 10 Jahren von der ersten Idee bis zur Einführung im Jahre 1992 entwickelt und implementiert. In dieser kurzen Zeit wurde ein leistungsfähiges Mobilkommunikationsnetz realisiert, das heute weltweit im Einsatz ist /17.4/, /17.5/.

- 1982 wurde auf der *Conference of European Posts and Telegraphs* (CEPT) eine study group *Groupe Spécial Mobile* (GSM) ins Leben gerufen, um an einem neuen Mobilfunknetz zu arbeiten. Ziele:
  - subjektiv gute Sprachqualität
  - hohe Sicherheit
  - preisgünstige Endgeräte, niedrige Betriebskosten
  - *International Roaming*
  - Unterstützung von Handgeräten
  - Unterstützung neuartiger Dienste (z. B. SMS, WAP, GPRS)
  - ISDN-Kompatibiliät (betrifft die Signalisierung und das Nummerierungsschema)

- 1989 wurde die Verantwortung für GSM an das European Telecommunication Standards Institute (ETSI) übertragen, Phase I der GSM-Spezifikationen wurde 1990 publiziert.
- 1990 Abschluss der Standardisierung für GSM Phase I
- 1992 kommerzieller Start des ersten GSM-Netzes (T-D1)
  - International Roaming zwischen UK und Finnland
  - Aufbau eines GSM-Netzes in Australien
- 1993 Neudefinition für GSM:
  - Global System for Mobile Communications
  - GSM 900, 1800 und 1900 (USA)
- 1995 weltweit 120 GSM-Netze mit 12 Millionen Teilnehmern in mehr als 90 Ländern
- 1998 über 200 GSM-Netzbetreiber in über 110 Ländern
- *International Roaming* stellt weltweite Erreichbarkeit sicher
- Ab 2000 Einführung von GPRS

17.2.1 Architektur des GMS-Netzes

In Bild 17.1 wird die grundlegende Architektur des GSM-Netzes inklusive Erweiterung zu **GPRS** (*Generalized Packet Radio System*) aufgezeigt. Grundsätzlich wird das Netz in zwei Teilsysteme aufgeteilt:

- Das **SSS** (*Switching Subsystem*), das auch als Kern- oder Core-Netz bezeichnet wird. Hier befindet sich das eigentliche Herzstück des Netzes hinsichtlich des Mobilitäts- und Kommunikationsmanagements.
- Das **BSS** (*Base Station Subsystem*) realisiert das Radionetzwerk mit dem zugehörigen Radiomanagement. Wie später zu sehen ist (UMTS), kann das BSS durch ein anderes Radiosystem (UTRAN; *Universal Terrestrial Radio Access Network*) ersetzt werden.

Komponenten des GSM-Netzes und ihre Aufgaben

17

BTS. Die BTS (*Base Transceiver Station*) realisiert die Empfangs- und Sendeeinrichtung des Netzes und die Um-Schnittstelle zum mobilen Endgerät. Dabei erzeugt eine BTS eine Funkzelle. Jede Funkzelle besitzt eine eigene Identifikationsnummer (*CellId*). Um den Aufenthaltsort eines inaktiven Mobilteilnehmers zu bestimmen, genügt es, wenn der BSC (*Base Station Controller*) den ungefähren Aufenthaltsort kennt. Daher werden mehrere Zellen zu einer LA (*Location Area*) zusammengefasst. Ferner übernimmt der BSC über das A-Interface das Radiomanagement. Die BTS ist in ihrem Aufbau einfach gehalten. Die gesamte Intelligenz sitzt im BSC. Da ein einheitlicher Standard für das A-Interface nicht durchgesetzt werden konnte, ist ein Mix zwischen verschiedenen Herstellern von BTS und BSC nicht möglich.

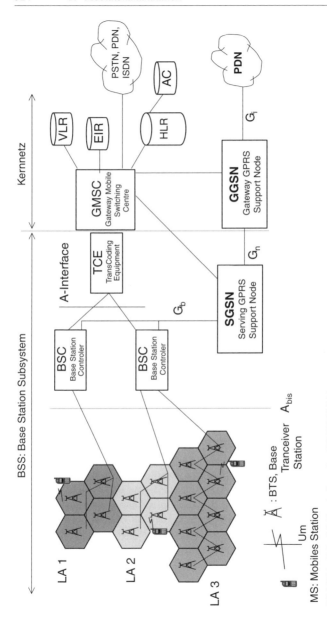

Bild 17.1 Prinzipieller Aufbau des GSM/GPRS-Netzes
AC – Authentication Center; EIR – Equipment Identity Register; HLR – Home Location Register; LA – Location Area, PDN – Packet Data Network, VLR – Visitors Location Register

BSC. Der *Base Station Controller* realisiert das Radiomanagement. Hierzu gehören:

- Verwaltung der angeschlossenen BTS
- Aufbau, Abbau der Verbindungen; Bereitstellen der Signalisierungs- und Transportkanäle (SACCH, SDCCH und TCH → 16.2.3, logische Kanäle)
- Einleiten eines *Handovers* (→ 17.2.4.3), d. h. eines Zellwechsels bei unzureichender Verbindungsgüte durch die Auswertung von Messreports
- Leistungsmanagement der Mobilstation durch die Auswertung von Messreports zur
  - Minimierung von Interferenzen (→ 11.3.11)
  - Erhöhung der Akkulaufzeit
  - eine Anpassung erfolgt in der Regel alle 1 . . . 2 Sekunden
- *Timing Advance* Regelung, diese ist erforderlich zur Synchronisation des Sendezeitpunkts der Mobilstation in Abhängigkeit ihrer Entfernung von der BTS. Die Regelung umfasst:
  - 64 Schritte von 0 bis 63
  - Anpassung der Entfernung pro Schritt um 550 m, damit ergibt sich eine max. Zellgröße von 35,2 km
  - Die Regelung erfolgt bei der Anmeldung und während der Verbindung. Somit ist die Zeitperiode, in der eine Regelung (über den SACCH) möglich ist, entscheidend dafür, wie schnell sich eine Mobilstation während einer bestehenden Verbindung maximal bewegen darf.
- **PCU** (*Packet Control Unit*) zur paketvermittelten Datenübertragung. Diese ist eine Erweiterung zum ursprünglichen GSM-Netz. Über sie wird der paketvermittelte Datenverkehr vom und zum SGSN geleitet.

TCE oder TRAU. Das *Transcoding Equipment* oder die *Transcoding Unit* realisiert den **Sprachcodec**. Dieser komprimiert die Sprachdaten (→ 5.1.5) von 64 kbit/s (PCM-Format) auf ca. 13 kbit/s (Übertragungsrate an der Luftschnittstelle) von der MSC zur BSC und vice versa. Logisch ist die TRAU dem BSS zuzuordnen. Physikalisch platziert wird die TRAU bzw. TCE jedoch bei der MSC oder GMSC, um so Übertragungskapazität zu sparen.

GMSC/MSC. Das **Mobile Switching Center** (MSC) ist das eigentliche Herzstück des GSM-Systems und gehört logisch zum *Switching Subsystem* (SSS). Das **Gateway MSC** (GMSC) unterscheidet sich von einem MSC nur durch eine zusätzliche Schnittstelle zu fremden Netzen.

Die Schnittstellen zwischen BSC und (G)MSC sowie zwischen den (G)MSC ist standardisiert. Ein Mix verschiedener Hersteller ist möglich.

Die Aufgaben des (G)MSC sind:

- *Call Control* zur Regelung der Verbindungen zwischen Teilnehmern, d. h.
  - Registrieren und Authentisieren der Teilnehmer beim Anmelden an das Netz

17

- Verwalten der Teilnehmerdaten
- Verbindungsauf- und -abbau
- Generierung der Gesprächsgebühren (*billing records*)
- Mobility Management
  - bei angemeldeten **nicht** aktiven Mobilstationen meldet sich die Mobilstation
    a) in periodischen Zeitabständen beim Netz, um registriert zu bleiben; andernfalls wird der → VLR-Eintrag gelöscht und das → HLR zurückgesetzt; die Mobilstation ist dann nicht mehr erreichbar
    b) bei Verlassen einer *Location Area* (LA), in diesem Fall ist ein *location update* durchzuführen. Eine LA besteht aus mehreren Zellen. Die Mobilstation erkennt die aktuelle LA an der im *Broadcast Channel* ausgestrahlten Location ID. Die aktuelle LA, in der sich Mobilteilnehmer befinden, wird im VLR abgelegt.
  - bei angemeldeten aktiven Mobilstationen regelt das (G)MSC das Handover in eine andere Zelle des gleichen oder eines fremden Netzes (*international roming*).

Damit die (G)MSC ihren vielfältigen Aufgaben nachkommen kann, benötigt sie zusätzliche Register oder Datenbanken.

- Das **Home Location Register (HLR)** mit angeschlossenem *Authentication Center* (AC). Das HLR enthält alle relevanten Teilnehmerdaten, z. B. welche Dienste der jeweilige Teilnehmer nutzen darf sowie seine *International Mobile Subscriber Identity* (IMSI).
- Das **Authentication Center (AC)** (→ Bild 17.2) enthält unter anderem den für jeden Teilnehmer einzigartigen Schlüssel K_i. Dieser wird benutzt zur Authentisierung der Teilnehmer und zur Verschlüsselung der Daten. Dazu berechnet das AC auf Basis des K_i ein Triplet, bestehend aus einer Zufallszahl RAND, dem Signed Respone (SRES) und dem Verschlüsselungsschlüssel K_c. Eine weitere Kopie des K_i befindet sich auf der SIM-Karte des Teilnehmers.
- Jeder (G)MSC ist genau ein **Visitors Location Register (VLR)** zugewiesen. In diesem Register werden die Teilnehmerdaten aller Mobilstationen dynamisch gespeichert, die sich zeitweise im Zuständigkeitsbereich der (G)MSC befinden. Dadurch sollen häufige Anfragen an das HLR vermieden werden. Zur Weiterleitung eingehender Rufe muss im HLR ein Verweis auf die so genannte *Serving (G)MSC* abgespeichert werden. Dieser Vermerk ist zu aktualisieren, falls die Mobilstation in den Zuständigkeitsbereich einer anderen (G)MSC kommt (*location update*)
- Das **Equipment Identity Register (EIR)** kann über die **International Equipment Identity (IEI)** Mobilfunkgeräte identifizieren, die sich unberechtigt Zugang zum Netz verschaffen wollen.

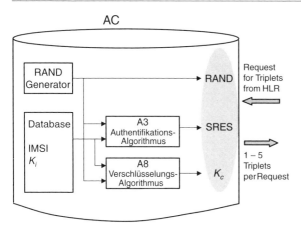

Bild 17.2   Authentication bei GSM

GGSN (Gateway GPRS Support Node). Zentraler Vermittlungsknoten für Datenpakete zwischen mobilen Teilnehmern und anderen Netzen (vergleichbar der GMSC). Er führt das Routen der Datenpakete durch, ermittelt die Adresse zum *Serving SGSN* und unterstützt das Tunneln der Datenpakete vom GGSN hin zum SGSN. Ferner sammelt der GGSN Daten für die Rechnungsstellung.

SGSN (Serving GPRS Support Node). Vermittlungsknoten für die Weitervermittlung von Datenpaketen (vergleichbar der MSC). Ferner realisiert der SGSN die Verschlüsselung zwischen SGSN und Mobilstation.

17.2.2   Zellplanung

In GSM Systemen werden zur Realisierung des Raummultiplexes im wesentlichen drei Zelltypen verwendet ($\rightarrow$ Bild 17.3).

Zur Einsparung von Antennenstandorten (*sites*) werden jedoch nicht, wie oben dargestellt, *Omni-Directional*-Strahler, sondern Sektorzellen realisiert. Dabei werden mehrere BTS einem Aufbauort zugeordnet, die dann die sektorisierten Zellen ausbilden. In der Regel werden 3-Sektor- oder 5-Sektorzellen errichtet ($\rightarrow$ Bild 17.4).

Um eine gute Abdeckung eines Gebietes zu erreichen, werden insbesondere in urbanen Gebieten Schirmzellen oder eine geschichtete Zellenstruktur ($\rightarrow$ Bild 17.5) aufgebaut. Dies dient einerseits dazu, mögliche Funklöcher abzudecken.

17

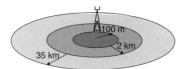

Pico-Zelle
- ➤ maximale Reichweite 100 m
- ➤ Inhouse sowie Gebäude- und Grundstücksversorgung

Micro-Zelle
- ➤ Reichweite 100 m bis 2 km
- ➤ hohes Verkehrsaufkommen

Macro-Zelle
- ➤ Reichweite 2 km bis 35 km
- ➤ schnelle Abdeckung großer Gebiete
- ➤ geringes Verkehrsaufkommen
- ➤ Verwendung als „Schirm" über Micro-Zellen

Bild 17.3 Zellen des GSM-Netzes

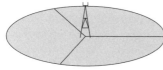

- • Ein Aufbauort (site) zur Realisierung der Sektorzellen
- • Hier werden mehrere BTS zusammengestellt
- • Dienen zur Abdeckung von Gebieten mit hohem erwarteten Verkehrsaufkommen

Bild 17.4 3-Sektorzelle

Andererseits erlauben sie es, einen größeren Verkehr anzubieten. Sich schnell bewegende Teilnehmer können zudem in eine Zelle der höheren Schicht eingeordnet werden, um häufige Handover zu vermeiden.

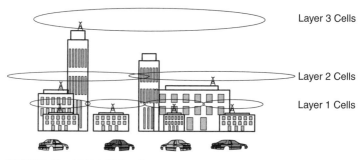

Bild 17.5 Geschichtete Zellstruktur

Neben der Abdeckung eines bestimmten Gebietes existieren in der Zellplanung zwei weitere wesentliche Probleme:
1. Festlegung der Anzahl benötigter Zellen
2. Frequenzplanung.

17.2.2.1   Festlegung der Anzahl benötigter Zellen

Für jeden aktiven Teilnehmer muss ein eigener, exklusiver Verkehrskanal (*Traffic Channel* – TCH) bereitgestellt werden. Pro Frequenz sind im Zeitmultiplex, ohne Berücksichtigung von Kontrollkanälen, nur acht Kanäle möglich. Sind alle Kanäle einer Zelle belegt, so muss ein weiterer Verbindungswunsch abgewiesen werden. Die Blockierungswahrscheinlichkeit B wird durch die *Erlang-B*-Funktion beschrieben und auch als *Grade of Service* (GoS) bezeichnet.

$$B = \frac{A^n/n!}{\sum_{i=0}^{n} A^i/i!}$$

A angebotener Verkehr in der Hauptverkehrsstunde
n Anzahl der Kanäle (Teilnehmer in der Zelle)
B Blockierungswahrscheinlichkeit

Dabei ist der angebotene Verkehr A definiert als die mittlere Gesprächsdauer der Teilnehmer bezogen auf die Hauptverkehrsstunde. Da diese Größe einheitenlos ist, erhält sie die Pseudoeinheit Erlang. Für den Netzaufbau legt man eine Blockierungswahrscheinlichkeit von $B = 0,02$ und einen mittleren Verkehr pro Teilnehmer von 25 mErlang zugrunde.

17.2.2.2   Frequenzplanung

Um Interferenzen ($\rightarrow$ 11.3.11) zu vermeiden, können Frequenzen in einer anderen Zelle erst nach einem gewissen Abstand (*Frequency Re-Use Factor*,

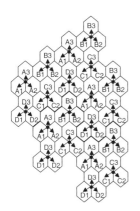

Das 4/12-Cell-Pattern

• Zur Frequenzplanung werden Gruppen von Frequenzen (A1, A2, ...) zu so genannten *Clustern* zusammengefasst.
• Aus Interferenzgründen ist der Abstand zwischen wiederbenutzten Frequenzen so gross wie möglich zu halten. Durch *Clustering* wird dies einfach realisiert.
• Das für GSM empfohlene Re-Use-Pattern ist das 3/9- oder 4/12-Pattern (4/12-Pattern: 4 Sites mit 3-Sektorzelle).

17

Beispiel, wie ein Betreiber 24 Frequenzen auf ein 3/9-Pattern (3 Sites mit 3-Sektorzelle) verteilen kann:

Frequenz-gruppe	A1	B1	C1	A2	B2	C2	A3	B3	C3
Channels	1	2	3	4	5	6	7	8	9
	10	11	12	13	14	15	16	17	18
	19	20	21	22	23	24			

Bild 17.6   Wiederverwendung von Frequenzen

im GSM 3 oder 4) wieder verwendet werden. Der erforderliche Abstand ist topologie- und frequenzabhängig.

Je empfindlicher die verwendeten Frequenzen hinsichtlich Interferenz ($\rightarrow$ 11.3.11) sind, desto grösser muss das Wiederholungsmuster der Zellen (*cell pattern*) gewählt werden. Ferner werden die Frequenzen für den Up- und Down-Link einer Verbindung (Duplexabstand) möglichst weit auseinandergelegt. Einen Überblick gibt Tabelle 17.2.

Tabelle 17.2 Frequenzschema

	System			
	P-GSM 900	E-GSM 900	GSM 1800	GSM 1900
Frequenzen in MHZ				
Uplink	890...915	880...915	1710...1785	1850...1910
Downlink	935...960	925...960	1805...1880	1930...1990
Wellenlänge	~ 33 cm	~ 33 cm	~ 17 cm	~ 16 cm
Bandbreite	25 MHz	35 MHz	75 MHz	60 MHz
Trägerabstand	200 kHz	200 kHz	200 kHz	200 kHz
Duplexabstand	45 MHz	45 MHz	95 MHz	80 MHz
Radiokanäle	125	175	375	300
Übertragungsrate	270 kbit/s	270 kbit/s	270 kbit/s	270 kbit/s

▶ *Hinweis:* Da bei GSM ein Kanal als *Guard* verwendet wird, steht für *Traffic* jeweils ein Kanal weniger zur Verfügung.

Für GSM ergibt sich die Rahmenstruktur eines physikalischen Kanals auf einer Frequenz wie in Bild 17.7 dargestellt.

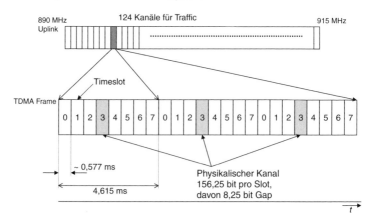

Bild 17.7 Rahmenstruktur eines physikalischen Kanals

Um den Einfluss geringer Laufzeitunterschiede bei der Mehrwegeausbreitung (*fading*) zu minimieren, wird im GSM eine Bandspreizung durch ein *Frequency-Hopping*-Verfahren eingesetzt. Der Standard definiert 64 Hoppingmuster.

Durch große Laufzeitunterschiede (*time dispersion*) kann es zu einer Symbolinterferenz ($\rightarrow$ 11.3.8, 11.3.11) kommen. Dem wird durch die so genannte *Adaptive Equalisation* begegnet. Bild 17.8 illustriert den prinzipiellen Ablauf.

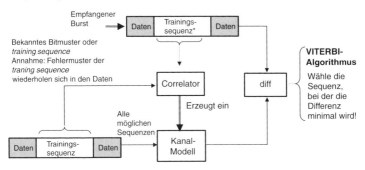

Bild 17.8 Prinzipdarstellung der Adaptive Equalisation

Jedem in einem Zeitschlitz zu sendenden Datenburst wird ein bekanntes Bitmuster, die Trainingssequenz, mitgegeben. Der Empfänger empfängt die ggf. durch Fehler veränderte Traingssequenz. Aufgrund dieser Änderung kann der Empfänger mit einem Correlator auf das Kanalmodell und somit die Impulsantwort des Kanals zurückschließen. In einem anschließenden Schritt werden alle möglichen Sequenzen über das Kanalmodell einem Metrikkalculator angeboten, der die Differenz zwischen dem empfangenen Signal und den möglichen Signalen berechnet. Im nachgeschalteten Viterbi-Prozess wird dann mithilfe des Viterbi-Algorithmus die Sequenz gewählt (*maximum likelihood sequence*), bei der die Differenz zur Trainingssequenz minimal wird /17.6/.

17

17.2.3   Logische Kanäle

Den physikalischen Kanälen ist eine Reihe von logischen Kanälen sowohl für GSM als auch für GPRS (Paketübertragung, gekennzeichnet durch vorgestelltes P vor dem Namen des logischen Kanals) zugeordnet. Die physikalischen Kanäle sind in einer zyklischen Rahmenstruktur angeordnet ($\rightarrow$ Bild 17.9).

Die zyklische Rahmenstruktur ist aufgeteilt in *Hyperframe*, *Superframe*, *Multiframe* bis schließlich zum einzelnen *TDMA-Frame*, wie in Bild 17.10 ersichtlich.

Für Verkehrsdaten und Signalisierungsdaten
werden verschiedene logische Kanäle definiert.

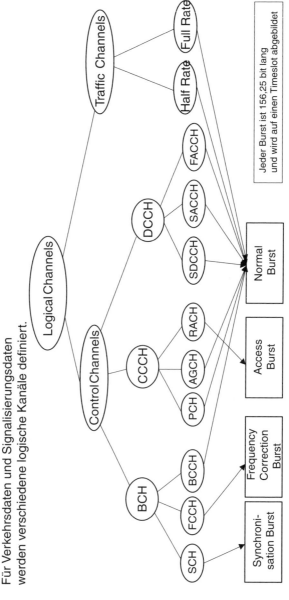

Bild 17.9 Logische Kanäle – Übersicht (Bezeichnung der Kanäle → Tabelle 17.3)

Tabelle 17.3 Logische Kanäle – Beschreibung

Logischer Kanal	Richtung	BTS	MS
Frequency Correction Channel **FCCH**	*Downlink point to multipoint*	überträgt die Trägerfrequenz	identifiziert den BCC-Träger und synchronisiert auf der Frequenz
Synchronization Channel **SCH**	*Downlink point to multipoint*	enthält Daten über die TDMA-Rahmenstruktur in einer Zelle sowie die BTS-Id (BSIC: *Base Station Identity Code*)	synchronisiert mit der Rahmenstruktur
Broadcast Control Channel **BCCH**	*Downlink point to multipoint*	verteilt allg. Zellinformation, wie z. B. LAI (*Location Area Identity*), die BCCH-Träger der Nachbarzellen, max. Ausgangsleistung	empfängt die LAI und leitet ggf. ein *Location update* ein stellt die Ausgangsleistung ein erstellt eine Liste der Nachbarzell-BCCHs für die Leistungsmessungen der BCCH-Träger
Paging Channel **PCH**	*Downlink point to point*	signalisiert einen eingehenden Ruf oder eine SMS. Die Nachricht enthält die Identifikationsnummer des Mobilfunkkunden (IMSI: *International Mobile Subscriber ID*)	Die MS hört regelmäßig auf den PCH und reagiert, wenn die eigene *Mobile Subscriber ID* addressiert wird
Random Access Channel **RACH**	*Uplink point to point*	empfängt die Anforderung einer MS, einen Signalisierungskanal aufzubauen (SDCCH)	eigenständiger Verbindungsaufbau oder Antwort auf Request über den PCH
Access Grant Channel **AGCH**	*Downlink point to point*	weist der MS einen Signalisierungskanal (SDCCH) und die TA zu	empfängt eine Signalisierungskanalzuweisung
Stand Alone Dedicated Control Channel **SDCCH**	*Up- und Downlink point to point*	Die BTS schaltet auf einen SDCCH Die Verbindungsaufbauprozedur wird abgewickelt und ein TCH wird zugewiesen SDCCH wird auch zur Übermittlung von SMS verwendet	Die MS schaltet auf einen SDCCH Die Verbindungsaufbauprozedur wird abgewickelt und ein TCH wird zugewiesen (Träger und Slot)

17

Tabelle 17.3 Logische Kanäle – Beschreibung (Fortsetzung)

Logischer Kanal	Richtung	BTS	MS
Cell Broadcast Channel **CBCH**	Downlink point to multipoint	dient zum Versenden von Broadcast-Kurznachrichten	Empfang von Broadcast-Kurznachrichten
Slow Associated Control Channel **SACCH**	Up- und Downlink point to point	erteilt Befehle zur Regelung der Sendeleistung und zum timing advance	sendet Durchschnittsmessungen der eigenen BTS (Signalstärke und Qualität) und der Nachbar-BTS (Signalstärke)
Fast Associated Control Channel **FACCH**	Up- und Downlink point to point	Übermittelt Handover-Information	Übermittelt Handover-request

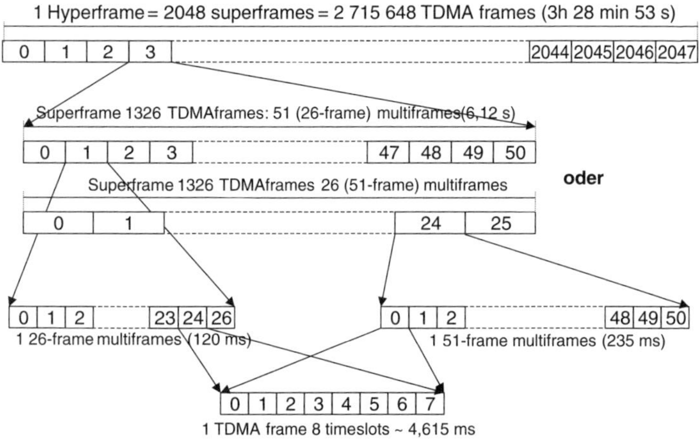

1 Hyperframe = 2048 superframes = 2 715 648 TDMA frames (3h 28 min 53 s)

| 0 | 1 | 2 | 3 | | 2044 | 2045 | 2046 | 2047 |

Superframe 1326 TDMAframes: 51 (26-frame) multiframes(6,12 s)

| 0 | 1 | 2 | 3 | | 47 | 48 | 49 | 50 |

Superframe 1326 TDMAframes 26 (51-frame) multiframes   **oder**

| 0 | 1 | | 24 | 25 |

| 0 | 1 | 2 | | 23 | 24 | 26 | | 0 | 1 | 2 | | 48 | 49 | 50 |
1 26-frame multiframes (120 ms)   1 51-frame multiframes (235 ms)

| 0 | 1 | 2 | 3 | 4 | 5 | 6 | 7 |
1 TDMA frame 8 timeslots ~ 4,615 ms

Bild 17.10 Aufteilung der Rahmenstruktur

❑ Beispiel: Mapping der logischen Kanäle:

1 TDMA frame 8 time slots ~ 4,615 ms

Trägerfrequenzen	0	1	2	3	4	5	6	7
0	B,C	D	T	T	T	T	T	T
1	T	T	T	T	T	T	T	T
2	T	T	T	T	T	T	T	T
3	D	T	T	T	T	T	T	T

B: BCH
C: CCCH
D: DCCH
T: TCH

▶ *Anmerkung:*
- es existieren andere Mappings
- Slot 0 des Trägers 0 einer Zelle ist immer für Signalisierungszwecke belegt
- SMS werden über DCCH-Kanäle übertragen
- z. B. können 8 SDCCH und 8 SACCH in einem physikalischen Kanal angeordnet werden

Jeder einzelne *Time Slot* wird physikalisch ausgefüllt von einem der unten aufgeführten *Bursts*. Bemerkenswert ist hier der *Access Burst*. Er unterscheidet sich durch das 68,25 bit lange *Gap*, das entspricht ungefähr einer Zeitdauer von 251,85 µs. Der Burst wird von der Mobilstation bei der ersten Kontaktaufnahme über den RACH verwendet. Dies ist notwendig, da die Mobilstation noch keine *Timing-Advance-(TA-)Information* besitzt. Erst wenn sie über den AGCH den Signalisierungkanal und die *TA-Information* erhalten hat, kann sie den vollen *Timeslot* nutzen. Die Größe des *Gaps* ist auch ausschlaggebend für die maximale Größe einer Zelle. Beim Normalburst werden neben den Daten zwei *Flags* übertragen. Diese *Flags* sind notwendig, um einen TCH in der *Handover*-Phase in einen FACCH zu verwandeln.

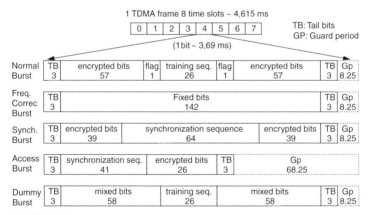

Bild 17.11 Bursts

17.2.4 Beispielabläufe

17.2.4.1 Authentisierung

Zur Authentisierung wird das erzeugte Triplet, bestehend aus K_c, der Zufallszahl RAND und der Antwort SRES, benutzt ($\rightarrow$ 17.2.1). Bild 17.12 verdeutlicht den Ablauf.

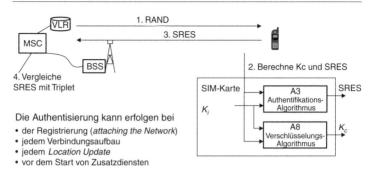

Bild 17.12 Authentisierung der Mobilstation

Die Zufallszahl RAND wird an die Mobilstation gesendet. Mit dem auf der SIM-Karte gespeicherten geheimen Schlüssel K_i kann die SIM-Karte ebenfalls, wie das *Authentication Center*, die Schlüssel SRES und K_c berechnen. Der von der Mobilstation zurückgesendete Antwort SRES wird vom Netz mit dem Wert SRES des Triplets verglichen. Sind beide Werte gleich, so ist die Authentisierung erfolgreich und die Verbindung geht in den Verschlüsselungsmodus über.

17.2.4.2   Ankommender Ruf

Im Gegensatz zum Festnetz muss ein gerufener Teilnehmer im Mobilfunknetz gesucht werden, bevor ihm der ankommende Ruf zugestellt werden kann. Der Ablauf gestaltet sich wie folgt:

1. Die MISDN (Mobil-ISDN-Nummer) wird im PSTN (*Public Switched Telephony Network*) analysiert und an das GMSC weitergeleitet.
2. Die GMSC des gerufenen Mobilfunknetzes analysiert die MISDN und fragt das HLR ab, zu welcher Serving MSC das Gespräch weitergeleitet werden muss.
3. Das HLR überführt die MISDN in die IMSI und entscheidet die Ziel-MSC/VLR. Außerdem wird geprüft, ob zur Zeit Anrufe weitergeleitet werden sollen oder nicht.
4. Das HLR fordert eine MSRN (*Mobile Station Roaming Number*) von der *Serving MSC/VLR* an.
5. Die *Serving MSC* sendet via HLR die MSRN an die GMSC
6. Die GMSC wertet die MSRN aus und leitet den Ruf weiter.
7. Die MSV/VLR kennt die LA (*Location Area*) und eine *Paging*-Nachricht wird an den BSC weitegeleitet.

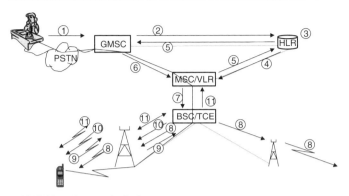

Bild 17.13   Ankommender Ruf

8. Der BSC leitet die *Paging*-Nachricht weiter an die BTS der LA. Zur Identifikation dienen IMSI (*International Mobile Subscriber Identity*) oder TMSI (Temporal Mobile Subscriber Identity).
9. Die MS antwortet mit einem *request* für einen SDCCH (*Stand Alone Dedicated Control Channel*) zur weiteren Signalisierung.
10. Die BSC weist einen SDCCH über einen AGCH (*Access Grand Channel*) zu.
11. Die *Call-set-up*-Prozedur wird durchgeführt und ein TCH reserviert sowie der SDCCH freigegeben.
12. Die Mobilstation signalisiert. Wird der Anruf angenommen, wird der TCH (*Traffic Channel*) durchgeschaltet.

17.2.4.3   Intra BSC Handover

1. Der BSC reserviert einen TCH in der neuen BTS.
2. Die MS wird über die alte Verbindung (*Fast Associated Control Channel* – FACCH, Teil des TCH) über die neue Fequenz, den *Time Slot* und die Sendeleistung informiert.
3. Die MS synchronisiert auf die Frequenz, die Rahmenstruktur und überträgt einen *Handover Request* über den FACCH. Der *Handover Request* hat nur eine Größe von 8 bit, da die *Timig Advance Information* noch nicht vorliegt.
4. Die BTS sendet die TA-Information via FACCH an die MS.
5. Anschließend sendet die MS ein *handover complete* über die neue BTS zum BSC.
6. Die alte BTS wird aufgefordert den TCH freizugeben und die Verbindung wird durchgeschaltet.

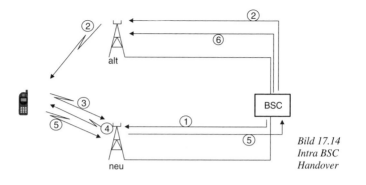

Bild 17.14
Intra BSC
Handover

17.2.5   Datenübertragung im GSM-Netz

Sprachdaten

Die Sprachdaten werden auf einen TCH-Kanal mit 13 kbit/s (*full rate*) oder 5,5 kbit/s (*half rate*) abgebildet.

Paketdaten

Die Paketdatenübertragung im GSM-Netz erfolgt ebenfalls über die TCH-Kanäle. Hier sind 3 Methoden möglich.

1. Datenübertragung über einen einzigen Datenkanal, diese ist standardisiert mit 9,6 kbit/s. Durch gesicherte Datenübertragung vermindert sich die Nettorate bis auf 4,8 kbit/s, erst das *advanced coding* durch EDGE (*Enhanced Data Rates for GSM Evolution*) erlaubt eine Nettorate von 14,4 kbit/s.

2. Das standardisierte HSCSD (*High Speed Circuit Switched Data*) erlaubt zur Steigerung der Datenrate die Bündelung von bis zu 4 TDMA-Slots bzw. TCH.

▶ *Hinweis:* Beide oben genannten Verfahren besitzen die Vorteile der konstanten, zugesicherten Bandbreite sowie der hohen Verfügbarkeit. Nachteilig wirken sich die starre verfügbare Bandbreite und, damit verbunden, die hohen Kosten für den Benutzer aus.

3. Mit GPRS (*GSM Packet Radio Service*) wird ein Dienst hoher Elastizität realisiert. Dazu wird der jeweiligen Mobilstation bei Bedarf gebündelte Übertragungskapazität (*best effort*) bereitgestellt. Durch die zusätzlich eingefügten Komponenten SGSN und GGSN kann dem Mobilnutzer ferner eine mobile IP-Adresse zugewiesen werden. Die bereitgestellten Kanäle werden von allen Mobilstationen einer Zelle konkurrierend genutzt. Durch diesen Mehrfachzugriff auf das Medium kann ein kostengünstiges Tarifmodell für Paketdatenübertragung angeboten werden /17.7/.

Ablauf abgehender Datenverkehr

Ist eine Mobilstation am Netz angemeldet (die MS befindet sich im Zustand *standby*), kann sie über einen *Packet Channel Request* einen Datenkanal anfordern. Da noch keine TA-Information vorliegt, muss die Mobilstation zum Absetzen dieses Requestes einen *Random Access Channel benutzen* (→ Bild 17.15). Nach der Zuweisung eines Datenkanals via *Packet Immediate Assignment* wechselt die Mobilstation in den Zustand *active* und kann unmittelbar auf den Datenkanal zugreifen. Erst mit dem *final ACK* und Ablaufen eines Timers geht die Mobilstation wieder in den Zustand *standby* über.

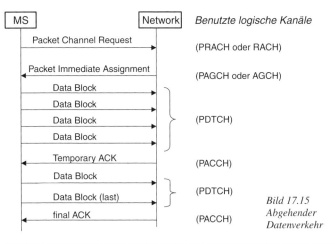

MS	Network	*Benutzte logische Kanäle*
Packet Channel Request →		(PRACH oder RACH)
← Packet Immediate Assignment		(PAGCH oder AGCH)
Data Block →		
Data Block →		
Data Block →		(PDTCH)
Data Block →		
← Temporary ACK		(PACCH)
Data Block →		
Data Block (last) →		(PDTCH)
← final ACK		(PACCH)

Bild 17.15
Abgehender
Datenverkehr

17.3 UMTS

> **UMTS** (*Universal Mobile Telecommunication System*) ist ein System der dritten Mobilfunkgeneration.

17

UMTS wird durch die **3GPP** (*Third Generation Partnership Project*), einen Zusammenschluss internationaler Gremien, spezifiziert /17.1/, /17.9/, /17.10/.

> Die Grundstruktur von UMTS (→ Bild 17.16) ist in der Trennung von *Radio System* und *Core System* in ihrem prinzipiellen Aufbau an das GSM-System angelehnt.

So wird das *Mobility-Management* mit den gleichen Baugruppen wie im GSM realisiert. Damit unterscheiden sich die prinzipiellen Abläufe auch nur geringfügig. Dies soll nicht darüber hinwegtäuschen, dass die Luftschnittstelle

(**UTRAN** – *UMTS Terrestrial Radio Access Network*) vollständig neu ist. In einer ersten Ausbaustufe wird das UTRAN an das bereits bestehende Kernnetz angeschlossen. In der zweiten Stufe soll dann das Kernnetz (*core network*) durch ein einziges so genanntes *All IP-Network* ersetzt werden, um so die endgültige Integration der Dienste in ein Netz abzuschließen.

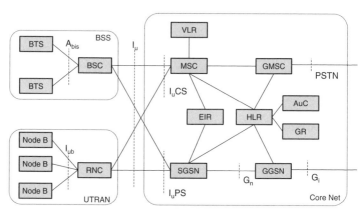

Bild 17.16   UTRAN- und BSS-Systemübersicht

17.3.1   Komponenten des UTRAN

- Das **RNC** ist, vergleichbar dem BSC, das zentrale Element für das *Radio Management*. Zu seinen Aufgaben gehören z. B. die Zugangskontrolle, die Zuweisung von Ressourcen, die *Handover*-Entscheidung und -Initiierung, die Leistungskontrolle und die Kanalcodierung und -decodierung.
- Der **Node B**, vergleichbar der BTS, realisiert die Funkschnittstelle des UMTS-Netzes zum Teilnehmer. Er ist verantwortlich für die Funkressourcen einer oder mehrerer Zellen.

17.3.2   Luftschnittstelle

17.3.2.1   Duplexverfahren

Die **Luftschnittstelle** ist frequenzmäßig zweigeteilt (→ Bild 17.16):
- ein mit gepaarten Frequenzen realisierter Bereich für den *Uplink* und den *Downlink* (**FDD** – *Frequency Division Duplex*). In diesem werden 12 FDD-Paare zu je 5 MHz Bandbreite bereitgestellt.

- ein ungepaarter Frequenzbereich. Der *Downlink* und *Uplink* wird auf der gleichen Frequenz, aber zeitversetzt realisiert (**TDD** – *Time Division Duplex*). Hier stehen 7 TDD-Kanäle zu je 5 MHz bereit. Davon sind zwei für den nicht lizenzierten und fünf für den lizenzierten Betrieb vorgesehen.

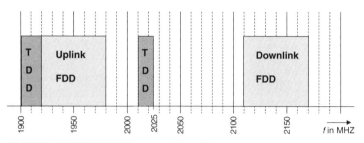

Bild 17.17 UMTS/UTRAN-Frequenzspektrum Europa

17.3.2.2 Mehrfachzugriff

> UMTS arbeitet nach dem **CDMA**-Verfahren (*Code Division Multiple Access* (→ 9.4.2).

Dies vereinfacht die Frequenzplanung, der *Frequency Re-Use Factor* ist 1 (GSM 3 oder 4). Für die Zellplanung und die Größe der Zellen gelten die gleichen Grundüberlegungen wie bei der GSM-Zellplanung.

Bild 17.18 veranschaulicht das CDMA-Verfahren, das mit einer Bandspreizung auf 5 MHz kombiniert wird (Wideband CDMA – WCDMA).

Codierung. Jedes Bit des zu übertragenden Signals wird mit einem eigenen Code für das Signal (Signatur, Spreizcode, im Bild C1 oder C2) multipliziert und so auf 5 MHz gespreizt. Der Spreizcode umfasst mehrere Bit. Dabei gilt, je größer der Spreizfaktor (Anzahl der Signaturbits pro zu übertragendem Bit), desto geringer die Nettobitrate. Durch die Bandspreizung jedes Signals auf die gleiche Bandbreite von 5 MHz und eine durch die Codes variabel und flexibel einstellbare Datenrate, können den unterschiedlichen Signalen bedarfsgerechte Datenraten bereitgestellt werden.

17

Decodierung. Diese erfolgt durch die Multiplikation empfangener Signale mit dem gleichen Spreizcode. So liefert zum Beispiel $C1 * C1 = 1$ und $C2 * C1 = 0$. Eine Decodierung von Signal 1 und Signal 2 (→ Bild 17.19) ist somit einfach möglich.

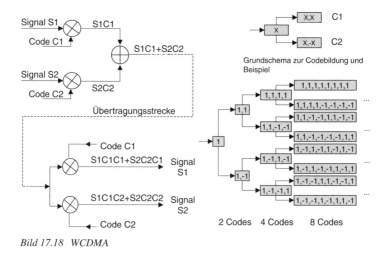

Bild 17.18   WCDMA

17.4   Wireless Local Area Network

> Das **Wireless Local Area Network WLAN** (IEEE 802.11) ist ein drahtloses lokales Datenkommunikationsnetz. Ein WLAN ist kein mobiles Netz, sondern ein System von Hotspots, über die quasi mobil zugegriffen werden kann.

Anders als bei GPRS oder UMTS ist ein *Handover* nur eingeschränkt (proprietäre Lösungen) möglich. Der Übergang (*Roaming*) zu anderen Netzen (*Providern*) ist nicht ohne erneute Interaktion des Benutzers realisierbar.

Das WLAN ist so aufgebaut, dass es sich leicht in die bestehenden LAN-Strukturen der IT-Welt integrieren lässt /17.12/.

Der Übergang von einem Ethernet LAN ins WLAN erfolgt in der Schicht 2 des OSI-Referenzmodells (→ 12.2.1) durch einen an die drahtlose Übertragung angepassten *Media Access Control Sublayer*. Im Gegensatz zum CSMA/CD (*Carrier Sense Multiple Access/Collision Detection*) als Zugriffsverfahren des Ethernets wird bei WLAN das Zugriffsverfahren CSMA/CA (*Carrier Sense Multiple Access/Collision Avoidance*) verwendet (→ Bild 17.20).

Die Luftschnittstelle kann in drei Varianten realisiert werden, zwei Funkvarianten (vornehmlich im 2,4-GHz-Band) und eine Infrarot-(IR-)Variante. Die Datenrate beträgt 1 bzw. 2 Mbit/s.

1. **FHSS** (*Frequency Hopping Spread Spectrum*)
   spreizen, entspreizen, nur 1 Mbit/s
   min. 2,5 Frequenzwechsel/s (USA), 2-stufige FSK-Modulation ($\rightarrow$ 8.2.2)
2. **DSSS** (*Direct Sequence Spread Spectrum*)
   PSK-Modulation ($\rightarrow$ 8.2.2) für 1 Mbit/s (*Differencial Binary Phase Shift Keying*), **QPSK** ($\rightarrow$ 8.2.2) für 2 Mbit/s (*Differencial Quadrature PSK*)
   Präambel eines Rahmens immer mit 1 Mbit/s, dann evtl. umschalten
   max. Sendeleistung 1 W (USA), 100 mW (EU), min. 1 mW
3. **Infrarot**
   850 . . . 950 nm, diffuses Licht, 10 m Reichweite, wird wenig genutzt

Die WLAN-Architektur erlaubt zwei Netzstrukturen:
1. das **Ad-hoc-Netzwerk**, in dem mehrere WLAN-fähige Endgeräte quasi spontan ein eigenes Netzwerk bilden. Dabei muss einer der Rechner die Kommunikationsregelung übernehmen.
2. das **Infrastrukturnetzwerk**, hier findet keine direkte Kommunikation zwischen den Mobilstationen statt, sondern jede Kommunikation wird über einen *Access Point* abgewickelt.

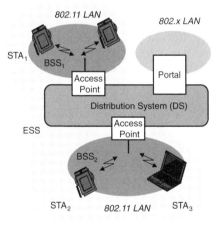

Station (STA)
➤ Rechner mit Zugriffsfunktion auf das drahtlose Medium und Funkkontakt zum Access Point

Basic Service Set (BSS)
➤ Gruppe von Stationen, die dieselbeFunkfrequenz nutzen

Access Point
➤ Station, die sowohl in das Funk-LAN als auch das verbindende Festnetz (Distribution System) integriert ist

Portal
➤ Übergang in ein anderes Festnetz

Distribution System
➤ Verbindung verschiedener Zellen, um ein Netz (EES: Extended Service Set) zu bilden
➤ Nicht durch Standard festgeschrieben, aber die Funktionen sind im Standard festgelegt

17

Bild 17.19   WLAN mit zwei Access Points

Die Zugriffsrechte ($\rightarrow$ Bild 17.20) auf den Funkkanal werden durch die Staffelung der Zugriffszeitpunkte und eine zufällige Wartezeit, die *Back-off*-Zeit, gesteuert. Eine weitere Prioritätenzuordnung gibt es nicht.

Dabei sind die folgenden Zugriffszeiten definiert:

- **SIFS** (*Short Inter Frame Spacing*) – 10 µs
  höchste Priorität, für ACK, CTS, Antwort auf Polling
- **PIFS** (*Point Coordination Function IFS*) – 30 µs
  mittlere Priorität, für zeitbegrenzte Dienste mittels PCF
- **DIFS** (*Distributed Coordination Function IFS*) – 50 µs
  niedrigste Priorität, für asynchrone Datendienste

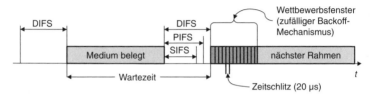

> ➤ Sendewillige Station hört das Medium ab (Carrier Sense basierend auf CCA, Clear Channel Assessment)
> ➤ Ist das Medium für die Dauer eines Inter-Frame Space (IFS) frei, wird gesendet (IFS je nach Sendeart gewählt)
> ➤ Ist das Medium belegt, wird auf einen freien IFS gewartet und dann zusätzlich um eine zufällige Backoff-Zeit verzögert (Kollisionsvermeidung, in Vielfachen einer Slot-Zeit)
> ➤ Wird das Medium während der Backoff-Zeit von einer anderen Station belegt, bleibt der Backoff-Timer solange stehen

Bild 17.20　CSMA/CA-Verfahren

18 Rundfunk

Michael Hösel

18.1 Einführung

Rundfunk ist der Oberbegriff für Hörrundfunk und Fernsehrundfunk.

Definition laut Rundfunkstaatsvertrag:
„Rundfunk ist die für die Allgemeinheit bestimmte Veranstaltung und Verbreitung von Darbietungen aller Art in Wort, Ton und Bild unter Benutzung elektrischer Schwingungen ohne Verbindungsleitungen oder längs oder mittels eines Leiters."

In der Zukunft ergibt sich ein Problem in der Abgrenzung zwischen Rundfunk- und Mediendiensten (Telemedien): Auf neuen Gerätegenerationen, wie z. B. mobilen Endgeräten, mit denen sowohl Rundfunkempfang als auch Mobilfunk ($\rightarrow$ 17) möglich ist, sind Überschneidungen zwischen Rundfunk- und Mediendiensten möglich. Die zuweilen erfolgte Gleichsetzung des Begriffs Rundfunk mit dem Begriff Radio (Hörrundfunk) ist falsch, Rundfunk umfasst **Hörfunk** und **Fernsehen**. Es werden im Rundfunk verwendete Übertragungsstandards erläutert, wobei sowohl eine Unterscheidung in Hör- und Fernsehrundfunk als auch eine Unterscheidung in analogen und digitalen Rundfunk vorgenommen wird.

18.2 Analoger Rundfunk

Analoger Rundfunk beinhaltet die Aufnahme zeitabhängiger Informationen, d. h. die Umwandlung eines Ton- oder Bildereignisses in Spannungsverläufe, die **analog** dem Ereignis sind, die Aufmodulierung des zu übertragenden Signals auf ein Trägersignal, den Empfang durch eine Antenne und die Rückgewinnung der Information im Empfänger.

18.2.1 Analoger Hörrundfunk

Analoger Hörrundfunk findet in den Frequenzbereichen **Langwelle** (LW), **Mittelwelle** (MW), **Kurzwelle** (KW) und **Ultrakurzwelle** (UKW) statt.

18.2.1.1   Lang-, Mittel- und Kurzwelle (LW, MW, KW)

Lang-, Mittel- und Kurzwelle erstrecken sich über folgende Frequenzbereiche ($\rightarrow$ 11.3.2):

- **Langwellenbereich** 150 … 285 kHz
- **Mittelwellenbereich** 525 … 1606 kHz
- **Kurzwellenbereich** (für Rundfunk genutzt) 2300 … 26 100 kHz.

Langwelle

Die ersten Rundfunkübertragungen wurden im Langwellenbereich vorgenommen.

> Der für die **Langwelle** zur Verfügung stehende Frequenzbereich wird in ein 9-kHz-Raster unterteilt. Aufgrund des schmalbandigen Frequenzbereiches finden nur relativ wenige Sender Platz. Als Modulationsart wird die **Amplitudenmodulation (AM,** $\rightarrow$ 8.1.1) genutzt. Die Reichweite der Sender kann aufgrund der Ausnutzung der physikalisch bedingten Raumwellenausbreitung bis zu 2000 km betragen.

Momentan hat die Langwelle in Deutschland nur durch die Ausstrahlung des Programms des Deutschlandfunks (DLF) noch Bedeutung. Wieder interessant wird dieser Frequenzbereich bei der Nutzung durch den digitalen Rundfunk ($\rightarrow$ 18.3.2.1).

Mittelwelle

> Auch der **Mittelwellenbereich** wird durch ein 9-kHz-Raster geteilt, aber aufgrund des größeren zur Verfügung stehenden Frequenzbandes haben wesentlich mehr Sender in diesem Band Platz. Als Modulationsart wird auch hier die **Amplitudenmodulation** ($\rightarrow$ 8.1.1) verwendet. Die maximal zu übertragende Frequenz beträgt 4,5 kHz, d. h., die Klangqualität ist gegenüber UKW gering, die Übertragung erfolgt darüber hinaus nur monophon. Die Reichweite der Sender ist tageszeitabhängig.

Während am Tag nur die Bodenwelle bei der Ausbreitung eine Rolle spielt, kommt es am Abend und in der Nacht aufgrund von Reflexionen an der Ionosphäre ($\rightarrow$ 11.3.8) zur Entstehung von Raumwellen, die zu sehr großen Reichweiten, aber auch gleichzeitig zur gegenseitigen Beeinflussung von weit entfernten Sendern führt. Wegen der Überfüllung des UKW-Bereiches gibt es Überlegungen, auch die Mittelwelle wieder verstärkt als Übertragungsweg zu nutzen. Aber auch hier ist die Zukunft in der Digitalisierung zu sehen ($\rightarrow$ 18.3.2.1).

Kurzwelle

> Der für den Rundfunk nutzbare Bereich der **Kurzwelle** wird in 10 Bänder unterteilt, die wiederum in ein 5-kHz-Raster geteilt sind. So erstreckt sich das weltweit nutzbare 25-m-Band über einen Frequenzbereich von 11,6 ... 12,1 MHz. Die Meterbezeichnung ergibt sich aus der mittleren Wellenlänge, ermittelt durch die Division der Lichtgeschwindigkeit durch die Frequenz. Als Modulationsart wird auch hier die **Amplitudenmodulation** ($\rightarrow$ 8.1.1) verwendet.

Da die Ionosphäre bei den genutzten Frequenzen auch am Tag als Reflektor funktioniert, ist der Empfang über die Raumwelle jederzeit möglich. Die Reichweite der Bodenwelle ist jedoch ähnlich begrenzt wie bei UKW.

So ist es möglich, dass ein KW-Sender bis zu einer Entfernung von 50 km gut empfangbar ist, sich jedoch zwischen 50 und 150 km, dem Empfangsort der Raumwelle, eine „tote Zone" bildet. Aufgrund der Raumwelle sind, abhängig von den Eigenschaften der Ionosphäre, z. T. weltweite Reichweiten möglich. Die sehr großen Reichweiten machen die Kurzwelle im Rahmen der Digitalisierung natürlich besonders interessant ($\rightarrow$ 18.3.2.1).

18.2.1.2   Ultrakurzwelle (UKW)

> Der für den **Ultrakurzwellenrundfunk** genutzte Frequenzbereich erstreckt sich von 87,5 ... 108 MHz (VHF-Band II).

Der Frequenzbereich wurde im Laufe der Jahre erweitert, 1952 (Europäisches Rundfunkabkommen Stockholm) galt ein Frequenzbereich von 87,5 ... 100 MHz, der 1971 (Darmstädter Abkommen) auf eine Obergrenze von 104 MHz und 1979 (Internationale Funkverwaltungskonferenz Genf) auf eine Obergrenze von 108 MHz erweitert wurde.

> Als Modulationsart findet bei UKW die **Frequenzmodulation (FM, $\rightarrow$ 8.1.2)** Anwendung.

18

Durch die Modulation des Trägersignals mit dem Nutzsignal (NF bis 15 kHz), den Hilfsträgern für das Stereosignal und weiteren Hilfsträgern, z. B. für den Verkehrsfunk, hat das UKW-Signal eine Bandbreite von ± 75 kHz, d. h., zum nächsten Träger muss ein Abstand ≥ 150 kHz eingehalten werden.

Es werden übertragen:

- ein **Mittensignal** $M = L + R$, das gleichzeitig als kompatible Monoinformation dient

- ein **Differenzsignal** $L - R$ (linker Kanal – rechter Kanal), das mit dem Mittensignal M zur Rückgewinnung der Information der beiden Stereokanäle dient
- ein **Pilotton** 19 kHz, der die Rückgewinnung des unterdrückten Stereo-Hilfsträgers bei 38 kHz bewirkt
- der **Verkehrsfunk-Hilfsträger** bei 67 kHz zur Übertragung von **ARI** (Autofahrer-Rundfunk-Information) und **RDS** (Radio-Daten-System).

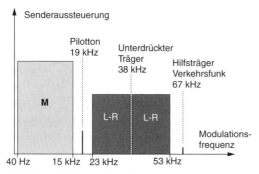

Bild 18.1   UKW-Sendesignal (Stereo)

Bei der Planung von UKW-Sendernetzen in Deutschland wurde aufgrund dieser Spezifik der Übertragung ein Abstand zur Nachbarfrequenz von 300 kHz festgelegt. Die Klangqualität ist durch die Übertragung eines Nutzsignals bis 15 kHz bei FM wesentlich höher als im AM-Radio. Im Gegensatz zu LW, MW und KW erfolgt keine Reflexion von UKW-Signalen an der Ionosphäre, d. h., die Ausbreitung ist quasioptisch. Allerdings ist der Horizont der elektromagnetischen Wellenausbreitung wegen der Spezifik der Ausbreitung etwas weiter entfernt als der optische Horizont. Daraus ergeben sich folgende *Konsequenzen*:

- Senderstandorte möglichst hoch konzipieren
- in topologisch ungünstigen Gebieten (z. B. Täler) sind Füllsender notwendig
- die Reichweite beträgt in Abhängigkeit von der Topologie, dem Senderstandort und der Sendeleistung 250 . . . 400 km, damit Nutzung der gleichen Frequenz in diesem Abstand möglich
- keine Unterschiede in der Reichweite bei Tag und Nacht.

Wie auch das analoge Fernsehen war der analoge Rundfunk ursprünglich nur für den stationären Empfang konzipiert. Beim mobilen Empfang führt das Problem der Orts- und Frequenzabhängigkeiten der Empfangsfeldstärke beim Mehrwegempfang zu Empfangsstörungen (*fading*).

18.2.1.3   Analoger Satellitenhörfunk

> Über die **Satellitensysteme** Astra und Eutelsat wird neben den Fernseh-
> programmen eine Vielzahl von **Hörfunkprogrammen** übertragen.

Die über die Satelliten übertragenen Hörfunkprogramme sind oft die Grundlage für den kabelgebundenen Hörfunk, d. h., die Kopfstationen der Kabelnetze
empfangen die Programme über Satellit und setzen sie dann für den Empfang
im Kabel auf entsprechende UKW-Frequenzen um ($\rightarrow$ 18.2.1.4).

18.2.1.4   Analoger Kabelhörfunk

> Der **analoge Kabelhörfunk** ist ein Nebenprodukt des analogen Kabel-
> fernsehens. Durch die Kabelbetreiber werden die Sender, die entweder
> terrestrisch oder auch per Satellit empfangen werden, durch geeignete
> Umsetzer auf UKW-Frequenzen moduliert, sodass ein Empfang der Sender
> mit normalen UKW-Tunern möglich ist. Die Frequenz im Kabel stimmt
> nicht mit der terrestrischen Frequenz überein.

18.2.2   Analoges Fernsehen

> Man unterscheidet beim **analogen Fernsehen** weltweit zwei Hauptstan-
> dards: das 625-Zeilensystem mit 50 Hz Bildwechselfrequenz und das 525-
> Zeilensystem mit 60 Hz Bildwechselfrequenz.

Hinsichtlich der Übertragungsart des Videosignals mit Farbinformation
(FBAS – Farb-Bild-Austast-Synchron-Signal, CCVS – Color Composite
Video Signal) werden folgende Farbcodierverfahren unterschieden:
- **PAL** (Phase Alternating Line), **PALplus**
- **SECAM** (Sequenzielle a Memoire)
- **NTSC** (North American Television System Committee).

18

PAL fügt dem in der Schwarz-Weiß Fernsehnorm mit 625 Zeilen, zeilenwei-
ser Abtastung, 25 Bildern/s, Zeilensprungverfahren, 5 MHz Videobandbreite
und 4 : 3-Seitenverhältnis übertragenen Luminanzsignal ein entsprechendes
Farbsignal (Chrominanzsignal) mit ca. 1,3 MHz Bandbreite hinzu. **PALplus**
ist ein verbessertes PAL für das Bildformat 16 : 9.

SECAM arbeitet im Gegensatz zu PAL und NTSC nicht mit einem, sondern
mit zwei frequenzmodulierten Trägern für die Chrominanzinformation. SE-
CAM wird nur noch in Frankreich, Griechenland und in französischspra-
chigen Ländern Nordafrikas eingesetzt. Die Staaten Osteuropas, die vorher

ebenfalls SECAM benutzten, wechselten in den 90er-Jahren zu PAL. **NTSC** ist nicht nur das Farbcodierverfahren Amerikas, sondern bezeichnet auch das Fernsehsystem mit 525 Zeilen und 30 Bildern/s.

18.2.2.1   Analoges terrestrisches Fernsehen

Analoges terrestrisches Fernsehen ist die Verbreitung von analogen Fernsehsignalen auf der Basis des Übertragungsweges Sendeantenne – Empfangsantenne.

Für die terrestrische Verbreitung von analogem Fernsehen stehen folgende Frequenzbereiche zur Verfügung:

Tabelle 18.1 Frequenzbereiche für das terrestrische Fernsehen

Band		Kanal	Frequenzbereich
VHF	Band I	Kanäle K2 … K4	41 … 68 MHz
	Band III	Kanäle K5 … K12	174 … 230 MHz
UHF	Band IV/V	Kanäle K21 … K69	470 … 862 MHz

Im Zuge der Digitalisierung des terrestrischen Fernsehens durch **DVB-T** ($\rightarrow$ 18.3.2.5) werden die analogen terrestrischen Sender mit der Umstellung abgeschaltet, sodass bei Erreichung der flächendeckenden Versorgung mit DVB-T das Ende des analogen terrestrischen Fernsehens abzusehen ist.

18.2.2.2   Analoges Satellitenfernsehen

1989 startete das Satellitensystem **ASTRA**. Das ASTRA-Satellitensystem überträgt heute noch über 90 *analoge Fernsehprogramme*.

Die Satelliten werden von einer Erdfunkstelle (*uplink*) mit den entsprechenden Signalen gespeist, im Satelliten durch einen Transponder auf die Sendefrequenz umgesetzt und in einer Ausleuchtzone (*footprint*) zur Erde zurückgesendet (*downlink*). Die üblichen Frequenzbereiche für Rundfunkempfang liegen zwischen 10,7 und 12,75 GHz. Die typischen Bandbreiten der Transponder sind 27, 36, 54 und 72 MHz. Auf den Bandbreiten 27 und 36 MHz kann jeweils ein Programm, auf den Bandbreiten 54 und 72 MHz können jeweils zwei Programme übertragen werden. 2007 empfangen etwa 10,3 Millionen Haushalte in Deutschland ihr Fernsehprogramm über Satellit analog, die Tendenz geht aber eindeutig zu **DVB-S** (2007 bereits 10,3 Millionen Haushalte).

18.2.2.3 Analoges Kabelfernsehen

Analoges Kabelfernsehen ist in Deutschland die momentan am häufigsten genutzte Form des Fernsehempfangs (14,0 Millionen Haushalte 2007).

Die bestehenden Kabelstrecken haben entweder eine Bandbreite von 400 MHz (Frequenzbereich 47 . . . 470 MHz) oder bis zu 800 MHz (Frequenzbereich 47 . . . 862 MHz). Neben den vom analogen Fernsehen bekannten VHF- und UHF-Bereichen stehen weitere Sonderkanäle zur Verfügung (→ Tabelle 18.2).

Tabelle 18.2 Sonderkanalbereiche im Breitbandkabel

Band	Kanal	Frequenzbereich
Unterer Sonderkanalbereich (USB)	S2 . . . S10	111 . . . 1174 MHz
Oberer Sonderkanalbereich (OSB)	S11 . . . S20	230 . . . 300 MHz
Erweiterter Sonderkanalbereich (ESB), auch: Hyperband	S21 . . . S41	302 . . . 470 MHz

Durch die Nutzung der Sonderkanäle sind mehr Fernsehkanäle in das Kabel einspeisbar als im terrestrischen analogen Fernsehen. Jedoch ist die Anzahl der Sender auf ca. 30 beschränkt, wobei dem ein wesentlich größeres Angebot im Satellitenbereich gegenübersteht. Des Weiteren ist die Bildqualität im Kabel aufgrund von Intermodulationsprodukten durch die Vielkanalbelegung schlechter als bei einem gut abgestimmten Empfang über Satellit.

18.3 Digitaler Rundfunk

Digitaler Rundfunk ist gekennzeichnet durch die Digitalisierung der Übertragungswege. Seine Einführung ist der logische Übergang vom *System der digitalen Produktion*, das schon länger existiert, zu einem *System der digitalen Übertragung*.

18.3.1 Vorteile und technisches Prinzip des digitalen Rundfunks

18

18.3.1.1 Vorteile

Die **Digitalisierung des Rundfunks** bietet folgende Vorteile gegenüber dem analogen Rundfunk:

- viele verschiedene Verbreitungswege sind möglich
- Verknüpfungen der Verbreitungswege sind leichter zu realisieren
- Verbesserung des Informations- und Servicecharakters des Rundfunks, z. B. durch zusätzliche Datenangebote
- vergrößertes Programmangebot bei reduzierten Übertragungskosten

- verbesserter mobiler Empfang
- Interaktivität durch entsprechende Rückkanäle
- technische Qualität des Signals beim Empfänger besser und stabiler.

18.3.1.2   Technisches Prinzip

Grundlegende technische Prinzipien des digitalen Rundfunks auf der Sendeseite sind:

- **Quellencodierung** ($\rightarrow$ 5.1)
- **Kanalcodierung** ($\rightarrow$ 5.2)
- **Modulationsverfahren** zur Übertragung ($\rightarrow$ 9)

Auf der Empfängerseite erfolgen:

- **Demodulation**
- **Kanaldecodierung**
- **Quellendecodierung**.

Quellencodierung ($\rightarrow$ 5.1)

> Eine **lineare Codierung** der Video- und Audioquellen ohne **Datenreduktion** ergibt Bitraten, die weder frequenzökonomisch noch hinsichtlich der erreichbaren Qualität sinnvoll sind.

So hat ein SDTV-Signal (TV in Standardauflösung) bereits eine Datenrate von 270 Mbit/s. Digitaler Rundfunk arbeitet deshalb bei der Quellencodierung ($\rightarrow$ 5.1) immer mit **Datenreduktion** (*data reduction*). Dabei unterscheidet man **Redundanzreduktion** und **Irrelevanzreduktion**, d. h., Daten, die mehrfach vorhanden oder aus anderen ableitbar sind (redundant), und Daten, die für den Empfänger nicht wahrnehmbar sind (irrelevant), werden entfernt. Die grundlegenden Datenreduktionsverfahren für den digitalen Rundfunk wurden durch die 1988 gebildete Motion Picture Expert Group (**MPEG**) erarbeitet. Diese Verfahren sind durch die ISO (International Standards Organisation) und die IEC (International Electrotechnical Commission) standardisiert. Als Kurzbezeichnung wird das Kürzel MPEG mit einer Zahl versehen. So versteht man unter MPEG-2 den Standard ISO/IEC 13 818. Neben Video und Audio können auch Daten codiert werden. Innerhalb der Quellencodierung erfolgt die Bildung des Datentransportstroms durch Multiplexing.

Kanalcodierung

> Die **Kanalcodierung** ($\rightarrow$ 5.2) geschieht entsprechend dem gewählten Übertragungsweg. Gleichzeitig erfolgt der **Fehlerschutz**, bestehend aus **Fehlererkennung** und **Fehlerkorrektur**. Maßnahmen dafür sind Blockcodierung, Faltungscodierung und Interleaving ($\rightarrow$ 7.1.2). Diese Methoden erhöhen die Bitrate.

Modulationsverfahren

Bei der Modulation (→ 9) eines Digitalsignals, das aus den Informationen 0 und 1 besteht, kann der Bitwechsel durch unterschiedliche Amplitudenwerte, durch verschiedene Frequenzen oder durch Phasensprünge dargestellt werden. Es werden folgende grundlegende Verfahren unterschieden:

- **Amplitudenumtastung** (*Amplitude Shift Keying* – **ASK**)
- **Frequenzumtastung** (*Frequency Shift Keying* – **FSK**)
- **Phasenumtastung** (*Phase Shift Keying* – **PSK**)
- **Zweiwertige Phasenumtastung** (*Two-state Phase Shift Keying* – **2-PSK**)
- **zweifache zweiwertige Phasenumtastung** (*Quadrature Phase Shift Keying* – **QPSK**)
- **Amplituden- und Phasenumtastung** (*Quadraturamplitudenmodulation* **QAM**). Dabei wird durch eine Zahl vor der Bezeichnung die Anzahl der möglichen Zustände im Konstellationsdiagramm dargestellt, also z. B. 64-QAM: 64-wertige Quadraturamplitudenmodulation.

Digitaler Rundfunk kann die Vorteile des **Mehrwegempfangs** ausnutzen, d. h., die direkt einfallenden Signale, die reflektierten Signale und die Signale der Nachbarsender im Gleichwellennetz können zur Signalgewinnung genutzt werden. Aufgrund der zeitlichen Differenz des Eintreffens der Signale ist ein Schutzintervall zwischen den Datenpaketen notwendig.

Des Weiteren treten beim terrestrischen Empfang folgende Probleme auf:

- Interferenzstörungen durch Elektrosmog
- Dopplereffekt beim Mobilempfang.

Deshalb erfolgt die Aufteilung der fehlergeschützten (coded) Informationen auf mehrere Träger (Mehrträgerverfahren), d. h. auf eine Vielzahl von Unterträgern (Frequency Division Multiplex, → 9.2), die sich gegenseitig nicht beeinflussen (orthogonal).

Die digitalen terrestrischen Rundfunksysteme DRM, DAB, DVB-T, DVB-H verwenden das Verfahren **COFDM** (*Coded Orthogonal Frequency Division Multiplex*).

18

18.3.2   Digitaler Hörrundfunk

Digitaler Hörrundfunk ist die Verbreitung von Radio über digitale Übertragungswege. Diese Übertragungswege können terrestrisch, kabel-, satelliten- oder auch internetbasiert sein.

18.3.2.1   Digital Radio Mondiale (DRM)

> **Digital Radio Mondiale (DRM)** ist ein digitales Rundfunksystem für die **AM-Bänder** unterhalb von 30 MHz (LW, MW, KW). Ziel ist die vollständige Digitalisierung des AM-Frequenzbereiches.

1998 wurde das DRM-Konsortium gegründet, dem eine Vielzahl von Hörfunkveranstaltern (z. B. BBC, Deutsche Welle, Deutschlandradio), Netzbetreiber (z. B. T-Systems), Hersteller (z. B. Sony, Bosch, NEC) und Forschungseinrichtungen (z. B. Fraunhofer IIS, IRT) angehören. Das Konsortium standardisierte 2001 DRM in den Standards ETSI ES 201 980 und IEC 62 272-1.

Technische Spezifikation:

- Modulation ($\rightarrow$ 9): COFDM (*Coded Orthogonal Frequency Division Multiplex*) mit den Modulationsarten QPSK und 8, 16, 32, 64 QAM
- Toncodierung: MPEG-4-Codec AAC mit optionaler Spectral Band Replication (SBR)
- Nutzung der vorhandenen Frequenzbereiche im gegebenen Kanalraster
- Nettobitraten 20 . . . 25 kbit/s.

Vorteile des Verfahrens:

- wesentlich höhere Tonqualität als AM
- Stereoübertragung möglich
- Integration zusätzlicher Datendienste, z. B. Text oder Bilder, möglich
- einfache Gerätebedienung
- weltweite Dienste möglich.

Nachteile des Verfahrens:

- Empfangsgeräte technisch sehr anspruchsvoll (hohe Ansprüche an Frequenzstabilität und Rauscharmut)
- nur wenige Empfänger verfügbar, meist als Kombigeräte DAB/DRM
- Empfangsqualität abhängig von Tages- und Jahreszeit.

Weitere Entwicklung:

Diese Entwicklung trägt die Bezeichnung **DRM+**.

Seit 2005 arbeitet das DRM-Konsortium an der Erweiterung des Standards in Richtung UKW-Frequenzen auf folgende Frequenzbereiche:

- 47 . . . 48 MHz (Band I analoge Fernsehausstrahlung
- 65,8 . . . 74 MHz (OIRT UKW Band, in der ehem. Sowjetunion genutzter UKW-Bereich)
- 76 . . . 90 MHz (Japanisches UKW-Band)
- 87,5 . . . 107,9 MHz (Band II, reserviert für UKW-Radio).

18.3.2.2 Digital Audio Broadcasting (DAB)

> **Digital Audio Broadcasting (DAB)** ist ein digitales Übertragungssystem
> für Hörrundfunk, das zusätzlich auch für Datendienste genutzt werden
> kann.

Bereits im Jahr 1988 wurde im Rahmen eines EU-Projektes die Entwicklung
von DAB gestartet. Es ist somit der am weitesten entwickelte Standard für
die digitale Hörfunkübertragung. Neben der Zusammenfassung mehrerer Hörfunkprogramme in ein Multiplexsignal können auch Daten übertragen werden.

Technische Spezifikation

Quellencodierung ($\rightarrow$ 5.1): Bei der Abtastung eines eines Stereosignals mit
einer Abtastfrequenz von 44,1 kHz und einer Wortbreite von 16 Bit ergibt
sich eine Bitrate von über 1,4 Mbit/s ohne Berücksichtigung der Redundanz.
Diese Datenmenge ist wirtschaftlich nicht zu übertragen.

Bei der Quellencodierung von DAB kommt das Verfahren **MUSICAM** (*Masking Pattern Adapted Universal Sub-Band Integrated Coding And Multiplexing*, $\rightarrow$ 19.5.2.1) zum Einsatz. MUSICAM wurde 1990 entwickelt und ist in
MPEG-1 (ISO/IEC 11 172-3, 1992) als MPEG-1, Layer II, standardisiert.

Genau wie das bekannte MP3 (exakt: MPEG-1, Layer III) beruht MUSICAM
auf einem psychoakustischen Modell, das aus dem **Verdeckungseffekt** des
menschlichen Gehörs abgeleitet wird.

Bei der Verdeckung von zeitgleichen Signalen treten folgende Effekte auf:
- frequenzmäßig dicht beieinander liegende Töne verdecken sich gegenseitig
  stärker als Töne, die einen größeren Frequenzunterschied aufweisen
- höhere Töne werden stärker verdeckt als tiefere Töne
- je größer der Pegel und je größer die Bandbreite des Verdeckungstons, desto
  größer die Bandbreite der Verdeckung.

Auch bei zeitlich versetzten Signalen kommt es zu Verdeckungseffekten:
- **Nachverdeckung**: ein lauter Ton verdeckt einen leiseren Ton, der ihm
  innerhalb eines Zeitfensters von maximal 20 . . . 30 ms nachfolgt
- **Vorverdeckung**: ein leiserer Ton kann von einem innerhalb von 10 ms
  nachfolgenden lauteren Ton verdeckt werden.

18

Alle diese Effekte verändern die so genannte Hörschwelle, sodass sich für
jedes Schallereignis die Mithörschwelle, d. h. der Grad der Verdeckung benachbarter Töne, ermitteln lässt.

Bei MUSICAM wird das Signal mit einer 32-bändigen Filterbank frequenzmäßig zerlegt und für jedes dieser Teilbänder die Mithörschwelle errechnet.
Außerdem berücksichtigt MUSICAM Verdeckungen im Zeitbereich.

Durch die Quellencodierung wird bei DAB eine Bitrate von 128 . . . 256 kbit/s für ein Stereosignal in annähernder CD-Qualität erreicht.

Kanalcodierung (→ 5.2): DAB arbeitet mit 1,536 MHz breiten Frequenzblöcken. In diesem Multiplexsignal können je nach Datenrate 6 bis 9 Stereoprogramme und zusätzlich Daten eingebettet werden.

Bei den Daten unterscheidet man:

- *Programm Associated Data* (PAD), die im Rahmen eines Hörfunksignals untergebracht werden. Diese programmabhängigen Daten können z. B. Titel und Interpret des gesendeten Musikstücks sein
- Non-PAD (NPAD), zusätzlich in den Multiplex eingebettete Daten, z. B. EPG (*Electronic Program Guide*), Verkehrsinformationen u. Ä.

Modulationsverfahren (→ 9): Als Modulationsverfahren kommt COFDM mit vierwertiger Differenzphasenumtastung (4-DPSK) zum Einsatz.

Die Verbreitung von DAB erfolgte bisher im Fernsehkanal K12 des Bandes III (174 . . . 230 MHz), in dem 4 Frequenzblöcke mit einer Bandbreite von 1,536 MHz realisierbar sind. Hinzu kommen Kapazitäten im L-Band (1452 . . . 1467,5 MHz). Durch die Regional Radiocommunication Conference 2006 (**RRC 06**) wurden die Bedeckungen im Band III für DVB-T und DAB neu geregelt, sodass bei einer Nichtnutzung des DVB-T-Layers im Band III 3 bis 4 zusätzliche DAB-Bedeckungen möglich sind.

Vorteile:

- effizientere Nutzung der Rundfunkfrequenzen
- besondere Eignung für den Mobilempfang
- störungsfreier Empfang
- Klangqualität
- Implementierung von Mehrwertdiensten möglich.

Nachteile:

- durch die schleppende Markteinführung ist DAB faktisch technisch bereits veraltet
- Akzeptanz beim potenziellen Hörer durch ungenügendes Marketing noch gering
- zum Inhouse-Empfang stellenweise Außenantennen oder Repeater notwendig.

Weitere Entwicklung:

Bei der Weiterentwicklung **DAB+** kommt als Datenreduktionsverfahren MPEG-4 HE AAC V2 (auch AAC+) zum Einsatz. Durch die geringere Datenrate bei gleich bleibender Qualität können 15 bis 18 Programme in einem Layer untergebracht werden. Problematisch ist, dass die DAB-Empfänger DAB+ nicht auswerten können, sodass bei einem Umstieg eine

Geräteerneuerung notwendig wird. In der Entwicklung bzw. der ersten Erprobungsphase befindet sich **DAB Surround**, das über einen speziellen MPEG Surround Encoder die zusätzlichen Daten in den Standard-Bitstream einbettet und auf der Empfängerseite einen zusätzlichen Decoder erfordert.

18.3.2.3 High Definition Radio (HD Radio)

> **High Definition Radio (HD Radio)** ist ein in den USA von der Firma iBiquity entwickeltes digitales Radiosystem zur terrestrischen Nutzung, das im Bereich des heutigen UKW-Radios arbeitet bzw. als hybride Ergänzung auf dieses System aufgesetzt ist.

HD Radio wurde als Konkurrenz zu DAB entwickelt und wird zur Zeit nur in den USA und zum Teil in der Schweiz und in Deutschland in Feldversuchen eingesetzt.

Technische Spezifikation:

- Das technische Prinzip, das hinter HD Radio steht, heißt **IBOC** (*In Band on Channel*)
- Dabei wird das Digitalsignal in zwei Seitenbänder zu einem analogen FM-Signal ausgestrahlt, d. h., neben einem FM-Signal mit einer Bandbreite von 260 kHz werden jeweils zwei Seitenbänder mit einer Bandbreite von je 70 kHz quasi in den Sicherheitsabstand zum benachbarten Träger platziert. Die Gesamtbandbreite beträgt daher 400 kHz.

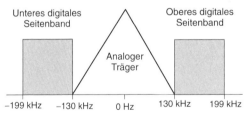

Bild 18.2 Aufbau des HD-Radio-Sendesignals

18

Vorteile des Verfahrens:

- geringe Investitionskosten zum Aufbau des Systems
- Nutzungsmöglichkeit bestehender UKW-Systeme
- problemloser Inhouse-Empfang im Vergleich zu DAB.

Nachteile des Verfahrens:

- klassische Nachteile des (analogen) FM-Rundfunks: Orts- und Frequenzabhängigkeiten der Empfangsfeldstärke beim Mehrwegempfang

- in Europa schwer zu realisieren, da beim gegebenen Trägerabstand von 300 Hz benachbarte Träger nicht gleichzeitig genutzt werden können.

Weitere Entwicklung:

Das Verfahren könnte für lokale und regionale Anbieter interessant werden, da es u. U. im Gegensatz zu DAB die Ausstrahlung als Einzelprogramm ermöglicht.

18.3.2.4   Satelliten-Radio

> Unter Satelliten-Radio versteht man eigenständige Radioübertragungen via Satellit. Die bekannten Systeme sind **digitales Satelliten-Radio (DSR)**, **Worldspace** und **European Satellite Digital Radio (ESDR)**. Darüber hinaus werden Radioprogramme als Zusatzdienste zum Satellitenfernsehen verbreitet ($\rightarrow$ 18.3.2.5).

Digitales Satelliten-Radio (DSR) war eine Entwicklung des Instituts für Rundfunktechnik und der Telekom mit dem Ziel, Audiosignale über Satellit in Hi-Fi-Qualität zu übertragen. Durch den daraus resultierenden hohen Bandbreitenbedarf war der Empfang von lediglich 16 Sendern möglich. Das Verfahren konnte sich nicht durchsetzen und wurde am 16. Januar 1999 abgeschaltet. **Worldspace** ist ein Pay-Radio-Angebot, das über die Satelliten AmeriStar, AfriStar und AsiaStar insbesondere für die Regionen Afrika, Naher Osten, Asien, Lateinamerika und Karibik ausgestrahlt wird. Über AfriStar sind über Worldspace Radio ca. 40 Programme auch in Deutschland empfangbar. Das Konzept ist dabei auf mobile Empfänger mit einer relativ kleinen Antenne ausgerichtet. **European Satellite Digital Radio (ESDR)** ist ein von Alcatel Space und Worldspace Europe konzipiertes digitales Satellitenradio, das nach dem Vorbild des amerikanischen XM-Satellite-Radios in Europa in einem Teilband des L-Bandes (1479,5 . . . 1492 MHz) ausgestrahlt werden soll. Die Markteinführung ist als kostenpflichtiger Dienst in den Jahren 2008 bis 2010 geplant. Zielgruppe sind mobile Empfangsgeräte wie z. B. Autoradios. Die Übertragung erfolgt neben dem direkten Weg auch über Repeater, die auf hohen Gebäuden mit Sicht zum Satelliten platziert werden und die Versorgung, z. B. in Städten, übernehmen.

18.3.2.5   Radio über digitales Fernsehen

ADR

ADR (Astra Digital Radio) wurde 1995 eingeführt und bot bis zu 60 digitale Radioprogramme. Dabei wurde ein spezielles Unterträgerverfahren benutzt, bei dem auf einem Fernsehkanal zusätzlich zum Bild- und Tonsignal 12 zusätzliche Hörfunkprogramme mit übertragen werden können. Das Audiomaterial reduzierte man mit dem Verfahren MUSICAM auf eine Bitrate von 192 kbit/s. Für den Empfang standen spezielle ADR-Empfänger zur Verfügung. Aufgrund der Abschaltung des analogen Satellitenfernsehens ist auch das Ende von ADR absehbar.

DVB-T-Radio

Die technisch mögliche Ausstrahlung von Radioprogrammen über DVB-T ($\rightarrow$ 18.3.3.3) wird in Deutschland bisher nur in der Region Berlin-Brandenburg betrieben. Seit dem Sendestart von DVB-T im Jahre 2005 ist das Programmangebot auf über dreißig Radiostationen angewachsen. Allerdings gibt es keine speziellen Empfangsgeräte für DVB-T-Radio.

DVB-H-Radio

Prinzipiell erlaubt der Standard DVB-H ($\rightarrow$ 18.3.3.4) auch die Implementierung von Radiosendern. Die Übertragung kann in MPEG-4 AAC (*Advanced Audio Coding*) mit einer Bitrate von 64 kbit/s erfolgen. Die Übertragung eines reinen Hörfunkprogramms ist wenig sinnvoll.

DVB-S-Radio

DVB-S-Radio ermöglicht den Empfang von ca. 270 freien oder verschlüsselten Hörfunksendern in Europa. So werden alle ARD-Hörfunkprogramme über einen eigenen, beim Satellitenbetreiber ASTRA angemieteten ARD-Hörfunk-Transponder abgestrahlt. Die Abstrahlung erfolgt im Stereo-Modus mit einer Datenrate bis zu 320 kbit/s, d. h. in angenäherter CD-Qualität. Einige Radiostationen (BR, SWR, WDR) senden ausgewählte Produktionen parallel zur Stereoausstrahlung auch in 5.1-Mehrkanalton mit einer Bitrate bis 448 kbit/s. Die Radioabstrahlung über Astra Digital war von Beginn an ein Bestandteil von DVB-S ($\rightarrow$ 18.3.3.1), d. h., es besteht über jeden DVB-S-Receiver die Möglichkeit, digitales Radio zu empfangen. Parallel zu den Radioprogrammen werden programmbegleitende Zusatzinformationen, wie Sendungstitel, Programmvorschau usw. übertragen, die vom Receiver angezeigt werden können. Ein weiterer Vorteil von DVB-S besteht in der europaweiten Empfangbarkeit. Der entscheidende Nachteil von DVB-S, z. B. gegenüber DAB, besteht in der Beschränkung auf den stationären Empfang.

18

18.3.2.6 UMTS-Radio

> **UMTS-Radio** ist ein Hörfunkdienst, der nicht vollständig in die klassische Kategorie des Rundfunks eingeordnet werden kann, da UMTS-Radio als Point-to-Point-Verbindung aufgebaut ist.

Die übliche Verfahrensweise bei UMTS-Radio ist das Angebot bestehender Hörfunkprogramme auf UMTS-Webportalen der Mobilfunkbetreiber. Einen anderen Weg ging der österreichische Mobilfunkbetreiber One, der im Juni 2005 das erste reine UMTS-Radio Europas startete. Aufgrund von anfallenden Kosten für den User und Beschränkungen im Stream ist dem UMTS-Radio keine Zukunft als Massenmedium einzuräumen (UMTS, → 17.3).

18.3.2.7   Internet Radio

Internet-Radio findet auf zwei Arten statt, zum einen als eigenständige Programme, die ausschließlich über das Internet verbreitet werden, zum anderen als Zweitverwertungen des Programms terrestrischer Hörfunksender.

In Deutschland begann die Entwicklung des Internet-Radios 1995 mit dem Streaming-Dienst „Info-Radio on Demand" des Info-Radio Berlin-Brandenburg als Gemeinschaftsprojekt von ORB, SFB und der Technischen Universität Berlin. Der SWF startete ebenfalls mit einem ähnlichen Projekt. Bereits 2005 umfasste der Radioring, eine Vereinigung deutscher Betreiber, ca. 300 Internet-Radios. Heute bieten so genannte Broadcatch-Programme, mit denen der User automatisch Radiosendungen seines Stilwunsches aufnehmen kann, den Mitschnitt von 12 000 Stationen weltweit an. Aufgrund der Paketübertragung im Internet ist eine definierte Zwischenspeicherung des Signals notwendig. Um den gleichzeitigen Empfang eines Programms durch eine Vielzahl von Usern zu ermöglichen, werden Multicast-Router eingesetzt, die ggfs. durch eine entsprechende Kaskadierung große Zugriffszahlen garantieren.

18.3.3   Digitales Fernsehen

Für das digitale Fernsehen hat sich die Bezeichnung **DVB** (*Digital Video Broadcasting*) weitestgehend durchgesetzt. Jedoch sind die Verbreitungswege **DMB** (*Digital Multimedia Broadcasting*), Fernsehen über UMTS oder über das Internet ebenfalls dem digitalen Fernsehen zuzuordnen.

DVB ist eine ursprünglich europäische Initiative zur Entwicklung und Standardisierung von digitalen Übertragungsstandards für TV. Die 1993 gegründete Projektorganisation agiert mittlerweile weltweit.

18.3.3.1   Digital Video Broadcasting – Satellite (DVB-S)

DVB-S ist die Übertragung eines DVB-Signals über einen geostationären Satelliten. Das Verfahren ist im Standard ETS 300 421 definiert.

DVB-S wird im Jahr 2007 bereits von 10,3 Millionen deutschen Haushalten genutzt und ist dabei, die Nutzung analogen Satellitenempfangs abzulösen. Dies wird auch dadurch erleichtert, dass DVB-S dieselben Satelliten und Transponder wie das analoge Satellitenfernsehen verwendet und auf der Empfängerseite durch einen Universal-LNB (*Low Noise Block Converter* – Empfangsteil im Brennpunkt des Satellitenspiegels) der Empfang beider Übertragungsarten möglich ist.

Technische Spezifikation

Quellencodierung ($\rightarrow$ 5.1): Wie bei allen DVB-Verfahren wird zur Datenreduktion MPEG-2 angewendet.

Kanalcodierung und Modulation ($\rightarrow$ 5.2, 9): Bei DVB-S kommt als Modulationsverfahren QPSK zum Einsatz, genauer gray-codierte direktgemappte QPSK. Zusätzlich wird ein Fehlerschutzmechanismus eingebaut, bestehend aus einem Reed-Solomon-Blockcode RS (188,204), d. h., ein MPEG-2-Paket mit einer Länge von 188 Byte wird mit einem 16-Byte-Fehlerschutz versehen, und einer Faltungscodierung (*convolutional* oder *trellis coding*). Damit ergibt sich eine typische **Coderate R** von 0,75.

$$R = \frac{(v_{\text{bit}})_{\text{Netto}}}{(v_{\text{bit}})_{\text{Brutto}}}$$

$(v_{\text{bit}})_{\text{Netto}}$ Nettobitmenge = Menge der Informationsbits
$(v_{\text{bit}})_{\text{Brutto}}$ Bruttobitmenge = Nettobitmenge + Menge der Fehlerschutzbits

Der Frequenzbereich des Uplinks zum Satelliten liegt bei $14\ldots19\,$GHz, im Satelliten erfolgt die Umsetzung auf die Downlinkfrequenz von $10{,}7\ldots11{,}7\,$GHz (unteres Band) bzw. $11{,}7\ldots12{,}75\,$GHz (oberes Band). Im LNB wird die Empfangsfrequenz auf die Satelliten-Zwischenfrequenz (Sat-ZF) 950 bis 2150 MHz umgesetzt und zum DVB-S-Empfänger geleitet, wo nach Demodulation, Kanaldecodierung und MPEG-2-Decoder das Audio- und das Videosignal zur Verfügung stehen.

Vorteile des Verfahrens:

- auf einem Transponder lassen sich fünf bis zehn Programme unterbringen, dadurch enorme Programmvielfalt
- kombinierbar mit analogem Empfang.

Nachteile des Verfahrens:

- Satellitenempfangsanlage und Set-Top-Box bzw. TV-Gerät mit integriertem Receiver notwendig
- mobiler Empfang schwierig.

Weitere Entwicklung:

DVB-S2 ist eine Weiterentwicklung von DVB-S. Als Modulationsarten sind neben QPSK auch 8PSK (*8 Phase Shift Keying*) und 16PSK (*16 Amplitude*

18

Phase Shift Keying) vorgesehen. DVB-S2 ist insbesondere für die Ausstrahlung von Programmen in HDTV (High Definition TV) interessant. Eine weitere vielversprechende Entwicklung, die bereits genutzt wird, ist **DVB-DSNG** (*DVB Digital Satellite News Gathering*), das zu Reportagezwecken, d. h. zur Übertragung von Live-Signalen in die Studios per Satellit, genutzt wird.

18.3.3.2   Digital Video Broadcasting – Cable (DVB-C)

> **DVB-C** ist die DVB-Übertragung im Kabelnetz. Dabei handelt es sich um das gleiche Kabelnetz, das auch für das analoge Kabelfernsehen genutzt wird. Die Kabelnetze bestehen zumeist aus Koaxialkabeln, vereinzelt bereits aus Lichtwellenleitern. DVB-C ist im Standard ETS 300 429 spezifiziert.

DVB-C wird heute bereits in 5,9 Millionen Haushalten in Deutschland genutzt. Die Einspeisung erfolgt vorrangig im Bereich des Hyperbandes, bei fortschreitender Digitalisierung werden auch die anderen Kabelbänder in die Nutzung einbezogen.

Technische Spezifikation:

Quellencodierung ($\rightarrow$ 5.1): Als Informationsträger dient natürlich auch bei DVB-C ein MPEG-2-Transportstrom. Ausgangsmaterial für die Kabelbetreiber ist jedoch meist ein über Satellit empfangenes Signal, d. h., am Anfang der Aufbereitung des Signals steht ein Transmodulator, der das QPSK-Satellitensignal auf ein QAM-Signal umsetzt. Bei Abweichung der Bitraten zwischen empfangenem Signal und einzuspeisendem Signal wird das Satellitensignal allerdings bis hin zur Demodulation bearbeitet und anschließend neu codiert (Remultiplex).

Kanalcodierung und Modulation ($\rightarrow$ 5.2, 9): Aufgrund der Robustheit des Mediums kann beim Kabel die Faltungscodierung entfallen. Dadurch verringert sich die Bruttodatenrate. Des Weiteren kommt als Modulationsverfahren QAM (Quadraturamplitudenmodulation, $\rightarrow$ 8.1.1) zum Einsatz. Für DVB-C werden 64-wertige QAM (64-QAM) z. B. im Koaxialkabel und 256-wertige QAM (264-QAM) im Lichtwellenleiter genutzt, allerdings wird 256-QAM nicht von allen Receivern unterstützt. Diese Verringerung der Bitrate führt dazu, dass das Angebot eines kompletten Satellitentransponders in einem Kabelkanal untergebracht werden kann.

Vorteile des Verfahrens:
- sehr robuster Übertragungsweg
- keine zusätzlichen Installationen

- Programmvielfalt
- Möglichkeit der Interaktivität durch rückkanalfähige Empfänger.

Nachteile des Verfahrens:
- Set-Top-Box bzw. TV-Gerät mit integriertem Receiver notwendig
- empfindlich gegenüber Amplituden- und Gruppenlaufzeitgang.

Weitere Entwicklung:

DVB-C wird in Zukunft weitere Bänder des Breitbandkabels nutzen und durch seine Vorteile den analogen Kabelempfang weitestgehend verdrängen.

18.3.3.3 Digital Video Broadcasting – Terrestrial (DVB-T)

DVB-T ist die Übertragung eines digitalen Fernsehsignals auf dem „klassischen" Weg der Terrestrik. DVB-T ist im Standard ETS 300 744 festgeschrieben.

DVB-T ermöglicht einen stationären, portablen und eingeschränkt mobilen Fernsehempfang über Antenne.

Technische Spezifikation:

Quellencodierung ($\rightarrow$ 5.1)**:** Die Quellencodierung bei DVB-T funktioniert wie bei DVB-S und -C, d. h. es wird ein MPEG-2 Transportstrom generiert.

Kanalcodierung und Modulation ($\rightarrow$ 5.2, 9)**:** Der Fehlerschutzmechanismus bei DVB-T ist der Gleiche wie bei DVB-C, d. h. ein Reed-Solomon-Blockcode ohne Faltungscodierung. Als Modulationsverfahren kommt COFDM mit jeweils QPSK- oder QAM-modulierten Trägern zum Einsatz. Durch die Verwendung dieses Mehrträgerverfahrens und der Einführung eines Schutzintervalls zwischen den Einzelsymbolen verbessert sich der Schutz gegen Störeinflüsse bei der Mehrwegsausbreitung. Aufgrund der Störanfälligkeit des terrestrischen Verbreitungsweges arbeitet DVB-T mit einer Coderate zwischen 0,66 (2/3) und 0,75 (3/4). Die Nettobitrate liegt daher bei ca. 14 Mbit/s, sodass in einem DVB-T-Kanal drei bis vier Programme verbreitet werden können.

18

Vorteile des Verfahrens:
- stationärer, portabler und mobiler Empfang (Überall-Fernsehen)
- Betrieb über Gleichwellennetze (**SFN** = Single Frequency Network), d. h., alle Sender, die den gleichen Inhalt ausstrahlen, arbeiten auf einer Frequenz
- Vielzahl von tragbaren Minifernsehern und Lösungen für PC und Laptop auf dem Markt.

Nachteile des Verfahrens:
- hohe Anforderungen an die Feldstärke des Signals, bei Unterschreitung eines Grenzwertes von 45 dB (μV/m) fällt der Empfang schlagartig aus

- aufgrund der hohen Einstiegskosten bisher nur Programme öffentlich-rechtlicher Sender.

Weitere Entwicklung:

Mit der **RRC 06** stehen für die Verbreitung von DVB-T in Deutschland folgende Kapazitäten zur Verfügung:

- ein Layer im Band III
- sechs Layer im Band IV/V
- voraussichtlich ab 2012 ein Layer in einem Bereich > K60.

Mit diesen Kapazitäten soll bis Ende 2008 der Flächenausbau mit einer Erreichbarkeit der Bevölkerung von 90 % in Deutschland abgeschlossen werden.

18.3.3.4   Digital Video Broadcasting – Handheld (DVB-H)

> **DVB-H** ist ein Übertragungsverfahren für Informationen, das speziell für die Versorgung von tragbaren und mobilen Endgeräten mit kleinem Bildschirm und Batteriebetrieb wie Handys und PDAs konzipiert ist. DVB-H ist in den Standards ETS 301 192 und 300 744 definiert.

DVB-H basiert auf der DVB-T-Technologie, d. h., es ist eine gemeinsame Nutzung der Infrastruktur möglich. DVB-H wird auch in den gleichen Frequenzbereichen wie DVB-T, also vorrangig im UHF-Band, abgestrahlt.

Zusätzlich zu den Videodaten, die mit MPEG-2 oder dem effizienteren neuen Standard MPEG-4/AVC (= H.264/AVC) codiert, und den Audiodaten, die man mit dem AAC+-Verfahren verschlüsselt, können IP-Daten über den DVB-H IP-Encapsulator in den Multiplex eingebunden werden. Der Fehlerschutz wird über einen Mechanismus mit der Bezeichnung MPE-FEC (*Multi Protocol Encapsulation – Forward Error Correction*) realisiert. Die notwendige Stromersparnis bei den Endgeräten erzielt DVB-H durch das Verfahren Time Slicing. Dabei wird jeder einzelne TV-Service in Zeitscheiben gestaffelt übertragen, sodass der Empfänger zwischenzeitlich in den Sleep-Modus geschaltet wird. DVB-H erlaubt die Übertragung von 16 bis 25 Fernsehprogrammen pro Kanal. Durch die Nutzung des Mobilfunknetzes als Rückkanal wird die gewünschte Konvergenz zwischen mobilem Fernsehen und Mobilfunk hergestellt.

Eine neue Entwicklung ist **DVB-SH** (*DVB – Satellite Service to Handhelds*).

18.3.3.5   Digital Multimedia Broadcasting (DMB)

> **DMB** ist eine Weiterentwicklung von DAB (→ 18.3.2.2), mit der zusätzlich auch Video übertragen werden kann.

Zur Kompression des Videomaterials kommt bei DMB der Standard MPEG-4/AVC (= H.264/AVC) und für das Audiomaterial AAC+ zum Einsatz. In einem DMB-Multiplex können bis zu vier Fernsehprogramme mit einer Bitrate von 250 kbit/s übertragen werden. Zur Erzielung der erforderlichen Stromersparnis bei batteriebetriebenen Empfängern kommt das Verfahren Micro Time Slicing zum Einsatz. Zur Übertragung kann, wie bei DAB, neben dem VHF-Band auch das L-Band genutzt werden. Der Standard DMB legt eine Einsatzmöglichkeit des Verfahrens in einem Frequenzbereich von 30 MHz bis 3 GHz fest, d. h., es sind die bekannten Kanäle Terrestrik, Satellit und Kabel nutzbar. Ein Beispiel für Satellitenbetrieb ist der in Südkorea in Betrieb gegangene Dienst S-DMB. Aus diesem Grund wird der terrestrische Betrieb in Deutschland auch als T-DMB bezeichnet.

> Eine Zusammenführung der Technologien DVB-H, DMB und des auf UMTS-Basis arbeitenden **MBMS** (*Multimedia Broadcast Multicast Services*) wird mit der Entwicklung von **DXB** (*Digital Extended Broadcast*) versucht.

18.3.3.6 Weitere Übertragungswege

UMTS-Fernsehen ist Fernsehen auf der Basis der UMTS-Mobilfunktechnologie. Durch die Downlinkfähigkeit von UMTS von 384 kbits/s ist die Übertragung von Bewegtbild oder auch Live-Streaming möglich, aber wegen der begrenzten Bandbreite, die unter den Nutzern aufgeteilt wird, ist UMTS-Fernsehen selbst bei einem Ausbau in Richtung HSDPA (*High Speed Downlink Packet Access*) nur als Nischenlösung interessant.

Internet-Fernsehen im eigentlichen Sinn ist der Bezug von Fernsehprogrammen aus dem Internet, ob als Streaming oder als Download. Voraussetzung für den Bezug ist ein ausreichend schneller Internet-Zugang.

Im Gegensatz dazu beschreibt die Entwicklung **DVB IPTV** (*DVB Internet Protocol TV*) ein Verfahren, das zur Transportcodierung das Internet Protocol (IP, → 14.2; IPTV, → 19.5.3) benutzt. Ein möglicher Vertriebsweg ist natürlich das Internet, aber es sind auch die klassischen Vertriebswege Terrestrik, Satellit und Kabel möglich, allerdings sind normale DVB-Empfänger für IPTV nicht geeignet.

18

19 Dienste und Anwendungen

19.1 Dienste

Wolfgang Frohberg

> **Dienste** (*services*) bezeichnen Dienstleistungen, z. B. Sprachdienst, die von Telekommunikationsnetzen erbracht werden. Der Begriff ist in den ITU-T-Empfehlungen G.106 und E.800 beschrieben.

Nutzer sind nicht notwendigerweise nur Endnutzer, sondern auch andere Dienstanbieter.

❑ *Beispiel:* Im Mobilfunk werden Roaming-Dienste (→ 17.1) für andere Netzbetreiber erbracht oder Anbieter von Übertragungstechnik (→ 13) bieten ihre Dienste anderen Netzbetreibern an.

Dienste werden von Dienstanbietern offeriert und technisch in Netzen erbracht.

> **Dienstanbieter** erbringen Leistungen für Endkunden wie z. B. Dienstkunden und Dienstnutzer.
>
> **Netzbetreiber** betreiben Netze und erbringen damit Dienstleistungen für Dienstanbieter.
>
> Oft fallen Dienstanbieter oder Netzbetreiber in einer juristischen Person zusammen.

▶ *Hinweis:* Auf die verschiedenen Rollen von Netzbetreibern, Dienstanbietern, Nutzern und Kunden wird im Abschnitt Intelligentes Netz (→ 19.2.5) ausführlich eingegangen.

Mit der technischen Entwicklung können sich die Grundlagen für das Erbringen von Diensten so drastisch ändern, dass gleichartige Dienste von unterschiedlichen Netzen erbracht werden.

❑ *Beispiel:* Telefonie wird als Dienst im ISDN und zunehmend in NGN erbracht.

Innerhalb von Architekturen wie dem OSI-Schichtenmodell ist ein Dienst der Leistungsumfang, den eine Schicht gegenüber der darüberliegenden Schicht erbringt.

19.2   ISDN

Wolfgang Frohberg

> Das **diensteintegrierende digitale Netz** (*Integrated Services Digital Network* – ISDN) ist ein universelles öffentliches Telekommunikationsnetz mit einer Vielzahl von Diensten und Leistungsmerkmalen, die den Nutzern über genormte Schnittstellen angeboten werden.

Es hat sich aus klassischen (analogen) Telefonnetzen entwickelt und ist heute weltweit verbreitet.

▶ *Hinweis:* Das ISDN wird ausführlich in /12.3/ und /12.6/ beschrieben.

Grundlegende Eigenschaften des ISDN sind:

- die gleichartige Übertragung von kontinuierlichen Medien und Daten über transparente, digitale, leitungsvermittelte Verbindungen mit einer Bandbreite von 64 kbit/s (PCM-Codierung, → 8.2.1)
- wenige Übermittlungsdienste auf einer genormten Kanalstruktur am Teilnehmerzugang
- die Trennung von Nutzsignalübertragung und Übertragung von Steuer-(Signalisier-)Informationen

19.2.1   Teilnehmerzugang

Der **Nutzerzugang** (Nutzer-Netz-Zugang) beschreibt die Möglichkeiten, mit denen Endsysteme an das ISDN angeschlossen werden können.

Es gibt folgende Nutzerzugänge im ISDN:

- Basisanschluss
- Primärmultiplex-Anschluss
- Basisanschluss-Multiplexer
- Basisanschluss-Konzentrator.

Der **Basisanschluss** (*Basic Access* – BA) besteht aus zwei so genannten B-Kanälen mit der Bitrate von 64 kbit/s und einem D-Kanal mit der Bitrate von 16 kbit/s und hat damit eine nutzbare Übertragungskapazität von 144 kbit/s. Die B-Kanäle können für eine gleichzeitige Übertragung von Informationen verschiedener Dienste oder von verschiedenen Informationen gleicher Dienste in unterschiedlichen Verbindungen genutzt werden. Es besteht die Möglichkeit, beide B-Kanäle zu einem 128-kbit/s-Kanal zusammenzuschalten. Darüber hinaus ist es möglich, über den D-Kanal eine Datenübertragung mit einer Datenrate von 16 kbit/s durchzuführen.

19

Der BA wird technisch auf der Grundlage der verfügbaren symmetrischen 2-Draht-Kupferleitungen konventioneller Anschlussleitungsnetze verwirklicht. Die Schnittstelle ist die U_{k0}-Schnittstelle. Diese Leitungen erhalten an ihren Enden Anpassungseinrichtungen, auf der Teilnehmerseite den Netzabschluss NT (*Network Termination*) und auf der Seite der Vermittlung die **Anpassung** LT (*Line Termination*).

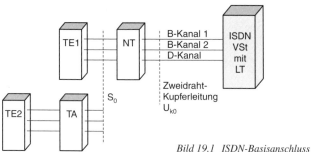

Bild 19.1 ISDN-Basisanschluss

Für die Endgeräte des Teilnehmers wird durch den **Netzabschluss** (*Network Termination* – NT) der so genannte S_0-Bus bereitgestellt. An ihm sind bis zu acht ISDN-Endgeräte (TE1) oder Adaptoren für analoge Telefongeräte (TA) anschließbar. Auf dem S_0-Bus werden in einer Rahmenstruktur die beiden B-Kanäle und der D-Kanal übertragen.

Der **Primärmultiplex-Anschluss** (*Primary Rate Access* – PA) hat 30 B-Kanäle sowie einen D-Kanal mit einer Bitrate von 64 kbit/s. Er bietet eine Übertragungsrate von 2,048 Mbit/s, wie sie für PCM-Systeme gemäß ITU-T-G.730 ff. genutzt wird. Für den PA wird eine symmetrische 4-Draht-Kupferleitung benötigt. Der Primärmultiplex-Anschluss ist konzipiert worden, um in einem ISDN größere TK-Anlagen und abgesetzte Multiplexeinrichtungen an die Vermittlungssysteme anschalten zu können und damit den hohen Aufwand für die vielen in diesem Fall benötigten parallelen Basisanschlüsse zu reduzieren.

19.2.2   Dienste im ISDN

> Das ISDN-Diensteangebot besteht aus **Übermittlungsdiensten** und vom Endnutzer nutzbaren **Telediensten**. Teledienste können mit zusätzlichen Dienstmerkmalen (supplementäre Dienste) vervollständigt werden. Übermittlungsdienste stellen die Übertragungskapazität zwischen definierten Nutzer-Netz-Schnittstellen zur Verfügung.

❑ *Beispiel:* Der Teledienst Telefonie benutzt für die Nutzsignalübertragung den Übermittlungsdienst „leitungsvermittelt – Sprache". Er kann mit Leistungsmerkmalen wie Anklopfen, Rufnummernanzeige etc. ergänzt werden.

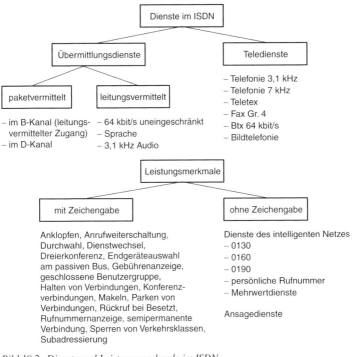

Bild 19.2   Dienste und Leistungsmerkmale im ISDN

19.2.3   ISDN-Telekommunikationsanlagen

Telekommunikationsanlagen (TK-Anlagen) sind nichtöffentliche Telekommunikationssysteme, die in der Regel über eine oder mehrere Anschlussleitungen mit öffentlichen Telekommunikationsnetzen verbunden sind.

19

TK-Anlagen arbeiten nach den gleichen Prinzipien wie leitungsvermittelte Telekommunikationssysteme (→ 13.3). Sie bieten an ihren Anschlüssen die gleichen Dienste und Leistungsmerkmale wie öffentliche Telefonnetze an. Darüber hinaus können zusätzliche Leistungsmerkmale implementiert sein.

❑ *Beispiel:* Sekretärschaltungen oder die verkehrsabhängige Verteilung von Anrufen auf mehrere Arbeitsplätze in Call Centern sind Beispiele für besondere Leistungsmerkmale in TK-Anlagen.

TK-Anlagen können jedoch zu öffentlichen Netzen unterschiedliche Übertragungsverfahren, Kommunikationsprotokolle oder Schnittstellen für den Anschluss von Endgeräten nutzen.

Bei starkem Verkehrsinteresse können TK-Anlagen untereinander direkt über Querverbindungen vernetzt werden. Vernetzungen von TK-Anlagen führen zu einem Kommunikationsverbund in Unternehmen und bilden Unternehmensnetze (*Corporate Networks* – CN).

TK-Anlagen dienen der internen Kommunikation zwischen den angeschlossenen Endgeräten sowie in der Regel dem Aufbau von Verbindungen in andere öffentliche oder private Netze.

TK-Anlagen werden unterschieden in:
- kleine Wählanlagen mit bis zu 6 Anschlüssen und 1 bis 2 Kanälen ins öffentliche Netz.
- mittlere Wählanlagen mit bis zu 100 Anschlüssen und 10 bis 20 Kanälen ins öffentliche Netz
- große Wählanlagen mit mehr als 100 Anschlüssen und mehr als 10 Kanälen ins öffentliche Netz.

19.2.4   Centrex

Central Office Exchange (CENTREX) ist ein Dienst, der in öffentlichen leitungsvermittelten Netzen angeboten wird. Er bietet auf der Basis öffentlicher Vermittlungsstellen die Funktionalität von TK-Anlagen an bestimmten Anschlüssen des öffentlichen Netzes.

Damit kann für Unternehmen, für die keine eigene TK-Anlage sinnvoll ist, diese quasi eingebettet in die öffentliche Infrastruktur bereitgestellt werden.

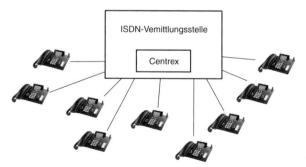

Bild 19.3   Einzelanschlüsse und CENTREX-Anschlüsse an einer Vermittlungsstelle

❏ *Beispiel:* Besonders für räumlich stark verteilte Arbeitsplätze ist diese Form der unternehmensinterne Kommunikation besonders sinnvoll, z. B. bei einer großen Zahl an Heimarbeitsplätzen.

19.2.5   Intelligentes Netz

> **Intelligente Netze** (IN – *Intelligent Networks*) stellen eine Steuerarchitektur zur Bereitstellung von Mehrwertdiensten (*Value Added Services*) in leitungsgebundenen und mobilen Fernsprechnetzen dar.

IN entstanden in Europa zu Beginn der 90er-Jahre, zunächst im Festnetzbereich und später im Mobilfunkbereich. Die Deutsche Telekom schaltete die ersten IN-basierten Dienste (*Freephone, Universal Access Number, Televoting, Premium Rate Service*) 1993 frei. Seit Mitte der 90er-Jahre breitet sich der IN-basierte Dienst *Prepaid Card Service* schnell im Mobilfunkbereich aus.

Dienstteilnehmer und Dienstnutzer

IN-Komponenten befinden sich typischerweise in der Hand von **Netzbetreibern**. Der Netzbetreiber hat entweder direkt oder über Dienstanbieter (*service provider*) Verträge mit **Dienstteilnehmern** (*service subscriber*). Der Dienstteilnehmer (z. B. ein Versandhaus) nimmt einen IN-Dienst mit seinen individuellen Parametern in Anspruch und stellt damit dem **Dienstnutzer** (*Service User*) eine Dienstleistung zur Verfügung /19.1/.

19.2.5.1   Architektur des IN

Die Architektur des IN folgt den ITU-Empfehlungen Q.12xx. Zu einer typischen IN-Architektur gehören folgende Komponenten (→ Bild 19.4):

- *Service Switching Point* (SSP) zur Diensteausführung
- *Service Control Point* (SCP) zur Dienstesteuerung
- *Service Management Point* (SMP) zur Dienste- und Teilnehmerverwaltung
- *Service Data Point* (SDP) mit den zur Dienstesteuerung erforderlichen Daten – *im SCP integriert*
- *Intelligente Peripherie* (IP) zum Anlegen von kundenspezifischen Ansagen oder zur Spracherkennung, Sprachsynthese und Medienwandlung
- *Service Creation Environment Point* (SCEP) zur Entwicklung neuer Dienste.

Im einfachsten Fall sind im Netz ein SSP, ein SCP und ein SMP erforderlich. Die meisten Netzbetreiber nutzen jedoch alle Vermittlungsstellen in der Transitebene als SSP und betreiben mehrere SCP und SMP.

19

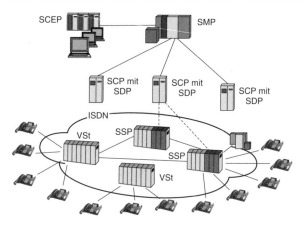

Bild 19.4 Architektur des IN

Mit der IN-Architektur wird ein Reihe von Funktionen abgedeckt:
- *Call Control Agent Function* (CCAF),
- *Call Control Function* (CCF)

> ▶ *Hinweis:* CCAF und CCF gibt es auch in jeder Teilnehmervermittlungsstelle, um Rufe, die im IN bearbeitet werden sollen an VSt mit SSP weiterzuleiten.

- *Service Switching Function* (SSF)
- *Service Control Function* (SCF)
- *Service Data Function* (SDF)
- *Specialized Resource Function* (SRF)
- *Service Creation Environment Function* (SCEF)
- *Service Management Agent Function* (SMAF)
- *Service Management Function* (SMF).

Beziehungen zwischen den Funktionen werden durch Protokolle geregelt, wie das in Q.1208 spezifizierte *IN Application Protocol* INAP bzw. das speziell für den Mobilfunk entwickelte *CAMEL Application Protocol* CAP. Das **INAP** ist das Rückgrat des IN, es ist Bestandteil des Signalisierungssystems Nr. 7.

19.2.5.2   Verbindungsaufbau im IN

Beim Verbindungsaufbau laufen in jeder beteiligten Vermittlungsstelle folgende zur **CCF** gehörigen Aktionen ab:
1. **Belegen** eines Ports auf der ankommenden Seite der Vermittlungsstelle einschließlich der Prüfung, ob diese Belegung erlaubt (autorisiert) ist
2. Empfangen einer **Signalisierungsnachricht** mit der Zielrufnummer

3. Ermittlung der nächsten Vermittlungsstelle (**Routing**)
4. **Belegen** eines zu dieser Vermittlungsstelle führenden Übertragungskanals nach der Prüfung, ob die Belegung möglich ist
5. **Durchschalten** der Verbindung
6. Weiterleiten der Signalisierungsnachricht mit der Zielrufnummer
7. Der Ruf wird so bis zum SSP aufgebaut
8. Im SSP wird über einen **TDP** der IN-Ruf erkannt und eine Anfrage an den SCP gesendet.
9. Im SCP wird die zum Dienst gehörende **Servicelogik** aufgerufen und die reale Zielrufnummer ermittelt
10. Diese wird zum SSP geschickt
11. Vom SSP aus wird der Verbindungsaufbau zur realen Zielrufnummer fortgesetzt.

Diese Aktionen sind im **Basic Call State Model** (*BCSM*) beschrieben.

Trigger Detection Points. Trigger DP werden zur Erkennung eines IN-Rufes genutzt. Nach der Erkennung eines solchen IN-Rufes wird ein Dialog mit dem SCP eröffnet. Trigger DP werden statisch in den SSP eingerichtet und mit Bedingungen verknüpft, die erfüllt sein müssen, damit der Ruf unterbrochen und eine Kommunikation mit dem SCP eröffnet wird.

Event DP. Event DP werden im Gegensatz zu Trigger DP erst nach Eröffnung des Dialogs mit dem SCP ausgelöst und durch die Servicelogik dynamisch für einen Rufabschnitt eingerichtet.

19.2.5.3   Dienste im IN

Number Translation Services
- Hauptanwendung: Festnetz
- Hauptmerkmal: ursprungs- und zeitabhängige Rufnummernumwertung
- Zusatzmerkmale: Überwachung des Aufbaus und alternatives Routing im Besetzt- und No-Answer-Fall
- Dienstteilnehmer: Versandhäuser, Hilfsdienste.

❏ *Beispiel:* Freephone (0800), Universal Access Number (0180) und Premium Rate.

Televoting
- Hauptanwendung: Festnetz
- Hauptmerkmal: Registrieren von Abstimmungsergebnissen
- Zusatzmerkmale: abweichende Behandlung spezieller Rufe, z. B. Weiterverbinden jedes 10. Rufes an ein Call Center
- Dienstteilnehmer: Fernsehstationen, Rundfunkstationen.

Prepaid Card Service
- Hauptanwendung: Mobilfunknetze

19

- Hauptmerkmal: Steuerung der Vergebührung
- Zusatzmerkmale: diverse Menüführungen, z. B. Aufladen des Kontos, Kontostandsabfrage
- Dienstteilnehmer: Privatpersonen, die meist gleichzeitig Dienstnutzer sind.

Virtual Private Network (VPN)

- Hauptanwendung: Mobilfunknetze und Festnetze
- Hauptmerkmal: Berechtigungsprüfung und Rufnummernumwertung
- Dienstteilnehmer: Firmen.

  ▶ *Hinweis:* Dieser Dienst erlaubt es einem Dienstteilnehmer, beliebige Anschlüsse eines Netzes zu einem VPN zusammenzufassen und mit unterschiedlichen Berechtigungen und Vergebührungsmodellen zu versehen. Der Dienst wird von den Netzbetreibern hauptsächlich dazu genutzt, Firmen spezielle Verträge für deren Telefonverkehr anzubieten. Innerhalb von VPN kann mit privaten Nummerierungsplänen gearbeitet werden.

Gebührenmodelle im IN

Im IN können folgende Ereignisse mit unterschiedlichen Gebührenmodellen belegt werden:

- Vergebührung des Dienstnutzers
- Vergebührung des Dienstteilnehmers für Anrufe der Dienstnutzer
- Vergebührung des Dienstteilnehmers für administrative Zugriffe auf den SMP.

19.3   Internet

Ulrich Hofmann

19.3.1   Internet-Telefonie

Funktionsweise

Internet-Telefonie wird oft mit **Voice over IP (VoIP)** gleichgesetzt. Der erste Standard war **ITU H.323**. Im Zentrum steht ein **Gateway**, das das Interent mit dem Telefonienetz verbindet. Im Telefonienetz werden ITU G.711, ISDN mit 64 kbit/s (unkomprimiert) und komprimierende Protokolle wie G.723.1 mit 6,4 oder 5,3 kbit/s unterstützt. Der Anschluss der IP LANs erfolgt mit einem **Gatekeeper**. Die Terminals benötigen ein Protokoll zur Verständigung über das eingesetzte Protokoll H.245. Als Übertragungsprotokoll über das Internet werden RTP und RTCP (→ 14.2.5) eingesetzt. Q.931 wird für die Übertragung der Telefonsignalisierung (→ 19.2) verwendet. Die IP-Terminals kommunizieren über H.225 mit dem Gatekeeper über einen **RAS-Kanal** (*Registration/Admission/Status*).

Die hohe Komplexität von H.323 war die Motivation für die Entwicklung von SIP ($\to$ 14.2.7). Mit SIP wird auch eine Integration der Telefonie in WEB-Applikationen möglich, da eine Telefonnummer als url in einer WEB-Page eingetragen werden kann.

Qualität von Internet-Telefonie

Zur Bewertung der Sprachqualität hat die ITU sog. perzeptuelle Metriken entwickelt (Irrelevanzcodierung, $\to$ 5). Bei der Metrik *Mean Opinion Score MOS* reicht die Skala von 0 (schlecht) bis 5 (sehr gut). Um aus den Übertragungsqualitätswerten Paketverlust und Verzögerung diese MOS-Werte abzuleiten, wird das **E-Modell** verwendet.

$$R = R_0 - I_S - I_d - I_e + A \qquad (19.1)$$

R_0 Signal-Rausch-Abstand, Auswirkungen von Geräuschen wie Hintergrundrauschen und Leitungsrauschen

I_S Störungen, die gleichzeitig mit dem Sprachsignal auftreten, z. B. aufgrund von Quantisierung, einer zu lauten Verbindung und eines zu lauten Nebentons

I_d Echo und Übertragungsverzögerung

I_e Störungen aufgrund von Spezialeinrichtungen (z. B. Audiocodecs), für paketorientierte Netze fließt die Paketverlustwahrscheinlichkeit P_{loss} ein

A Vorteilsfaktor erfasst eventuellen Zugangsvorteil von Übertragungstechniken, z. B. mobiles In-House-Netz $A = +5$, GSM $A = +10$, MANET $A = +20$

Der MOS-Wert ergibt sich dann zu

$$MOS = 1 + (0.0035\,R) + R(R-60)(100-R)7 \cdot 10^{-6} < 4{,}5 \quad (19.2)$$

Im **erweiterten E-Modell** werden die für IP-Netze typischen Bursts an Qualitätsunterschieden, verursacht durch Paketverluste und Verzögerungen konkurrierender Paketübertragungen, berücksichtigt und mit einem Vergessensmodell mit 60 s Halbwertzeit einbezogen ($\to$ Bild 19.5).

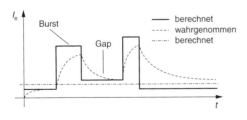

Bild 19.5
Bewertungsparameter I_e
im erweiterten E-Modell

19

19.3.2   World Wide Web (WWW)

WWW beruht auf dem Konzept der *Linked Documents* und *Hypertext* und wurde 1993 im ersten grafischen Web-Browser Mosaic umgesetzt.

Ablauf (Hypertext Transfer Protocol http → Tabelle 19.1):
1. Browser bestimmt die URL, die gewählt wurde, z. B. www.itu.org
2. Browser fragt DNS nach der IP-Adresse
3. DNS antwortet mit IP-Adresse, z. B. 156.106.192.32
4. Browser baut eine TCP-Verbindung zu Port 80 auf
5. Browser sendet einen Request für die gesuchte Datei
6. Server sendet die gesuchte Datei zurück
7. TCP Verbindung wird aufgelöst
8. Bowser zeigt den Inhalt der Datei an.

Tabelle 19.1 http-Methoden

Methode	Bedeutung
GET	Anforderung Lesen einer Web-Page
HEAD	Anforderung Lesen Web-Page-Header
PUT	Anforderung Speichern Web-Page
POST	Anhängen an Web-Page
DELETE	Löschen der Web-Page

Plug In: SW-Module werden zusätzlich in den Arbeitsspeicher geladen, z. B. Module für die Anzeige von Videos.

Helper Application: eigenständige Prozesse zur Unterstützung des Browsers, z. B. Acrobat Reader.

Server: Der Server holt das File von der Platte, sendet es an den Client und löst die TCP-Verbindung. Die am meisten geforderten Files werden im Cache abgelegt.

Server Farmen steigern die Leistung und können einen vorgeschalteten Rechner als gemeinsames Cache Front End benutzen.

Stateless Cookies unterstützen kundenangepasste Web-Pages (YAHOO mit privatem Inhalt: Sport, Börse, . . .), bei denen der Server wissen muss, wer die Anfrage stellt. Die IP-Adresse ist wegen NAT und DHCP nicht gegeignet. Bei einem ersten Request sendet der Server ein File ($<$ 4 KByte) mit zum Client, das auf dessen Maschine installiert wird. Bei einem späteren LogIn des Clients sendet dieser sein Cookie mit und kann wiedererkannt werden.

❑ *Beispiel Tele-Shopping:* Sobald der Käufer eine Ware angeklickt hat, sendet der Server ein Cookie mit dem aktuellen Warenkorb. Sobald der Kunde „Kaufen„ klickt, wird mit dem Request auch das Cookie gesendet. Der Server erspart sich die Verwaltung der umfangreichen und zahlreichen Kunden-Warenkörbe.

Die **Programmierung** der **Web-Pages** erfolgt in HTML. Eine Trennung von Formatierung und Inhalt wurde mit XML (eXtensible Markup Language) vollzogen.

Proxy ist ein Web-Cache beim Client und erhöht die Zugriffsgeschwindigkeit auf oft genutzte Web-Seiten.

Content Delivery Networks: **CDN**-Firmen bieten Content Providern an, deren Inhalte besser distribuieren zu können. Große CDNs haben 10 000 Server weltweit verteilt.

WEB 2.0

> Unter dem Begriff **WEB 2.0** sind verschiedene Anwendungen im WWW zusammengefasst, die deutlich über die Präsentation statischer oder dynamischer Informationsseiten hinausgehen. Damit ist ein Paradigmenwechsel verbunden in der Betrachtung des Internet, und zwar vom Veröffentlichungsmedium zum Teilnahmemedium /19.22/.

❏ *Beispiele:* Wikipedia, WEBlogs

Eine neue Qualität zu WEB 1.0 ensteht aber erst durch das Teilen von Inhalten, z. B. die Weitergabe von Schlagworten und Literaturreferenzen. Andere Nutzer können dann in Schlagwortmaschinen den Inhalt finden, z. B. Fotoalben miteditieren.

WEB 3.0: Semantic WEB

> **Semantic WEB** erlaubt die automatisierte Bewertung von Informationen. Dazu werden **Meta-Informationen** verwendet.

❏ *Beispiel:* Artikel über Produkte einer Firma; Meta-Information: Unternehmen des Schreibers, woraus sich verschiedene Bewertungen des Artikels ableiten lassen, je nachdem ob Autor in der Firma angestellt.

19.3.3 Domain Name Service (DNS)

Das Internet ist in über 200 *Top-level Domains* eingeteilt, die Namensstrukturen besitzen, z. B. .org, .com. Es gibt zwei Typen von *Top-level Domains*: generische (.com, .net, ...) und *country code based* (.at, .ch, .de, ...). Die Groß-/Kleinschreibung der Buchstaben ist ohne Bedeutung *(case insensitive)*. Namen können bis 63 Zeichen lang sein, der volle Domänenname darf 255 Byte nicht überschreiten.

Es können Subdomänen registriert und innerhalb der Domäne unabhängig weitere Namen vergeben werden.

19

> Der **DNS** verwaltet die Namen und ordnet die IP-Adressen in *resource records (RC)* ein.

Will eine Anwendung Daten an einen Namen senden, wird die IP-Adresse benötigt. Es wird ein DNS-Auflösungs Request gesendet und es folgt die Antwort mit den Bestandteilen *Domain_Name, Time_to_live, Class, Type, Value*. Ein solcher *Type* ist die IP-Adresse von Endsystemen. Weitere *Types* sind Adressen von E-Mail-Servern, aber auch die IP-Adressen der DNS-Server.

Der DNS-Namensraum ist in nichtüberlappende Bereiche geteilt. Jede Zone hat einen primären *Name-Server* und mehrere *Secundary-Name-Server*. Zur Erhöhung der Zuverlässigkeit können diese Server außerhalb der Domäne liegen.

❏ *Beispiel:* Abteilung ITS der FH Salzburg will eigenen Name-Server verwalten, die Abteilung FH-MMA nicht:

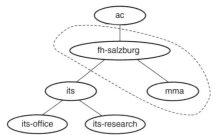

Bild 19.6 DNS-Bereiche

Ablauf

Die Aufforderung zur Namensauflösung wird an einen der lokalen Name-Server gesendet. Wenn die gesuchte Domain unter der Verwaltung des Name-Servers liegt, wird der *Authoritative Resource Record* zurückgesendet. Diese Records unterscheiden sich hinsichtlich der Vertrauenswürdigkeit von *Cache-records*, da diese überaltert sein können.

Wenn die gesuchte Domäne nicht bekannt ist, muss der lokale DNS die Anfrage weiterleiten, die je nach vorhandenen Einträgen von nahen oder fernen DNS-Servern beantwortet wird:

- rekursive Anfrage *(recursive query)*: jeder Server sendet die Anfrage weiter an nächsten Server
- nicht rekursive Anfrage *(non recursive query)*: jeder Server, der die Anfrage nicht beantworten kann, sendet an den Anfrager die Adresse des nächsten anzufragenden Servers.

19.3.4   E-Mail

E-Mail unterstützt für Nachrichten das Erstellen und Beantworten, die Übertragung *(transfer)*, das Berichten *(reporting)* über Verlust, Verzögerung, Ablieferung, das Anzeigen *(displaying)* und Sichtbarmachen verschiedener Formate, das Löschen und Verwalten *(disposition)* und Zusatzdienste wie Weiterleitung *(forwarding)* und Versandlisten *(mailing list)*.

Die Architektur besteht aus 2 Subsystemen:
- User Agents für Lesen und Senden
- Message Transfer Agents für den Transport der Nachricht zum Empfänger.

Multipurpose Internet Mail Extensions (MIME): unterstützt weitere Sprachen, Audio, Bilder, *text/html* und *text/xml*.

Simple Mail Transfer Protocol (SMTP): Der Client sendet an den E-mail-Server die Absender- und Empfängeradressen. Ist die Empfägeradresse beim Server registriert, sendet der Server das Signal zum Fortsetzen der Übertragung, der Client überträgt die Nachricht und der Server quittiert diese.

POP3: Protokoll, mit dem ein Nutzer seine Mail vom Mailserver des ISP abholt. Viele Internet-Nutzer sind nicht permanent am Netz (z. B. Modemeinwahl). Dafür werden E-Mail-Agenten bei den Internet Service Providern (ISPs) eingerichtet, die die E-Mail für den Nutzer entgegennehmen. Um die E-Mail zum Endnutzer zu transportieren, wird ein zusätzliches Protokoll benötigt: *POP3 (Post Office Protocol Version 3)*. POP3 startet, wenn der Nutzer das E-Mail-Lesen *(reader)* beginnt. Der *reader* öffnet eine TCP-Verbindung mit dem Message Transfer Agent. Nach dem Verbindungsaufbau durchläuft POP3 folgende Zustände:
1. Authorisierung: *username, password*
2. Übertragung
3. Update: Löschen von E-Mails.

Internet Message Access Protocol (IMAP) ermöglicht den Zugriff auf E-Mails von verschiedenen Standorten. Dabei werden die E-Mails nicht mehr auf die Maschine des Nutzers übertragen, sondern der Server verwaltet diese zentral.

19

19.4   Next Generation Network (NGN)

Wolfgang Frohberg

NGN bezeichnet ein Kommunikationsnetz, das durch die Konvergenz herkömmlicher Netze (Telefonnetz, Mobilfunknetze etc.) mit IP-basierten Netzen entsteht /19.2/.

19.4.1   Systemarchitektur

Die wichtigsten Elemente der NGN Systemarchitektur sind:
- *Media Gateway*
- *Media Gateway Controller*
- *Signalling Controller*

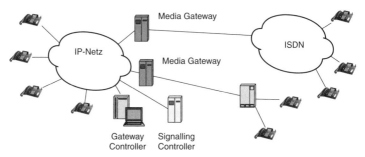

Bild 19.7   NGN-Systemarchitektur

Oftmals wird das Signalling Gateway auch als **Softswitch** bezeichnet, während in anderen Quellen das Gesamtsystem aus Gateway-Steuerung und Signalisierungsfunktion als Softswitch bezeichnet wird.

Der **Media Gateway Controller** steuert das Media Gateway. Er definiert, welche Medienumsetzung das Gateway an welchem logischen Datenstrom vorzunehmen hat. Der Media Gateway Controller unterstützt unterschiedliche Steuerprotokolle, wie SIP oder H.323.

Ein **Media Gateway** ist ein **Netzübergang** und wandelt Sprach-, Audio- oder Bildinformationen von einem Datenformat in ein anderes um. Hierbei findet eine Transcodierung der Daten statt.

Das Media Gateway besteht aus physikalischen (z. B. B-Kanal) oder logischen (z. B. VoIP-Paketstrom) Netzabschlüssen, zwischen denen das Datenformat der Nutzdaten und der Signalisierung umgesetzt werden muss.

❏ *Beispiel:* Ein Media Gateway terminiert lokal ISDN-Basiskanäle und wandelt die über sie übertragenen Sprachdienste in RTP-*Media-Streams* für ein IP-basiertes Netz um.

Dient das Media Gateway zur Umsetzung von Sprache vom ISDN auf ein IP-Netz, wird zusätzlich die Funktionalität eines *Signalling Gateway* benötigt, da mit dem Verbindungsaufbau im ISDN die Verarbeitung von Signalisierungsdaten einhergeht.

Das **Signalling Gateway** dient dazu, Signalisierungsdaten aus dem Signalisierungssystem SS7 des ISDN am Netzübergang so zu bearbeiten, dass Sie über das IP-Netz gesendet werden können. Dazu wird das Protokoll *SCTP* verwendet.

Ein **Softswitch** hat in einem Next Generation Network die Aufgabe der Ansteuerung der Media Gateways und der Signalisierung. Er ist die zentrale (intelligente) Funktionskomponente zur Steuerung des Netzes. Zudem kann der Softswitch die Funktion des Media Gateway selbst enthalten.

Die Bezeichnung Softswitch ist auf die Verwendung von Software zurückzuführen und auf seine Aufgabe, die zentrale Steuerung der Vermittlung, die in der herkömmlichen Telefonie ein *Switch* ausführt. Zu den Vermittlungsaufgaben eines Softswitches gehören Funktionen der Protokollkonvertierung und Autorisierung (in einem IP-Netz ist ein bestimmter Nutzer nicht durch seine physikalische Anschlussleitung identifiziert und muss daher authentisiert werden) sowie Managementfunktionen der Verwaltung und Abrechnung.

19.4.2 Protokolle

Grundsätzlich gibt es zwei Protokollstacks, die die Funktionen von NGN realisieren:

- den H.323-Protokollstack der ITU-T
- die Architektur der IETF, oft als SIP-Protokollstack bezeichnet.

H.323 ist ein Protokoll der H.32x-Serie, die auch die Kommunikation über öffentliche Telefonnetze und ISDN enthält. Es ist eine übergeordnete Empfehlung der ITU-T. In ihr werden Protokolle definiert, die eine audio-visuelle Kommunikation auf jedem Paketnetzwerk beschreiben. H.323 war der erste Standard für IP-Telefonie, der das *Real Time Protocol* (RTP) der IETF anwendet, um Audio und Video über IP-Netzwerke zu transportieren. H.323 benutzt viele ITU-T-Protokolle, zum Beispiel:

- **H.225.0** beschreibt die Signalisierung, die Umwandlung der medienbezogenen Datenströme in Pakete, die Synchronisierung der Datenströme und die Anpassung des Nachrichtenformats.
- **H.245** beschreibt die Nachrichten und Verfahrensweisen für das Schalten logischer Kanäle für die Übertragung von Audio, Video und Daten sowie für die Ressourcenverwaltung.
- **H.450** definiert zusätzliche Telefoniefunktionen, um beispielsweise die Leistungsmerkmale von ISDN auf IP abzubilden.
- **H.235** ist für die Sicherung der Übertragung und die Authentisierung (siehe AAA-Dienste) zuständig.

19

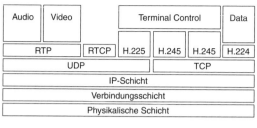

Bild 19.8 H.323-
Protokollsuite

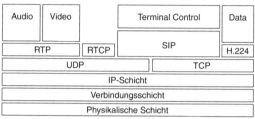

Bild 19.9 IETF-
SIP-Protokollsuite

Das **Session Initiation Protocol** (**SIP**) ist ein Netzprotokoll zum Aufbau einer Kommunikationssitzung zwischen zwei oder mehr Teilnehmern. Das Protokoll wird im RFC 3261 spezifiziert. In der IP-Telefonie ist das SIP ein häufig angewandtes Protokoll.

Zusätzlich zu den H.323- bzw. SIP-Protokollstacks wird das **MEGACO**-Protokoll eingesetzt.

Das **Media Gateway Control Protocol** (**MEGACO**) ist ein von der IETF (RFC 3015) und der ITU-T (Empfehlung H.248) unterstütztes Protokoll zur Steuerung von Media Gateways und wird für den Aufbau von VoIP-Verbindungen benutzt. Es arbeitet unabhängig von der in H.323 und SIP verwendeten Signalisierung.

MEGACO unterstützt vor allem die **SIGTRAN**-Signalisierung der IETF und stellt für diese die Sprachkanalsteuerung bereit. MEGACO basiert auf dem Prinzip, dass die Intelligenz für die Verbindungssteuerung im Media Gateway Controller konzentriert ist.

19.4.3   Anwendung

Dienste und Anwendungen

Neue Dienste in einem NGN werden auch als **NGS** (*Next Generation Services*) bezeichnet. Erbracht werden diese Services von der so genannten *Service Delivery Platform* (SDP).

Die Hauptanwendung von NGN ist die Telefonie. NGN bieten jedoch die Möglichkeit, auch andere Medien in einem konvergenten Netz zu transportieren und als Dienste kombiniert anzubieten. Für Netzbetreiber ist NGN der Konvergenzmechanismus, um derzeitige und zukünftige Anwendungen auf IP-Basis zu realisieren. NGN bieten folgende Dienste an:

- **Internet-Telefonie** auf der Basis von Voice over IP (VoIP)
- **Intelligente Netze** (→ 19.2.5) mit allen klassischen und wegen der Multimedia-Fähigkeit von NGN erweiterten Funktionen
- **AAA-Dienste.** *Authentication, Authorization* and *Accounting* (AAA) wird für alle kommerziellen Dienste benötigt, die im Internet und anderen IP-basierten Netzen angeboten werden. NGN stellen dafür Server bereit, die zentral diese Funktionen realisieren (z. B. RADIUS, DIAMETER).

Intelligent Multimedia Subsystem (IMS)

> **IMS** ist eine Plattform für IP-basierte Multimedia-Anwendungen im Festnetz und Mobilfunknetz, die sich auf bereits bestehende Industriestandards stützt und vom ETSI/TISPAN und 3GPP standardisiert wurde.

Ursprünglich ist IMS als Fortentwicklung zu UMTS (→ 17.3) entstanden. Heute ist IMS die modernste Realisierung von NGN. Wie NGN soll IMS alle Kommunikationsdienste auf einer (IP-)Plattform realisieren. Mit IMS ist es möglich, Sprachdienste in Mobilfunknetzen mit Internet-Funktionen zu verknüpfen.

Das bei IMS genutzte Signalisierungsprotokoll ist SIP.

19.5   Multimedia-Dienste

Harald Orlamünder, Helmut Löffler

19.5.1   Definition

> **Medien** *(media)* sind Mittel zur Darstellung und Verbreitung von Information /19.22/.

19

Bei Multimedia handelt es sich um mehrere Sinne ansprechende Darstellungs- und Verbreitungsformen. Je nach Art der sinnlichen Wahrnehmungen unterscheidet man verschiedene *Medientypen*, z. B. Text, Ton, Grafik, Festbilder, Audio, Bewegtbilder (Video).

Die ITU-T-Empfehlung F.700 mit dem Titel „Framework Recommendation for multimedia services" /19.3/ definiert Multimedia folgendermaßen:

Der Begriff **Multimedia** (*multimedia*) ist ein Adjektiv, das einem Substantiv zugeordnet werden muss, welches für den Kontext sorgt. Beispiele sind Multimedia-Dienst oder -Anwendung, Multimedia-Endgerät, Multimedia-Netz und Multimedia-Präsentation.

The term multimedia is an adjective and must be attached to a noun which provides the context. For example, multimedia service or application, multimedia terminal, multimedia network and multimedia presentation.

Multimedia-Dienste sind nach ITU-F.700 Telekommunikationsdienste, die aus Nutzersicht zwei oder mehr Medientypen in einer synchronisierten Art und Weise behandeln. Ein Multimedia-Dienst kann mehrere Teilnehmer und mehrere Verbindungen umfassen. Zusätzlich können Betriebsmittel und/oder Teilnehmer innerhalb einer Session hinzugefügt oder entfernt werden.

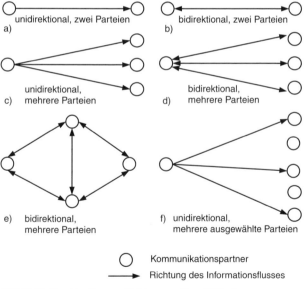

Bild 19.10   Kombination von Richtungsmodi und Teilnehmern

Aus dieser Definition ergeben sich folgende Merkmale, die einen Telekommunikationsdienst als Multimedia-Dienst charakterisieren:

- Ein Multimedia-Dienst umfasst zwei oder mehr Medientypen (z. B. Text, Grafik, Bild, Sprache, Audio, Video, Daten).
- Die verschiedenen Medientypen werden simultan dargestellt bzw. sind miteinander synchronisiert.
- Während der Verbindung können Medientypen zu- und abgeschaltet werden.
- Es sind Verbindungen zwischen zwei oder mehr Teilnehmern möglich.

Bei der multimedialen Kommunikation unterscheidet man sowohl die Richtung, in der Medientypen übermittelt werden, als auch verschiedene Kombinationen der teilnehmenden Parteien (→ Bild 19.10):

- unidirektional oder bidirektional zwischen zwei Teilnehmern
- unidirektional und mehrere Teilnehmer, Eins-zu-Viele; Beispiel: Broadcasting des digitalen Fernsehens an alle potenziellen Empfänger
- bidirektional, mehrere Teilnehmer, Eins-zu-Viele; Beispiel: Kommunikation mehrerer Teilnehmer mit derselben multimedialen Datenbank
- bidirektionale Kommunikation, Viele-zu-Viele; jeder Teilnehmer kann mit jedem anderen Multimedia-Daten austauschen
- Multicasting: ein Teilnehmer (Informationsquelle) sendet nur an ausgewählte andere Empfänger oder an ausgewählte Empfängergruppen.

19.5.2   Technik der Multimedia-Dienste

19.5.2.1   Dienste-Komponenten

Text

> Als **Text** bezeichnet man eine Folge typographischer Zeichen.

Die Übermittlung von Texten gehört zu den ältesten Kommunikationsdiensten. Beispiel: Telegrafie. Dabei wurde der Text in spezielle Zeichen codiert – die Morsezeichen. Dies erlaubt eine störarme Übertragung, denn es gibt nur zwei Zustände: Strom ein und Strom aus. Bei der telegrafietypischen Codierung von Morsezeichen wird eine Form der Optimalcodierung angewandt und der Nachrichtenkanal effizent ausgenutzt: Zeichen, die in einem normalen Text häufig auftreten, erhalten ein kurzes Codewort, seltene Zeichen ein langes (→ 5.1).

Der Standard für die Codierung typographischer Zeichen beruht vorwiegend auf dem ASCII-Code (*American Standard Code for Information Interchange*) /19.4/. Er erlaubt 128 Kombinationen. Das reicht für einen Text in englischer Sprache. Um aber auch alle diakritischen Zeichen der westeuropäischen Sprachen darzustellen (z. B. die im Französischen verwendeten Akzente, die Punkte über deutschen Umlauten oder die im Spanischen benutzte Tilde),

19

reicht dieser Zeichenvorrat nicht aus – gar nicht zu reden von den vielen anderen Schriftzeichen, die es auf der Welt gibt. Daher wurde unter dem Begriff Unicode eine erweiterte Darstellungsmöglichkeit geschaffen, die für jedes Textzeichen bis zu 32 bit vorsieht /19.5/, /19.6/.

Verbreitete Datenformate für Texte:
- **TXT**: stellt reinen ASCII- oder UNICODE-Text dar, wie oben beschrieben.
- **DOC**: Dateiformat, wie es die Textverarbeitung Microsoft Word liefert. Eigentlich kein Format für den Austausch von Texten. Aber durch die weite Verbreitung des Programms, die Importmöglichkeit in andere Textverarbeitungsprogramme und die verfügbaren *Reader* (Programme nur zum Lesen) wird das Format oft zum Austausch benutzt.
- **PDF**: Das *Portable Document Format* der Firma Adobe ist heute Quasi-Standard für den Austausch von Dokumenten, die nicht weiterverarbeitet werden.
- **HTML** (*Hypertext Markup Language*) – auch Hypertext genannt: Datenformat für Texte und Tabellen in der Sprache des Internets. Informationen in HTML können mit Web-Browsern dargestellt werden.
- **XML** (*Extended Markup Language*): dient zur Darstellung hierarchisch strukturierter Daten in Form von Textdateien. Entsprechende Dokumente eignen sich besonders für den Datenaustausch im Internet.

Grafik und Bilder

Bei **Grafiken** können zwei grundsätzliche Verfahren der Repräsentation unterschieden werden:
- Bitmaps/Rastergrafiken und
- Vektorgrafiken.

Bilder (Fotos) werden als *Bitmaps* dargestellt.

> **Rastergrafiken** bestehen aus *Pixeln* bzw. *Pixelrastern*. Jedem Bildpunkt ist ein Farbwert zugeordnet.

❑ *Beispiel:* Mit Digitalkameras aufgenommene Bilder sind Rastergrafiken.

> **Vektorgrafiken** sind Zeichnungen aus Linien und Kurven. Die Bildbeschreibungen definieren sich mittels mathematischer Funktionen.

❑ *Beispiel:* Ein Kreis in einer Vektorgrafik kann über die Lage des Mittelpunktes, den Radius, die Linienstärke und Farbe vollständig beschrieben werden.

▶ *Hinweis:* Vektorgrafiken lassen sich ohne Qualitätsverlust beliebig skalieren.

Bitmaps sind Pixelgrafiken: Jeder Bildpunkt wird codiert. Die entsprechenden Datenformate stammen von Firmen oder Gremien, und entsprechend vielfältig ist die Palette. Die bekanntesten Formate sind:

- **BMP**: *Bitmap*, unkomprimierte Codierung jedes einzelnen Bildpunktes; daher sehr große Dateien und nicht für den Austausch geeignet.
- **GIF**: *Graphics Interchange Format* der Firma Compuserve /19.7/; komprimiertes Format, das auch einfache Animationen zulässt, allerdings auf 256 Farben beschränkt. Nachdem die Patente von Unisys auf den Kompressionsalgorithmus ausgelaufen sind, ist das Format heute frei verwendbar.
- **TIFF**: *Tagged Image File Format*, ursprünglich von Aldus (von Adobe übernommen) und Microsoft für gescannte Rastergrafiken entwickelt. Es wird in seiner verlustlosen Version besonders in der Druckvorstufe als Datenaustauschformat eingesetzt.
- **JPEG**: *Joint Photographic Experts Group*, benannt nach dem gleichnamigen Gremium /19.8/, besonders geeignetes Format für Fotos; erlaubt 32 Mio. Farben. Die Kompression (und damit die Qualität) lässt sich in weiten Bereichen variieren /19.9/.

Sprache

Nach der Telegrafie ist die Übertragung von Sprache der zweitälteste Telekommunikationsdienst. Hierfür ist ein Frequenzband von 300 Hz bis 3,4 kHz vorgesehen, was weit unterhalb der Anforderungen für eine Stereoanlage liegt, aber für eine gut verständliche Sprachkommunikation ausreicht.

Mit der Einführung der Digitalisierung wurde eine Codierung für Sprache festgelegt, die den damaligen Möglichkeiten gerecht wurde: die *Pulse Code Modulation* (PCM) mit der Bitrate 64 kbit/s, resultierend aus einer Abtastrate von 8 kHz und einem Codewort von 8 bit Breite /19.10/ ($\rightarrow$ 8.2.1).

Heute gibt es eine Vielzahl an Sprachcodierungen, die mit unterschiedlichen Techniken (Kompression, Vocoder-Prinzip, ...) auch bei Datenraten unter 10 kbit/s noch akzeptable Ergebnisse liefern. Einige Codierungen für Sprache sind:

- **PCM** ($\rightarrow$ 8.2.1): *Pulse Code Modulation* mit 64 kbit/s; weit verbreiteter Standard und oftmals auch Rückfallebene, falls in einer Verbindung keine bessere Codierung ausgehandelt werden kann.
- **ADPCM**: *Adaptive PCM*, einfach komprimierendes Verfahren, Anwendung z. B. bei DECT-Telefonen.
- Vocoder-Prinzip (z. B. G.723): Modellierung des menschlichen Sprachtrakts mittels Anregungsvektoren, Filter für Rachenraum und Mundraum und Verstärkungsfaktoren; Übertragen der Adressen von Filterkoeffizienten, Verstärkungsfaktoren und Anregungsvektoren. Die Sprache wird dann auf der Empfangsseite synthetisch hergestellt.
- **CELP**: *Code Excited Linear Prediction* steht für ein Verfahren mit hoher Komprimierung. Hiermit lässt sich Sprache selbst mit 2,4 kbit/s verständlich übertragen.

19

Audio

> Unter **Audio** versteht man den menschlichen Hörbereich, dessen Frequenzen zwischen 20 Hz und 20 kHz liegen.

❑ *Beispiel:* Zu den Audiosignalen gehören insbesondere Musik- und genau genommen auch Sprachsignale.

Während es bei der reinen Sprachübertragung auf die bestmögliche Verständlichkeit ankommt, erfordert die Audioübertragung eine möglichst naturgetreue Wiedergabe auf der Empfangsseite. Das erfordert gegenüber Sprache die Übertragung eines größeren Frequenzbereichs und andere Kompressionsverfahren. Hierfür gibt es eine Reihe von Techniken. Die bekannteste ist das Ausblenden von Anteilen, die das menschliche Ohr nicht wahrnehmen kann. Das sind z. B. leise Töne, die frequenzmäßig neben lauten Tönen liegen. Dieses physiologische Phänomen wird Mithörschwelle genannt. Das technische Verfahren dazu heißt MUSICAM (*Masking Pattern adapted Universal Coding and Multiplexing*, → 18.3.2.2) und wird beim weit verbreiteten MP3-Verfahren eingesetzt. Inzwischen gibt es weitere Codierungen, die teilweise noch kompakter sind als MP3.

Audio-Codierungsarten (Auswahl):
- **PCM** (→ 8.2.1): Mit einer Abtastrate von 44,1 kHz und 16 bit Breite für jeden der zwei Stereokanäle ergibt das eine Datenrate von ca. 1,4 Mbit/s. Anwendung bei Audio-CDs.
- **MP3**: Ein komprimierendes Verfahren, das gegenüber reiner PCM eine Kompression um den Faktor 10 erlaubt.
- **OGG**: *OggVorbis*, freies Verfahren ähnlich MP3.
- **WMA**: *Windows Media Audio*, proprietäres Audio-Codierverfahren von Microsoft (Teil der Windows-Media-Plattform).

Video

> **Video** ist die visuelle Darstellung einer Sequenz von aufeinander folgenden Einzelbildern zum Zwecke einer Bewegtbilddarstellung.

Bewegtbildkommunikation in Fernsehqualität erzeugt eine um den Faktor 2000 höhere Datenrate als Sprachkommunikation. Erst als komprimierende Verfahren entwickelt waren, die z. B. mit Redundanzreduktion und Irrelevanzreduktion (Bilddetails, die das Auge nicht erkennen kann, werden nicht übertragen) arbeiteten, konnte man einen Videodienst anbieten.

Heute finden sich auf vielen Web-Seiten Videoinhalte und selbst komplette Filme in guter Qualität können aus dem Internet geladen werden. Ein weiterer

Schritt ist die beginnende Verbreitung von IPTV, der TV-Übertragung über das Internet.

Codierungen für Videokommunikation:

- **PCM**: Wie Sprache wurde ursprünglich auch Videoinformation in PCM codiert (→ 8.2.1). Standardfernsehqualität erfordert dann eine Datenrate von 216 Mbit/s (ein Luminanzsignal von 13,5 MHz und zwei Farbdifferenzsignale von je 6,75 MHz, alle drei mit 8 bit Auflösung). Eine Verbesserung brachte das Ausblenden der Austastlücken. Allerdings ergeben sich dann immer noch Bitraten von 167 Mbit/s /19.11/.

- **MPEG**: Die *Moving Picture Experts Group* arbeitet seit Jahren an komprimierenden Videocodierungen und stellt immer bessere Verfahren bereit /19.12/. Nach MPEG-1 (VHS-Qualität, heute für Video-CDs genutzt) kam MPEG-2 (Fernsehqualität). Mit MPEG-4 steht heute eine Codierung zur Verfügung, die eine normale Fernsehqualität bei ca. 2 Mbit/s bietet und bei ca. 10 Mbit/s HDTV (High Definition TV) liefern kann /19.13/.

Neben diesen im Fernsehbereich weit verbreiteten Codierungsverfahren gibt es eine Reihe anderer, die im **WWW** benutzt werden. Sie stellen meist Entwicklungen einer bestimmten Firma dar, die den notwendigen Player umsonst verteilt und ihr Geschäft mit den Werkzeugen zur Erstellung macht. Beispiele sind:

- **WMV**: *Windows Media Video*, ein proprietärers Videocodierverfahren von Microsoft (Teil der Windows-Media-Plattform).

- **MOV**: *Apple-Quicktime*-Format, ursprünglich für die Apple-Plattform geschaffen, heute aber auf jeder Plattform abspielbar.

- **SWF**: *Macromedia Flash*, ursprünglich für Animationen geschaffen.

Daten

Ein *Datum* (Pl. *Daten*, data) ist eine Information, die als Zeichenfolge dargestellt werden kann; in Informatik und Nachrichtentechnik als *digitale* Zeichenfolge (→ 1).

> **Dateiformate** bestimmen, wie Daten und Strukturinformationen eines Dokuments auf einem Speichermedium abgelegt werden.

❑ *Beispiele für Datenformate:* BMP, GIF, HTML, JEPG, MOV, PCX, XML, ZIP

19

19.5.2.2 Übergreifende Aspekte aus Dienstesicht

Erst wenn mehrere unterschiedliche Medien in einer Beziehung zueinander stehen, wird daraus ein Multimedia-Dienst. Damit ergeben sich dann auch Anforderungen an die Technik.

Synchronität zwischen Bild und Ton

Obwohl eine gewisse Verzögerungszeit zwischen dem Videosignal und dem zugehörigen Ton für das Verstehen des Inhaltes unerheblich wäre, fühlt sich der Mensch unbehaglich, wenn der Gleichlauf gestört ist. (Vergleichbar einem schlecht synchronisierten Film, bei dem die Lippenbewegungen ebenfalls nicht mit dem Höreindruck korrespondieren.) Die ITU-T-Empfehlung F.701 lässt eine Abweichung von 100 ms zu /19.14/.

Verzögerung

Multimedia-Dienste betreffen in der Regel Dienste, die von einem Menschen im Dialog benutzt werden, entweder mit einem anderen Menschen oder mit einer Maschine, einem Server. Wichtig für gute Bild- und Tonqualität sind eine Mindestbandbreite sowie geringe Verzögerungszeiten (*delays*).

▶ *Hinweis:* Ursache von Übertragungsverzögerungen: Verweilzeit der Nachrichten in Transit-/Vermittlungsknoten sowie die Laufzeit der Signale (Ausbreitungsdauer) (→ Bild 19.11).

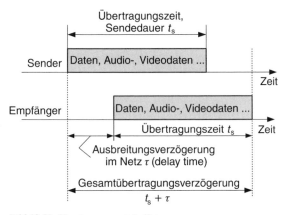

Bild 19.11   Verzögerungszeit in Netzen

Von maßgeblichem Einfluss auf die Qualität von Multimedia-Diensten ist die **Ausbreitungsverzögerung** τ in Netzen und das sog. *Bandwith-Delay-Product* a:

$$a = \frac{Sendebitrate \cdot Ausbreitungsverzögerung}{Nachrichtenlänge} = \frac{v \cdot \tau}{l_{Nachr}} \qquad (19.3)$$

Die Größe a lässt sich als Anzahl der Dateneinheiten interpretieren, welche sich in ein Netz „hineinpumpen" lassen. Entsprechend Gl. (19.3) wird der Anteil der Ausbreitungsverzögerung umso signifikanter, je höher die Datenraten und je größer die zu überbrückenden Entfernungen sind.

Tabelle 19.2 Bandwidth-Delay-Produkte einiger Netze

Netztyp	Bitrate v in Mbit/s	Länge in km	Ausbreitungs- verzögerung τ in µs	Bandwidth- Delay-Produkt a
LAN (Ethernet)	10		1	0,05
Gigabit-LAN	1000	2	10	10
Gigabit-MAN	1000	10	50	50
Gigabit-WAN	1000	4 000	20 000	20 000

Zu den besonders verzögerungssensiblen Anwendungen gehören Sprache und Audio. Ein Sprachdialog beginnt massiv zu leiden, wenn die Verzögerungszeit 250...300 ms übersteigt. Die Gesprächspartner beginnen sich ins Wort zu fallen. Für gute Sprachdialoge sollte die Verzögerungszeit < 150 ms sein. Weitere quantitative Anforderungen einiger typischer Multimedia-Anwendungen siehe Tabelle 19.2.

Tabelle 19.3 Quantitative Anforderungen einiger Multimedia-Anwendungen

Medientyp	Bitrate in Mbit/s	Delay in ms	Jitter in ms	Zulässige Fehlerrate	Beispiel
Daten	0,001...0,1	< 1000	beliebig	10^{-9}	Text
Grafik	> 100	< 100	beliebig	10^{-8}	3D-Grafik
Bild	< 10	< 1000	beliebig	10^{-9}	JPEG-Bild
Audio	0,064 1,411	< 1000 50...500	5...10 5...10	10^{-8} 10^{-8}	Compact Disc, PCM
Video	0,384...2,0 34...45	< 150 < 150	5...10 < 10	10^{-6} 10^{-4}	H.261-Video- konferenz TV-Verteilung

19.5.2.3 Protokolle zur Unterstützung von Multimedia-Diensten

Transport über IP

19

Moderne Netze basieren auf dem *Internet-Protokoll* (IP), also werden Multimedia-Dienste auch diese Netze nutzten. Aus den vorher genannten Forderungen lassen sich Qualitätsmerkmale ableiten, die das Netz bereitstellen muss. Im klassischen Internet wird nach dem Best-Effort-Prinzip gehandelt. Es setzt sich eine Differenzierung durch: Sobald eine Netzgrenze überschritten wird, können bilaterale Verhandlungen – das Aushandeln so genannter *Service Level Agreements* (SLA) – helfen, die Dienstgüte zu sichern.

Verfahren zur Beeinflussung der Dienstqualität sind z. B.:
- Reservierung von Ressourcen
- Klassenbildung und Priorisierung
- Nutzung der Qualitätsmerkmale einer unterliegenden Schicht 2.

Zu diesen drei Verfahren gibt es entsprechende Protokolle:
- *Ressource Reservation Protocol* (RSVP) als Lösung des Integrated-Services-Ansatz (IntServ). Hierbei werden Kapazitäten für eine Verbindung reserviert (→ 14.2.8).
- *Differentiated Services* (DiffServ), ein Verfahren, bei dem Dienste mit gleichen Qualitätsanforderungen zu einer Klasse zusammengefasst und für die verschiedenen Klassen Prioritätsstufen eingeführt werden (→ 14.2.8).
- *Multi Protocol Label Switching* (MPLS), ein Verfahren, bei dem ebenfalls Klassen entstehen, die allerdings auf Schicht 2 gruppiert werden (→ 14.2.3.5).

Echtzeit mit RTP

Die vorher genannten Verfahren sind notwendig, allerdings für Echtzeitdienste nicht ausreichend. Um die Information auf der Empfängerseite möglichst naturgetreu zu rekonstruieren, wurden das *Real Time Transport Protocol* (RTP) und das zugehörige Steuerprotokoll RTCP spezifiziert (→ 14.2.5).

Signalisierung mit zwei Optionen

Für moderne Multimedia-Architekturen wird eine Reihe von Protokollen zur Steuerung der Sessions benötigt. Entsprechende Standards wurden ausgearbeitet von
- der *International Telecommunication Union* ITU, insbesondere gehört dazu die H.323-Familie
- der *Internet Engineering Task Force* (IETF) z. B. das *Session Initiation Protocol* SIP
- ETSI im TISPAN-Gremium (→ Bild 19.12).

Wie im ISDN vor dem eigentlichen Informationsaustausch eine Zeichengabeprozedur stattfindet, in der
- der gewünschte Teilnehmer gesucht wird,
- geprüft wird, ob er gerufen werden kann,
- welche Fähigkeiten seine Teilnehmerinstallation hat,
- ob das Netz auch die erforderlichen Ressourcen für die Verbindung zur Verfügung stellen kann,

müssen auch in einer Multimedia-Anwendung über ein IP-Netz vergleichbare Funktionen bereitgestellt werden.

Zu den wichtigen Eigenschaften eines Multimedia-Dienstes gehört die Möglichkeit, Komponenten zu- und abzuschalten. Dies erfordert eine Trennung

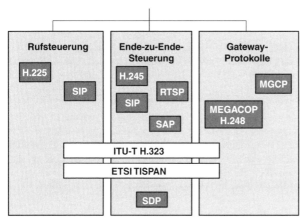

Bild 19.12 Steuerprotokolle für Multimedia-Sessions

zwischen der Rufsteuerung (*Call* oder *Session*) und der Verbindungssteuerung (*Bearer*).

Da noch eine lange Zeit neben den paketbasierten Kommunikationsformen die traditionelle Telefonie auf leitungsvermittelter Basis bestehen wird, sind entsprechende Übergänge (*Gateways*) notwendig, die ebenfalls Steuerprotokolle benötigen.

Zusammen ergeben sich folgende Protokolle:

- Protokolle der Rufsteuerung (Call Control, Session) mit
  - *Call Signalling* für Multimedia-Systeme nach H.225
  - *Session Initiation Protocol* (SIP).
- Protokolle zur Ende-zu-Ende Verbindungssteuerung (Bearer Control) mit
  - *Control Protocol* für Multimedia-Systeme nach H.245
  - *Session Initiation Protocol* (SIP)
  - *Realtime Streaming Protocol* (RTSP)
  - *Session Announcement Protocol* (SAP)
- Protokolle im Zusammenhang mit Gateways mit
  - *Media Gateway Control Protocol* (MEGACOP/H.248)
  - *Simple Control Transport Protocol* (SCTP).
- Eine Sonderrolle kommt der Beschreibungssprache zu: Session Description Protocol (SDP).

19

ITU-T-Protokolle um H.323

Die Protokoll-Suite der ITU-T um die Empfehlung H.323 war die erste Beschreibung von Protokollen zur Unterstützung von Multimedia-Diensten in Paketnetzen /19.15/. Dazu gehören neben der Basisbeschreibung in H.323 auch die entsprechenden Detailbeschreibungen, z. B. in H.225 und H.245.

Die **Rufsteuerung** dient zum Auf- und Abbau von Sessions zwischen zwei Endpunkten. Das können Endgeräte (Terminal), Gateways oder Multipoint-Prozessoren sein. Die Nachrichten dazu sind in der Empfehlung H.225.0 festgelegt. Ursprünglich war für eine Rufsteuerung das Zeichengabeprotokoll DSS-1 vorgesehen, welches für ISDN-64 entwickelt wurde. Allerdings ist dieses einerseits nicht ausreichend für Multimedia-Anwendungen über Paketnetze, andererseits enthält es Anteile, die für diesen Anwendungsfall nicht benötigt werden. Daher wurde eine Untermenge ausgewählt, zu der weitere Anteile hinzugefügt wurden. Ist eine Session aufgebaut, werden über ein spezielles Steuerprotokoll die einzelnen Verbindungen gesteuert. Das Protokoll dafür ist in der Empfehlung H.245 festgelegt /19.16/.

IETF-Protokolle um SIP

Von der Internet Engineering Task Force (IETF) stammt das Session Initiation Protocol (SIP, → 14.2.7, 19.3.1). Diese Protokoll enthält vergleichbare Funktionen wie die H.323-Protokolle, jedoch sind die Protokollformate verschieden.

Gateway-Protokolle

Lange Zeit werden klassische Telekommunikationsnetze und paketbasierte Netze noch nebeneinander bestehen. Für die übergreifende Kommunikation werden *Gateways* benötigt, die spezielle Steuerprotokolle erfordern. Ein Ergebnis der Kooperation von ITU-T und IETF ist die Empfehlung H.248, welche bei der IETF MEGACO genannt wird /19.17/, /19.18/.

Session Description Protocol (SDP)

Es handelt sich hierbei um eine Text-basierte Beschreibung einer Multimedia-Session, wie sie in anderen Protokollen verwendet wird.

Alle Aktionen, die mit einer solchen Beschreibung verknüpft sein könnten, werden also anderen Protokollen überlassen. Das können z. B. Protokolle zur
- Einleitung einer Session (z. B. SIP)
- Ankündigung einer Session (z. B. SAP oder auch E-Mail)
- Änderung von Parametern sein.

Üblicherweise wird also SDP als Teil einer Protokollnachricht eines anderen Protokolls verschickt. Elemente einer solchen Session Description sind in Tabelle 19.4. aufgelistet, wobei die ersten 5 Parameter notwendig sind, der Rest ist optional. Weitere Details siehe /19.19/. Ein kommentiertes Beispiel zeigt Tabelle 19.5.

Tabelle 19.4 SDP-Protokoll-Elemente

	Name	Erklärung
v	version	Protokollversion
o	owner	Besitzer bzw. Erzeuger einer Session
s	session name	Name für die Session
t	time	Zeit, in der die Session aktiv ist, darauf folgend evtl. optionale Elemente der Time Description
m	media	Name und Transportadresse des Media-Streams, darauf folgend evtl. optionale Elemente der Media Description
optional in der Session Description		
i	session information	Freie Information zur Session
u	URI	Identifier der Session-Beschreibung
e	e-mail address	E-Mail-Adresse des Owners
p	phone number	Telefonnummer des Owners
z	time zone adjustment	Angleichung der Zeitzonen
optional in der Media Description		
i	media title	Titel für diesen Medienstrom
c	connection information	zusätzliche Information zum Media-Stream; üblicherweise schon in „m" enthalten
b	bandwidth	Information zur benötigten Bandbreite
k	encryption key	Schlüssel bei verschlüsselten Media-Streams
a	attributes	zusätzliche Attribute; hiermit lässt sich das Protokoll erweitern
optional in der Time Description		
r	repeat	Wiederholungen

Real Time Streaming Protocol (RTSP)

Insbesondere gespeicherte Multimedia-Inhalte erfordern eine Möglichkeit der Einflussnahme auf die Präsentation der Inhalte, um z. B. die Wiedergabe anzuhalten, für schnelles Vor- oder Zurückspulen oder auch um auf Aufnahme zu schalten. Um solche Funktionen zu übermitteln, wurde ein eigenes Protokoll geschaffen: das *Real Time Streaming Protocol* (RTSP) ($\to$ 14.2.6).

19

Session Announcement Protocol (SAP)

Angenommen, ein Benutzer initiiert eine RTP-Session, z. B. eine Videoübertragung, dann möchte er diese normalerweise bekannt machen, sodass jedermann teilnehmen kann. Den potenziellen Zuschauern muss in irgendeiner Form dieses Angebot mitgeteilt werden. Hierzu eignet sich das *Session Announcement Protocol* SAP /19.20/. Es handelt sich dabei gewissermaßen um das Verpacken einer Session Description, wie oben beschrieben wurde,

Tabelle 19.5 Beispiel einer Beschreibung in SDP

v=0	**V**ersion des benutzen SDP-Protokolls
o=orla 12345 789 IN IP4 149.204.2.25	**O**wner, bestehend aus Username, Session Identifier (von der Applikation generiert), Version dieser Nachricht, Netztyp (hier: Internet), Typ der Adresse und die Adresse selbst
s=Dies ist ein SDP-Test	**S**ubject
e=orlamuender@test.de	Kontaktadresse **E**-Mail
c=IN IP4 224.2.1.1/32	IP-Adresse der Session und „time to live"
b=CT:64	**B**andbreite, wobei CT für „Conference Total" steht, die 64 für die Bandbreite in kbit/s
t=3122064000 0	Start- und Stop-Zeit (**T**ime) gemäß Network Time Protocol (NTP), hier: kein Ende vereinbart
m=audio 3456 RTP/AVP 0	**M**edia-Stream unter Angabe von Typ, Port-Nummer, Transport-Protokoll (evtl. mit Angabe des Profils) und Format (z. B. Codierung)
m=application 32416 udp wb	ein zweiter **M**edia-Stream „Application"
a=orient:portrait	Optionen dazu

und um periodisches Aussenden auf einer definierten Multicast-IP-Adresse (224.2.127.254). Jeder Anbieter sendet also auf dieser Adresse, jeder potenzielle Konsument wählt aus dem Angebot auf dieser Adresse das gewünschte Programm aus.

Man kann dies mit einer Programmzeitschrift vergleichen.

19.5.3   Ausgewählte Multimedia-Dienste

Nicht alle Multimedia-Dienste, die in der Vergangenheit entwickelt wurden, haben sich in der Praxis bewährt. Die Gründe dafür sind verschieden: Kosten (Videotelefonie) oder Datenschutz. Sicherheitslücken in den Programmen und das vergleichsweise offene Internet halten potenzielle Nutzer davon ab, über diese Infrastruktur vertrauliche Daten zu schicken, z. B. Kontonummern und andere persönliche Daten.

Die nachfolgende Aufzählung gibt einen Überblick über mögliche Multimedie-Dienste:

- **Broadcast Services**
  - Linear TV (Audio, Video, Daten)
  - Linear TV mit Trick Mode (Pause, Zurückspulen usw.)
  - Pay Per View (PPV, Bezahlfernsehen)
  - Personal Broadcast Service (Broadcast TV vom Nutzer aus initiiert)
  - Time-shift TV (zeitversetztes Fernsehen)
  - Linear Broadcast Audio (Radio)
- **On-Demand Services**
  - Video on Demand (VoD, Filmabruf)
  - Music on Demand (MoD, Musikabruf)
  - Interactive Games (Spiele im Netz)
  - On-demand with Multi-view Service (Beeinflussung der Betrachtungs-winkel bei VoD)
  - Push-VoD (Abonnementsdienst, Videos werden unaufgefordert empfan-gen)
  - PVR-Service (Persönlicher Videorecorder, in Netz oder auf Teilnehmer-seite)
  - Interactive TV (iTV, Einflussnahme auf das Fernsehprogramm)
- **E-Business**
  - Tele-Working, Heimarbeit, Außendienstler
  - Co-operative Working, Joint Editing (gemeinsames Arbeiten)
  - Tele-Maintenance, Tele-Repair
  - Tele-Marketing, Advertising (verschiedene Formen, gezielt auf den Kun-den zuzugehen.)
  - Electronic Tendering (Angebote elektronisch übermittelt)
  - Computer Aided Design and Computer Aided Manufacturing (CAD/CAM)
- **E-Commerce/Tele-Commerce** (Homebanking, Börsenticker, Tele-Shopping, Auktionen)
- **Service Information** (Electronic Program Guide, EPG)
- **Tele-Information** (News, Wetter, Verkehrsinformation)
- **Tele-Communication** (E-Mail, Instant Messaging, Chatting, Web, Video-telefonie, Videokonferenz)
- **Tele-Entertainment** (Games, Bilder, Fotoalben, Karaoke, Lotterie)
- **E-Learning/Tele-Learning**
- **E-Government/Tele-Government**
- **E-Health/Health Care**
- **Regulatorisch vorgeschriebene Dienste**
  - Unterstützung von Menschen mit Behinderungen
  - Notruf
  - Warnmeldungen.

19

Fernsehen, IPTV, Triple Play

Fernsehen, wie wir es täglich benutzen, ist ein Multimedia-Dienst. Benutzt man zur Informationsübertragung ein IP-basiertes Netz, so ergeben sich im Vergleich zu VoIP weitere Herausforderungen. Ein Grund besteht darin, dass das Auge sensibel auf Fehler reagiert. Aktuelle Entwicklungsziele für TV, IPTV und *Triple Play* sind:

- Zusatzdienste (Videotext, Untertitel, Mehrsprachigkeit, . . .) sollen weiterhin vorhanden sein.
- Das Umschalten von Kanälen (*zapping*) soll schnell gehen (bei Triple Play wird das evtl. zur Zentrale signalisiert).
- Die Bildqualität muss mindestens der heutigen entsprechen (keine Aussetzer, Artefakte usw.).
- Die Verfügbarkeit muss mindestens der heutigen entsprechen (kein Besetzt-Fall oder Wartezeiten bei Überlast).

Eine zukünftige Infrastruktur wird nicht nur das Fernsehen ermöglichen, sondern alle Dienste integrieren. Um dieses auszudrücken, wurde der Begriff Triple Play geprägt. Die drei Anteile sind:

- Fernsehen (mit neuen Features)
- Sprache (Telefonie)
- Internet-Zugang (mit hoher Geschwindigkeit).

IPTV/Triple Play beginnt gerade mit seiner Verbreitung. Treiber sind Telekommunikationsunternehmen, die mit ADSL-2 und VDSL jetzt ein Mittel an die Hand bekommen haben, um Privatteilnehmer wirklich breitbandig anzuschließen. Dies ist Grundvoraussetzung für Triple Play. Kabelnetzbetreiber, seither zurückhaltend mit Diensten, die einen Rückkanal benötigen (und damit evtl. eine Aufrüstung ihrer Kabelinfrastruktur), geraten in Zugzwang und gehen das Thema Triple Play jetzt auch an.

E-Commerce

> **E-Commerce** (*electronic commerce*) beinhaltet die Abwicklung von Geschäftsprozessen unter Verwendung moderner Informations- und Kommunikationstechnologien.

Dies kann sowohl die Integration und Verzahnung unterschiedlicher Wertschöpfungsketten oder unternehmensübergreifender Geschäftsprozesse umfassen sowie das Management von Geschäftsbeziehungen. Man unterscheidet:

C2C. *Consumer-To-Consumer* (Verbraucher an Verbraucher), z. B. Auktionshandel über Ebay oder andere.

C2B. *Consumer-To-Business* (Verbraucher an Unternehmen), Dienstleistungsanfragen der Verbraucher an Unternehmen, z. B. myHammer

B2C. *Business-To-Consumer* (Unternehmen an Verbraucher), z. B. Versandhandel über einen elektronischen Marktplatz. Aber auch Preisvergleichsportale und Produktsuchmaschinen sind sehr beliebt. Aufgrund der hohen Besuchsfrequenz solcher Portale sind sie auch als Marktinginstrument beliebt. Der B2C-Bereich ist sehr ausgeprägt.

B2B. *Business-To-Business* (Unternehmen an Unternehmen). Heute werden Ausschreibungen und Geschäftsanbahnungen, oder allgemein der Handel zwischen Unternehmen und Lieferanten, immer häufiger via Internet abgewickelt. Großunternehmen verlangen oft schon von ihren Lieferanten diese Art der Kommunikation und akzeptieren die klassische Form nicht mehr.

Geschäftsformen, bei denen der Verbraucher beteiligt ist, verlangen eine ansprechende Präsentation. Ein langatmiger Text wird nicht gelesen, Bilder und Grafiken sollen ein Produkt attraktiv machen, evtl. ein Video-Clip Besonderheiten zeigen. Schließlich kann ein direkter telefonischer Link auf einen Call-Center-Mitarbeiter letzte Fragen klären.

E-Business

> E-Business (*electronic business*) ist elektronischer Geschäftsverkehr, unter dem in der Regel alle Internet- und Intranet-gestützten Unternehmensaktivitäten verstanden werden.

Videokonferenzen für die Abwicklung von E-Business-Prozessen sind tägliche Praxis. Mit neuen Anwendungen können dem reinen Austausch von Bild und Ton weitere Komponenten hinzugefügt werden. Bild 19.13 zeigt das Beispiel-Layout einer solchen angereicherten Videokonferenz.

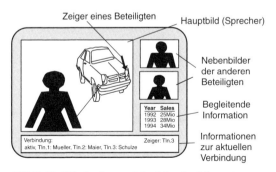

Bild 19.13 Videokonferenz mit begleitender Information

19

Andere wichtige Anwendungen im Geschäftsleben sind *joint editing* oder *white boarding*, also das gemeinsame Bearbeiten eines Dokumentes oder das

Diskutieren an einer gemeinsamen Zeichnung, wobei sich die Partner in der Regel gleichzeitig sehen können.

E-Government

> E-Government umfasst sowohl die Abwicklung von Verwaltungsprozessen mit Unterstützung von Informations- und Kommunikationstechnologien in der öffentlichen Verwaltung als auch die Abwicklung von Prozessen zwischen Bürger und Staat und Wirtschaft und Staat.

Zum E-Government gehören u. a. Bürgerinformationssysteme, Informationssysteme zur Förderung des Tourismus, Auskunftssysteme im Rahmen der Wirtschaftsförderung, Fachinformationssysteme Im Bereich der Applikationen lassen sich unterscheiden:

C2A. *Consumer-To-Administration* (Bürger an Verwaltung/Regierung)

B2A. *Business-To-Administration* (Unternehmen an öffentl. Verwaltung), z. B. Ausschreibungen für Leistungen von Unternehmen an den Staat/öffentliche Stellen

A2C. *Administration-To-Consumer* (Regierung an Bürger), z. B. elektronisch gestützte Steuererklärung (Elster)

A2B. *Administration-To-Business* (Regierung an Unternehmen), z. B. Ausschreibungen für Leistungen von Unternehmen an den Staat/öffentliche Stellen

A2A. *Administration-To-Administration* (Regierung/Verwaltung an Regierung/Verwaltung), elektronischer Verkehr zwischen Behörden, Austausch von Informationen

Aufgrund der meist vertraulichen Informationen bestehen hier im Vergleich zu anderen Diensten verschärfte Sicherheitsanforderungen. Das betriff besonders den Datenschutz.

E-Learning

> E-Learning umfasst alle Formen des Lernens, bei denen digitale Medien für die Präsentation und Distribution von Lehrmaterialien und/oder zur Unterstützung zwischenmenschlicher Kommunikation zum Einsatz kommen.

Einige Formen von E-Learning sind:

CBT. *Computer Based Training* (Computergestütztes Lernen), Begriff für Lernsoftware: wird auf CD, aber auch per Internet verteilt. Der Lernende ist frei in der Nutzung, sowohl räumlich als auch zeitlich. Die Inhalte sind meist multimedial, allerdings fehlt der Kontakt zu einem Lehrer oder anderen Lernenden.

WBT. *Web Based Training* (Netzbasiertes Lernen) kann obigen Mangel beseitigen. Neben der Nutzung wie CBT erlaubt der Kommunikationspfad den Austausch mit einem Lehrer und auch anderen Mitlernenden. Allerdings ist dann die Nutzung nicht mehr so orts- und zeitunabhängig.

Videokonferenz: Hiermit lassen sich virtuelle Hörsäle bilden, bei denen Lehrer und Lernende nicht mehr am gleichen Ort sein müssen. Grundkomponenten sind Bild- und Tonübertragung wie bei der normalen Videokonferenz. Zusätzlich lassen sich aber andere Inhalte einbringen, z. B. Animationen, was den Unterricht attraktiver macht. Es gibt Lehrinhalte, die sich nur durch diese Form des Videoconferencing übermitteln lassen, z. B. Übertragungen aus einem Operationssaal.

Business-TV: Fernsehübertragungen, die auf eine spezielle Zielgruppe zugeschnitten sind. Ein Beispiel für Business-TV aus der Automobilindustrie ist das Übermitteln von Reparaturanweisungen für ein neues Automodell an die Werkstätten

▶ *Hinweis:* Wie andere E-Dienste hat auch das E-Learning einen Wandel erfahren. Sah man anfänglich darin die Bildungsform der Zukunft, so hat man inzwischen erkannt, dass E-Learning eher als eine Ergänzung des traditionellen Lehrens und Lernens zu sehen ist. Es ist sinnvoll und gibt durch multimediale Darstellung von komplexen Sachverhalten einen echten Mehrwert, den menschlichen Lehrer kann E-Learning aber nicht ersetzen.

19.5.4   Rechtliche Aspekte

Folgende rechtliche Randbedingungen der Entwicklung und Nutzung von Multimedia-Diensten dürfen nicht außer Acht gelassen werden. Hier nur einige Stichworte:

Notruf: Wie beim heutigen Telefon und Mobiltelefon müssen auch die neuen Dienste Notrufmöglichkeiten bieten. Dabei soll automatisch die jeweils nächste Notrufzentrale kontaktiert werden, was eine Lokalisierung des Teilnehmers erfordert.

Gesetzliches Abhören: Ebenso wie beim Telefon und Mobiltelefon müssen auch andere Dienste die Möglichkeit bieten, dass auf richterlichen Beschluss die Kommunikation aufgezeichnet wird. Das ist heute schon für E-Mail und den Internet-Zugang gefordert, weitere werden sicher folgen.

Unterstützung von Menschen mit Behinderungen: Hier geht es neben der Direkthilfe für Behinderte auch um notwendige Unterstützungsmöglichkeiten in unserer immer älter werdenden Gesellschaft.

Medienrecht: Waren seither die Bereiche Telekommunikation und Rundfunk streng getrennt, bringt sie Multimedia, IPTV und Triple Play immer näher zusammen. Damit gewinnen auch Fragen des Medienrechtes an Bedeutung.

19

19.5.5   Zukünftige Entwicklungen

Seit einigen Jahren sind konzeptionell keine neuen Dienste entwickelt, sondern nur bestehende verbessert und darauf aufsetzend neue Anwendungen geschaffen worden.

Es ist jedoch davon auszugehen, dass auch in Zukunft neue Anwendungen geschaffen werden, einhergehend mit den sich weiter entwickelnden technischen Möglichkeiten. Besitzen gegenwärtig netzfähige PCs 10/100-Mbit/s-LAN-Schnittstellen, so gibt bereits Modelle mit 1-Gbit/s-Schnittstellen.

Formelzeichenverzeichnis

A	Alphabet (Informationstheorie)
A	Amplitude
A	Apertur (Antenne)
a	Dämpfung
B	Bandbreite
C	Kanalkapazität
CR	Koppelverhältnis (Lichtwellenleiter)
c	Lichtgeschwindigkeit
c_P	Phasengeschwindigkeit (Leitungen)
D	Nebensprechdämpfung (Lichtwellenleiter)
D	Faserdurchmesser (Lichtwellenleiter)
d	Leitungsdurchmesser
d	Kerndurchmesser (Lichtwellenleiter)
E	elektrische Feldstärke
f	Frequenz
G	Leitwert, Ableitung
g	Profilfaktor (Lichtwellenleiter)
H	Entropie
HD	Hamming Distance
h	Drehimpulsquantum
I	Intensität (elektromagnetische Welle)
I	elektrische Stromstärke
IL	Einfügungsdämpfung (Lichtwellenleiter)
k	Wellenzahlvektor
L	Codewortlänge
L	Dämpfung pro Faserlänge (Lichtwellenleiter)
L	Induktivität
L	mittlere Warteschlangenlänge (Bedienungssystem)
L	Pegel; logarithmisches Leistungsmaß
L	Redundanz (Informationstheorie)
l	Länge
m	Wortlänge (Informationstheorie)
m	Modulationsgrad
N	Anzahl unterscheidbarer Zeichen; Zeichenvorrat (Informationstheorie)
N	Brechungsindex (Erdatmosphäre)
n	Brechungsindex (Lichtwellenleiter)
NA	numerische Apertur
P	Wahrscheinlichkeit
P	Leistung
p	Pegelmaß (Lichtwellenleiter)
p	Wahrscheinlichkeitsdichte
Q	Anzahl verschiedener Informationen (Informationstheorie)

20

R	elektrischer Widerstand
R	Redundanz
r	Größe des Warteraumes (Bedienungssystem)
r	Radius
r	Reduktionsfaktor (Codierung)
r	Reflexionsfaktor (Leitungen)
r	Signalpegel (Raleigh-Verteilung)
S	Amplitude eines modulierenden Signals
$S(\omega)$	Leistungsspektrum; spektrale Leistungsdichte; $S(\omega) = 2\pi S(f)$
T	Periodendauer
T	mittlere Zeit (Bedienungssystem)
Tr	Transinformation
t	Zeit
t_P	Laufzeit
U	elektrische Spannung
U	Energiedichte (Lichtwellenleiter)
$u_s(t)$	Basisbandsignal
$u_c(t)$	Trägersignal (Modulation)
$u_m(t)$	moduliertes Signal
V	Faserparameter (Lichtwellenleiter)
v	Geschwindigkeit; Datenrate
$X(\omega)$	spektrale Amplitudendichte
$x(t)$	allgemeines Signal im Zeitbereich
Y	Verkehrswert (Bedienungssystem)
$\underline{Y}$	komplexer Leitwert
Z	Antennenwiderstand
Z	Wellenwiderstand
$\underline{Z}$	komplexer Widerstand
α	Dämpfungsbelag (Lichtwellenleiter)
α	Dämpfungskoeffizient (Leitungen)
β	Phasenkoeffizient
γ	Fortpflanzungskoeffizient
ε	Permittivität (Leitungstheorie)
Φ	Phasenwinkel
λ	Wellenlänge
λ	Ankunftsrate (im Bedienungssystem)
μ	Bedienungsrate
μ	Permeabilität (Leitungstheorie)
ϱ	Angebot (Bedienungssystem)
σ	Standardabweichung
τ	Korrelationsdauer
ω	Kreisfrequenz
$\psi(\tau)$	Korrelationsfunktion
η	Auslastungsgrad (Bedienungssystem)

Verzeichnis der verwendeten Abkürzungen

AAA	Authentication, Authorization, Accounting
AAC	Advanced Audio Coding
a/b	analoger Zweidraht-Telefonanschluss
AC	Admission Control (Paketübertragung)
AC	Authentication Centre (Mobilkommunikation)
ACR	Attenuation to Crosstalk Ratio
ADC	Analogue Digital Converter
ADDVR	Ad hoc on Demand Distance Vector Routing
ADM	Adaptive Delta Modulation
ADM	Add Drop Multiplexer (SDH)
ADPCM	Adaptive Differential Pulse Code Modulation
ADR	Astra Digital Radio
ADSL	Asymmetric DSL
ADSL2	ADSL der zweiten Generation
ADSL2+	ADSL der dritten Generation
AF	Assured Forwarding
AFH	Adaptive Frequency Hopping
AFHSS	Adaptive Frequency Hopped Spread Spectrum
AGCH	Access Grant Channel
AKF	Autokorrelationsfunktion
AM	Amplitude Modulation
AMI	Alternate Mark Inversion
AMPS	Advance Mobile Phone System
ANSI	American National Standards Institute
AON	Active Optical Network
APON	ATM Passive Optical Network
APS	Automatic Protection Switching
ARI	Autofahrer-Rundfunk-Information
ARP	Address Resolution Protocol
AS	Autonomous System
ASK	Amplitude Shift Keying (Amplitudenumtastung)
ATM	Asynchronous Transfer Mode
ATU-C	ADSL Termination Unit Central
ATU-R	ADSL Termination Unit Remote
AU	Administrative Unit
AVC	Advanced Video Coding
AWG	Active Wave Guide
AWGN	Additive White Gaussian Noise
BA	Basic Access (Basisanschluss)
BBAE	Breitband-Anschlusseinheit
BCC	Broadcast Channel
BCCH	Broadcast Control Channel
BCSM	Basic Call State Model

BERT	Bit Error Rate Test
BGP	Border Gateway Protocol
BPDU	Bridge Protocol Data Unit
BPON	Broadband Passive Optical Network
BPSK	Bipolar Phase Shift Keying (Zweiphasenumtastung)
BRA	Basic Rate Access
BRI	Basic Rate Interface
BSC	Base Station Controller
BSIC	Base Station Identity Code
BSS	Base Station Subsystem
BTS	Base Transceiver Station
CAP	Carrier-less Amplitude Phase Modulation
CATV	Cable TV
CBCH	Cell Broadcast Channel
CBT	Computer Based Training
CCAF	Call Control Agent Function
CCAT	Contiguous Concatenation
CCF	Call Control Function
CCVS	Colour Composite Video Signal
CDMA	Code Division Multiple Access
CDN	Content Delivery Network
CELP	Code Excited Linear Prediction
CENTREX	Central Office Exchange
CIDR	Classless Inter-Domain Routing
CLP	Cell Loss Priority
CMI	Code Mark Inversion
CN	Corporate Network
CO	Central Office
COA	Care-of-Address
COFDM	Coded Orthogonal Frequency Division Multiplex
COPS	Common Open Policy Service Protocol
CPE	Customer Premises Equipment
CPFSK	Continuous Phase Frequency Shift Keying
CR	Coupling Rate (Koppelverhältnis)
CRC	Cyclic Redundancy Check
CSA	Carrier Serving Area
CSMA/CD	Carrier Sense Multiple Access/Collision Detection
CT	Cordless Telephone
CWDM	Coarse Wavelength Division Multiplex
D/A	Digital/Analogue
DA	Doppelader
DAB	Digital Audio Broadcasting
DAC	Digital Analogue Converter
DBPSK	Differential Binary Phase Shift Keying
DCF	Distributed Coordination Function
DCT	Discrete Cosine Transformation

DDoS	Distributed Denial of Service
DECT	Digital Enhanced Cordless Telephony
DFT	Discrete Fourier Transformation
DHCP	Dynamic Host Configuration Protocol
DiffServ	Differentiated Services
DIFS	Distributed Coordination Function
DISC	Disconnect
DLC	Digital Loop Carrier
DM	Delta Modulation
DMB	Digital Multimedia Broadcasting
DMT	Discrete Multi Tone
DNS	Domain Name System
DP	Detection Points
DPCM	Differential Pulse Code Modulation
DQPSK	Differential Quadrature PSK
DRM	Digital Radio Mondiale
DS	Downstream
DSB	Double Sideband
DSBSC	Double Sideband Suppressed Carrier
DS-CDMA	Direct Sequence Code Division Multiple Access
DSCP	DiffServ-Codepoint
DSL	Digital Subscriber Line
DSLAM	Digital Subscriber Line Access Multiplexer
DSR	Digitales Satelliten-Radio
DSS 1	Digital Signalling System No. 1
DSSS	Direct Sequence Spread Spectrum
DSTM	Dual Stack Transition Mechanism
DTN	Delay Tolerant Networks
DU	Data Unit
DVB	Digital Video Broadcasting
DVB-C	Digital Video Broadcasting-Cable
DVB-DSNG	DVB-Digital Satellite News Gathering
DVB-H	Digital Video Broadcasting-Handheld
DVB IPTV	DVB Internet Protocol TV
DVB-S	Digital Video Broadcasting-Satellite
DVB-SH	DVB-Satellite Service to Handhelds
DVB-T	Digital Video Broadcasting-Terrestrial
DWDM	Dense Wavelength Division Multiplex
DXB	Digital Extended Broadcast
EDFA	Erbium Doped Fibre Amplifier
EDGE	Enhanced Data Rates for GSM Evolution
EF	Expedited Forwarding
EHF	Extra High Frequency
EIR	Equipment Identity Register
ELF	Extremely Low Frequency
EMV	Elektromagnetische Verträglichjkeit

21

EoS	Ethernet over SONET
EPG	Electronic Programme Guide
EPON	Ethernet PON
ESB	Einseitenbandmodulation
ESDR	European Satellite Digital Radio
ESHDSL	Enhanced Single-pair High Speed DSL
ETDM	Electrical Time Division Multiplex
EVSt	Endvermittlungsstelle
FA	Foreign Agent
FACCH	Fast Associated Control Channel
FBAS	Farb-Bild-Austast-Synchron-Signal
FCCH	Frequency Correction Channel
FCS	Frame Check Sequence
FDD	Frequency Division Duplex
FDMA	Frequency Division Multiple Access
FEC	Forwarding Equivalence Classes
FEC	Forward Error Correction
FEXT	Far End Crosstalk
FFT	Fast Fourier Transform
FH-CDMA	Frequency Hopped Code Division Multiple Access
FHMA	Frequency Hopped Multiple Access
FHSS	Frequency Hopped Spread Spectrum
FIFO	First In - First Out
FITL	Fibre in the Loop
FM	Frequency Modulation
FRC	Frame Check Sequence
FSK	Frequency Shift Keying (Frequenzumtastung)
FSO	Free Space Optics (Optische Freiraumübertragung)
FTTB	Fibre to the Basement/Building
FTTC	Fibre to the Curb
FTTEx	Fibre to the Exchange
FTTH	Fibre to the Home
FTTN/FTTCab	Fibre to the Node/Cabinet
FWM	Four Wave Mixing
GEO	Geostationary Earth Orbit
GEPON	Gigabit Ethernet Passive Optical Network
GFC	Generic Flow Control
GFP	Generic Frame Procedure
GGSN	Gateway GPRS Support Node
GI	Gradientenindex
GIF	Graphics Interchange Format
GMSC	Gateway Mobile Switching Centre
GoS	Grade of Service
GPRS	Generalized Packet Radio System
GPS	Global Positioning System
GPON	Gigabit Ethernet Passive Optical Network

GSM	Global System for Mobile Communications
GTEM	Gigahertz Transverse Electromagnetic
HAG	Home Access Gateway
HD	High Definition
HDB	High Density Bipolar Code
HDLC	High Level Data Link Control
HDSL	High Data Rate DSL
HDSL2	HDSL der zweiten Generation
HEC	Head Error Check
HF	High Frequency
HFC	Hybrid Fibre Coax
HLR	Home Location Register
HSCSD	High Speed Circuit Switched Data
HSDPA	High Speed Downlink Packet Access
HTML	Hypertext Mark-up Language
HYTAS	Hybrid Telecommunication Access System
IAD	Integrated Access Device
IBOC	In Band on Channel
ICMP	Internet Control Message Protocol
IEI	International Equipment Identity
IFFT	Inverse Fast Fourier Transformation
IFS	Inter Frame Spacing
IFS	Iteriertes Funktionen-System
IL	Insertion Loss (Einfügedämpfung)
IMAP	Internet Message Access Protocol
IMS	Intelligent Multimedia Subsystem
IMSI	International Mobile Subscriber Identity
IN	Intelligentes Netz
INAP	IN Application Part
IP	Internet-Protocol
IPTV	Internet Protocol TV (Fernsehen über IP)
IR	Infra Red (Infrarot)
ISDN	Integrated Services Digital Network
ISL	Inter-Switch Link Protocol (Cisco)
JPEG	Joint Photographic Experts Group
KKF	Kreuzkorrelationsfunktion
KVSt	Knotenvermittlungsstellen
KVz	Kabelverzweiger
KW	Kurzwelle
LA	Location Area
LAI	Location Area Identity
LAN	Local Area Network
LANE	LAN-Emulation
LAPS	Link Access Protocol SDH
LCAS	Link Capacity Adjustment Scheme

21

LDP	Label Distribution Protocol
LEO	Low Earth Orbit
LF	Low Frequency
LIFO	Last In - First Out
LLC	Logical Link Control
LOS	Line-of Sight
LSB	Lower Sideband
LSP	Label Switched Path (MPLS)
LSP	Link State Packet (IP)
LSP	Link State Protocol (IP)
LT	Line Termination
LW	Langwelle
MAC	Media Access Control
MAN	Metropolitain Area Network
MANET	Mobile Ad Hoc Network
MBMS	Multimedia Broadcast Multicast Services
MCM	Multi Carrier Modulation
MCMI	Modified Code Mark Inversion
MEGACO	Media Gateway Control Protocol
MEMS	Micro-Electro-Mechanical Switches
MEO	Medium Earth Orbit
MF	Medium Frequency
MFG	Multifunktionsgehäuse
MFI	Multi Frame Indication
MIME	Multipurpose Internet Mail Extensions
MISDN	Mobil-ISDN-Nummer
MMF	Multimodefaser
MoD	Music on Demand
MOS	Mean Opition Score
MOV	Videoformat von Apple
MPEG	Moving Picture Experts Group
MPLS	Multi Protocol Label Switching
MSC	Mobile Switching Centre
MSK	Minimum Shift Keying (Phasensprungverfahren)
MSOH	Multiplexer Section Overhead
MSRN	Mobile Station Roaming Number
MUSICAM	Masking Pattern Adapted Universal Sub-Band Integrated Coding and Multiplexing
MW	Mittelwelle
NAT	Network Address Translation
NEXT	Near End Crosstalk
NGN	Next Generation Network
NGS	Next Generation Services
NIC	Network Interface Card
NIR	Near Infrared
NMT	Nordic Mobile Telephone

NNI	Network Node Interfaces
NPAD	Non-Programm Associated Data
NPT	Normal Play Time
NT	Network Termination
NTBA	Network Termination Basisanschluss (ISDN)
NTBBA	Netzwerkterminationspunkt Breitbandangebot
NTSC	North American Television System Committee
NTU	Network Termination Unit
OADM	Optical Add Drop Multiplexer
OCH	Optical Channel
ODN	Optical Distribution Network
OFDM	Orthogonal Frequency Division Multiplex
OLD	Optical Line Distributor
OLSR	Optimized Link State Routing Protocol
OLT	Optical Line Termination
ONU	Optical Network Unit
OPAL	Optisches Anschlussnetz der Deutschen Telekom
OSB	Oberer Sonderkanalbereich
OSI	Open Systems Interconnection
OSPF	Open Shortest Path First
OVSt	Ortsvermittlungsstellen
PA	Primary Access (Primärmultiplex-Anschluss)
PAD	Programme Associated Data
PAL	Phase Alternating Line
PAM	Pulse Amplitude Modulation
PBM	Pulsbreitenmodulation
PBO	Power Back Off
PBX	Private Branch Exchange
PCF	Point Coordination Function
PCH	Paging Channel
PCI	Protocol Control Information
PCM	Pulse Code Modulation
PCU	Packet Control Unit
PDA	Personal Digital Assistant
PDB	Per Domain Behaviour
PDH	Plesiochronous Digital Hierarchy
PDM	Pulsdauermodulation
PDU	Protocol Data Unit
PFM	Pulse Frequency Modulation
PHB	Per Hob Behaviour
PHS	Personal Handyphone System
PIFS	Point Coordination Function IFS
PIM	Protocol Independent Multicast
PLC	Powerline Communication
PLL	Phase Locked Loop
PM	Phasenmodulation

21

PMD	Polarisation Mode Dispersion
PoE	Power over Ethernet
POF	Polymer Optical Fibre
POH	Path Overhead
PON	Passive Optical Network
PoP	Point of Presence
POTS	Plain Old Telephone System
PPM	Pulse Phase Modulation
PPM	Parts per Million
PPP	Point-to-Point Protocol
PPV	Pay per View
PRA	Primary Rate Access (Primärratenanschluss)
PRI	Primary Rate Interface
PSK	Phase Shift Keying
PSTN	Public Switched Telephone Network
PTI	Payload Type Identifier
PTM	Packet Transfer Mode
PWM	Pulse Width Modulation
QAM	Quadrature Amplitude Modulation
QBF	Quick Brown Fox
QoS	Quality of Service
QPSK	Quadrature Phase Shift Keying
RACH	Random Access Channel
RADAR	Radio Detection and Ranging
RDS	Radio-Daten-System
READSL2	Reach Extended ADSL2
RED	Random Early Detection
RG	Residential Gateway
RNC	Radio Network Controller
RNR	Receive Not Ready
ROADM	Reconfigurable Optical Add Drop Multiplexer
RRC	Regional Radiocommunication Conference
RRP	Route Request Packets
RSB	Restseitenbandmodulation
RSOH	Regenerator Section Overhead
RSVP	Resource Reservation Protocol
RTCP	Real Time Control Protocol
RTO	Retransmission Time Out
RTP	Real Time Protocol
RTSP	Real Time Streaming Protocol
RTT	Round Trip Time
SABM	Set Asynchronous Balanced Mode Extended
SACCH	Slow Associated Control Channel
SAP	Service Access Point
SAP	Session Announcement Protocol
SAPI	Service Access Point Identifier

SCEF	Service Creation Environment Function
SCEP	Service Creation Environment Point
SCF	Service Control Function
SCH	Synchronization Channel
SCM	Single Carrier Modulation
SCP	Service Control Point
SDCCH	Stand Alone Dedicated Control Channel
SDF	Service Data Function
SDH	Synchronous Digital Hierarchy
SDM	Space Division Multiplex
SDMA	Space Division Multiple Access
SDMT	Synchronized Discrete Multi Tone
SDP	Session Description Protocol
SDP	Service Data Point
SDP	Service Delivery Platform
SDSL	Symmetric DSL
SDTV	Standard Definition TV
SDU	Service Data Unit
SEC	Synchronous Equipment Clock
SECAM	Sequenzielle a Memoire
SFN	Single Frequency Networks
SGSN	Serving GPRS Support Node
SHDSL	Single-pair High-speed DSL
SHF	Super High Frequency
SI	Stufenindex
SIFS	Short Inter Frame Spacing
SIM	Subscriber Identity Module
SIP	Session Initiation Protocol
SIRO	Service In Random Order
SJF	Shortest Job First
SLA	Service Level Agreement
SLA	Synchrone Leitungsausrüstung
SLR	Synchroner Leitungsregenerator
SLX	Synchroner Leitungsmultiplexer
SMAF	Service Management Agent Function
SMF	Service Management Function
SMF	Singlemodefaser
SMP	Service Management Point
SMPTE	Society of Motion Picture Television Engineers
SMS	Short Message Service
SMTP	Simple Mail Transfer Protocol
SNR	Signal-to-Noise-Ratio
SOH	Section Overhead
SONET	Synchronous Optical Network
SPM	Selbst-Phasen-Modulation
SRA	Seamless Rate Adoption
SRES	Signed Response

21

SRF	Specialized Resource Function
SRS	Stimulated Raman Scattering
SS7	Signalling System No. 7
SSB	Single Sideband
SSF	Service Switching Function
SSMF	Standard-SMF
SSP	Service Switching Point
SSS	Switching Subsystem
SSUL	Synchronous Supply Unit/Local Node
STDM	Synchronous Time Division Multiplex
STM-1	Synchronous Transport Module 1
STM-N	Synchronous Transport Module N
STUN	Simple Traversal of UDP over NATs
SWF	Makromedia Flash Videoformat
TA	Terminal Adapter (für analoge Telefone an ISDN)
TACS	Total Access Communication System
TAE	Telefonanschlusseinheit
TAL	Teilnehmeranschlussleitung
TCE	Transcoding Equipment
TCH	Traffic Channel
TCM	Trellis-codierte Modulation
TCP	Transport Control Protocol
TCPAM	Trelliscodierte PAM
TDD	Time Division Duplex
TDM	Time Division Multiplex
TDMA	Time Division Multiple Access
T-DSL	DSL-Produkt der Deutschen Telekom
TE	Terminal Equipment
TE	Transversal elektrisch
TEM	Transversale Elektromagnetische Moden
TFF	Thin Film Filter
TIFF	Tagged Image File Format
TM	Transversal Magnetisch
TMSI	Temporal Mobile Subscriber Identity
TP	Tiefpass
TPM	Third Party Monitor
TU-n	Tributary Unit
TUG-n	Tributary Unit Group
TVst	Teilnehmervermittlungsstelle
UA	Unnumbered Acknowledgement
UDP	User Datagram Protocol
UDSL	Universal DSL
UDWDM	Ultra Dense Wavelength Division Multiplex
UHF	Ultra High Frequency
UKW	Ultrakurzwelle
ULF	Ultra Low Frequency

UMTS	Universal Mobile Telecommunication System
UNI	User Network Interfaces
US	Upstream
USB	Universal Serial Bus
USB	Unterer Sonderkanalbereich
UTRAN	Universal Terrestrial Radio Access Network
VC	Virtual Container
VCAT	Virtual Concatenation
VCG	Virtual Concatenated Group
VCI	Virtual Channel Identifier
VDSL	Very High Bit-rate DSL
VDSL2	VDSL der zweiten Generation
VHF	Very High Frequency
VLAN	Virtual LAN
VLF	Very Low Frequency
VLL	Virtual Leased Line
VLR	Visitors Location Register
VOA	Variable Optical Attenuator
VoD	Video on Demand
VoDSL	Voice over DSL
VoIP	Voice over IP
VP	Virtual Path
VPI	Virtual Path Identifier
VPN	Virtual Private Network
VSB	Vestigial Sideband
VTU-O	VDSL Termination Unit Office
VTU-R	VDSL Termination Unit Remote
WAN	Wide Area Network
WBT	Web Based Training
WCDMA	Wideband CDMA
WDM	Wavelength Division Multiplex
WDMA	Wavelength Division Multiple Access
WFQ	Weighted Fair Queuing
WLAN	Wireless Local Area Network
WLL	Wireless Local Loop
WMA	Windows Media Audio
WMV	Windows Media Video
WWDM	Wide Wavelength Division Multiplex
WWW	World Wide Web
XML	Extended Mark-up Language
ZSB	Zweiseitenbandmodulation
ZVSt	Zentralvermittlungsstelle
ZWP	Zero-Water-Peak
ZWR	Zwischenregenerator

21

Literaturverzeichnis

1 Einführung in die Nachrichtentechnik

/1.1/ *Bergmann, F.; Gerhardt, H.-J.; Frohberg, W.*: Taschenbuch der Telekommunikation. – 2. Auflage. – Leipzig: Fachbuchverlag, 2003

/1.2/ *Bergmann, F., Gerhardt, H.-J.*: Handbuch der Telekommunikation. – München/Wien: Carl Hanser Verlag, 2000

/1.3/ *Beuth, K.; Haneburth, R.; Kurz, G.; Lüders, C.*: Nachrichtentechnik – Elektronik 7. – 2. Auflage. – Würzburg: Vogel Verlag, 2005

/1.4/ *Herter, E.; Lörcher, W.*: Nachrichtentechnik: Übertragung, Vermittlung und Verarbeitung. – 9. Auflage. – München, Wien: Carl Hanser Verlag, 2004

/1.5/ *Hufschmid, M.*: Information und Kommunikation. – Wiesbaden: Vieweg+Teubner Verlag; GWV Fachverlage GmbH, 2006

/1.6/ *Jung, V.; Warnecke, H.-J. (Hrsg.)*: Handbuch für die Telekommunikation. – 2. Auflage. – Berlin; Heidelberg; New York: Springer-Verlag, 2002

/1.7/ *Kammeyer, K. D.*: Nachrichtenübertragung. – 3. Auflage. – Stuttgart, Leipzig, Wiesbaden: B. G. Teubner, 2004

/1.8/ *Lindner, J.*: Informationsübertragung. Berlin; Heidelberg; New York: Springer-Verlag, 2005

/1.9/ *Lochmann, D.*: Digitale Nachrichtentechnik: Signale, Codierung, Übertragungssysteme, Netze. – 3. Auflage. – Berlin: Verlag Technik, 2002

/1.10/ *Meyer, M.; Mildenberger, O. (Hrsg.)*: Grundlagen der Informationstechnik. Signale, Systeme und Filter: Braunschweig/Wiesbaden: Vieweg & Sohn Verlagsgesellschaft, 2006

/1.11/ *Proakis, J. G.*: Digital Communications (4th Ed.). Boston: McGraw-Hill International Edition, 2000

/1.12/ *Schiffner, G.*: Optische Nachrichtentechnik. Wiesbaden: Vieweg+Teubner Verlag/GWV Fachverlage GmbH, 2005

/1.13/ *Werner, M.*: Nachrichtentechnik. Eine Einführung für alle Studiengänge. – 5. Auflage. – Braunschweig/Wiesbaden: Vieweg & Sohn Verlagsgesellschaft, 2006

/1.14/ *Werner, M.*: Netze, Protokolle, Schnittstellen und Nachrichtenverkehr. Braunschweig/Wiesbaden: Vieweg & Sohn Verlagsgesellschaft, 2005

/1.15/ *Woschni, E.-G.*: Informationstechnik. – 4. Auflage. – Berlin: Verlag Technik, 1990

2 Signale

/2.1/ *Bronstein, N. I.; Semendjajew, K. A.; Musiol, G.; Mühlig, H.*: Taschenbuch der Mathematik. – 6. Auflage. – Frankfurt/Main: Verlag Harri Deutsch, 2005

/2.2/ *Brigham, E. O.*: FFT Schnelle Fourier-Transformation. – München/Wien: R. Oldenbourg Verlag, 1995

/2.3/   *Frey, T.; Bossert, M.*: Signal- und Systemtheorie. – Stuttgart, Leipzig Wiesbaden: B. G. Teubner Verlag, 2004

/2.4/   *Fritzsche, G.; Witzschel, G.*: Informationsübertragung Wissensspeicher. – 4. Auflage. – Berlin: VEB Verlag Technik, 1988

/2.5/   *Fritzsche, G.*: Theoretische Grundlagen der Nachrichtentechnik. – 4. Auflage. – Berlin: VEB Verlag Technik, 1987

/2.6/   *Girod, B.; Rabenstein, R.*: Einführung in die Systemtheorie. – 2. Auflage. – Wiesbaden: Teubner Verlag, 2003

/2.7/   *Haykin, S.; Veen, B. V.*: Signals and Systems. – 2nd ed. – John Wiley & Sons, 2003.

/2.8/   *Hoffmann, R.*: Signalanalyse und -erkennung. – Berlin: Springer-Verlag, 1998

/2.9/   *Lange, F. H.*: Signale und Systeme Bd. 1–3. – Berlin: VEB Verlag Technik, 1971

/2.10/   *Löffler, H.*: Information, Signal, Nachrichtenverkehr. – Berlin: Akademie-Verlag, 1980

/2.11/   *Lochmann, D.*: Digitale Nachrichtentechnik. – 3. Auflage. – Berlin: Verlag Technik, 2002

/2.12/   *Ohm R., Lüke, H. D.*: Signalübertragung. – 9. Auflage. – Berlin-Heidelberg: Springer Verlag, 2005

/2.13/   *Oppenheim, A. V.; Ronald, W.; Schafer, R. W.*: Zeitdiskrete Signalverarbeitung. – 3. Auflage. – München; Wien: R. Oldenbourg Verlag, 1999

/2.14/   *Philippow, E. (Hrsg.)*: Taschenbuch Elektrotechnik. Bd. 1 – Berlin: VEB Verlag Technik, 1963

/2.15/   *Philippow, E.*: Grundlagen der Elektrotechnik. – 10. Auflage. – Berlin: Verlag Technik, 2000

/2.16/   *Schwartz, M.*: Information Transmission, Modulation and Noise.- 4th Ed. – New York: McGraw-Hill Education, 1990

/2.17/   *Wolf, D.*: Signaltheorie. – Berlin, Heidelberg: Springer-Verlag, 1999

3   Netzwerkbeschreibungen

/3.1/   *Groos, J. L. (Ed.)*: Handbook of graph theory. – Boca Raton: CRC Press, 2004

/3.2/   *Kaderali, F.; Poguntke, W.*: Graphen, Algorithmen, Netze. Grundlagen und Anwendungen in der Nachrichtentechnik. – Braunschweig: Vieweg-Verlag, 1995

/3.3/   *Löffler, H.*: Information, Signal, Nachrichtenverkehr. – Berlin: Akademie-Verlag, 1980

/3.4/   *Schneider, U.; Werner, D.*: Taschenbuch Informatik. – 6. Auflage. – Leipzig: Fachbuchverlag, 2007

/3.5/   *Sharma, R. L.*: Network Topology Optimization. – New York: Van Nostrand Reinhold, 1990

/3.6/   *Tittmann, P.*: Graphentheorie – Eine anwendungsorientierte Einführung. – Leipzig: Fachbuchverlag, 2003

22

/3.7/   *Ulbricht, G.*: Netzwerkanalyse, Netzwerksynthese und Leitungstheorie. – München: Teubner Verlag, 1997

/3.8/   *Vetter, H.*: Schaltungstechnische Praxis. – Berlin: Verlag Technik 2001

/3.9/   *Weißgerber, W.*: Elektrotechnik für Ingenieure. – 3. Auflage. – Braunschweig: Vieweg Fachbücher der Technik, 2007

4   Informationstheorie

/4.1/   *Johannesson, R*: Informationstheorie: Grundlagen der Telekommunikation. – Wokingham: Addisson-Wesley, 1992

/4.2/   *Gallager, R. G.*: Information Theory and Reliable Communication – New York: John Wiley & Sons, 1968

/4.3/   *Göbel, J.*: Informationstheorie und Codierungsverfahren. – Berlin-Offenbach: VDE-Verlag, 2007

/4.4/   *Lange, F. H.*: Signale und Systeme. Bd. 3. – Berlin: VEB Verlag Technik, 1971

/4.5/   *Lochmann, D.*: Digitale Nachrichtentechnik. – 3. Auflage. – Berlin: Verlag Technik, 2002

/4.6/   *Löffler, H.*: Information, Signal, Nachrichtenverkehr. – Berlin: Akademie-Verlag, 1980

/4.7/   *Mildenberger, O.*; Informationstheorie und Codierung. – 2. Auflage. – Braunschweig: Frieder. Vieweg & Sohn Verlagsgesellschaft, 1992

/4.8/   *Neuber, A.*: Informationstheorie und Quellencodierung. – Wilburgstetten: J. Schlembach Fachverlag, 2006

/4.9/   *Shannon, C. E.; Weaver, W.*: Mathematical Theory of Communication. – Urbana: University of Illinois Press, 1963

/4.10/   *Weidenfeller, H.; Benker, Th.*: Telekommunikationstechnik. – Wilburgstetten: J. Schlembach Fachverlag, 2006

5   Codierung

/5.1/   *Barnsley, M.*: Fractals Everywhere. – Boston: Academic Press Professional, 1993

/5.2/   *Heyna A.; Briede M.; Schmidt U.*: Datenformate im Medienbereich. – Leipzig: Fachbuchverlag, 2003

/5.3/   *Howard, P.; Vitter, J.*: Arithmetic Coding for Data Compression. – Proceedings of the IEEE, 1994

/5.4/   *Lochmann, D.*: Digitale Nachrichtentechnik. Berlin: Verlag Technik, 2002

/5.5/   *Stallings W.*: High-Speed Networks: TCP/IP and ATM Design Principles. – Upper Saddle River NJ, 1998

/5.6/   *Rohling H.*: Einführung in die Codierungstheorie. – Stuttgart: Teubner Studienbücher, 1995

6   Nachrichtenverkehrstheorie

/6.1/   *Grimm, Ch.; Schlüchtermann, G.*: Verkehrstheorie in IP-Netzen. – Heidelberg: Hüthig Telekommunikation, 2005

/6.2/   *Hofmann, U.*: Modellierung von Kommunikationsnetzen. – Wien: Fortis Manz-Verlag, 2000

/6.3/   *Kleinrock, L.*: Queuing Systems. – New York; London; Sydney; Toronto: John Wiley & Sons, 1975

/6.4/   *König, D.; Stoyan, D.*: Methoden der Bedienungstheorie. – Berlin: Akademie-Verlag, 1976

/6.5/   *Prabhu, N. U.*: Foundations of queueing theory. – 2nd ed. – Boston: Kluwer Academic Publishers, 2002

/6.6/   *Pretzsch, W.*: Grundfragen der Verkehrstheorie. In: *Bergmann, F.; Gerhardt, H.-J.*: Handbuch der Telekommunikation. – München; Wien: Carl Hanser Verlag, 2000

/6.7/   *Tran-Gia, Ph.*: Einführung in die Leistungsbewertung und Verkehrstheorie. – 2. Auflage. – München: Oldenbourg Wissenschaftsverlag, 2005

7   Der Kommunikationskanal

/7.1/   *Mäusel, R.*: Analoge Modulationsverfahren. – 2. Auflage. – Heidelberg: Hüthig Verlag, 1992

/7.2/   *Mäusel, R.*: Digitale Modulationsverfahren. – 3. Auflage. – Heidelberg: Hüthig Verlag, 1991

/7.3/   *Bossert, M.; Breitbach, M.*: Digitale Netze – Funktionsgruppen digitaler Netze und Systembeispiele. – Stuttgart; Leipzig: B. G. Teubner, 1999

/7.4/   *Bergmann, F.; Gerhardt, H.-J.*: Handbuch der Telekommunikation. München. – Wien: Carl Hanser Verlag, 2000

/7.5/   *Proakis, J. G.; Salehi, M.*: Grundlagen der Kommunikationstechnik. – München: Pearson Studium Verlag, 2004

/7.6/   *Siegmund, G.*: Technik der Netze – 5. Auflage. – Heidelberg: Hüthig Verlag, 2002

/7.7/   *Frey, H.; Schönfeld, D.*: Alles über moderne Telefonanlagen. – Feldkirchen: Franzis Verlag, 1996

/7.8/   *Lobensommer, H.*: Die Technik der modernen Mobilkommunikation. – München: Franzis Verlag, 1994

/7.9/   *Czichos, H.; Hennecke, M.*: Hütte Das Ingenieurwissen. – 32. Auflage. – Berlin; Heidelberg; New York: Springer Verlag, 2004

/7.10/   *Roppel, C.*: Grundlagen der digitalen Kommunikationstechnik. – Leipzig, Fachbuchverlag, 2006

/7.11/   http://de.wikipedia.org/wiki/Cyclic_Redundancy_Check

/7.12/   http://de.wikipedia.org/wiki/GTEM

8   Modulation

/8.1/   *Kammeyer, K. D.*: Nachrichtenübertragung. – 3. Auflage. – Stuttgart: Teubner, 2004

/8.2/   *Karrenberg, U.*: Signale – Prozesse – Systeme. – 4. Auflage. – Berlin: Springer-Verlag, 2005

/8.3/   *Mäusl, R.; Göbel, J.*: Analoge und digitale Modulationsverfahren. – Heidelberg: Hüthig, 2002

22

/8.4/   *Ohm, J.-R.; Lüke, H. D.*: Signalübertragung. – 10. Auflage. – Berlin: Springer-Verlag, 2007

/8.5/   *Sonnde, G.; Hoekstein, K. N.*: Einstieg in die digitalen Modulationsverfahren. – 6. Auflage. – München: Franzis, 1992

/8.6/   *Stadler, E.*: Modulationsverfahren. – 8. Auflage. – Würzburg: Vogel, 2000

/8.7/   *Werner, M.*: Nachrichten-Übertragungstechnik. – Wiesbaden: Vieweg, 2006

9   Multiplex

/9.1/   *Jung, P.*: Analyse und Entwurf digitaler Mobilfunksysteme. – Stuttgart: Teubner, 1997

/9.2/   *Kammeyer, K. D.*: Nachrichtenübertragung. – 3. Auflage. – Stuttgart: Teubner, 2004

/9.3/   *Karrenberg, U.*: Signale – Prozesse – Systeme. – 4. Auflage. – Berlin: Springer, 2005

/9.4/   *Sonnde, G.; Hoekstein, K. N.*: Einstieg in die digitalen Modulationsverfahren. – 6. Auflage. – München: Franzis, 1992

10   Leitungsgebundene Kommunikationskanäle

/10.1/   *Fritzsche, G.*: Systeme Felder Wellen. – Berlin: VEB Verlag Technik, 1975

/10.2/   *Gerdsen, P.*: Digitale Nachrichtenübertragung. – Stuttgart: B. G. Teuber, 1996

/10.3/   *Lochmann, D.*: Digitale Nachrichtentechnik – Signale, Codierung, Übertragungssysteme, Netze. – 2. Auflage. – Berlin: Verlag Technik, 1997

/10.4/   *Weidenfeller, H.*: Grundlagen der Kommunikationstechnik. – Stuttgart: Teubner, 2002

/10.5/   *Schiffer, G.*: Optische Nachrichtentechnik. – Stuttgart: Teubner, 2003

/10.6/   *Brückner, V.*: Optische Nachrichtentechnik. – Wiesbaden: Teubner, 2005

/10.7/   *Shen, Y. R.*: The principles of nonlinear optics. – John Wiley & Sons, Inc., 2003

/10.8/   *Mahlke, G.; Gössing, P.*: Lichtwellenleiterkabel. – Erlangen: Publicis MCD Verlag, 1995

/10.9/   *Hultzsch, H. (Hrsg.)*: Optische Telekommunikationssysteme. – Gelsenkirchen: Damm-Verlag KG, 1996

11   Nichtleitungsgebundene Kommunikationskanäle

/11.1/   *Roychoudhuri, Ch.; Roy, R.*: The Nature of Light What is a Photon? OPN Trends Supplement to Optics and Photonics News 14 (2003)

/11.2/   *Lamb, W. E., Jr.*: Appl. Phys. B 60, 77 (1995)

/11.3/   Federal Communications Commission, Office of Enegineering and Technology „MillimeterWave Propagation: SpectrumManagement Implications", Bulletin Nr.70, July (1997)

/11.4/   Huber + Suhner Katalog WLAN-Antennen 2.4 GHz und 5 GHz. – Taufkirchen: Huber+Suhner, 2006

/11.5/ International Telecommunication Union, ITU-R Recommendation P. 453-6: The radio refractive index: its formula and refractivity data. – Geneva, 1997

/11.6/ *Schneider, T.*: Nonlinear Optics in Telecommunications. – Berlin; Heidelberg; New York: Springer Verlag, 2004

/11.7/ *Rice, S. O.*: Mathematical analysis of a sine wave plus random noise. – Bell Sys. Tech. J., 27, (1), 109–157, (1948)

/11.8/ *Friis, H. T.*: A Note on a Simple Transmission Formula. – Proc. IRE, 34, 254–256, (1946)

/11.9/ *Rappaport, T. S.*: Wireless Communications, Principles and Practice. – New Jersey: Prentice Hall, 1996

/11.10/ *Kavehrad, M.*: Broadband Room Service by Light. – Scientific American, July, 2007

12 Telekommunikationstechnik

/12.1/ *Orlamünder, H.*: Paketbasierte Kommunikationsprotokolle. – Heidelberg: Hüthig Telekommunikation 2005

/12.2/ *Herter, E.; Lörcher, W.*: Nachrichtentechnik, Übertragung und Vermittlung. – 9. Auflage. – München: Carl Hanser Verlag, 2004

/12.3/ *Siegmund, G.*: Technik der Netze. – 5. Auflage. – Heidelberg: Hüthig, 2002

/12.4/ *Siegmund, G.*: Grundlagen der Vermittlungstechnik. – Heidelberg: R. v. Decker's Verlag G. Schenk, 1991

/12.5/ *Kaderali*: Digitale Kommunikationstechnik, Band 2: Übertragungstechnik, Vermittlungstechnik, Datenkommunikation, ISDN. – Braunschweig, Wiesbaden: Vieweg Verlag, 1995

/12.6/ *Bocker, P.*: ISDN Das diensteintegrierende digitale Nachrichtennetz. – Berlin: Springer-Verlag, 1986

13 Kanalorientierte Übertragungs- und Vermittlungstechnik

/13.1/ *Lochmann, D.*: Digitale Nachrichtentechnik. – 3. Auflage. – Berlin: Verlag Technik, 2002

/13.2/ *Gerdsen, P.*: Digitale Nachrichtenübertragung. – Stuttgart; Leipzig; Wiesbaden: B. G. Teubner Verlag, 1997

/13.3/ *Bergmann, F.; Gerhardt, H.-G.; Frohberg, W.*: Taschenbuch der Telekommunikation. – 2. Auflage. – Leipzig: Fachbuchverlag, 2003

/13.4/ *Wilde, A.*: SDH in der Praxis. – Berlin; Offenbach: VDE-Verlag, 1999

/13.5/ *Kiefer, R. u. a.*: Digitale Übertragung in SDH- und PDH-Netzen. – 5. Auflage. – Expert-Verlag, 2001

/13.6/ *Orlamünder, H.*: Paketbasierte Kommunikationsprotokolle. – Heidelberg: Hüthig Verlag, 2005

/13.7/ *Kiefer, R.; Winterling, P.*: DWDM, SDH& CO. – 2. Auflage. – Heidelberg: Hüthig Verlag, 2002

/13.8/ *Voges, E.; Petermann, K. (Hrsg.)*: Optische Kommunikationstechnik. – Berlin; Heidelberg; New York: Springer-Verlag, 2002

/13.9/ *Eberlein, D.*: DWDM. – Berlin: Dr. M. Siebert GmbH, 2003

22

/13.10/ *Krauss, O.*: DWDM und Optische Netze. – Berlin; München: Siemens AG, 2002

/13.11/ *Brückner, V.*: Optische Nachrichtentechnik. – Stuttgart; Leipzig; Wiesbaden: Teubner, 2003

/13.12/ *Thiele, R.*: Optische Nachrichtensysteme und Sensornetzwerke. – Braunschweig; Wiesbaden: Vieweg Verlag, 2002

14   Paketorientierte Übertragungs- und Vermittlungstechnik

/14.1/ *Badach, A.; Hoffmann, E.*: Technik der IP Netze. – 2. Auflage. – München: Carl Hanser Verlag, 2007

/14.2/ *Kurose, J. F.; Ross, K. W.*: Computernetze. – München: Pearson Studium, 2002

/14.3/ *Tanenbaum, A. S.*: Computernetzwerke. – 4. Auflage. – München: Pearson Studium, 2003

/14.4/ RFC 1771: Border Gateway Protocol 4 (BGP-4)

/14.5/ RFC 1817: CIDR and Classful Routing

/14.6/ RFC 2988: Computing TCP's Retransmission Timer

/14.7/ RFC 4838: Delay-Tolerant Networking Architecture

/14.8/ RFC 2131: Dynamic Host Configuration Protocol

/14.9/ RFC 792: Internet Comtrol Message Protocol

/14.10/ RFC 2002: IP Mobility Support

/14.11/ RFC 1631: IP Network Address Translator (NAT)

/14.12/ RFC 791: Internet Protocol

/14.13/ RFC 2460: Internet Protocol, Version 6 (IPv6)

/14.14/ RFC 3036: LDP Specification

/14.15/ RFC 2051: Mobile Ad hoc Networking (MANET)

/14.16/ RFC 3038: Multiprotocol Label Switching Architecture

/14.17/ RFC 2328: OSPF Version 2

/14.18/ RFC 3550: RTP: Transport Protocol for Real-Time Applications

/14.19/ RFC 2326: Real Time Streaming Protocol (RTSP)

/14.20/ RFC 3261: SIP Session Initiation Protocol

/14.21/ RFC 793: Transmission Control Protocol

/14.22/ *Kauffels, F.-J.*: Lokale Netze. – 15. Auflage. – Bonn: MIPT Verlag 2003

/14.23/ *Dembowski, K.*: Lokale Netze: Handbuch der kompletten Netzwerktechnik. – München: Addison-Wesley, 2007

/14.24/ *Perlman, R.* : Bridges, Router, Switches und Internetworking-Protokolle. – München: Addison Wesley Verlag, 2003

/14.25/ *Rech, J.*: Ethernet. Technologien und Protokolle für die Computervernetzung. – Hannover: Heise-Verlag, 2002

/14.26/ *Reisner, M. (Hrsg.)*: Ethernet. Das Grundlagenbuch. – Poing: Francis-Verlag, 2002

/14.27/ IEEE: www.ieee.org

/14.28/ MPLS: www.ipmplsforum.org

/14.29/ UMTS: www.umts-forum.org

15   Asynchronous Transfer Mode

/15.1/ *Bergmann, F.; Gerhardt, H.-J.; Frohberg, W.*: Taschenbuch der Telekommunikation. – 2. Auflage. – Leipzig: Fachbuchverlag, 2003

/15.2/ *Bannister, J.*: Convergence Technologies for 3G Networks: IP, UMTS, EG-PRS and ATM. – Chichester (England): John Wiley & Sons Ltd., 2004

/15.3/ *Black, U.*: ATM: Foundations for Boadband Networks. – Prentice Hall: 1999

/15.4/ *Chimi, E.*: High-Speed Networking. – München; Wien: Carl Hanser Verlag, 1998

/15.5/ *Neelakanta, P. S.*: A Textbook on ATM Telecommunications. – Boca Raton, FL.: CRC Press Inc., 2000

/15.6/ *Perros, H. G.*: Connection-Oriented Networks: SONET/SDH, ATM, Mpls and Optical Networks. – Chichester (England): John Wiley & Sons, 2005

/15.7/ *Siegmund, G.*: ATM – Die Technik. – 4. Auflage. – Heidelberg: Hüthig Verlag, 2003

/15.8/ *Wasniowski, M.*: ATM Basics; High-Speed Packet Network Operation and Services. – Fuquay Varina, NC: Althos Inc., 2004

/15.9/ RFC 1577: Classical IP and ARP over ATM

/15.10/ RFC 2684: Multiprotocol Encapsulation over ATM Adaptation Layer 5

/15.11/ RFC 3031: Multiprotocol Label Switching Architecture

/15.12/ RFC 2364: PPP Over AAL5

/15.13/ www.atmforum.org

/15.14/ www.iso.org

/15.15/ www.itu.org

/15.16/ www.mfaforum.org/tech/atm_specs.shtml

/15.17/ www.protocols.com

/15.18/ www.ietf.org

16   Zugangssysteme

/16.1/ *Bluschke, A.; Matthews, M.*: xDSL-Fibel – Ein Leitfaden von A wie ADSL bis Z wie ZipDSL. – 2. Auflage. – Offenbach; Berlin: VDE Verlag, 2001

/16.2/ *Heng, St.*: Breitband: Europa braucht mehr als DSL. Deutsche Bank Research. – Economics Nr. 54, 30.08.2005

/16.3/ Breitband – was ist das eigentlich? Technik-Ecke A24. http://xdsl.teleconnect.de/xDSL_germ/HTML/know.html

/16.4/ *Henkel, W.; Nordström, T.; Lenger, W.*: Verbesserung der xDSL-Performance durch das Kabeldesign. ITG-Fachbericht 169. Vorträge der 8. ITG-Fachtagung „Kommunikationskabelnetze" vom 13. bis 14. Dezember 2001 in Köln, S. 23–27

/16.5/ *Göbel, J.*: Kommunikationstechnik. – Heidelberg: Hüthig, 1999

/16.6/ *Schüler, H.*: Kupfer-Ortsabschlußkabel mit 0,35 mm und 0,5 mm Leiterdurchmesser. – ntz, 1993, H. 12, S. 902–905

/16.7/ http://www.xdsl.ftw.at/xdslsimu/

/16.8/ http://www.adtran.com

/16.9/ http://matlab.feld.cvut.cz/en/

22

/16.10/ Jahresbericht 2006 der Bundesnetzagentur für Elektrizität, Gas, Telekommunikation, Post und Eisenbahnen

/16.11/ *Held, G.*: Next-Generation Modems: A Professional Guide to DSL and Cable Modems. – Wiley Computer Publishing, 2000

/16.12/ *Bluschke, A.*: Digitale Leitungs- und Aufzeichnungscodes. – Berlin: VDE-Verlag, 1992

/16.13/ *Bluschke, A.*: xDSL und Powerline: Technik und Nutzen der neuen breitbandingen Netzzugänge. IIR Technology „Netzwerk Forum 2002" vom 22. bis 23. Januar 2002 in Offenbach

/16.14/ *Chen, W. Y.*: DSL : Simulation Techniques and Standards Development for Digital Subscriber Lines. – MacMillan Technology Series, 1998

/16.15/ *Sandte, H.; Benndorf, J.*: Zweisprung-SDSL: Neue Highspeed-Technik fürs Wohnzimmer. – c't 1999, H. 19, S. 230–235

/16.16/ *Bergmann, F.; Gerhardt, H-J. (Hrsg.).*: Handbuch der Telekommunikation. – München: Carl Hanser Verlag, 2000

/16.17/ DMT takes gold at VDSL Olympics. http://telephonyonline.com/access/web/telecom_dmt_takes_gold

/16.18/ ITU-T G.993.2 – Very high speed digital subscriber line transceivers 2 (VDSL2), 02/2006

/16.19/ *Bluschke, A.; Matthews, M.; Schiffel, R.*: Zugangsnetze für die Telekommunikation. – München: Carl Hanser Verlag, 2004

/16.20/ *Willebrand, H.; Ghuman, B. S.*: Free-Space Optics: Enabling Optical Connectivity in Today's Networks. – Sams Publishing, 2002

/16.21/ *Willebrand, H.; Ghuman, B. S.*: Optischer Richtfunk. Aus dem Amerikanischen von W. Frohberg, A. Frohberg und W. Koch, – Heidelberg: Hüthig, 2003

17 Mobilkommunikation

/17.1/ http://www.3gpp.org/, alle Standards zu GSM, GPRS und UMTS

/17.2/ *Schiller, J.*: Mobilkommunikation. – München: Pearson Education, 1999

/17.3/ *Sauter, M.*: Mobile Kommunikationssysteme. – Wiesbaden: Vieweg, 2004

/17.4/ *Bernhard, H.; Walke*: Mobile Radio Networks: Networking and Protocols. – Chichester: Wiley, 2002

/17.5/ *Eberspächer, J.; Vogel, H.-J.; Bettstetter, Ch.*: GSM Global System for Mobile Communication. – Stuttgart; Leipzig; Wiesbaden: Teubner, 2001

/17.6/ *Taferner, M.; Bonek, E.* Wireless Internet Access over GSM and UMTS. – Berlin; Heidelberg; New York: Springer, 2002

/17.7/ T.O.P. BusinessInteractive: GPRS Basics. – Wilburgstetten: J. Schlembach Fachverlag, 2003

/17.8/ T.O.P. BusinessInteractive: UMTS Basics. – Wilburgstetten: J. Schlembach Fachverlag, 2002

/17.9/ *Wuschke, M.*: UMTS, Paketvermittlung im Transportnetz, Protokollaspekte, Systemüberblick. – Wiesbaden: Teubner, 2003

/17.10/ *Holma, H.; Toskala, A. (Ed.)*: WCDMA for UMTS. – Chichester: John Wiley & Sons, Ltd, 2000

/17.11/ *Gast, Matthew S.*: 802.11 Wireless Networks. – Sebastopol (USA): O'Reilly, 2005

/17.12/ *Sikora, A.*: Wireless LAN Protokolle und Anwendungen. – München: Addison-Wesley, 2001

18 Rundfunk

/18.1/ *Dickreiter, M.*: Handbuch der Tonstudiotechnik, Bd. 2. – München: Saur, 1997

/18.2/ *Fischer, W.*: Digitale Fernsehtechnik in Theorie und Praxis. – Berlin: Springer-Verlag, 2006

/18.3/ *Freyer, U.*: Digitales Radio und Fernsehen verstehen und nutzen. – Berlin: Verlag Technik, 2004

/18.4/ *Görne, T.*: Tontechnik. – 2. Auflage. – Leipzig: Fachbuchverlag, 2008

/18.5/ *Götz, H.-J.*: Kommunikationsnetze und -dienste. In *Altendorfer, O.; Hilmer, L. (Hrsg)*: Medienmanagement Band 4. – Wiesbaden: VS-Verlag, 2006

/18.6/ *Webers, J.*: Handbuch der Film- und Videotechnik. – München: Franzis, 2007

/18.7/ http://www.digitalfernsehen.de

/18.8/ http://www.drm.org

/18.9/ http://www.digitalradio.de

/18.10/ http://www.dvb.org

/18.11/ http://www.etsi.org

/18.12/ http://www.hdradio.com

/18.13/ http://www.tv-plattform.de

19 Dienste und Anwendungen

/19.1/ *Siegmund, G. (Hrsg)*: Intelligente Netze. – Heidelberg: Hüthig, 2001

/19.2/ *Siegmund, G.*: Next Generation Networks. – Heidelberg: Hüthig, 2002

/19.3/ ITU-T Empfehlung F.700: Framework Recommendation for multimedia services; 11/2000

/19.4/ ANSI X3.4-1986 (R1992): American National Standard Code for Information Interchange (ASCII) 1986, reaffirmed 1992

/19.5/ The Unicode Standard, Version 5.0, Fifth Edition, The Unicode Consortium, Addison-Wesley Professional, Oct. 27, 2006

/19.6/ http://www.unicode.org/

/19.7/ http://www.w3.org/Graphics/GIF/spec-gif87.txt
http://www.w3.org/Graphics/GIF/spec-gif89a.txt

/19.8/ http://www.jpeg.org/index.html?langsel=de

/19.9/ ITU-T Empfehlung T.81: Information technology – Digital compression and coding of continuous-tone still images – Requirements and guidelines; (09/92)

/19.10/ ITU-T Empfehlung G.711: Pulse code modulation (PCM) of voice frequencies; 1988

22

/19.11/ ITU-R Empfehlung BT.601-6 (01/07): Studio encoding parameters of digital television for standard 4:3 and wide-screen 16:9 aspect ratios.

/19.12/ http://www.chiariglione.org/mpeg/

/19.13/ ITU-T Empfehlung H.264: Advanced video coding for generic audiovisual services (03/05)

/19.14/ ITU-T Empfehlung F.701: Guideline Recommendation for identifying multimedia service requirements; 11/2000

/19.15/ ITU-T Empfehlung H.323: Packet-based multimedia communications systems; 6/2006

/19.16/ ITU-T Empfehlung H.245: Control protocol for multimedia communication (05/2006)

/19.17/ ITU-T Empfehlung H.248.1: Gateway control protocol: Version 3 (09/05) (H.248.2 bis H.248.47 enthalten Anhänge)

/19.18/ Internet RFC 3015: Megaco Protocol Version 1.0. (November 2000)

/19.19/ Internet RFC 2327: SDP: Session Description Protocol (April 1998)

/19.20/ Internet RFC 2974: Session Announcement Protocol (October 2000)

/19.21/ http://www.bund.de

/19.22/ *Schneider, U.; Werner, D.*: Taschenbuch der Informatik. – 6. Auflage. – Leipzig: Fachbuchverlag, 2007

/19.23/ *Henning, P. A.*: Taschenbuch Multimedia. – 4. Auflage. – Leipzig: Fachbuchverlag, 2007

/19.24/ *Fluckiger, F.*: Multimedia im Netz. – München: Prentice Hall, 1996

Sachwortverzeichnis

23

23

23

E

23

23

23

23

23

23

23

23

23

23

23

23